民國建築工程期刊匯編

MINGUO JIANZHU GONGCHENG QIKAN HUIBIAN

45

《民國建築工程期刊匯編》編寫組 編

廣西師範大學出版社
GUANGXI NORMAL UNIVERSITY PRESS
·桂林·

第四十五册目録

建築月刊

22501

The BUILDER

建築月刊

VOL. 2 NO. 9

第二卷第九期

八里庄塔

除舊布新

王正廷題

22503

The Robert Dollar Co.,

Wholesale Importers of Oregon Pine Lumber, Piling and Philippine Lauan.

美商

大來洋行

本行專售大宗洋松椿木及

菲律濱柳安烘乾企口板等

各種裝修如門窗等以及考究器具請

貴主顧須要認明大來洋行獨家經理

之菲律濱柳安有T.L.CO.標記者為最優

美並請勿貪價廉而採購其他不合用

之劣貨統希

貴主顧注意為荷

大來洋行木部謹啓

大陸實業公司

上海南火車站後門西首瞿眞人路一百術嘉元里一號

固木油

馬頭

商標

上海法租界白里圖路念
二號洋房新近落成其外
面裝修概用本公司發明
之固木油耐用美觀無出
其右謂余不信請觀此圖

功效

馬頭牌固木油功能保護木
料殺虫防腐任何木料一經
塗用無論在暴露之處淤泥
之中或貼近磚石鋼鐵水泥
之間皆無蛀蝕腐爛之弊

用途

電桿 枕木 橋樑 棟樑
庭柱 門窗 地板 欄柵
晒台 椿木 舟車 等等

證書

本公司化驗師學識豐富鑛
日刻苦研求卒用科學方法
發明此油成積之優良迭經
上海化驗室中華化學工業
研究所上海工部局化驗室
等頒給優等證書證明功效
偉大特用銅版刊載於說明
書內如承函索當即寄奉

如蒙惠顧請與本刊
編輯部杜彥耿先生接
洽可也

Union Commerciale Belge de Metallurgie, S.A.
No. 150 Kiukiang Road.
Telegraphic Address UCOMETAL-Shanghai
Telephone 12197
UCOMETAL
上海九江路一五零號
鐵路鋼軌 工業機械
電車鋼軌 電氣用品
各式橋樑 鋼窗材料
採礦工具 鋼條鋼板
電話一二一九七
比國鋼業聯合社

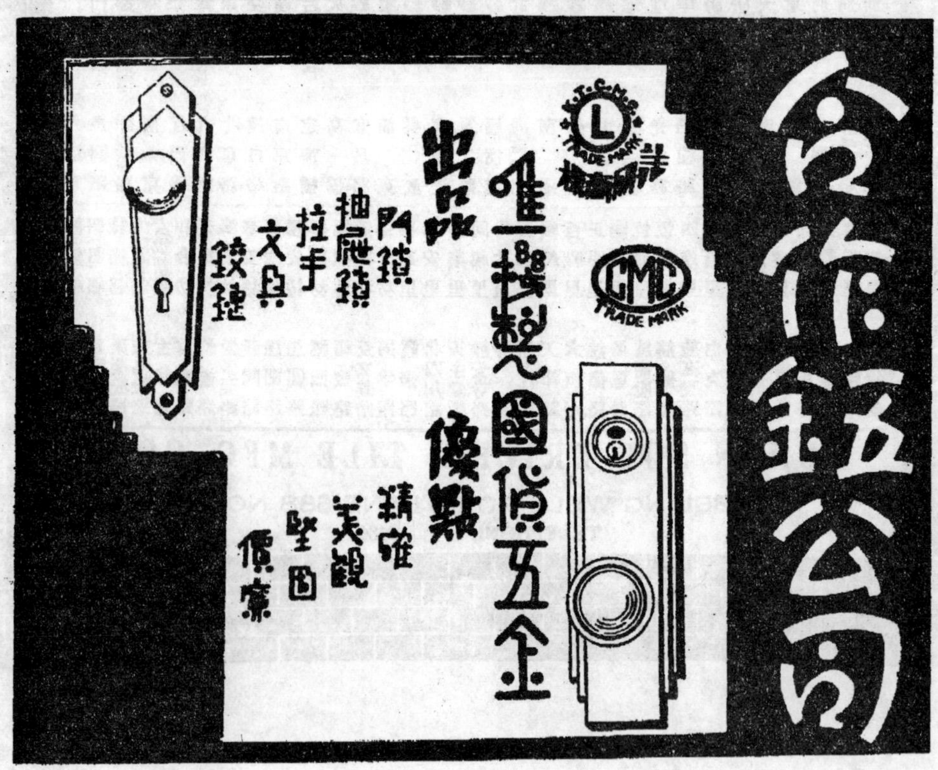
合作五金公司
TRADE MARK
唯一標準國貨五金
CMC
TRADE MARK
出品
門鎖
抽屜鎖
拉手
文具
鉸鏈
精確
美觀
堅固
價廉

英商

中國造木有限公司

唯一機器製造的木工專家

上海楊樹浦路一四二六號

電報掛號 "woodworkco"

電話五另另六八號

進行工程

峻嶺寄廬
百老匯大廈
Gascogne公寓
Picardie公寓
福煦路嚴安雅堂居宅
華業大廈
公和洋行建築師惠爾明生君住宅

已竣工程

漢密爾登大廈（第一部及第二部）
都城飯店
河濱大廈
大華公寓
建業公寓「A」「B」「C」「D」及「E」
貝當路公寓
麥特赫司脫公寓
北四川路狄斯威路口公寓

總經理

英商祥泰木行有限公司

POMOAN PUMPS

凡裝自流井而欲求最經濟之水源請採用最新式

「普摩那」

電機抽水機

最新式之抽水設備

PUMPING WATER

THE MODERN WAY

「普摩那」透平式抽水邦浦。利用機械與水壓原理製成。適得其宜者。

「普摩那」透平邦浦。絕對可靠。費用儉省。而出水量較多。

常年運用。幾無需耗費管理或修理等費。

時間減少。出水量增多。無需裝置價格昂貴之壓氣機等設備。大小邦浦。皆可裝置自動機件。

出水量。每分鐘自十五伽倫至五千伽倫。大小俱備。

抽水機軸。每隔十尺。裝有橡皮軸承。用水潤滑。靈便。可靠。

所佔裝置地位極小。

用美國威斯汀好司廠馬達發動之。

滬上各處裝置。成績優良。咸皆贊美。

總經理美商茂和公司

上海圓明園路一八五號 電話一一三一〇

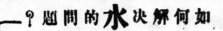

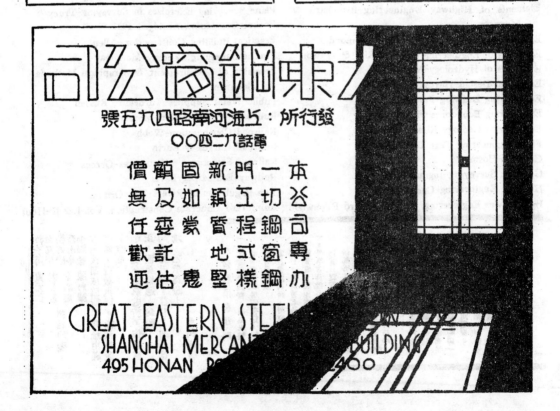

本會出借圖書

第二次續購新書目錄 〔第一次書目請閱第二卷八期本刊〕

American Civil Engineers' Handbook. Vol. I & II–Merriman Wiggin
Analysis of Railroad Securities–Bogen
Architectural Composition–N. C Curtis
Building Construction–Huntington
Building Construction & Drawing–Mitchell
Building Construction for Beginners–Riley
Concrete Engineers' Handbook–Hool & Johnson
Construction Cost Keeping & Management–Gillette & Dane
Construction of Roads & Pavements–Agg.
Contracts in Engineering–Tucker
Design of Concrete Structures–Urquhart & O'rourke
Design of Highway Bridges–Ketchum
Design of Railway Location–Williams
Design of Steel Structures–Urquhart & O'rouke
Docks, Wharves & Piers–Brookbank
Electric Railway Engineering–Harding
Elements of Highway Engineering–Blanchard & Morrison
Elements of Railroad Engineering–Raymond
Elements of Engineering Geology–Ries & Watson
Elements of Hydrology–Meyer
Empirical Design–Hayes
Engineering Drawing–French
Engineering Economics–Fish
Engineering Geology–Ries & Watson
Field Engineering Text Tables–Searles
Geodesy–Hosmer
Geodetic Surveying–Ingram
Harbour Engineering–Cunningham
Heat-Power Engineering, Part I–Barnard Ellenwood & Hirsfeid
Heat-Power Engineering, Part II–Barnard Ellenwood & Hirshfeid
Hydraulics–Daugherty
Hydrology–Mead
Improvement of Rivers, Part I & II–Thomas & Watt
Irrigation Engineering–Davis & Wilson
The Location Grading & Drainage of Highways–Harger
Maintenance of Way & Structures–Willard
Masonry Structures–Spalding, Hyde, Robinson
Material of Construction–Mills
Materials of Construction–Pulver
Materials of Engineering–Moore
Modern Framed Structures, Parts I, II & III–Johnson Bryan Turneaure
Municipal & Rural Sanitation–Ehlers & Steel
Municipal Engineering Practice–Folwell
Plane Surveying Exercises in Surveying–Tracy
Pocket Companion Abridged 1931
Practical Building Construction–Allen
Precise Surveying Ceodesy–Merrimay
Precision of Measurement & Graphical Methods–Goodwin
Public Water Supplies–Turneaure Russell
Railroad Administration–Morris
Railroad Construction–Webb
Railroad Curves & Earth
Railroad Structures & Estimates–Orrock
Railway Estimating–Lavis
The Regulation of Rivers–Van Ornum
Reinforced Concrete Construction, Vol. I & II–Hool

△暫行借書規則

一、本會所置圖書，搜集未豐，不能完備，故借閱書籍，暫以本會會員為限。
一、會員借閱書籍，須照本會公佈書目，註明書名及類別，備函隨帶會員證至本會取書。
一、外埠會員借書，須開明書名連同會員證寄來，本會即將書掛號郵寄；為優待起見，並不收取寄費。
一、書籍出借後，會員證暫由本會司事員保存，俟歸還書籍時，再行領取會員證。
一、每會員每次至多得借書兩冊。
一、借閱期間至多不得逾一星期。
一、先借者，如未到期，有優先借閱權，其他會員如欲借閱同一書籍，本會未便徇同應命。
一、書籍如有毀損遺失塗抹劃註等情，概須照原價賠償。
一、本規則如有更改，得隨時由本會常委核准後施行，不另通知之。

顧子用　黃元仁　徐嘉平　劉雲書　侯春懋　李嘏眉　翁雨亭　陳向賦　李國樑　諸君均鑒：本刊按期依照所開住址由郵寄奉，近被退回，無法投遞；即希示知現在通訊處所，俾便更正，而免誤遞。為盼！胡宏堯君鑒：茲有人詢及住址，乞示為盼！

本刊謹啓

建築月刊

第二卷第九號

廣告索引

THE BUILDER

September 1934 Vol. 2 No. 9

LEADING CONTENTS

目錄

本會建築叢書之一

英華 華英 合解建築辭典發售預約

我國建築工程界所用名辭，或循習慣，或譯西文，隨地不同，因人而異。竊以此種技術上之專門名辭，舊習失之深奧，譯文則嫌生硬，綜錯參差，未能統一，實爲推進建築事業之障礙。建築月刊在發行之初，即抉其流弊，圖謀改善。爰集編輯同人之力，廣諮博採，彙合羣見；使粗俗者文飾之，使生硬者純化之，務期雅俗兩者會貫參融，易切實用。於是閱時兩載，不揣冒昧，以搜索所得，按期在建築月刊發表，公諸同好，稿屬未定，有待修正，遺漏舛誤，勢所難免。願讀者諸君，鑒於事屬創舉，使用稱便，不因譾陋相責，反以盛情加勉。紛囑刊印單行本，以便檢查，而窺全豹。函詢及面問有無單行本出售者，更日必數起。同人等感念讀者誠意，鑒於事實需要。乃渾忘此種工作之艱鉅，特將歷期已載各稿，重行校訂整理；並補充待續各稿，以求完璧。並爲便利翻閱起見，先以英文字母爲序，附以華文釋義；再以華文筆劃爲次，附以英文原名。如此則建築名辭胥能統一，此後編輯建築工業等叢書，即可以此爲準，不生困難，現在全書整理就緒，着手付排，特先預約發售，訂定辦法如下：

一、本書用上等道林紙精印，以布面燙金裝訂。書高六吋半，闊四吋半，厚計四百餘頁。內容除文字外，並有三色版銅鋅版附圖及表格等，不及備述。

二、本書在預約期內，每册售價八元，出版後每册實售十元，外埠函購，寄費依照書價加一收取。本埠只限自取，如欲郵遞，寄費照加。

三、凡預約諸君，均發給預約單收執。出版後函購者依照單上地址發寄，自取者憑單領書。

四、預約期限本埠本年十一月底止，外埠十二月十五日截止。

五、本書在出版前十日，當登載申新兩報，通知預約諸君，準備領書。

六、本書成本昂貴，所費極鉅，凡書店同業批購，或用圖書館學校等名義購取者，均照上述辦理，恕難另給折扣。

七、預約在上海本埠本處爲限，他埠及他處暫不代理。

八、預約處上海南京路大陸商場六樓六二〇號。

New Ju-Kong Bridge at the New Civic Center of the Municipality of Greater Shanghai

上海市中心區新建之虬江橋，造價約三萬元，設計者上海市工務局第二科，承造者爲沈生記合號營造廠，爰將詳細圖樣列后，以資參考焉。

上海市中心區府南右路虬江橋詳圖

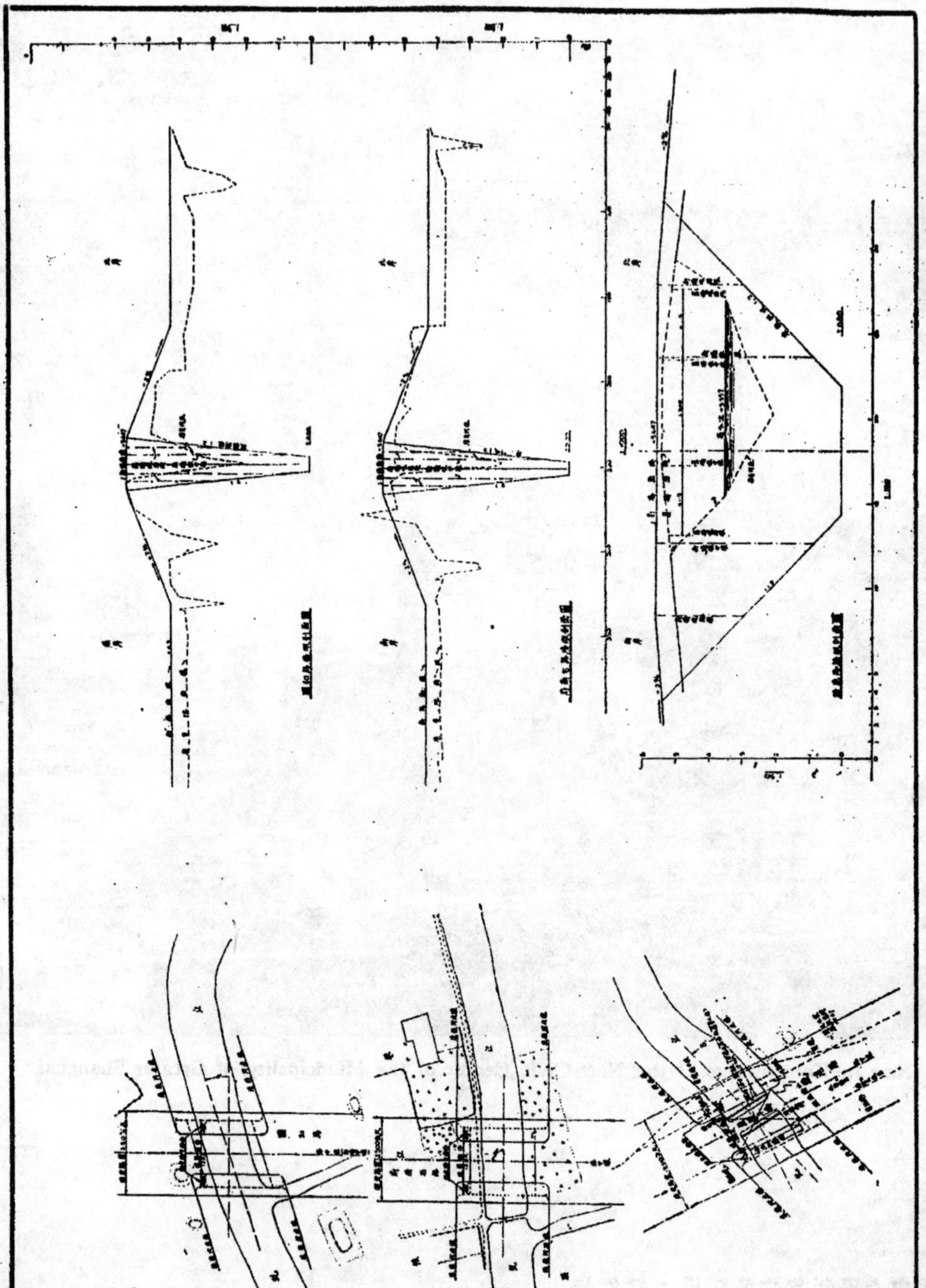

設計者：市工務局第二科

Details of Ju-Kong Bridge

22520

上海市中心區府南右路虬江橋詳圖

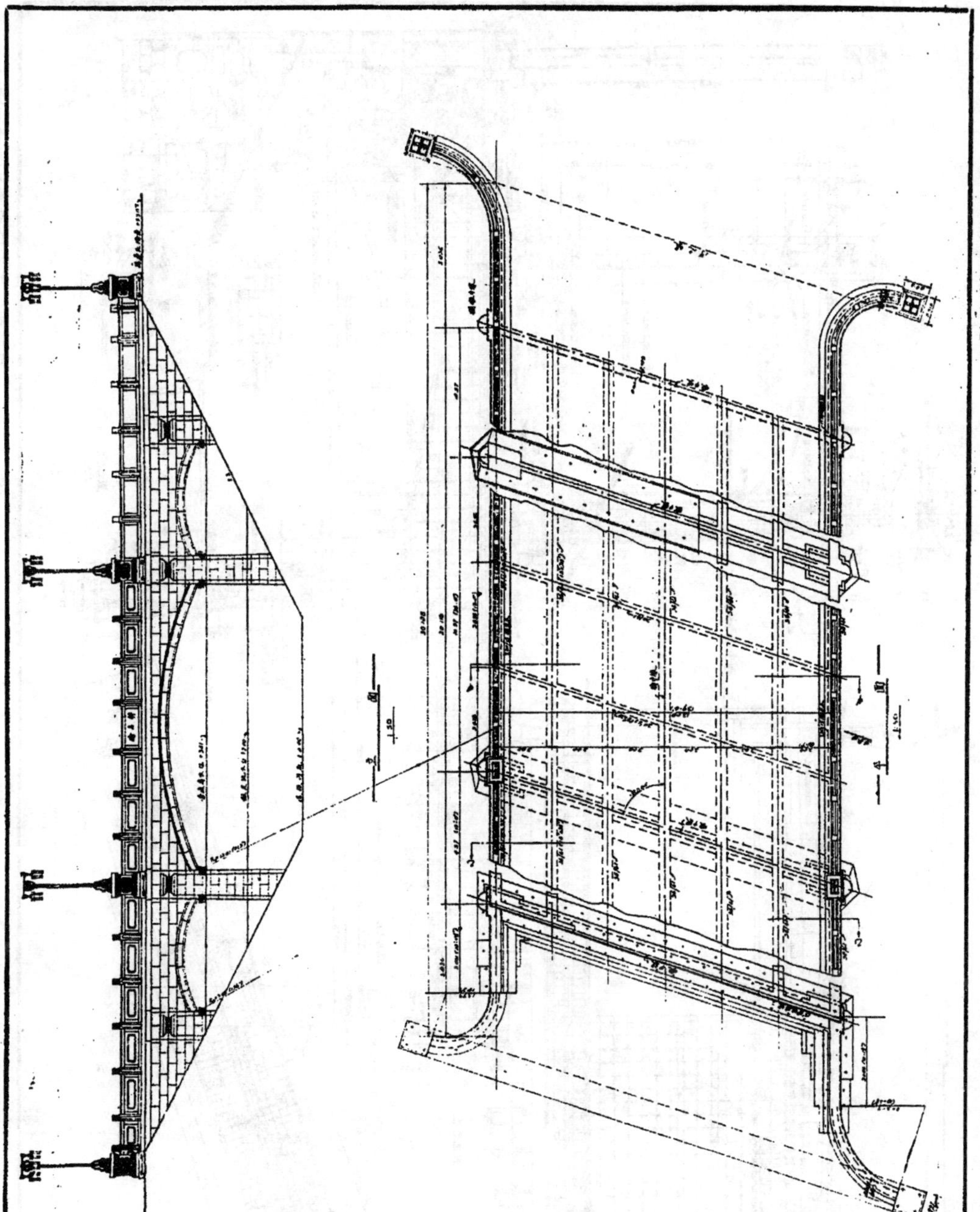

Details of Ju-Kong Bridge

22521

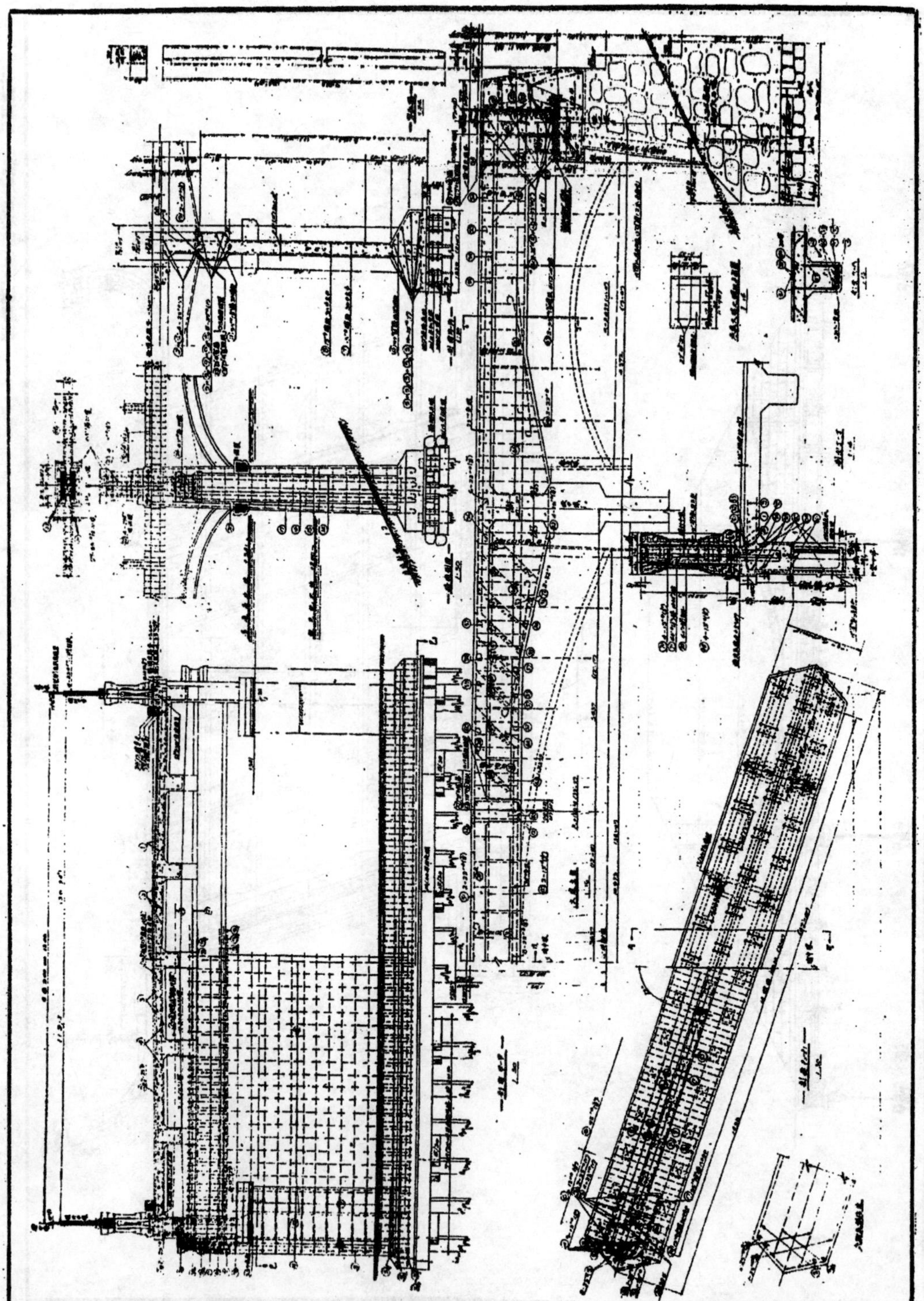

上海市中心區府南右路虬江橋詳圖

Details of Ju-Kong Bridge

上海市中心區府南右路虬江橋詳圖

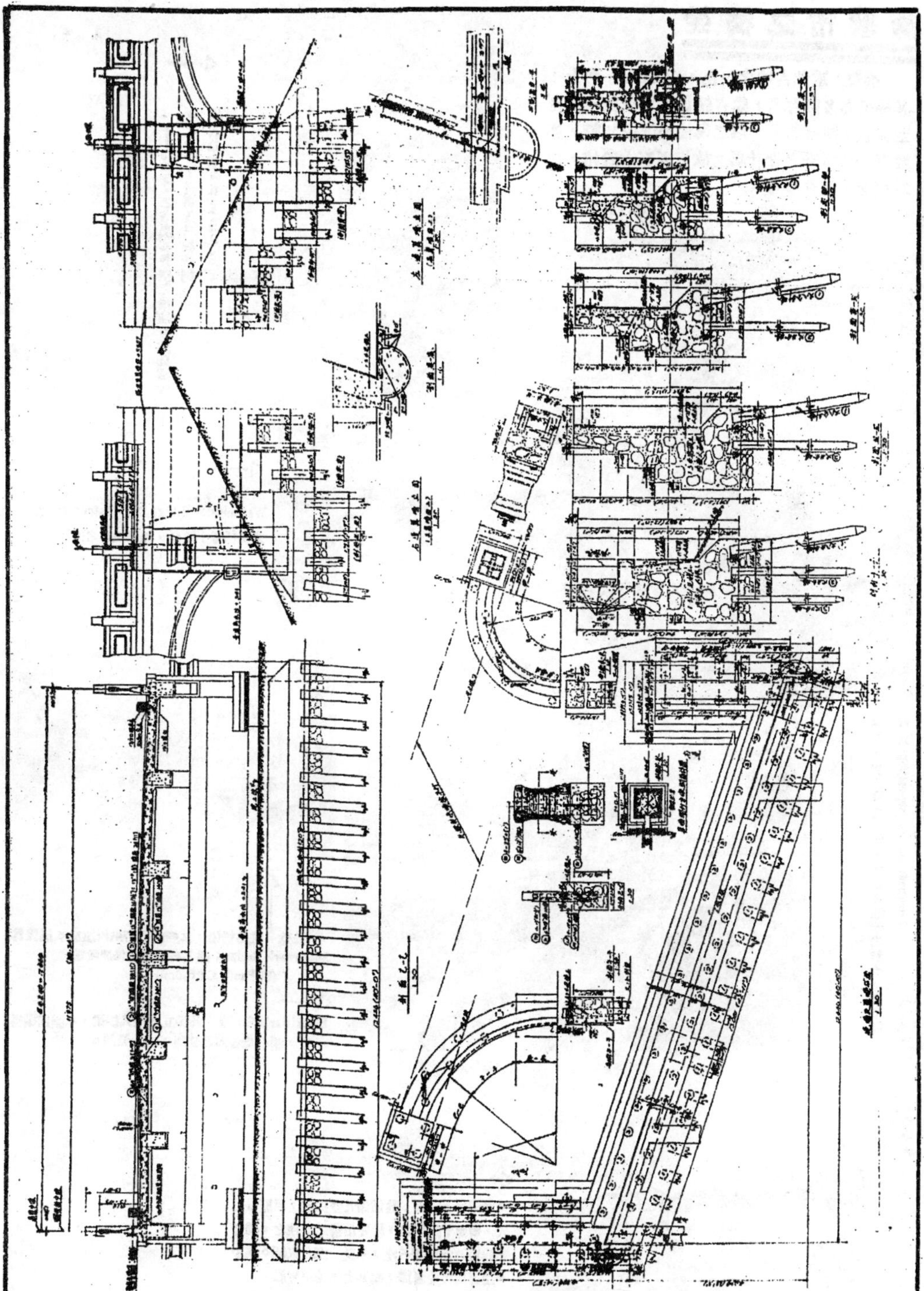

Details of Ju-Kong Bridge

倫敦市之橋梁

倫敦，歐洲古城之一也。 Thames 河上，其橋梁亦多以古名，頗有歷史上之價值。去夏至倫敦，觀察之下，以之與他國橋梁相較，亦較有一二新奇之設計焉。故特攝影十餘幀，以爲紀念，並資參考。

林同棪識

Tower Bridge之塔及其旁空之吊鍊。按此橋旁空之設計，可謂爲三鉸鏈倒拱式 (3-hinged inverted arch)

Tower Bridge之中空，爲倫敦惟一之動橋，係雙開葉式 (double-leaf bascule span)。

Westminster Bridge, 在 Westminster之旁：橋旁小輪船，係供遊客之乘覽。

此爲一鐵路橋梁：其形式不若拱橋遠矣。橋後爲 Southwark Bridge；圖之右端爲聖保羅教堂 (St.Paul's Cathedral)

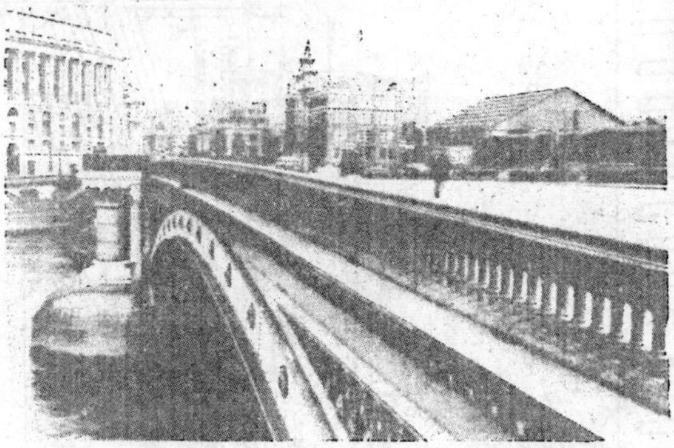

Blackfriar's Bridge。此係五空拱式橋梁，本圖僅攝得一空，欄干及各部之裝飾，頗爲美觀。

Waterloo Bridge。舊橋係九空拱橋，因歷時已久，橋面下陷數處，故暫用椿架支柱之。橋旁搭臨時八空鋼橋一座，承受一面之車輛。其中一空跨度倍於舊橋，故其上弦係用弓形。

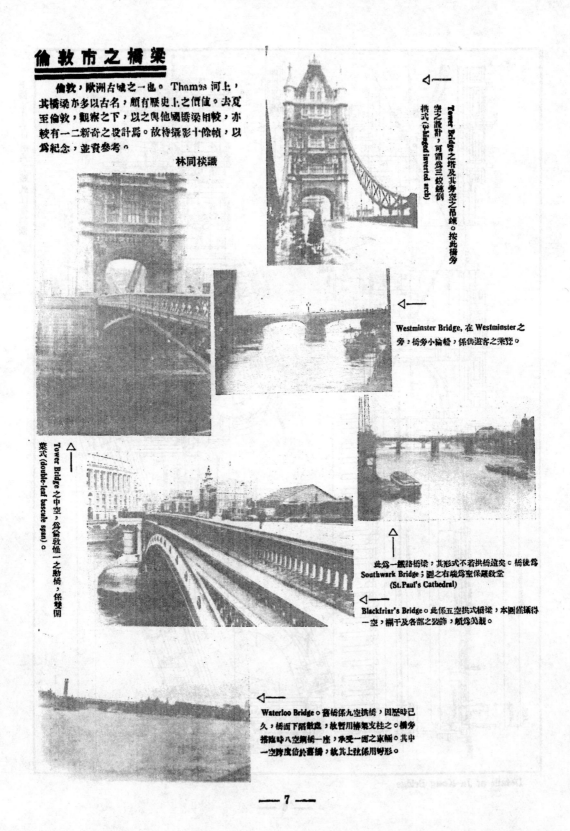

Chelsea Bridge。逆流而上，河面漸狹，此爲第一座懸橋。

水閘(lock)之前，有鋼橋一。橋後尚可見拱橋兩座。

Kew Bridge,

Albert Bridge。第二座懸橋，其式較老，一望而知。

人行拱橋之後，有鐵路橋梁一座，上弦係彎形。

Cheswick B ridge。

Lambeth Bridge。係五空橋梁

第三座懸橋之橋塔，懸索係用眼桿(eye-bars)連成。

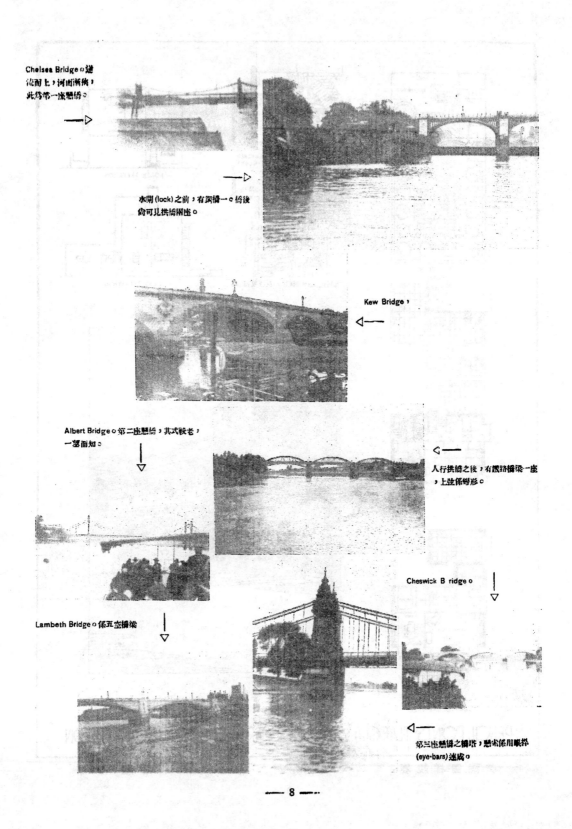

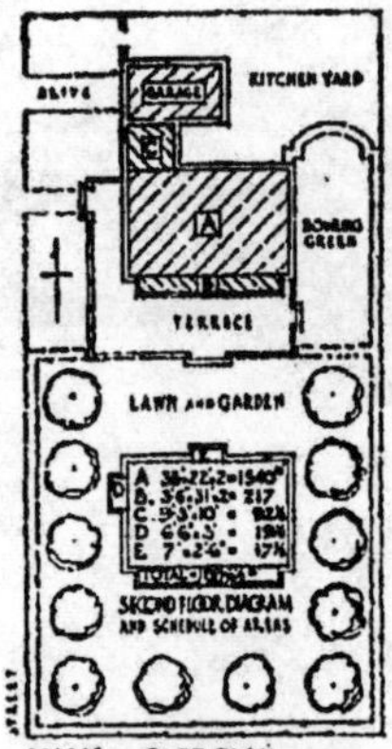

PLOT PLAN

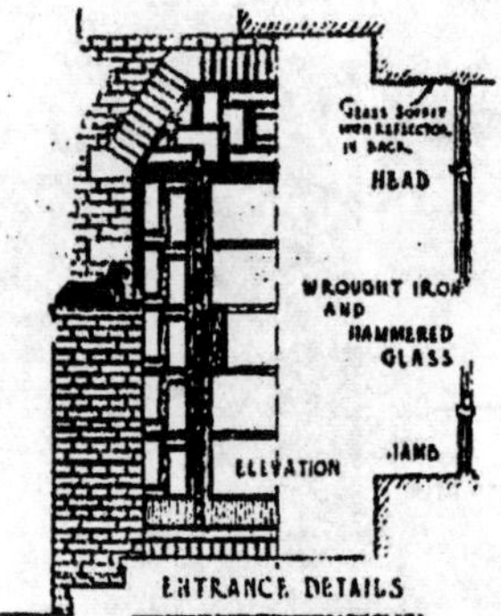

ENTRANCE DETAILS

ROOM	FL. AREA	W. AREA	RATIO
LIVING	340	175	.51%
DINING	180	93	.51
KITCHEN	85	33	.40
MAID	80	30	.37
MASTER	180	[illegible]	.34
DAUGHTER	145	62	.43
SON	134	54	.40
GUEST	120	48	.40

RATIOS OF WINDOW TO FLOOR AREAS

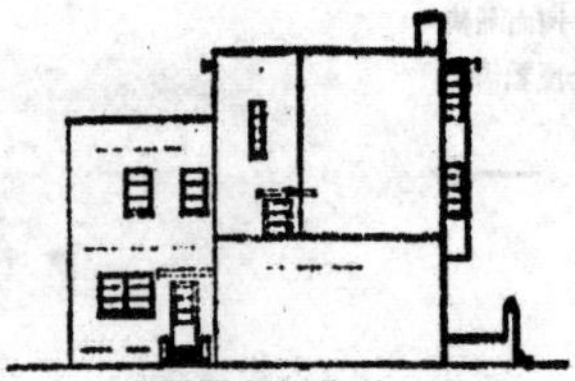

NORTH ELEVATION

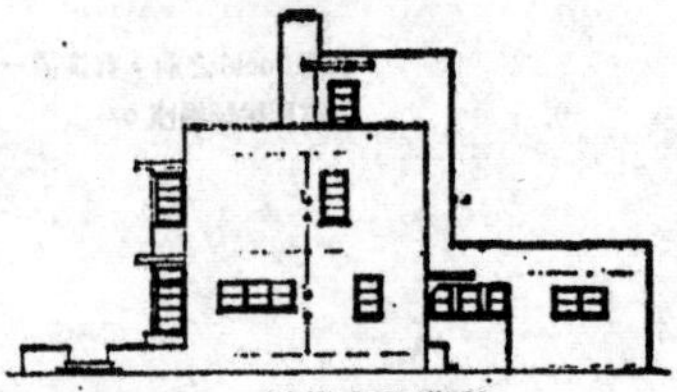

EAST ELEVATION

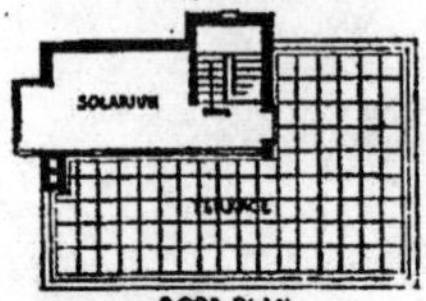

ROOF PLAN

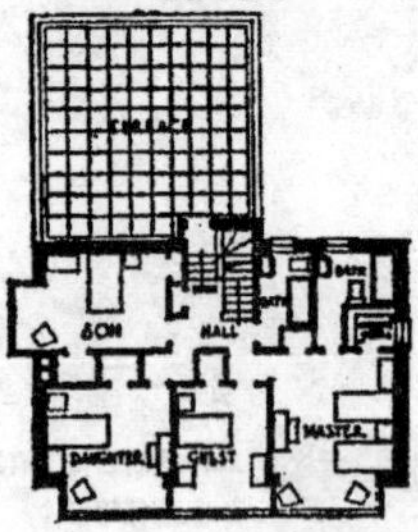

SECOND FLOOR PLAN

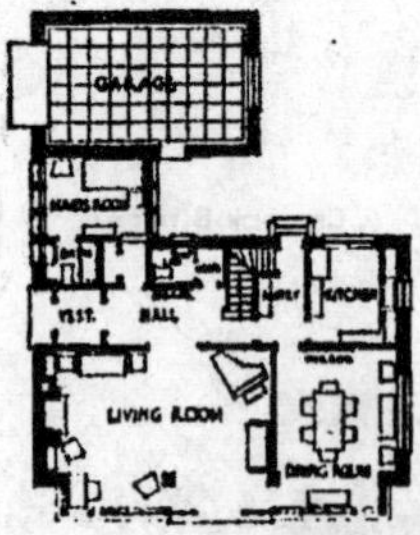

FIRST FLOOR PLAN

SUBMITTED BY LALIQUE

PENCIL POINTS-FLAT GLASS INDUSTRY ARCHITECTURAL COMPETITION

美國圖樣競賽　　　　附建之七

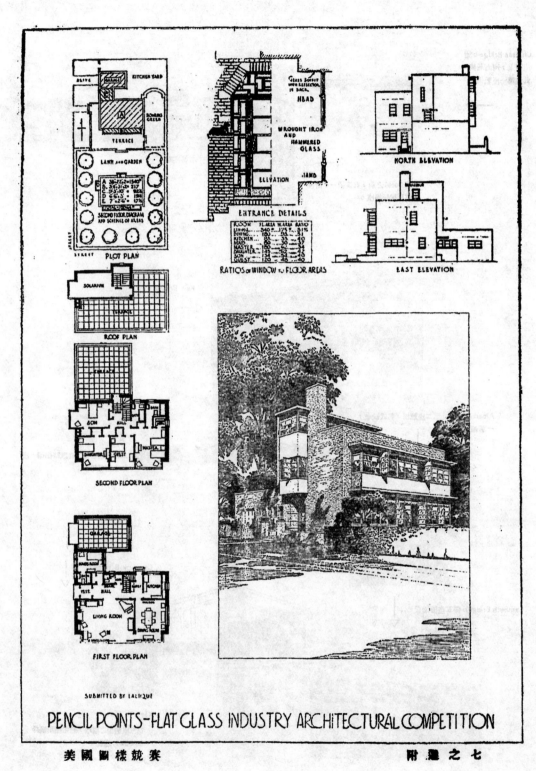

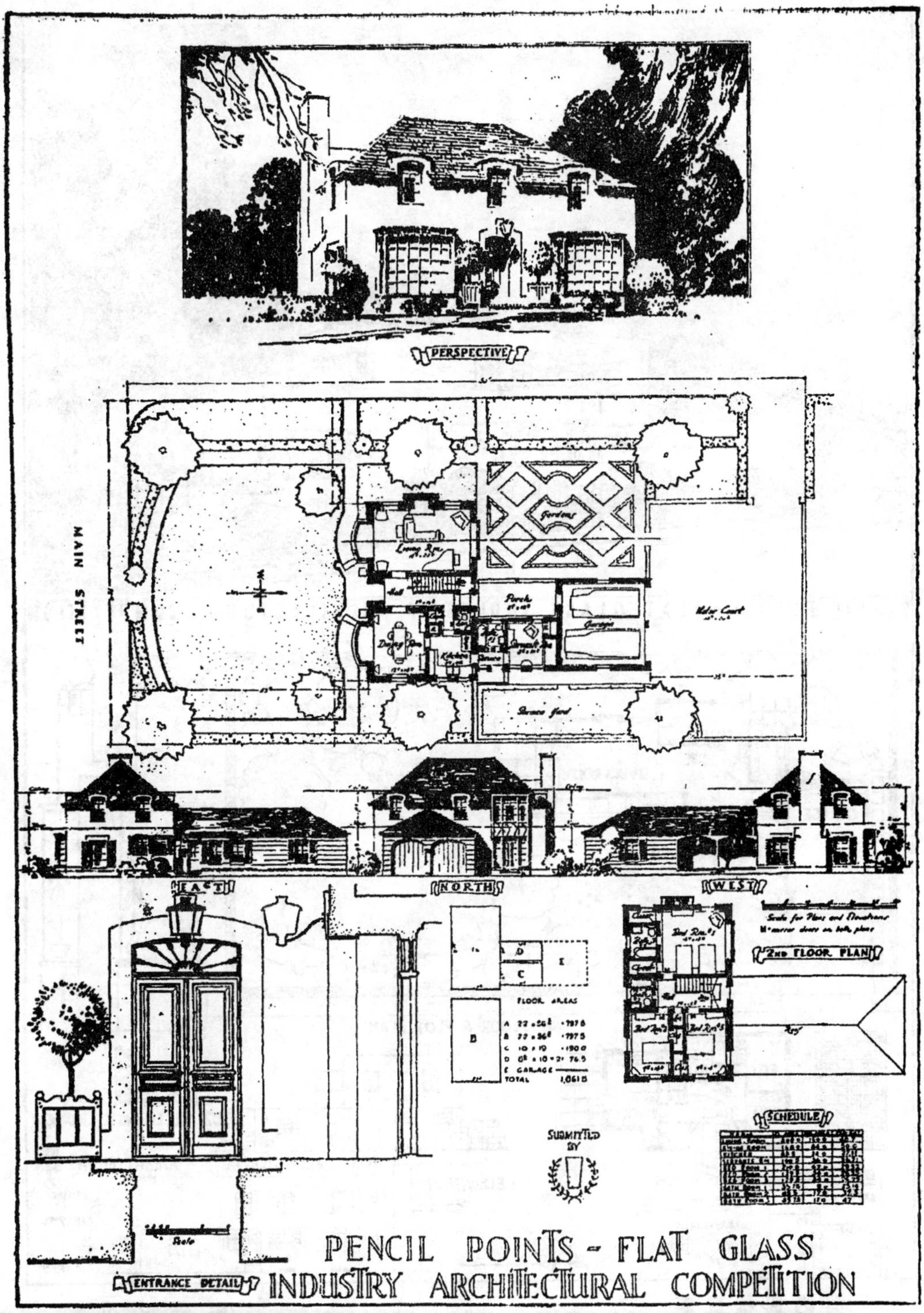
PERSPECTIVE
MAIN STREET
Gardens
Porch
Garage
Motor Court
EAST
NORTH
WEST
2ND FLOOR PLAN
FLOOR AREAS
TOTAL
SCHEDULE
SUBMITTED BY
ENTRANCE DETAIL
Scale
PENCIL POINTS - FLAT GLASS
INDUSTRY ARCHITECTURAL COMPETITION

美國圖樣競賽　　　　附圖之八

PENCIL POINTS – FLAT GLASS INDUSTRY ARCHITECTURAL COMPETITION
KTCHN.
MAID
LIVING ROOM
PANTY.
GARAGE
1st FLOOR & PLOT PLAN
BOY
GUEST
GIRL
HALL
OWNER
2nd FLOOR
NORTH ELEVATION
EAST ELEVATION
DETAIL. LIVING RM. WINDOW
SUBMITTED BY:
CEILING
FIN. 2nd FL.
LIV. RM.

美國圖樣競賽　　　　附選之九

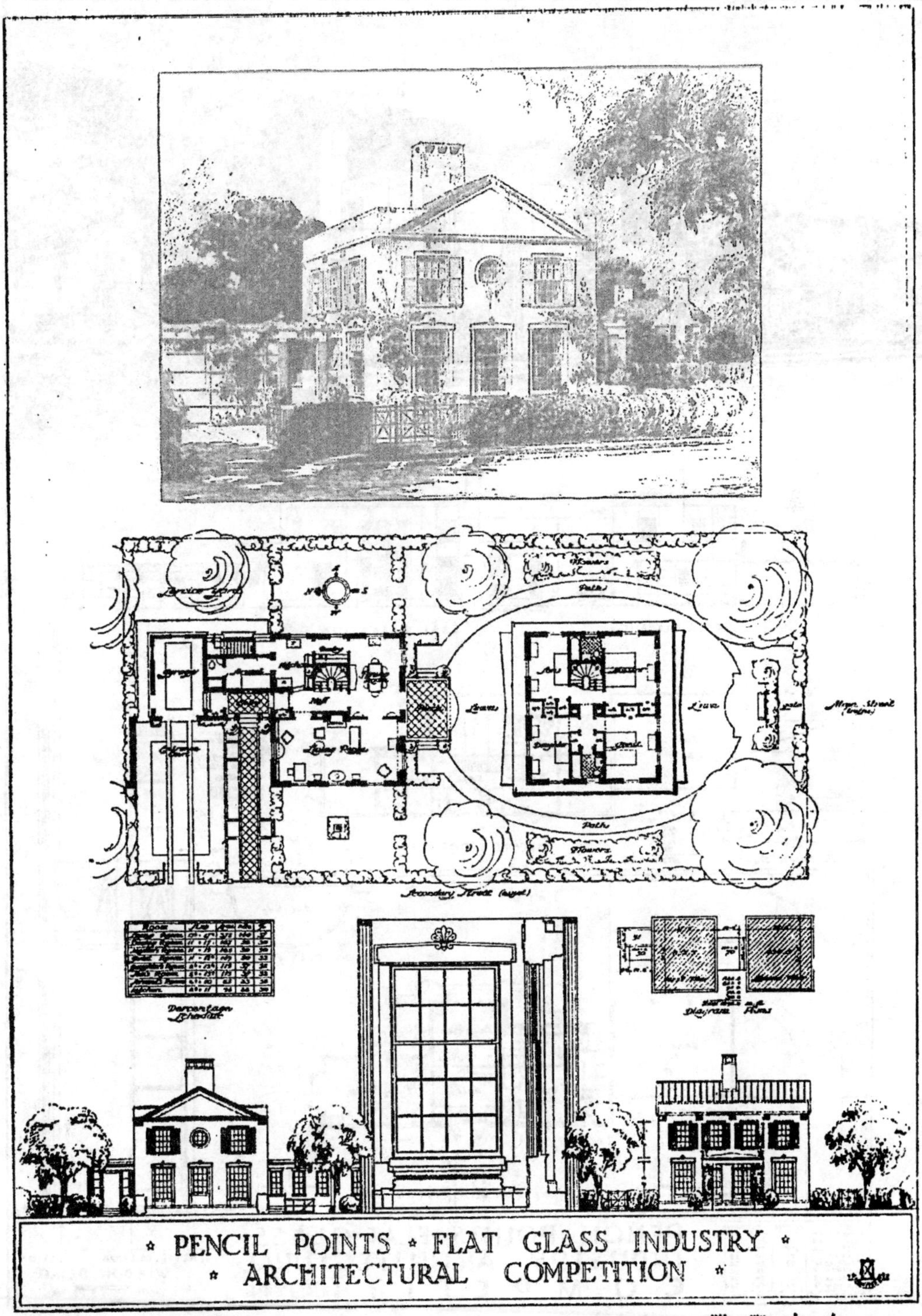
PENCIL POINTS FLAT GLASS INDUSTRY
ARCHITECTURAL COMPETITION

美國圖樣競賽　　　　附選之十

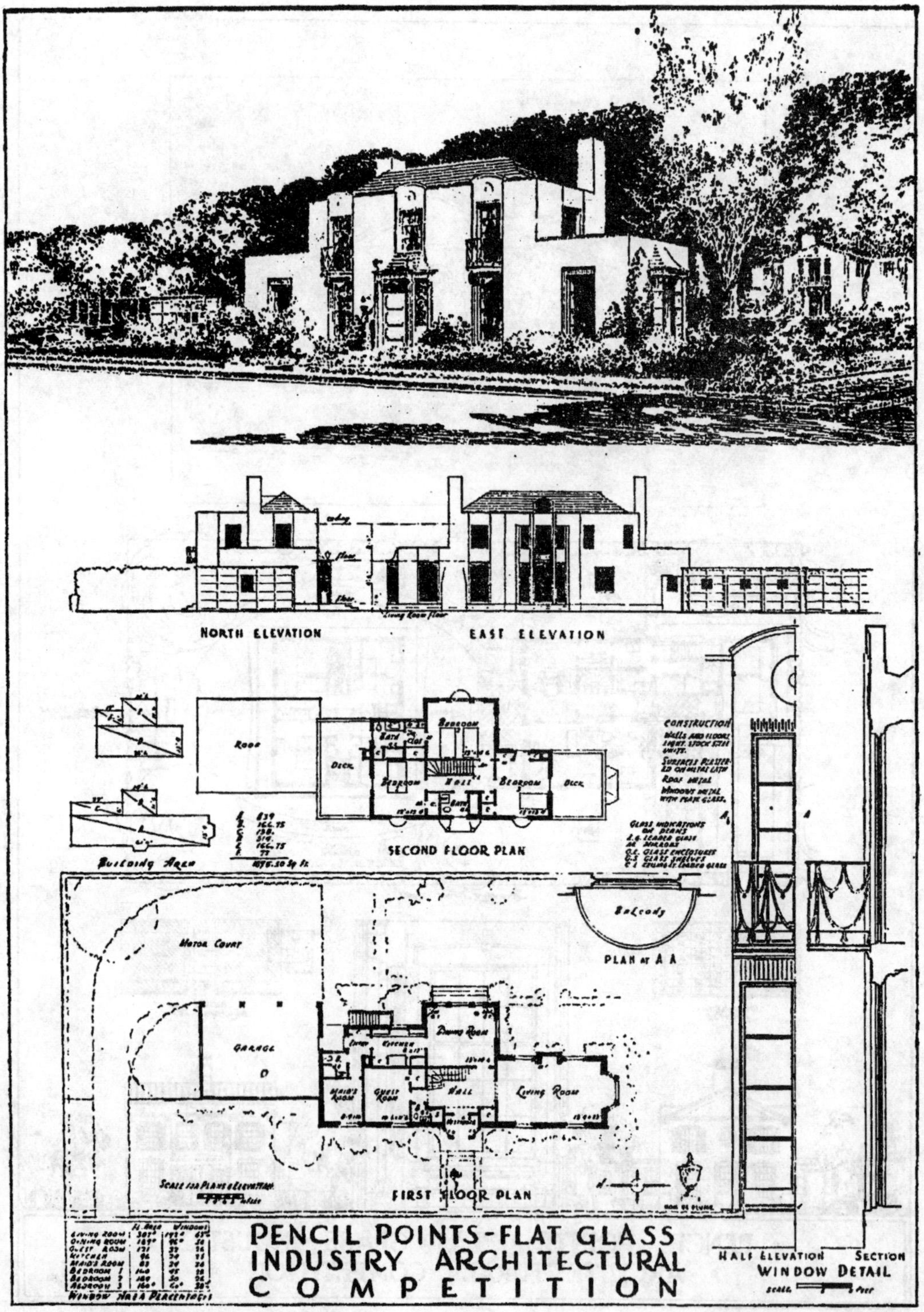

附選之十一　美國圖樣競賽

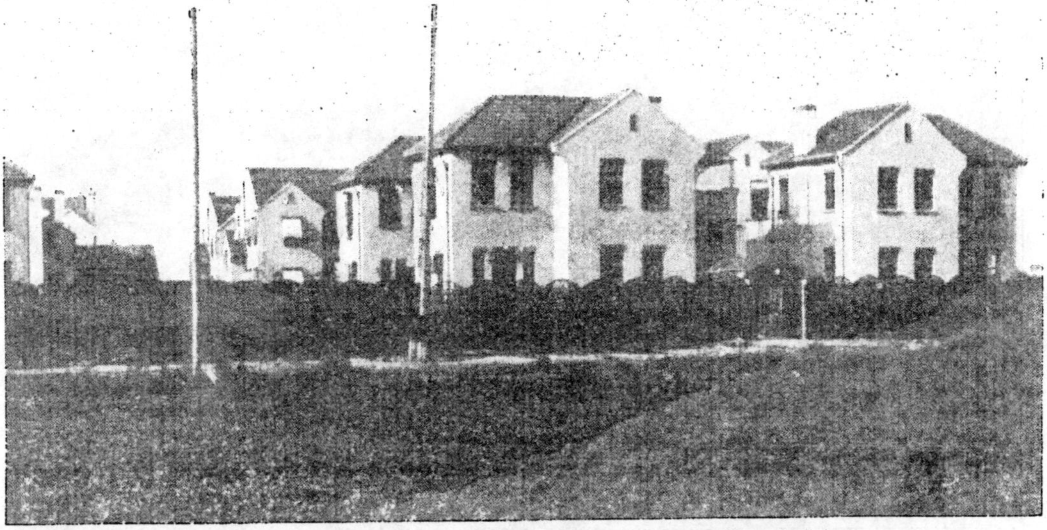

Group of Small Houses Situated in the Civic Genter, of Greater Shanghai

Dawson Koo, Architect—Sang Sung Kee, Contractor.

上海市中心區市光路新建小住宅之一

顧道生建築師

沈生記合號營造廠

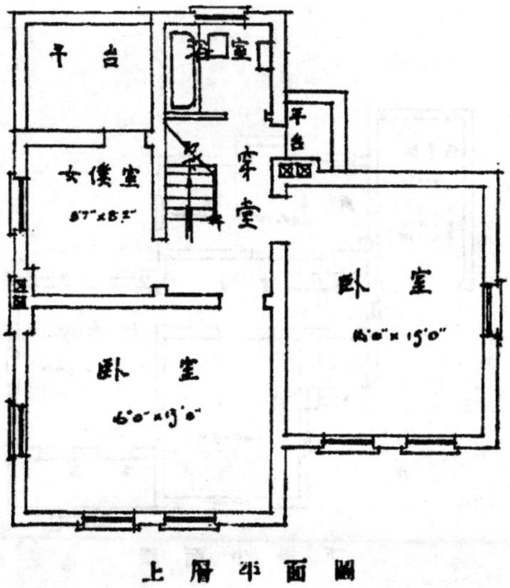

上層平面圖

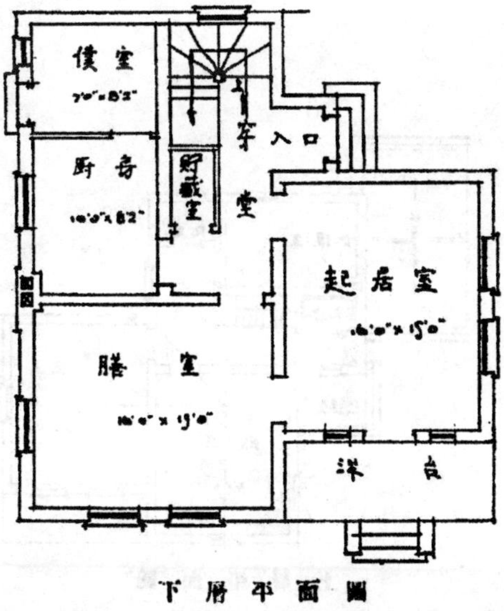

下層平面圖

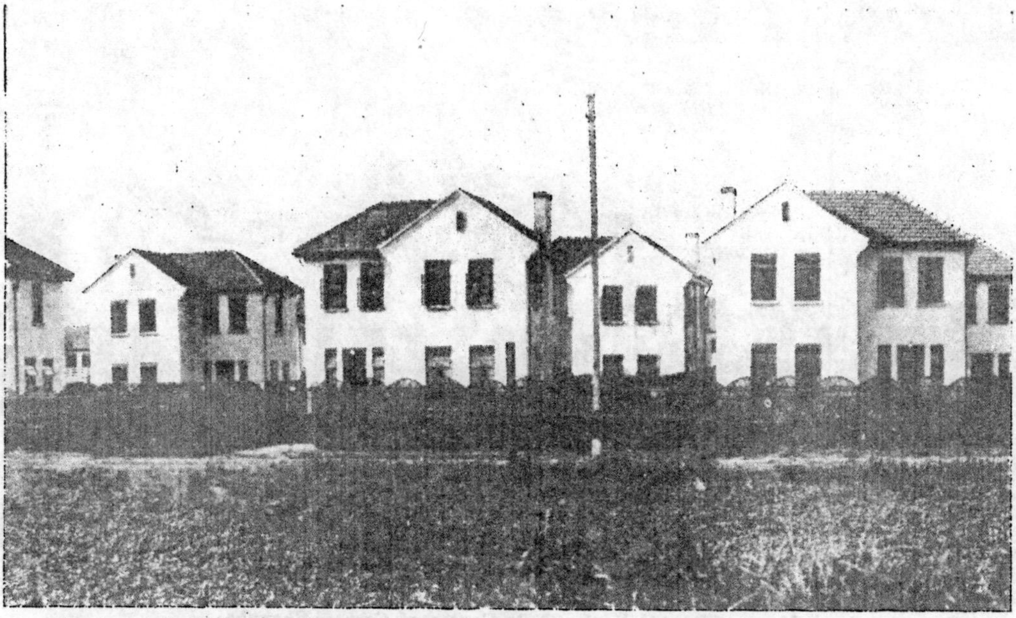

Group of Small Houses Situated in the Civic Center of Greater Shanghai

上海市中心區市光路新建小住宅之二

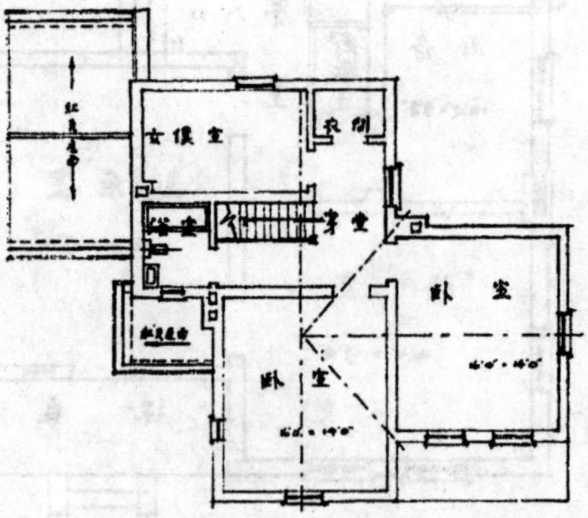

上層平面圖

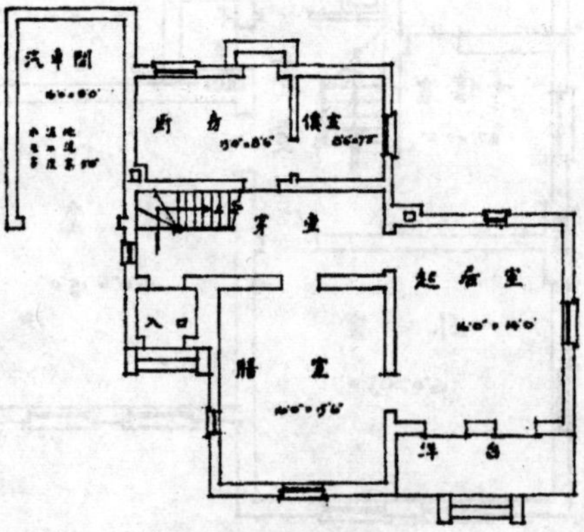

下層平面圖

Group of Small Houses Situated in the Civic Center of Greater Shanghai

上海市中心區市光路新建小住宅之三

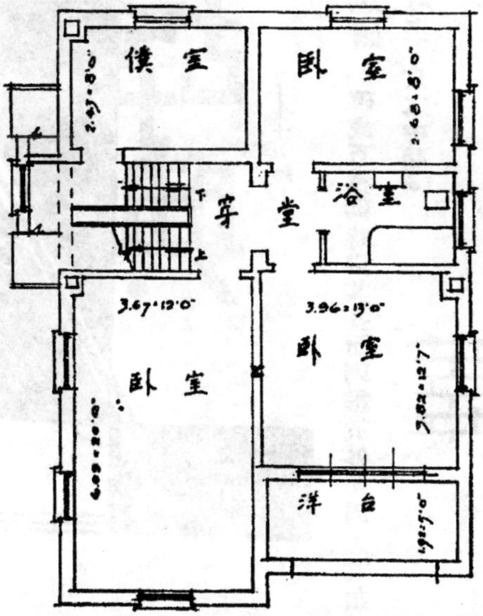

上層平面圖

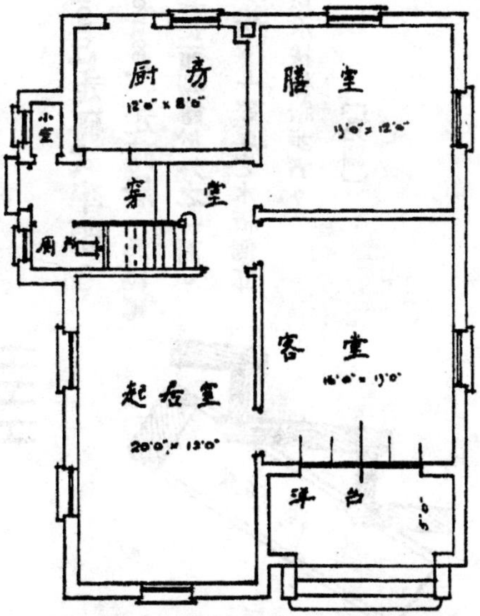

下層平面圖

建築辭典

—十六續—

『Street』街衢。城市鄉村中之公共行道，其兩旁或一旁建有房屋者。街之範圍包含中心之路及兩旁之人行道。〔見圖〕

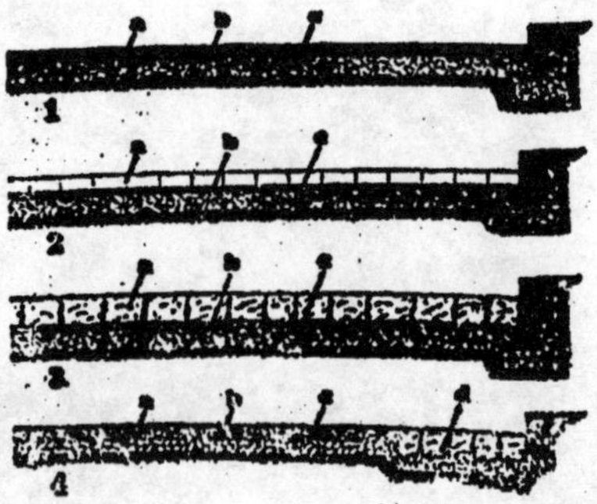

1. 柏油路： a 柏油路面 b 柏油與石子凝合 c 六寸厚水泥底脚
2. 磚　街： a 磚街面 b 一寸半至二寸厚之沙 c 六寸厚水泥底脚
3. 石彈街： a 彈街石面 b 一寸至二寸之沙 c 六寸厚水泥底脚
4. 石子路： a 石沙或沙泥路面 b 石子 c 亂石 d 石塊鑲砌瀉水淺槽

『Street door』街門。門之開向街市者。

『Street sprinkler』灑水車。車上裝置水箱，並有孔眼之灑管，以資澆灑街衢。

『Street sweeper』掃街人。人之被僱用以清掃街衢者。

『Stretcher』走磚。磚或石叠砌時以其長面砌露於外，因之其頭縫騎於上下皮之中間。〔見圖〕

『Stretching Bond』走磚式牽頭。

『Stretching course』走磚層。叠砌磚石以其長面砌露於外之一面。

『String』扶梯基。一堅厚之木板側立斜置以承扶梯踏步者。〔見圖〕

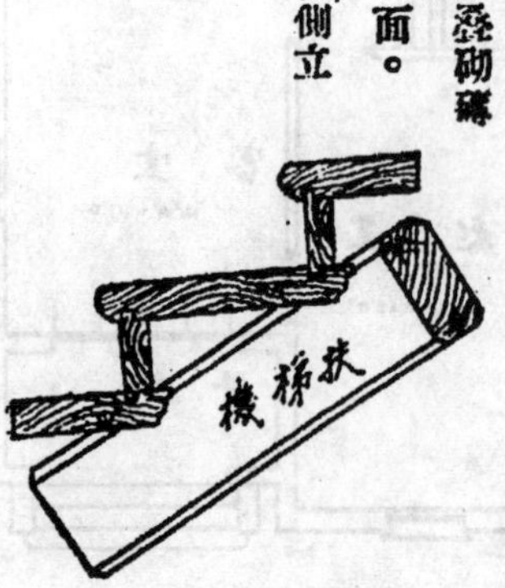

Face string 出面扶梯基板。梯製扶梯出面之扶梯基板，往往薄製，後背襯毛扶梯基，直接承受扶梯踏步之擱置。

Rough string 毛扶梯基。襯於出面扶梯基板之後者。

String course 束腰線。平行之線脚或花飾，突出於牆面。最普通者，在窗盤之下或壓簷牆下。

[見圖]

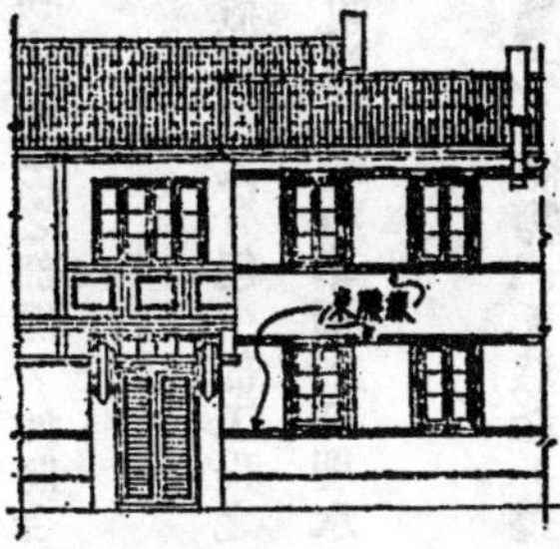

「Stringer」承重，大梁。任何平置之大梁，自此端跨越至他端，其他建築材料均擱置其上，如橋梁及房屋中之屋頂大料等。

「Strong room」庫房。藏貯財物之庫。

「Structure」構造，建築物。如房屋之以構架而成者。

「Strut」斜角撐。大木構架屋頂時，一端撐於人字木，另一端支於正同柱者。

[見圖]

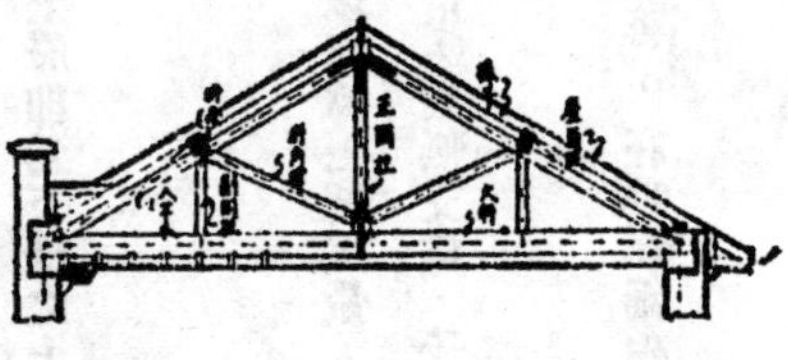

「Stucco」毛粉刷。一種塗於外牆之粉刷，其材料多數用水泥，間亦有用石膏，膠水，白磬石粉及細沙之混合物者。其出面部份並不粉光，故意使其毛草，如將水泥黏貼於牆面，一任其毛草自然。蓋Stucco一字，亦含有Stuck之義也。

Bastard stucco 粗糙毛粉刷。

Rough stucco 最粗糙之毛粉刷。

Trowelled stucco 鐵板痕毛粉刷。以鐵板蘸水泥粉於牆面，使鐵板之痕跡縱橫於牆面，別饒風趣。

「Stud」板牆筋。分間泥幔板牆中間之木柱，板條子即釘於其上。

「Studio」畫室。技術家工作之室。室中佈置及光線之配置，特適合於畫家，雕刻家及攝影家之工作者。

「Studwork」木筋磚牆。 在木板牆筋中間鑲砌磚壁。

「Study」書房。室之備作研習，閱讀者。

「Stuff」物料。任何物料之統稱。以此材料製作器物，如木板爲建造房屋之材料。

「Style」式樣。

「Stylobate」連座。座盤之不僅支立一根柱子，可立兩根或兩根以上連貫柱子者。

「Subarch」附圈。法圈之附於另一較大法圈者。

「Subcontract」分契。根據原契約分出之部份，如將合同中之一部工程分包他人。

「Subcontractor」分包商。向原承包人分包一部工程之人。

「Subway」地道。地下所建之孔道，可行車輛，可埋水管，自來火管及電綫等。

「Sulfur」
「Sulphur」} 硫磺。淡黃色非金屬之晶體物，天然產，燒融後可膠黏建築物，其他用途極多。

「Summer house」涼亭。園中避暑之涼亭。

「Sun blind」簾子。遮避驕陽之障物。

「Sun dial」日晷。用日光射影以定時計者。

「Sun proof」耐日光。能抗禦猛烈之日光者。如油漆每易被日光浴失，故有特製之油漆，可耐日光。又如平屋頂被日光所逼，熱炎透入屋中，故亦有種種隔絕熱炎之材料。

「Sun room」日光室。

「Supercapital」複花帽頭。在卑祥丁與羅馬式建築中，有於花帽頭之上加疊一花帽頭者。

「Supercolumniation」重列柱。任何建築同時以不同式樣並置者。如於下層用柯蘭新式，而於上層用多斯倘納式。〔見圖〕

法京巴黎十七世紀時之英伐來族館前部。

「Superintenderee」監督。有領導管理及監督之權能與行使者。

「Superintendent」監督者。監督工程管理事務之人。

「Superstructure」上部建築物。房屋或任何建築物，均有礎基；故礎基以上之建築物，卽爲上部建築物。又如上層房屋建於下層房屋之上，則上層卽爲下層之上部建築物。

「Supervision」監督。

「Supervisor」監督者。

「Support」支柱。任何支柱用以支撑上部重量，若作動詞論，則爲援助之義，蓋上部重量，設無支撐，予以援助，勢必坍圮。

「Surface drain」
「Surface channel」} 明溝，陽溝。在地面舖作之旁及房屋沿壁引水入溝之瀉水槽。

『Surveyor』測量師。測量地面之專家，建築師及土木工程師，均應具有測量之技能。

Building surveyor 建築檢查員。凡新建築需建築師繪具圖樣及計算書等，送請當地工務機關核准，發給營造執照；而工務機關亦選派專員，審核此項圖樣及計算書，是否與頒佈之建築規則附合。

『Suspended ceiling』假平頂。水泥樓板底下，往往置有各種管子，如落水管，救火噴水管，糞管等，故用假平頂以作障蔽。亦有因屋中川堂狹隘，覺樓擱面太高，用假平頂以落低者。假平頂之材料，有用鋼絲網，鋼板網或板條子，外塗粉刷。

『Suspension bridge』懸橋。橋之不用橋墩支托，亦無梁架跨拱，全持鐵索之懸吊於兩端者。

〔見圖〕

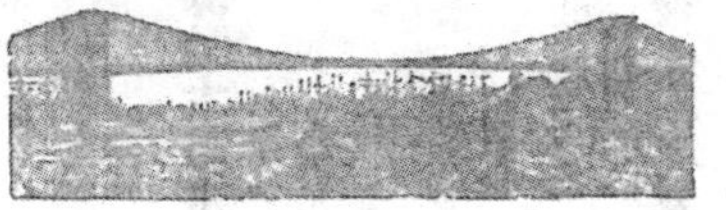

『Swimming pool』游泳池。

『Swing door』自關門。門之裝以彈簧鉸鏈，或地板彈簧，故能於門內或外開啓後，自動關閉。

『Switch』電燈開關，電門。 旋啓或關塞電流之機紐。

〔見圖〕

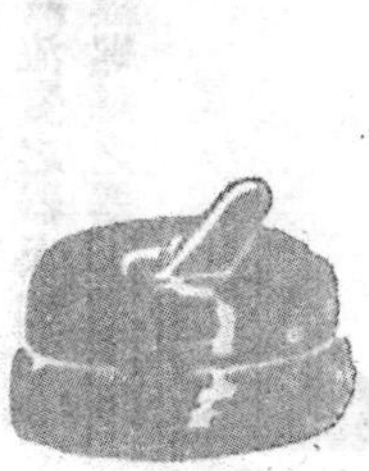

『Switch box』電鑰匣。各路電線總匯之處，鉛絲匣子及閘刀開關，咸裝於此。

『Switch board』電鑰板。一塊板或一張枱桌，裝置電鑰，以資開啓或關塞電流。又如電話局接線通話之機紐。

『Syenite』閃長石。一種火成岩石。石之本質為角華花崗(Hornblende Granite)，無雲母(Mica)混雜。上海四行二十二層大廈下兩層之外壁，即係此石，採自山東膠縣之大珠山。

『Synagogue』猶太教堂。 猶太人聚集禮拜及講述宗教之所。

〔見圖〕

美國紐約城猶太教堂之內部。

上海猶太教堂之外景。

『Tabernacle』 猶太人避難所，猶太廟。 一個棚子，由大棚中分成小間或相等之建築物，總之為一種簡陋而差堪躲身之場合。依據猶太厤史：此種棚帳，乃早代猶太人蹀躞巴勒士丁荒漠(Palestine 位於敍利亞西南，占地一萬一千方哩，其首府為耶路撒冷Jerusalem)時之避難所，亦為祈禱上帝護佑之所，故後人目為猶太廟。因之凡房屋之建作祈禱，尤以面積較大而不一定依據敎堂式樣之建築者。

[見圖]

『Table』 ㊀桌子。傢具之一種。有Dining table餐桌，Dressing table梳粧枱，Operating table 手術枱，Tea table 茶桌，Work table 作工枱等。

㊁表單。一套數目字，記號，或任何種類之條目表單，用資根據查考者。如Time table時刻表，Table of sizes and weights of slates片瓦大小重量表，Table of Pressure of water, Pounds per square inch每方寸水壓之磅分表。

『Tablet』 碑銘。薄塊之實體物，如木，石或金屬上鐫文字。

『Taenia』 小線脚。在陶立克式建築門頭線上之小線脚。

『Tank』 水箱。木或金屬所製之箱，用以貯水者。如火車站旁之水箱，備給火車龍頭汽鍋之用。惟此水箱之定義，亦有因其用處及地位之不同而命其名者：如 Water tank 水箱，Septic tank化糞池，Oil tank油池。

『Tap』 ㊀龍頭。自來水龍頭，如欲取水，須將龍頭旋啓，則水自管中流出。其他貯藏流質之器與此同。

㊁螺絲弓。絞鑽雌縫螺絲之器具。

[見圖]

22538

『Tar』柏油。黑色之油類，流質由蒸流煤塊，木材或瀝青質之礦物中取得。柏油鍊製之法有多種：如於製造煤氣所得者，爲 Gas-tar or Coaltar 煤氣柏油或煤柏油。如應蒸發松木或其他木材而得者爲 Wood tar 木柏油。柏油之用途殊廣，以其含有靛青，石蠟，硬煤精等，以其製作工業品之原料者，如製肥皂，屋頂牛毛毡，黑色等。柏油非特可以抵禦熱氣及潮氣，並可防止木材腐壞，鐵器銹蝕，澆製路面及油漆等。

『Tar concrete』柏油混凝。柏油石子等拌合者，用以澆製路面。

『Tar paving』柏油路。路面由柏油澆舖者。

『Tarsia』雜碎。染色之小塊木片，可以拚成房屋及景物等者。用於教堂中之裝飾，台度及地板。與瑪賽克之鑲嵌工作相同。

『Teak』柚木。產於東印度，暹羅等熱帶區之巨木，色微黑，質重而堅，歷久不腐，無碎裂，捲縮等弊。用以製船，彫鐫及製作傢具。

『T bar』丁字鐵。鐵條中之斷面如丁字者。

『T beam』丁字梁。

『T square』丁字尺。繪圖儀器之一種，其形如英文T字。〔見圖〕

『Tee』㊀丁字接頭。自來水管或其他管子工程之接頭，其形如英文字T。〔見圖〕

㊁塔頂。傘狀之頂尖，建於塔巔者，普通並繫銅鈴。〔見圖〕

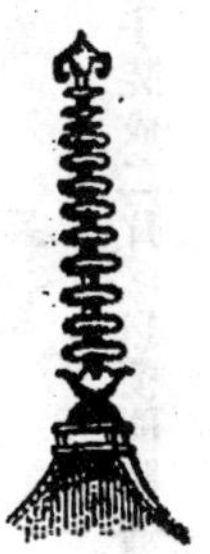

『Telephone room』電話室。

『Template』
『Templet』墊頭木，墊頭石。扁狀之木或石，墊於屋頂大料之兩端擱牆處。〔見圖〕

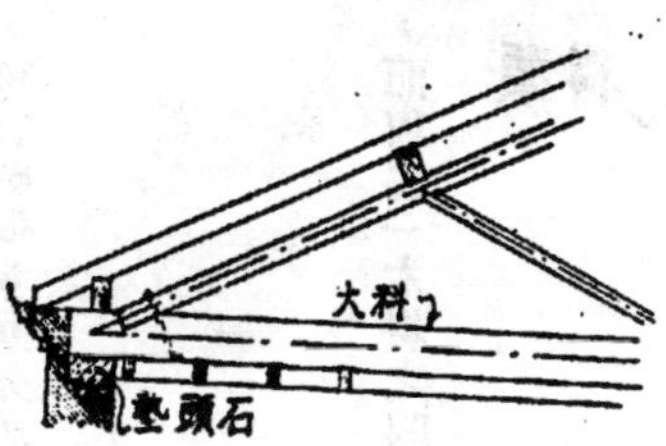

『Temple』廟宇。
Cave temple
Rock temple
Rock cut temple 石窟。

22539

〔見圖〕

山西大同雲崗石窟

雲崗石窟全部平面

「Tenant」房客。

「Tender」投賬。營造商自向建築師處取得建築圖樣及說明書後，估就造價，即開具估價單投送。估價單投送後，一經定作人接受，則不能再行增減數目矣。

「Tenement house」公寓。一屋之中，可容數個家庭分居者。義與Apartment house相同。

「Tenia與Taenia相同」

「Tennis court」網球場。

「Tenon」榫頭。木料之一端做成榫頭，而與另一木料之眼子相接。〔見圖〕

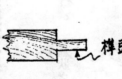

榫頭

「Tenon chisel」榫頭鑿。鑿子裝成二片，以便同時將榫頭兩肩切鑿。

「Tenon machine」榫頭車。割榫頭之機械。

「Tensil strength」拉力。

「Tension」伸張。

「Tent」營帳。

「Tepidarium」溫浴室。任何室中置有溫浴者。

『Term』術語。科學，藝術，貿易等之專門語，如醫藥名詞、建築名詞。

『Terrace』露臺。崛起之台階，用磚石砌起，往往位於屋之前部面臨花園者。

『Terracotta』燒陶磚。係一種磁，大都用於房屋上爲飾物及人物等。普通不上釉面。人像或他種美術作品之以燒陶磚製成者。燒陶磚之色褐紅，故凡土製物之色相同者，均可名之。

『Terrazzo』磨水泥，花水泥。　用水泥及雲石子等混擣，待乾硬後，磨擦使光，其佳者一如大理石。用於舖地，扶梯踏步及台度等。

『Test』試驗。建築材料必經試驗。如鋼骨之拉力，水泥之壓力等，均幾經試驗者。

『Thatched roof』草屋。用稻草，稷絮或其他植物幹梗搭蓋之屋，藉避風雨，而別具風趣者。

『Theatre』戲院。一所屋子，特別用作表演戲劇，歌舞及娛樂者。〔見圖〕

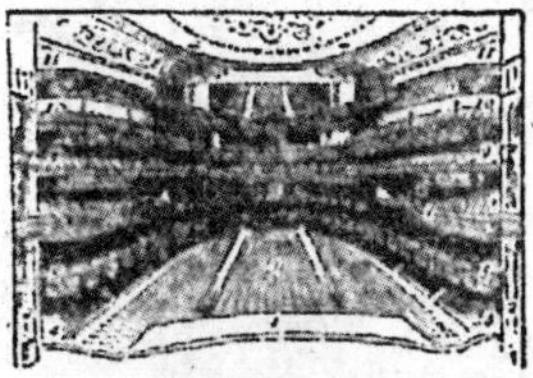

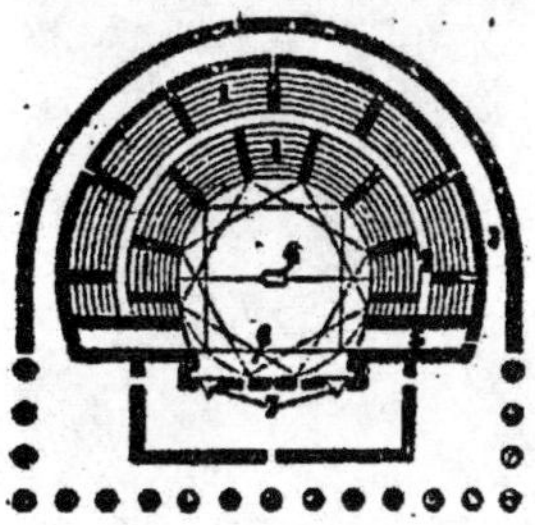

『Theodolite』測量儀。〔見圖〕

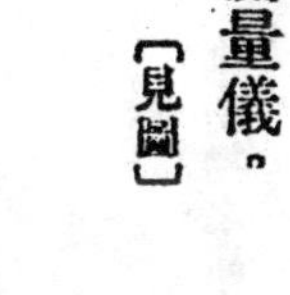

『Thermae』浴堂。羅馬古時之溫浴堂，中有劃分各個房間者。與Caldarium, Frigidarium and tepidarium同義。〔見圖〕

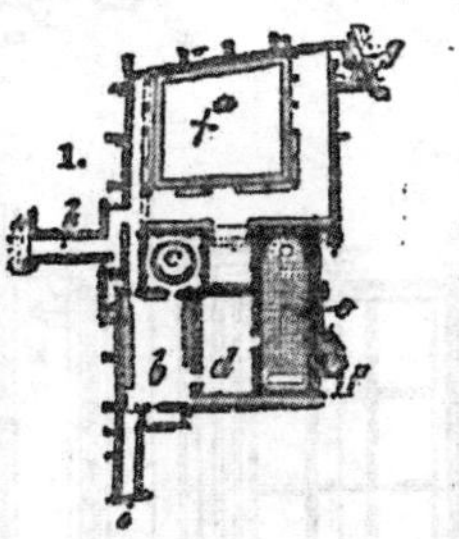

男子浴室部份之平面圖
a天井、b裝身室、c熱浴或冷浴盆、d熱浴室或裝身室、e熱氣及熱水浴室、f爐鍋、g，h，i，通街道之走廊。

『Thermostat』制溫機。控制溫度適合之機。

『Three quarter bat』七分找。叠砌磚壁至最末一塊時，因所餘空隙，不能容納整塊之磚時，祇能將多餘者截去。故凡截去磚之一半謂五分找，截去磚之十分七謂七分找。

『Threshold』起檻。　木或石之撑於門框下端，一如門限之於大門之下；故若提及起檻，則便應連及大門之思。紀都Kitto 聖經日記中，載有一則：羅馬人娶新婦，新婦初次進門時，有足趾不能觸及起檻(門檻)之忌諱。現在室中門下亦每有起檻者；蓋室中舖置地毯，門爲地毯所阻，致不能開啓，故用起檻，則門之上端，可與地板提空，啓閉無阻。

『Throat』烟囱口，爐喉。〔見圖〕

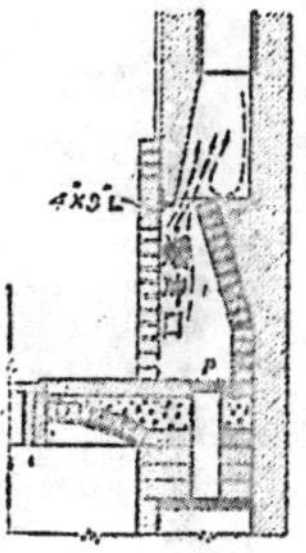

『Throating』滴水。〔見圖〕

『Thrust』推力。

『Tie』繫。用繩或鍊以繫物，如繫馬於柱。

『Tie beam』屋頂大料。木材之架跨於兩牆之間，以資牽制者。〔見roof圖〕

『Tile』瓦，方磚。舖蓋屋面之瓦。舖地飾牆之磁磚，雲石，石版，玻璃及白鐵等。〔見圖〕

1.三種不同瓦片之剖面圖，示a京洲式捲筒，b比國式鍋彎，c.德國式平瓦。
2.古羅馬瓦片。i，蓋脊瓦，t，底瓦。
3.中國筒瓦及扇隙滴水瓦。
4.新式鍋彎瓦及釘樣洞。
5.德國鍋彎瓦舖蓋後之狀。
6.德國平瓦。
7.平瓦蓋後在蓋面之一部。

Glazed tile磁磚。

Hollow tile 空心磚。

Ridge tile 脊瓦。

Wall tile舖牆磚。

『Timber』木材。樹木鋸成正方板塊，以資建造房屋或其他建築之用者。

『Toilet』洗盥室。此中設有衛生抽水馬桶，浴缸，面盆及粧台衣鏡等，以資洗飾。

『Tomb』墳墓。埋葬屍體之所，並建紀念物於其上，以資紀念者；如南京總理陵園。

『Tongue』雄縫。木工之凹凸接縫，其雄者謂Tongue，雌者謂Groove，故樓板之雌雄縫者曰Tongue and groove flooring。

『Tool』工具。任何工藝匠人所用之器具，如鋸斧鑿鉋泥刀等。

『Toothing』輪齒接。砌牆之磚工或石工，層磚相叠，是必互相依持，故必輪齒相銜。(見Bond圖)

『Top lining』天盤板，橫度頭板。窗或門之上面與門頭綫相齊之橫板。〔見圖〕

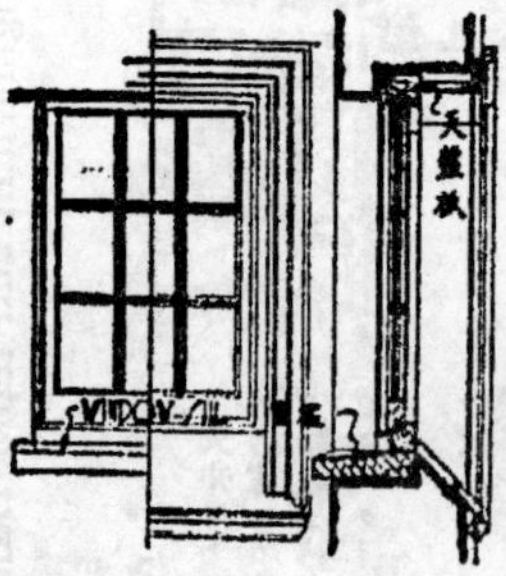

『Top rail』上帽頭。門窗，門框或窗框之上面之橫木。〔見圖〕

『Tower』塔。建築物之高出比鄰，比深，普通係方形或圓形，

22542

並突起於大建築上之一部，如教堂或百貨商場等。

「Town Hall」 市政廳。房屋之用作市政辦事或會議等者。

「Trabeation」台口。與Entablature同。

「Tracery」尖窗柳葉心。。石工鑄飾，鑄於尖頭窗中管檔以上。

Bar tracery 柳條花心。

Branch tracery 枝條花心。

Curvilinear tracery曲線花心。

[見圖]

Fan tracery 扇形花心。

Flamboyant tracery火焰花心。

[見圖]

「Tracer」印寫員。印寫圖樣者。如建築師繪製建築圖樣，咸用鉛筆劃就後，交印寫員用墨綫劃，故印寫員熟練之久，亦能自繪圖樣矣。

「Tracing cloth」印寫布。印寫墨綫用之蠟布。墨綫一經繪寫其上，即可用照相紙印晒；任何藍底白綫，或白底黑綫等圖樣，無論需用若干，均可複印；倘將原底蠟布保存，雖隔數十年之久，仍可取出印晒。

「Tracing paper」印寫紙。與印寫布同，不過係紙質耳。

「Transept」左右廂。

[見圖]

溫徹斯德教堂之平面圖。

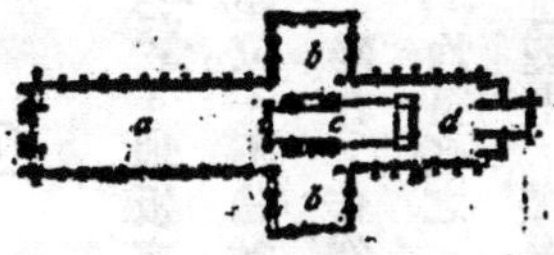

a 禮拜堂 b 左右兩廂

c 歌詩台 d 奉殿

「Transformer」變壓器。

「Transit」測量儀。

[見圖]

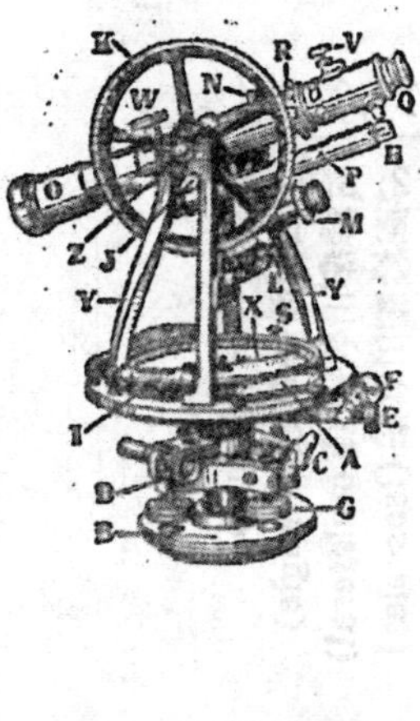

「Transom」中管檔。窗或門與上面腰頭窗分段之橫檔。

[見圖]

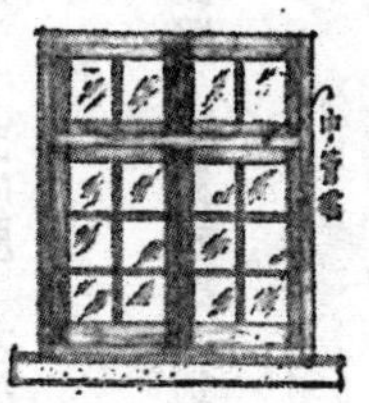

「Trap」存水彎。一種管子之特別構製與設計，管之一部彎曲，使潔水停貯於彎管存水之點，藉止污水之回返與穢氣之播

揚。存水彎之式樣殊多，故因彎曲之狀態不同，而於存水彎之前另冠名詞以狀之。如阻臭彎Stench trap。〔見圖〕

〔又圖〕

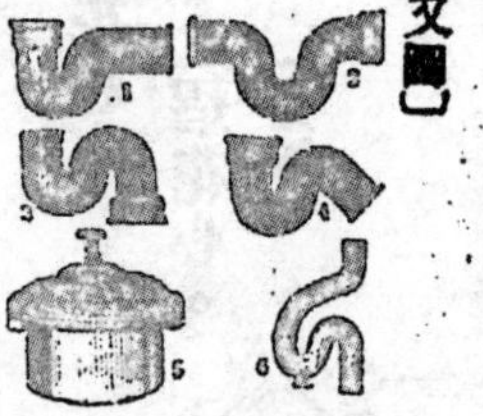

1. 半S彎
2. 通路彎
3. S彎
4. 七五S彎
5. 蒸汽彎
6. 袋彎

『Travelling Crane』移運吊機。吊機之置於軌道上，往來以吊運材料者。

『Tread』踏步。走上扶梯足踏其上之踏步。〔見圖〕

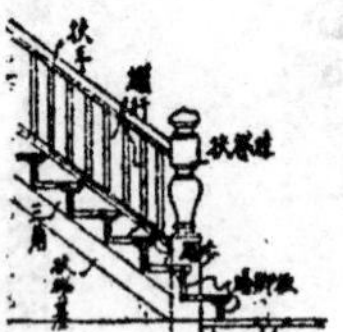

『Trelis』格子。十字紋之楞擋，如石庫門外之明門，及與滿天星Lattice相同。

『Trench』牆溝。在平地掘成深狹之溝，如掘壕後，再實以三和土或水泥，以為房屋之礎基。

『Tressel』
『Trestle』
●馬櫈。一根橫木，下支四脚；木匠用為作櫈，擱櫈等需者。●棧道。縣越崎嶇山路，架設棧道，以利行旅者。〔見圖〕

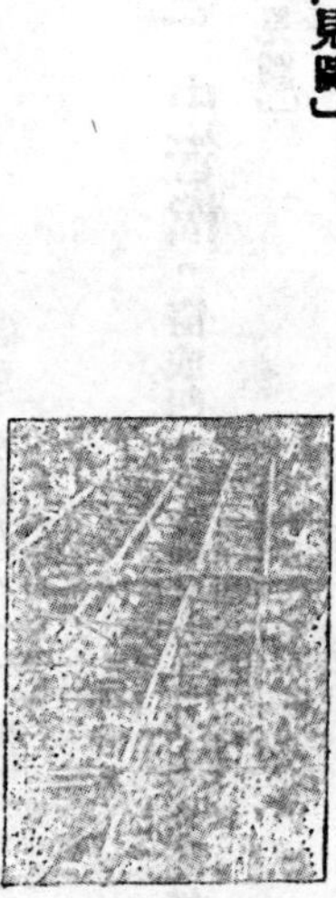

『Triangle』三角。〔見圖〕

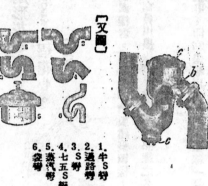

5. 鈍三角形 (Obtuse)
4. 正三角形 (Right-angle)
3. 等邊三角形 (Equilateral)
2. 兩等邊三角形 (Isosceles)
1. 不等邊三角形 (Scalene)

『Tribune』講壇，演說臺。地板之一部高起，以備設置者。羅馬教堂中主教之座位。不論教堂中或其他公共場所，凡升起之台，或挑出之陽台，作為列會要人之演講，樂隊之奏樂及其他類似者，均得名之。

『Triforium』三戶。古建築中，廊廡或連環法圈之築於聖龕或禮拜堂上者。其語原來自拉丁Tres + foris，蓋即三戶之意也。

【見圖】

『Triglyph』排檔。陶立克式台口上之飾物，中鑴三根豎直線槽，位於排框(metope)之兩旁。(見Doric order圖)

『Trimmer』千斤擱栅。此種擱栅，較其他普通擱栅稍厚，用以承接擱栅端頭之擱置。

【見圖】

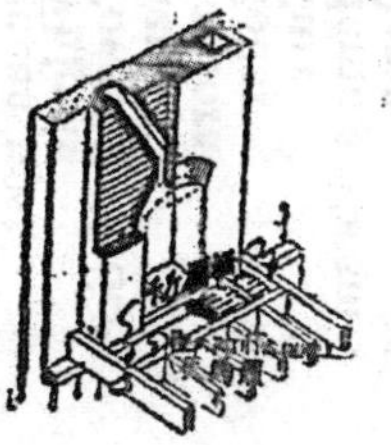

『Tringle』窗簾棍。窗或門頂之上，置一横棍，以掛簾布。他如懸掛床幔及帷幕之棍。

『Tripod』三架脚。架置測量儀之三脚架。

【見圖】

『Triumphal a ch』凱旋門。

【見圖】

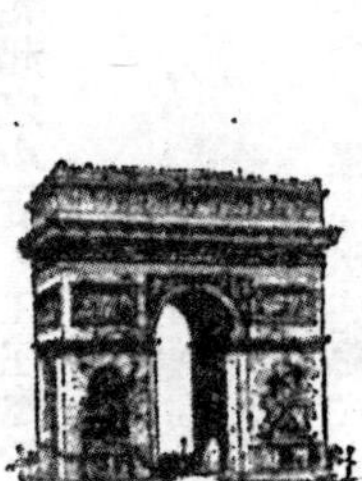

『Trowel』鐵板。做粉刷泥匠所用之工具。【見圖】

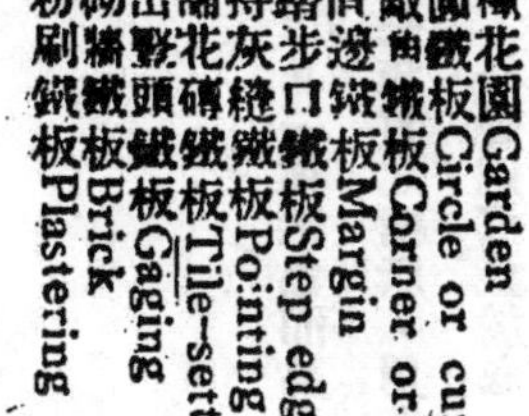

1. 種花園Garden
2. 圓鐵板Circle or curve
3. 做角鐵板Corner or inside
4. 直邊鐵板Margin
5. 踏步口鐵板Step edging
6. 拧灰縫鐵板Pointing
7. 舖花磚鐵板Tile-setters
8. 出彎頭鐵板Gaging
9. 砌磚鐵板Brick
10. 粉刷鐵板Plastering

『Trowelled stucco』。鐵板痕毛粉刷。(見Stucco解)

『Truck』卡車，運貨車。運輸材料及搭載工人之汽車或手推車。【見圖】

『Trunk』柱身。柱子之幹身，義與Stalk等相同。

『Truss』梁，大料。跨越空間兩端擱置橋墩或牆垣之梁架，以擔受自上壓下之定重及活重者。

〔見圖〕

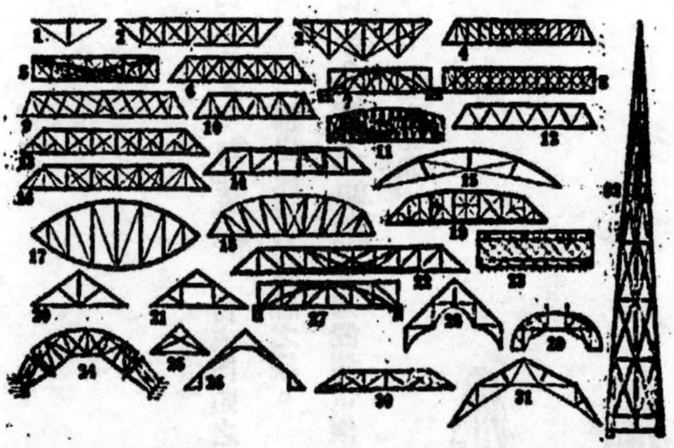

1. Deck (short span)
2. Deck (long span)
3. Fink
4. Murphy-whipple
5. Bollman
6. Howe or Jones
7. Howe improved
8. Linville
9. Post
10. Triangle
11. Macallum
12. Warren
13. Baltimore
14. Pratt
15. Bowstring
16. Kellog
17. Double bowstring or lenticular
18. Pegram
19. Petit
20. King post
21. Queen post
22. Whipple
23. Town or lattice
24. Center
25. Scissors
26. Collar
27. Curr
28. Hammer-beam
29. Dome
30. Truncated
31. Mansard
32. Spire

『Tube』管子。長條中洞空之木，金屬，橡皮或玻璃之管子，以資物之穿越或寄息其中，如電線之通於電線管。

『Tuck point』方突灰縫。磚牆工程灰縫之一種，方口外突者。〔見圖〕

『Tunnel』隧道。通過山嶺及河底之行道，普通以資通行火車者

。

『Turf』草皮。舖於園中之一片綠茵，可資遊憩或拍網球等運動者。

『Turning Lathe』車木。將木車成圓形，如扶梯柱子圓頂，櫈脚或椅脚之車圓起線等。〔見圖〕

『Turpentine』香水，松脂油。一種無色而易着火之流質，係以松樹及含有半流質或全流質之樹脂，用蒸發之手續蒸製；當蒸製時，油先流出，松香則沉澱於底。此項松脂油，漆匠名之曰香水，與魚油同為調合油漆之物。

『Turret』小塔。大建築中突起之小塔，往往建於大屋之一角，以壯觀瞻者。〔見圖〕

『Tuscan order』多斯堪典式。羅馬建築典式之一種，與陶立

克式極柱類。

『Turis column』 雙柱。

『Twisted column』 絞繩柱。柱之身幹如絞繩條者。〔見圖〕

『Two leaved door』 雙扇門。

『Tympanum』 鼓圈。法圈之直接起於門頭之上或窗堂之上，藉資觀瞻，圈上並有人字山頭，台口線脚之點綴。〔見圖〕

『U drain』 圓底明溝。

『Upright lock』 豎直插鎖。門鎖之淺狹而便於裝置於門梃者。〔見圖〕

『Under drain』 陰溝。溝之闢於地下，以便洩水者。

『Uniform』 整齊。工作或材料之劃一整齊。

『Unit price』 單價。營造商投標估價時所附之單價，將各種工程如需用灰沙砌，每方價若干；用水泥砌每方若干；以及樓板洋松每方之價與柳安每方之價等；以備得標後，依據合同之工程，設有增減，則憑此單價增減其值。

『Unit heater』 電動風力傳熱器。

『Union』 和合，接頭。

Elbow union 和合彎頭。

Plain union 和合接頭。

Flanged union 和合法藍。

『Upper floor』 上層。

『Urinal』 尿斗。

『V drain』 尖底明溝。

『Valley』 斜溝，天溝。兩處屋面合流瀉水處。〔見圖〕

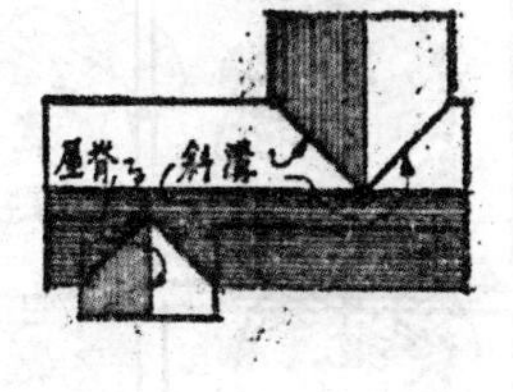

Valley board 斜溝底板。

『Valve』 凡而。用蓋塞，球塞或閘門塞開啓或閉塞流質物通流之器。器之構製，方式不一，阻塞或開關之法，有用閘刀，移扯或旋轉之方法。器接於任何孔管，以便通流，死斯或

其他動流物質之流放。〔見圖〕

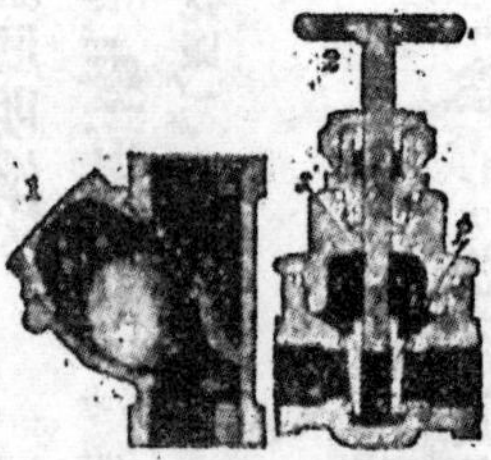

1. 球塞
2. 閘塞凡而關閉時之狀，閘門P下關係藉S螺旋轉下。

「Vane」風準。薄片之金屬或木，彫成各種圖案，如箭，魚，鳥，旗或其他形物，裝於屋頂活動杆端，隨風旋轉，因得以知風之方向。

「Varnish」凡立水，一種溶合於酒精，魚油或類似液體之無色油液，用漆家具木器，晶瑩光亮。

「Vase」花瓶。置於陽台欄杆角上及壓簷牆頂上等處，以增觀瞻。

「Vault」穹窿，庫窖。一種圈拱式之磚石工，遮室其中。因其用處不同，而異其名。如看押人犯者，曰監窖，Prison vault，藏放酒者曰酒窖 Wine vault，藏放財物者曰銀庫 Treasury vault。亦有因其搆築不同而異其名者，如圓筒圈Cradle Vault等。〔見圖〕

1. 圓筒圈 2. 半球圈 3. 四角圈 4. 弧稜，無筋脊
5. 轉圓圈 6. 外弧稜圈 7. 下橢圈 8. 尖圓圈
9. 過渡圈 10 週歷圈。

「Vegetable garden」菜圃。

按建築辭典自本刊一卷三期刊載以來，從未間斷，深得各界贊許，目為建築工程界之唯一要著；而催促單行本之函件，日必數起；本刊為酬答愛護諸君起見，擬於本期中刊完，以便整理後發行單行本，奈以篇幅關係，祇能刊至V字（已較平日增加一倍），以下擬不再續刊，至以為歉！至單行本現已開始預約（請參閱預約廣告）並請注意為荷！

編者

直接動率分配法

林　同　棪

本文係林君在美國加省大學(University of California)碩士論文之撮要。文中所創連架計算法，係自克勞氏法脫胎而出；然青出於藍，有更勝於原法之處。現時美國水利處及加省公路局各工程師，頗有已學此法而引用之者，謂爲林氏法(Lin's method)焉。其於構造學之理論與實用，貢獻誠匪鮮淺也。　　編者

第一節　緒論

克勞氏動率分配法，其用於連架，實方便無比。惟仍須用連續近似之手續 (A series of approximations)，爲其美中不足。本文介紹作者所自創之直接動率分配法。此法係利用動率分配之基本原理，推算得兩个公式，然後以之應用於連架，其動率之分配可以一氣而盡；無須輾轉來回，分配而復分配。

讀者既學克勞氏法之後，(註一) 對於此法，當能一目了然。較之克勞氏原法，兩者各有其特長。然本法之妙處，不在其節省時間，減少錯誤；其與設計者以連架中動率相傳之直接觀念，而使設計者明瞭連架受力之情形，顯若普通簡單構架焉者，乃其特點。故凡注意連架設計之力學以及其經濟學者，不可不學此法。

第二節　定義

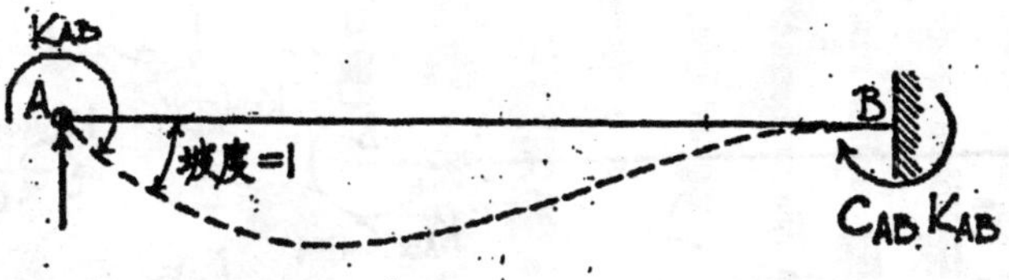

第一圖

第一圖，桿件AB之A端爲平支端或鉸鏈端，B端爲固定端。在A端加以動率，使其發生坡度=1,則，

K_{AB}=在A端所當用之動率=桿件AB之A端硬度，

$C_{AB}K_{AB}$=B端因此所生之動率，

C_{AB}=A至B之移動數。

第二圖，桿件AB之A端仍爲平支端或鉸鏈端，其B端却與其他桿件B1,B2,B3,………… 相連如圖。在A端加以動率，使之發生坡度=1，則，

(註一)參看本刊第二卷第一期關於克勞氏法一文。

K_{ABM}＝在A端所當用之動率＝當B端與其他桿件相連時之A端硬度，名之曰改變硬度。

$C_{ABM}K_{ABM}$＝此時桿件AB之B端之動率

C_{ABM}＝A至B之改變移動數。

再設，
$$R_{BA}=\frac{K_{BA}+K_{B1M}+K_{B2M}+K_{B3M}+\cdots\cdots}{K_{BA}}$$
$$=\frac{K_{BA}+\Sigma K_{BNM}}{K_{BA}}$$ ＝桿件AB之B端之拘束比例數。

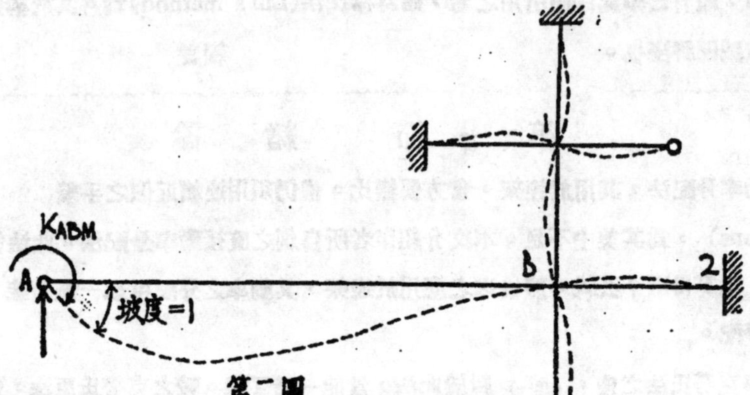

第二圖

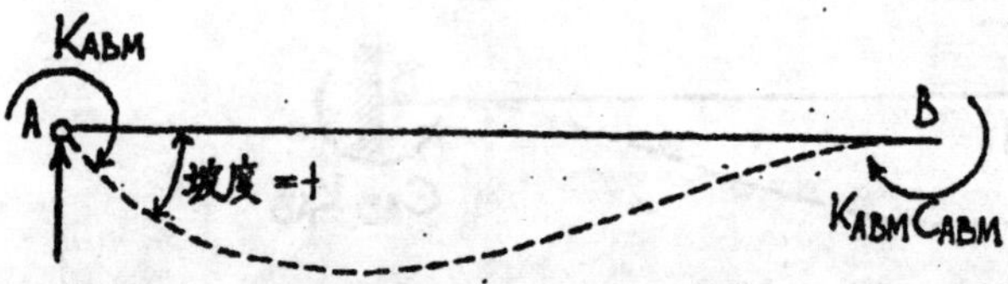

第二圖a

（自第二圖割出之桿件AB）

第二圖b

第二圖c

第二圖d

第三節　理論與公式

應用克勞氏動率分配法時，所用之硬度K與移動數C，係假設該桿件之他端爲固定端以求得者（如第一圖）。故方其放鬆一交點，必將交在此點各桿件之他端暫行固定着，然後可應用K以分配之而用C以移動之。本文之直接動率分配法則不然。各K_M及C_M係視該桿件他端在此連架中之實際拘束情形以求得者，故可將架中各交點同時放鬆，而將不平動率，一氣分盡也。

本法只須公式兩个，一爲求K_{ABM}，一爲求C_{ABM}者。茲將此兩公式，用動率分配之基本原理推出之如下：—

設：桿件AB之B端與其他桿件相連如第三圖。已知桿件AB之K_{AB}, K_{BA}, C_{AB}, C_{BA}並変在B點其他桿件之改變硬度K_{B1M},K_{B2M},K_{B3M}…………。

求：桿件AB之A端改變硬度K_{ABM}並自A至B之改變移動數C_{ABM}。

算法：

第一步：將B點暫行固定着如第三圖。在A點加以動率K_{AB}使A端發生坡度＝1。故桿件AB之B端此時卽發生動率$K_{AB}C_{AB}$，而B點之不平動率亦為$K_{AB}C_{AB}$。

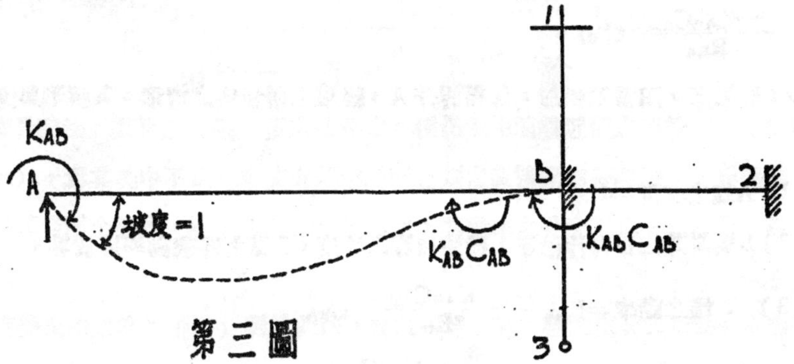

第三圖

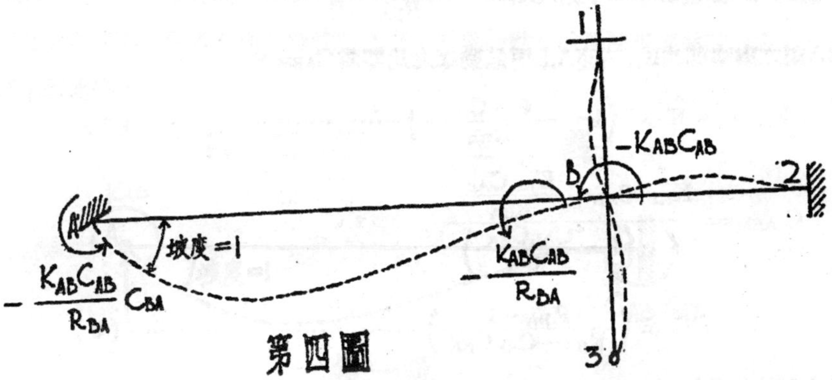

第四圖

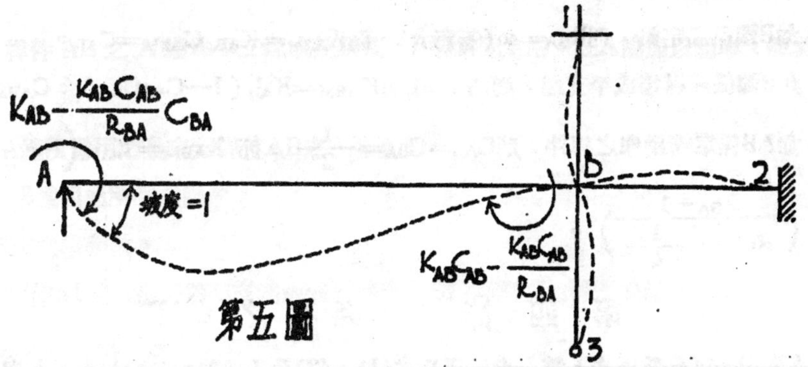

第五圖

第二步：此時再將A點固定着，使其不再發生坡度，如第四圖。將B點之不平動率放鬆（意即在B點加以外來動率$-K_{AB}C_{AB}$，使B點之總外來動率等於零，（而使交於B點之各桿件均發生相等坡度）。此時交在B點各桿件所分配得之動率，當與各桿件B端在此種情形下之變更硬度成正比例。故桿件AB之B端所分得之動率應為

$$-K_{AB}\,C_{AB}\left(\frac{K_{BA}}{K_{BA}+K_{B1M}+K_{B2M}+K_{B3M}+\cdots\cdots}\right)$$

$$=-\frac{K_{AB}C_{AB}}{R_{BA}}$$

而其A端所移動得之動率為，

$$\frac{-K_{AB}C_{AB}}{R_{BA}}\,C_{BA}。$$

第三步：將第三，四兩圖相加，即得桿件AB經以上兩步後之情形。其變形與受力，當如第五圖：—

（1）A端之坡度＝1

（2）B端與其他各桿件相連，發生相等之坡度。B點之外來動率等於零。

（3）A端之動率$=K_{AB}-\dfrac{K_{AB}C_{AB}}{R_{BA}}C_{BA}$

（4）B端之動率$=K_{AB}\,C_{AB}-\dfrac{K_{AB}C_{AB}}{R_{BA}}$

故第五圖A端之動率即為K_{ABM}而A,B兩端動率之比即為C_{ABM}。

$$\therefore K_{ABM}=K_{AB}\left(1-\frac{C_{AB}C_{BA}}{R_{BA}}\right)\cdots\cdots\cdots\cdots\cdots\cdots\cdots\cdots(1)$$

$$C_{ABM}=\frac{K_{AB}\,C_{AB}-\dfrac{K_{AB}C_{AB}}{R_{BA}}}{K_{AB}\left(1-\dfrac{C_{AB}C_{BA}}{R_{BA}}\right)}$$

$$=C_{AB}\left(\frac{R_{BA}-1}{R_{BA}-C_{AB}C_{BA}}\right)\cdots\cdots\cdots\cdots\cdots\cdots\cdots(2)$$

以上兩公式可簡化之如下：—

（1）如B端係固定端，則$R_{BA}=\infty$（無窮大），而$K_{ABM}=K_{AB}$，$C_{ABM}=C_{AB}$。

（2）如B端係鉸鏈端或平支端，則$R_{BA}=1$，而$K_{ABM}=K_{AB}(1-C_{AB}C_{BA})$，$C_{ABM}=0$

（3）如AB係定惰動率之桿件，則$C_{AB}=C_{BA}=\dfrac{1}{2}$，而$K_{ABM}=K_{AB}\left(1-\dfrac{1}{4R_{BA}}\right)$，$C_{ABM}$

$$=\frac{1}{2}\left(\frac{R_{BA}-1}{R_{BA}-\dfrac{1}{4}}\right)。$$

第四節　應用之步驟

本法之應用，可分為兩步。第一步係用公式(1)，(2)分析連架本身之情形。此與連架之載重毫無關係。第二步始求載重或其他原因所生之定端動率而分配之。

第一步：用尋常方法，求得各桿件兩端之K與C（註二）。算各桿端之R，以用於公式(1)，(2)，求出各K_M及C_M。鉸鏈端之R=1；固定端之R=∞。如與其他桿件相連，"R"當在1與∞之間，可由各桿件之K或K_M算出或推料出。

第二步：用尋常方法，求得各桿件之定端動率（註二）。將每點之不平動率，分與交在該點之各桿端，與其K_M成正比例。將每端所分得之動率，用C_M移動至其他端。再將每端所移動得之動率，分與交在此端之其他桿端。再繼續移動而分配之，直至各動率均傳至支座為止。將每端之定端動率，並其分配與移動得之動率加起，以得其直動率。

以上係本法之普通步驟。為適宜於特種情形起見，常可略為變更之。

第五節　應用之範圍

本法與克勞氏原法之惟一不同點，只在多兩公式。而此兩公式，皆由動率分配之原理推算出。故本法之應用範圍，與原法同。克勞氏法之各種間接應用法（註三），本法亦可依樣用之。

第六節　實例

(A)設連架如第六圖，G,F係鉸鏈端。H,J係固定端。A,B,兩端則與其他桿件相連，A端之$R_{AD}=3.00$,B端之$R_{BE}=6.00$。在D點加以外來動率=100,求各桿端動率。

第一步：先求各桿端之K，C。再用公式(1)，(2)算得各R，K_M,C_M，寫之於第六圖。（各數之位置，當如第六圖b所示寫者。）其算法如下：—

桿件GC.　G為鉸鏈端，$R_{GC}=1$。

$$\therefore K_{CGM}=K_{CG}\left(1-\frac{C_{CG}C_{GC}}{R_{GC}}\right)=2\left(1-\frac{\frac{1}{2}\times\frac{1}{2}}{1}\right)=1.50$$

$$C_{CGM}=C_{CG}\left(\frac{R_{GC}-1}{R_{GC}-C_{GC}C_{CG}}\right)=0$$

桿件CD.　$R_{CD}=\frac{6+1.5}{6}=1.25$

$$K_{DCM}=6\left(1-\frac{0.25}{1.25}\right)=4.80$$

$$C_{DCM}=\frac{1}{2}\left(\frac{0.25}{1.00}\right)=0.125$$

桿件HD.　$R_{HD}=\infty$

$$K_{DHM}=K_{DH}=3$$

$$C_{DHM}=C_{DH}=\frac{1}{2}$$

桿件AD.　$R_{AD}=3$

$$K_{DAM}=6\left(1-\frac{0.25}{3}\right)=5.50$$

（註二）參看本刊第二卷第二期求F,K,C,之一文。

（註三）參看本刊第二卷第三期克勞氏法一文。

$$C_{DAM}=\frac{1}{2}\left(\frac{3-1}{3-.25}\right)=0.364$$

桿件ＤＥ $$R_{DE}=\frac{10.0+5.5+4.8+3.0}{10.0}=2.33$$

$$K_{EDM}=10\left(1-\frac{0.7\times0.7}{2.33}\right)=7.90$$

$$C_{EDM}=0.7\ \frac{1.33}{2.84}=0.506$$

依次算出桿件BE，FE，JE之各數；然後求R_{ED}，K_{DEM}，C_{DEM}，等等。(圖中各R，K_M，C_M，顯有不必求出者，姑寫圖中，以爲例而已)。

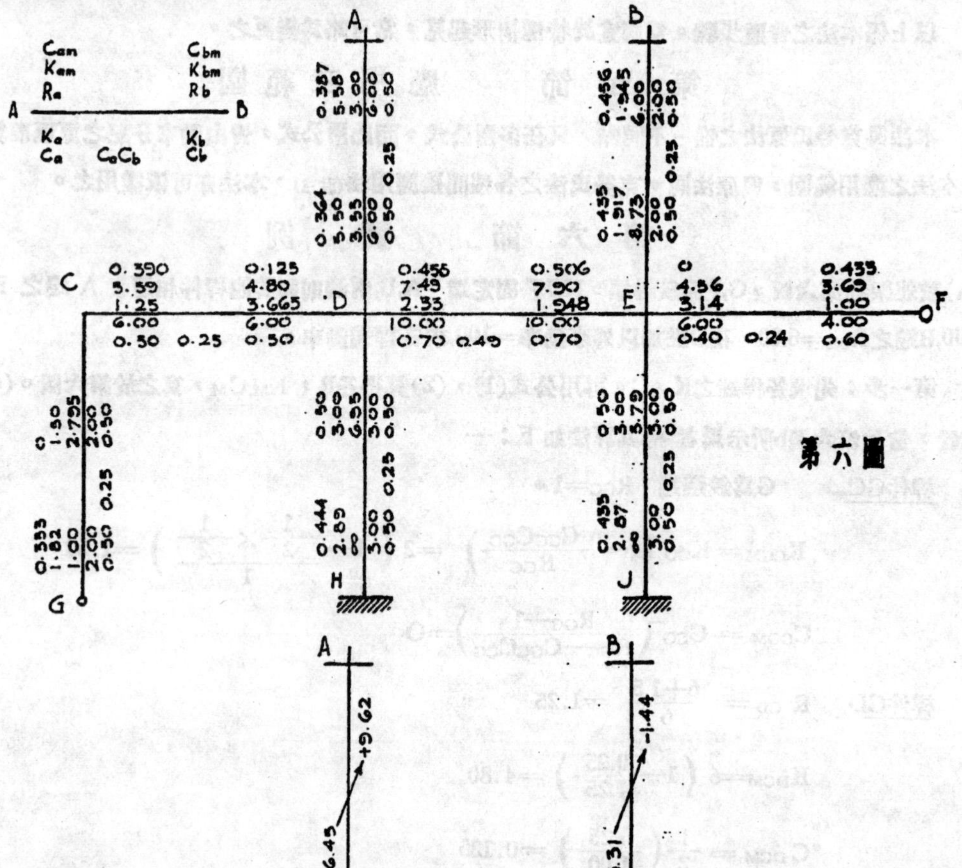

第六圖

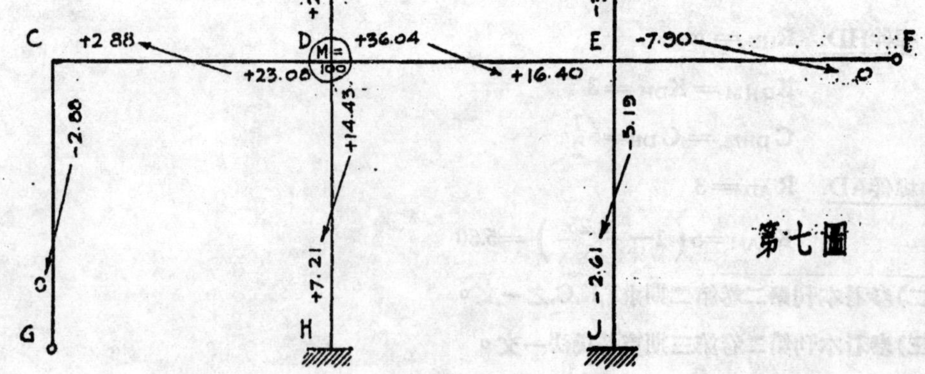

第七圖

第二步：如在 D 點加以外來動率＝100，則可將此動率分與交在D點之各桿件，使與其 K_M 成正比例：—

（參看第七圖）

$$M_{DC}=4.80\times\frac{100}{20.79}=23.08$$

$$M_{DA}=5.50\times4.810=26.45$$

$$M_{DE}=7.49\times4.810=36.04$$

$$M_{DH}=\underline{3.00}\times4.810=\underline{14.43}$$

$$\quad 20.79 \qquad\qquad 100.00$$

將各桿端分得之動率，用 C_M 移動於其他端，故，

$$M_{CD}=M_{DC}\times C_{DCM}=23.08\times0.125=2.88$$

$$M_{AD}=26.45\times0.364=9.62$$

$$M_{ED}=36.04\times0.455=16.40$$

$$M_{HD}=14.43\times0.500=7.21$$

將每端所移動得之動率，分與連在該點之其他桿端，使與其 K_M 成正比例：—

在C點，$M_{CG}=-M_{CD}=-2.88$

A點與H點爲連架之端，不必再分。

在E點，$M_{ED}=16.40$ 可分與EB,EF及EJ：—

$$M_{EB}=1.917\times\frac{-16.40}{9.477}=-3.31$$

$$M_{EF}=4.56\times-1.73=-7.90$$

$$M_{EJ}=\underline{3.00}\times-1.73=\underline{-5.19}$$

$$\quad 9.477 \qquad\qquad -16.40$$

再將各分得之動率，移動於其他端，

$$M_{BE}=M_{EB}\times C_{EBM}=-3.31\times0.435=-1.44$$

………………………………………………………………

結果各桿端動率均如第七圖所示。

(B) 設運架同上。其桿件CD因載重而發生定端動率 $F_{CD}=-1000$, $F_{DC}=2000$,（第八圖），故C點之不平動率爲—1000,D點爲2000。吾人固可用上題算法，在 C點加以動率＝1000, 在 D點加以動率＝—2000, 分別計算之，然後再求各桿端動率之和。然下文將兩不平動率，同時分配，其法更簡：—將各點同時放鬆，則桿件CD之C端所分得之動率爲，

$$1000\times\frac{5.59}{5.59+1.50}=788$$

桿件CD之D端所分得之動率爲，

$$2000\times\frac{4.80}{4.80+5.50+7.49+3.00}=-462$$

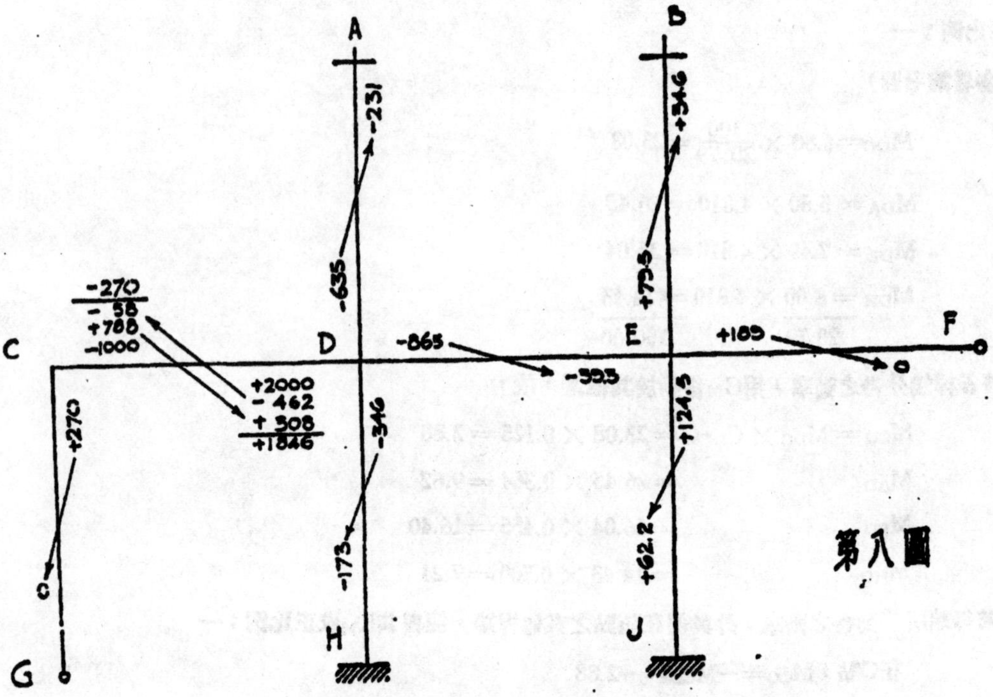

第八圖

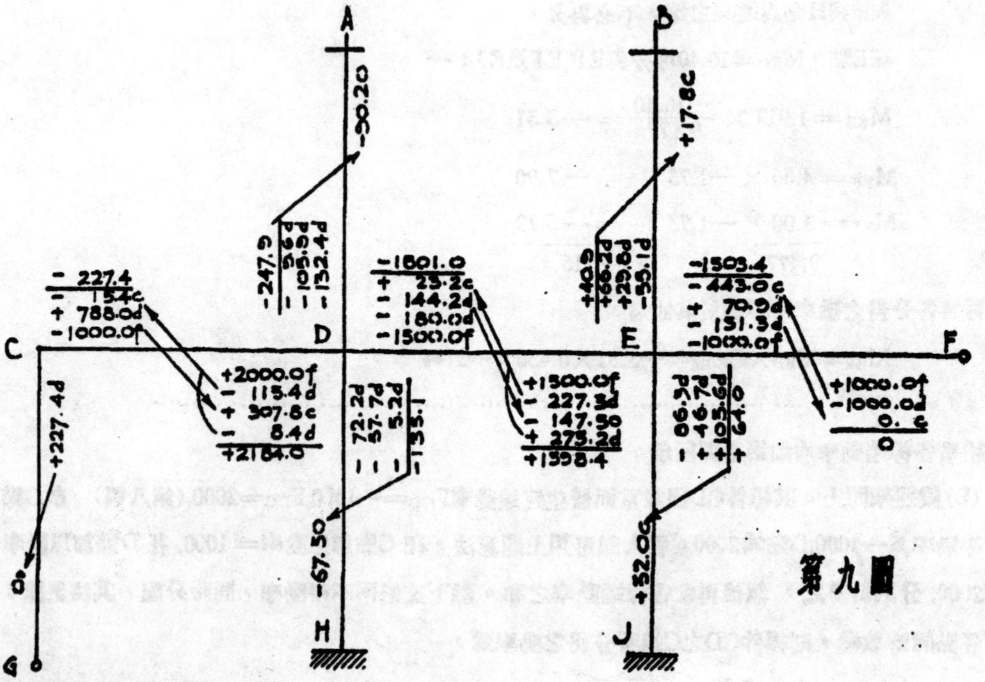

第九圖

CD兩端所移動得之動率爲，

C點， $-462\times 0.125=-58$

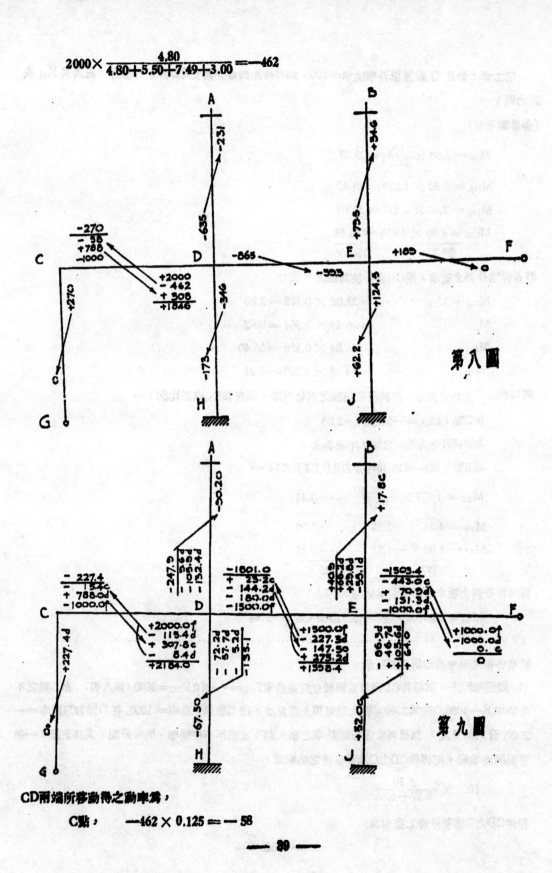

D點，　　$788 \times 0.390 = 308$

故CD兩端之總動率爲，

C，點　$-1000+788-58=-270$

D，點　$2000-462+308=1846$

此項動率，須被支在各該點之桿端抵住。故可分配而移動之如第八圖，以求各桿端動率。

(C) 設連架同上，桿件CD，DE，EF均生定端動率如第九圖（註以"f"字者）。此題可將三桿件分開，如例(B)之算法。

或將C，D，E，F四點分開，如例(A)之算法。但第九圖之算法爲較妙。其法先將每點之不平動率，分與交在該點之各桿件，（所分得之動率，以"d"字註之）。分畢之後，自連架之一首開始。將桿件CD之C點動率788d，移動至D，變爲307.8 c（所移動得之動率，均以"C"字註之）。將307.8 c分與連接D點之桿端，故DE得，

$$M_{DB} = -307.8 \times \frac{7.49}{7.49+5.5+3.0} = -144.2d$$

……………………………………………………………………

桿件DE之D端，前已分得—180d，茲又分得—144.2d。故共分得—324.2d。將此動率移動至E端，故E端發生，

$$-324.2 \times 0.455 = -147.5_c$$

如此繼續分配移動，直至所有不平動率，均傳至支座爲止。(D) 設連續盒架如第十圖。桿件AB之定端動率爲$F_{AB}=-1000$，$F_{BA}=1000$。此盒各桿件均係定惰動率者，故其C均等於$\frac{1}{2}$。只將其K寫於圖上足矣。

第一步。此係盒架，無架端，故須先假設一桿件之R，而後複算之以視其準確與否。設桿件AB，A端，

$$R_{AB} = \frac{3+1}{3} = 1.3$$

$$\therefore K_{BAM} = 3\left(1 - \frac{\frac{1}{4}}{1.3}\right) = 2.423$$

$$\therefore R_{BCM} = \frac{1+2.423}{1} = 3.423$$

$$\therefore K_{CBM} = 1\left(1 - \frac{\frac{1}{4}}{3.423}\right) = 0.927$$

如此算出R_{CD}，K_{DCM}，R_{DA}，K_{ADM}，直至R_{AB}。於此可得$R_{AD}=1.302$，與前所假設者極近，無須再算。若此R_{AB}與前者相差太遠，則可用之以算K_{BAM}而略爲改變之。算畢，再求各C_M如圖。

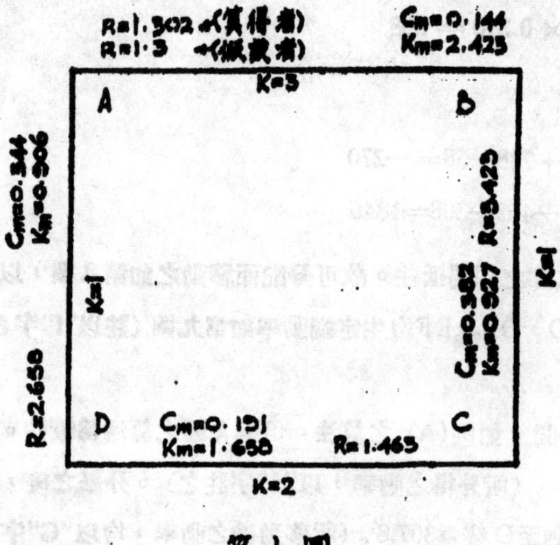

第十圖

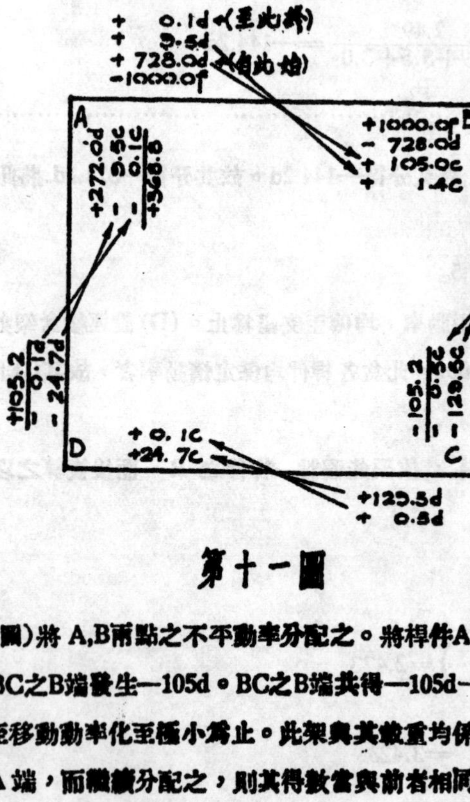

第十一圖

第二步。(第十一圖)將 A,B兩點之不平動率分配之。將桿件AB之A端動率728d移動至B端，發生移動動率105C。故BC之B端發生—105d。BC之B端共得—105d—272d=—377d，將其移動至C端。如此繼續進行，直至移動動率化至極小爲止。此架與其載重均係左右相同者。故如將A B之B端動率—728d 移動至A端，而繼續分配之，則其得數當與前者相同，惟符號各爲其反而已。是以桿件AD之桿端動率爲，

$$M_{AD}=272-9.5-0.1+105+1.4=368.8$$

$$M_{DA}=-0.1-24.7+0.5+129.5=105.2$$

其他桿端動率自當如下：

22558

$M_{BC}=-368.8$, $M_{CB}=-105.2$

$M_{AB}=-368.8$, $M_{BA}=+368.8$

$M_{DC}=-105.2$, $M_{CD}=+105.2$。

第七節　結論

本法之妙處，在其簡單與直捷兩點。除動率分配之基本原理外，只有新公式兩个。且此兩公式，亦簡單無比。熟用之者，可立見其得數焉。桿端支柱對於動率之影響，可於 R_{BA} 看出。變惰動率之影響，可於 C_{AB}, C_{BA} 看出。

最有趣者，動率分配法經本文改變之後，與德國之定點法，美國之對點法（註四）；以及美國最近新出Restraint等法，均頗相似。然就作者所知，未有若本法之簡明容易而應用範圍之大者。克勞氏本人，亦另創有 End-rotation cónstant 一法（註五），有類本法之處。惟其應用之範圍甚小，未可與本法較。

此文只將用法寫出。至於此法特別適宜之處，如用於變惰動率之連續結架等等，此文暫不提及。應用本法以觀視動率的傳遞，尤為有味。但讀者不可以此法完全代克勞法而用之，二者各有特點，惟設計者兼學並用。庶可各盡其長焉。

(註四)參看本刊第二卷第一期克勞氏法一文之第一頁。

(註五)Cross and Morgan, "Continuous Frames of Reinforced Concrete"

美國門羅炮台之隄防建築工程

朗　琴

美國門羅炮台沿潮水冲激之海岸，建築堤牆；在施工時，以井點排水制(Well- Point Drainage System)及沙袋隄防，以代替水箱壩(Cofferdam)

舊歲八月，美國颶風爲災，吉沙壁海灣(Chesapeake Bay)濁浪滔天，冲激頗劇，突出海口之佛笳尼亞(Virginia)軍港之門羅炮台(Fort Monroe)，介於海灣與漢浦頓路(Hampton Rd.)之間，亦因遭受風浪打擊，致蒙極大損害。但現已將面向海灣，長凡九千尺之沙灘，沿邊建築高及十五尺半之厚混凝土堤岸，此後雖有莫大風浪，亦將藉此隄而擋禦矣。此新隄築於木樁之上，以板樁速成牆(Cutoff Wall)掩護，並塡以充實作料(Fill)，以爲支助。面海一邊形成綜錯彎曲之形，其設計足以抵擋任何巨大風浪，以保全此悠久與重要之軍港。

雖然隄岸之位置，在潮水冲激之海邊，有十足之長度，延伸海中，承造者在施工時，仍以通常之水箱壩方法行之。發掘開闊之壕渠，離水面深入地下五尺有半，並用二列之井點 (Well Points)，使在六百尺長度內保持乾燥，以便施工。臨海之邊，用沙袋抗護，以防潮水之泛濫。有時偶生高潮，沙袋抗禦無效，壕渠盡受浸濕，但能在數小時內，藉井點排水方法，助以幫浦，抽吸水份，壕渠回復乾燥，照常施工。此項工程設備完善，故工作時迅速而且有效。最著者如多錘打樁器，(Multiple-Lead Piledriving Rig) 打送路軌之樁，底樁，及速成牆等；平舖拌合器，(Paving Mixer) 有一橫擔長凡三十三尺，以便擔載傾卸桶，澆倒水泥於壳子之上；以及活動鋼壳子等。

22560

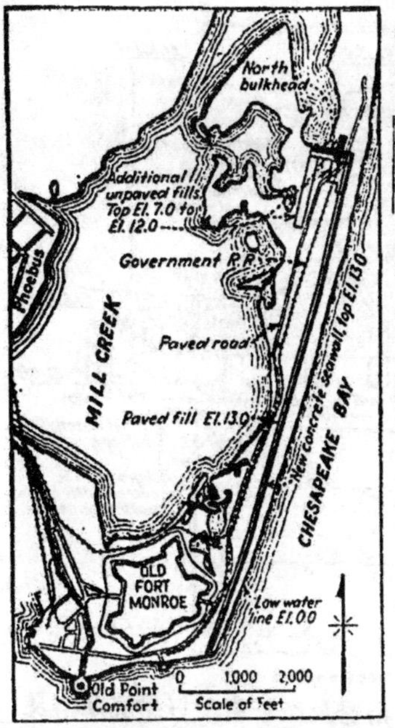

炮台之新隄牆，保護突出海中之沙洲，足以抵擋起自吉沙璧海灣之巨風暴。

(Travelling Steel forms)

抵禦高潮之設計

隄岸雖面向吉沙璧海灣之口，其目的則在抵禦起自海洋之風波。隄牆之頂在普通淺水之上約十三尺，在常態之高潮時爲十尺，自水線至上邊之部份，足可防禦劇烈風暴。建築之設計能將巨浪穿越彎月形之隄岸，反擲十尺。重要部份，牆之底基闊度爲十五尺，牆趾(Toe)厚二尺十寸半，背面高十五尺六寸六分，彎度闊三尺一寸二分。（參閱第四圖）隄面形成混合彎曲之形，頂角對地平面成一切線。彎月形處垂直彎曲，使浪冲激後返射海中。隄牆建立於五列縱長二十五尺之木樁上，深入混凝土中十八英寸。速成牆用二十五尺之鋼板樁，深入隄牆背面之趾十八英寸。施工說明書規定在沙牀未澆置混凝土前，舖設三十五磅重之牛毛毡一層，以防止多孔之海沙，吸收混凝土。堤面前後均用重量鋼骨支持之，前面　部份之鋼條，並穿越板樁之孔洞而過，以求牢固。

隄牆全部之背襯，實以黃沙，並爲防制高潮侵蝕起見，在沙之面層舖以九寸厚柏油碎片石子等。塡沙之斜坡部份，則用十二寸厚之亂石基，並以柏油爲接縫；故任何巨浪冲洗塡沙部份，可不受損失。混凝土牆趾用七尺四寸闊四尺高之亂石基一層保護之。隄牆前面塡充至垂直牆趾面之頂，並爲便利通至海岸起見，自第八點起沿隄牆在彎曲之面上，舖築混凝土梯楷，以利行走。

此新隄牆用以保衞東西全部突出海中之沙洲，而門羅炮台卽位於該處。南端隄牆與原有炮台之混凝土牆，用巨石聯築，緊接連合，並圍以塹濠，以資扼守。在北端非攻擊所能及處，設有近代炮台設備，新隄牆向西折轉少許，與伸延全部之突出海中之沙洲上板樁擋壁相接合。此擋壁之北部及前部，以亂石基及石弧棱 (Stone Groins) 砌護之。在沙洲上擋壁之北，準備有風浪之襲擊，弧棱卽所以防制風浪之侵蝕隄牆者也。擋壁之東北角，有矮板牆一列，延伸向南少許，成一禦堵牆，用以抵禦回水 (Backwash)。北面擋牆亦用充塡混凝土牆之同一材料充實之。

活動平台，攜設蒸汽起重機；有一打樁器，工作迅速，效用極著。二列之非點露頭管子(Header)，可於溝渠之任何一邊望見之。

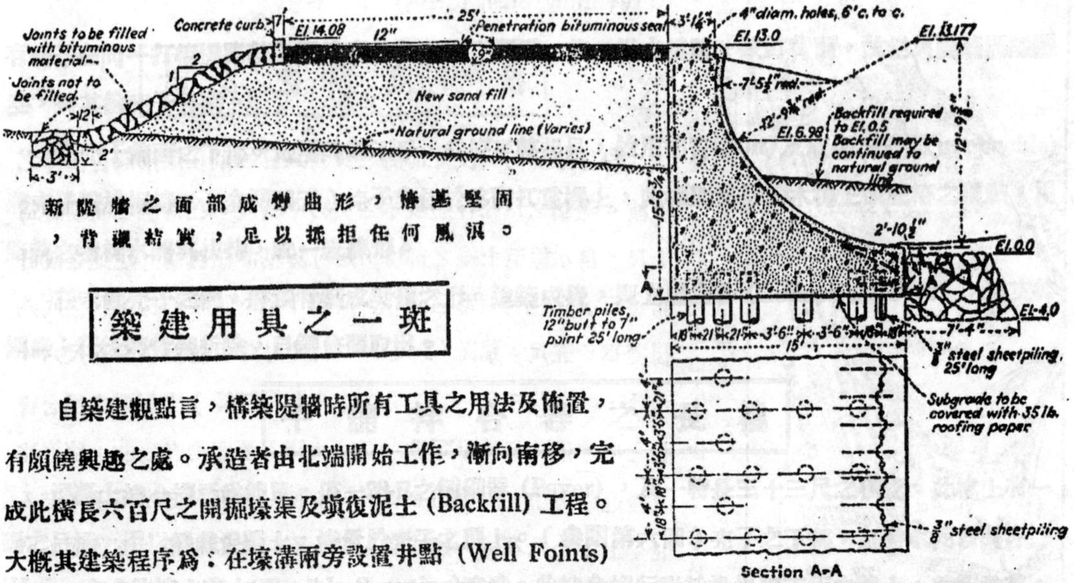

新隄牆之面部成彎曲形，樁基堅固，背襯結實，足以抵拒任何風浪。

築建用具之一斑

自築建觀點言，構築隄牆時所有工具之用法及佈置，有頗饒興趣之處。承造者由北端開始工作，漸向南移，完成此橫長六百尺之開掘壕渠及填復泥土 (Backfill) 工程。大概其建築程序爲：在壕溝兩旁設置井點 (Well Foints)；用爬行之拖索(Crawler Dragline)開掘壕溝；打送路軌樁，以運打樁器及殼子車；打送底基樁及鋼板速成牆；在虛空管箱 (Pipe Cage) 上放置鋼骨；豎立鋼殼子；傾澆水泥；移去殼子塡復泥土及前部亂石基；整頓修築塡復泥土面並於坡面砌置亂石基。施工速度每日完成堤牆六十尺。

炮台之西，築有國有鐵道及硬路面之大道，以便通至工程處所。承造者則自大路至堤牆間隔築成釘板道路 (Plank road) 以便運輸材料。所有底樁則用騾馬自鐵道拉曳至工作處。建築程序中之先鋒，則爲一舊式之蒸氣拖索機，裝置於爬行機之上。此機有一極長之橫檔，將壕中之泥土戽斗而出，儲於他處，以備塡復之用。此項開掘所得之泥土，離壕渠遠置他處，蓋須建築釘板之道路也。壕溝靠海之面，此機並築成隄防一道，準備抵抗高潮。此隄防遇必要時，並以沙袋補充之。

井點中之兩露頭管子 (Header Pipes)，在開掘壕渠前已先留置，在點之接縫處每隔三尺裝一注管 (Tap卽龍頭)。迨壕渠開掘後，井點卽埋入地下，鈎入露頭管子。井點之距離，視水勢之情形而定，雖在近海之處，相隔約有六尺，近陸之處相隔自十五尺至十八尺。每一露頭管子接通至燃燒瓦斯之帮浦機。此帮浦機專爲井點而設，日夜抽吸，工作不息；並另有帮浦機準備，以防不測。

鋼殼子緊於速成板樁，以抵禦彎趾(Curved toe)隆然不平之土層。路軌用打樁器舖設，迨後並用爲殼子構架(Form gantry)，用以規劃溝渠之路線。

使壕渠保持乾燥，爲施工之不二法門。說明書曾載明在壕渠之底舖澆混凝土時，必須保持乾燥，並備具水箱塌及其他設置，以資防水。承造者自採用井點排水方法以替代水箱塌後，得以減低標價，節省不少。井點制在全部工程中所認為最滿意者。

28-E平舖器上，有一長凡三十三尺之橫樑，並有一簡單澆置水泥器。作料均自距離二里處烘乾，再用運輸車載至工作地點。

奇巧之打樁器

打樁器包括一活動之平台，(Tarvelling Platform) 置於十八吋開濶之鋼軌上，擔載多錘之打樁器，及一蒸氣起重機與幫浦機。（參閱第三圖）置於渠底之鐵軌，用以區劃隄岸線者，在縱長之橫枕木上擔載之。此枕木支持於二十尺深之樁上，每樁相距為十尺。在活動平台之前角為短形鉛錘，即以此打送軌樁。在平台之後為四鉛錘，用以打送四列平舖之縱長底樁。第五列之樁（參閱第四圖）係藉樁槌上之托架 (Bracket) 打送。臨海灣之平台，即靠近後部者，另有鉛錘一列，用以打送連成牆之板樁。

蒸氣起重機，橫亘於平台之中心，使駕機者運用機械及汽鎚，指揮自如。一起重索貫穿越洞而過，以繫汽鎚，另一索則用以安置木樁，以便錘擊。一巨形複式 (Double-Acting) 打樁錘用以送擊木樁，同樣之小形樁錘，則用以打送板樁。雖在機上備有幫浦，但極少使用之。

軌道一經沿線置放，樁基之位置即成完全之直線形。每次打送橫斷行列之底樁四枚，然後此機漸向前移，以便打送餘數之樁。打樁機一經移入準確地位，路軌樁及鋼板樁即隨底基樁而打入。打樁機之速度，連鋼板在內，每日能打送一百枚。

處空管架用以支持重疊鋼骨，迨紮成樊籠式後，始行拆除。

在未動工前，曾由軍事工程專家試將每樁荷載二十噸之平均需要長度，加以試驗。結果在一般情形之下，每樁長度深入地下二十五尺，即已足夠。但遇有鬆粳及含泥炭之土層時，須另換木樁，將長度增加。各樁均用手工截成規定之等級，以求適合。

活動鋼殼子

隄牆之構築，每間隔之長度為三十尺（參閱圖一）。混凝土自底基澆至頂點，每方一次澆竣。活動之鋼殼子共有四組，二組有鋼底擋壁 (Steel-end Bulkheads)，二組則無。所有壳子在同一打樁機路軌上用構臺（Gantry）運送，前二組之擋壁，鉸釘背面，故能與隄牆隔離懸空，將其餘壳子移動。

在壳子前面之下部，地層崎嶇不平，爲使平整起見，故用插筲(Bolt)及旋迴扣子(Turnbuckle)將壳子繫於板樁。（參閱圖五）壳子支住於移動扛重機上，此機則支持於木塊上或底樁之頂點，用路軌之橫枕木將其扶持，成一直線形。

在未置壳子之前，將鋼骨築成樊籠之形。迨築成後，豎立虛空管 (Collapsible Pipe)，以支持鋼條；在後將骨架折除，自鋼條間取出。

平舖拌合器之長檣

混凝土拌合機極爲簡單，僅一28-E之舖砌器 (Paver)，及一特長三十三尺之橫檣。此檣上有一碼之吊桶，用以擔載混凝土，澆置於壳子之頂上。（參閱第六圖）壳子之下部，則將水泥自漏斗(Hopper)或伸縮水落中(Flexible Spouting)瀉澆。此拌合機行動於沿堤牆支板之路上，就經驗言，多種不同之內外打動器(Vibrator)，均經採用，以試驗混凝土對於震動之影響。

所有建築材料及散裝水泥，均在澳浦頓地方用機器烘乾 (Dry-batched)。此地離炮台橫過彌耳河(Mill Creek)，將材料用運送汽車載至工作地點。沙及石子均用駁船自荔枝蔘 (Richmond) 經由詹姆士河，運至工作處所。散裝水泥則用鐵路運至烘乾機處，並不起卸，而用機械方法堆存之。

一巨大開闊軌距離(Wide-gage)之蒸汽起重機，實集一切工作機械之大成。此裝有蛤殼形(Clam hell) 之器，駛行於隄牆後面之軌上。舉凡開掘用以防護正面亂石基之趾渠 (Toe Trench)，置放石塊及填復泥土等，均用此機行之。此機並將大塊填復作料儲放一處，及溝渠所用材料等，加以堆存，另有其他輔助起重機，用以置放並整理 (Trim) 充作料之背坡 (Back Slope)，並在此坡面上舖置亂石基。此外用以填充之黃沙，係運自工程處所北面之海濱，用起重機及蛤壳器將沙載入運輸汽車內。亂石基之石子係用火車運送，以起重機卸載，再用運輸汽車送至工作地點。

全部隄牆係挪復克(Norfolk)之區工程師(U. S. District Engineer)設計。由區工程師楊少佐(Major G. R. Young) 負責主持。迨本年七月，移由拿伊斯上尉 (Capt. M. J. Noyes) 代理。承造者爲拔爾的毛 (Baltimore) 之Merritt-Chapman & Mclean Corp.造價共計美金八五七，一二五元，合同訂定限三六〇天完工云。

工程估價（十七續）

杜彥耿

第六節　五金工程（續）

實金屬(Solid metal)除上期所載生鐵及熟鐵，洋方，洋圓及扁鐵外，尙有混凝土中所用之竹節鋼，現在用途殊廣，凡新興建築，鮮有不用之者。爰將各種鋼條之重量表列后，以資估價者計算時之參考焉。

鑽　節　鋼

直徑　（寸數）	2分	3分	3分半	半寸	5分	6分	7分	1寸	1寸1分	1寸2分
面積　（方吋）	0.0625	0.1406	0.19	0.25	0.39	0.56	0.76	1.00	1.26	1.56
每一英尺磅重	0.213	0.478	0.65	0.85	1.33	1.91	2.60	3.40	4.30	5.31

鑽　節　鋼

(Diamond Bar)

附註：此鑽節鋼條之重量及面積與平方鋼條相等，係美國紐約城水泥鋼筋工程廠之標準表(Concrete-Steel Engineering Company, New York.)

美國紐約州勃發洛地方竹節鋼條廠之竹節鋼條重量列下：

圓　竹　節　鋼

徑　直　（寸數）	3分	4分	4分半	5分	6分	7分	1寸	1寸1分	1寸2分
淨面積　（方吋）	0.11	0.19	0.25	0.30	0.44	0.60	0.78	0.99	1.22
每一英尺重量（磅）	0.38	0.66	0.86	1.05	1.52	2.06	2.69	3.41	4.21

方　竹　節　鋼

直　徑　（寸數）	2分	3分	4分	5分	6分	7分	1寸	1寸1分	1寸2分
淨面積　（寸數）	0.06	0.14	0.25	0.39	0.56	0.76	1.00	1.26	1.55
每一英尺重量（磅）	0.22	0.49	0.86	1.35	1.94	2.64	3.43	4.34	5.35

竹　節　鋼

(Corrugated Bars)

美國紐約城水泥鋼筋公司點節鋼重量表

(Concrete Steel Co., New York City.)

點　節　鋼

直徑 (寸數)	方點節鋼 面積 (方寸)	方點節鋼 每一英尺重量(磅)	圓點節鋼 面積 (方寸)	圓點節鋼 每一英尺重量(磅)	扁點節鋼 直徑 (寸數)	扁點節鋼 面積 (方寸)	扁點節鋼 每一英尺重量(磅)
2 分	0.0625	0.212	0.0491	0.167	1 × ¼	0.2500	0.850
2 分 半	0.9770	0.332	………	………	1 × ⅜	0.3750	1.280
3 分	0.1406	0.478	0.1104	0.375	1¼×⅜	0.4690	1.590
半 寸	0.2500	0.850	0.1963	0.667	1½×5/16	0.4688	1.590
5 分	0.3906	1.328	0.3068	1.043	1½×⅜	0.5625	1.913
6 分	0.5625	1.913	0.4418	1.502	1½×½	0.7500	2.550
7 分	0.7656	2.603	0.6013	2.044	1¾×⅜	0.6563	2.230
1 寸	1.0000	3.400	0.7854	2.670	1¾×7/16	0.7656	2.600
1 寸 1 分	1.2656	4.303	0.9940	3.379	1¾×½	0.8570	2.980
1 寸 2 分	1.5625	5.312	1.2272	4.173			

點　節　鋼

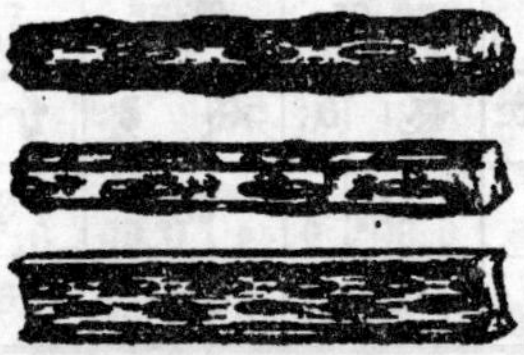

(Havemeyer bars)

美國水泥鋼梁公司脊節鋼條重量表

(Trussed Concrete Steel Co., Youngstown, Mich.)

脊　節　鋼

直徑(寸數)	面積(方吋)	每英尺重量 (磅)	直徑(寸數)	面積(方吋)	每一英尺重量(磅)
3 分	0.1406	0.48	7 分	0.7656	2.65
半 寸	0.2500	0.86	1 寸	1.0000	3.46
5 分	0.3906	1.35	1寸1分	1.2656	4.38
6 分	0.5625	1.95			

(Rib bar)

美國支加哥內地鋼條公司星節鋼重量表

(Inland Seel Co,. Chicago)

星　節　鋼

直徑(寸數)	3 分	半 寸	5 分	6 分	7 分	1 寸	1寸1分	1寸2分
面積(方吋)	0.140	0.250	0.390	0.562	0.765	1.000	1.265	1.562
每一英尺重量(磅)	0.485	0.862	1.341	1.932	2.630	3.434	4.349	5.365

(Inland bar)

美國支加哥竹節鋼廠方圓竹節鋼重量表

竹　節　鋼

直徑(寸數)	方竹節鋼		圓竹節鋼	
	淨面積 (方寸)	每一英尺重量(磅)	淨面積 (方寸)	每一英尺重量(磅)
3 分	0.141	0.48	0.110	0.38
半 寸	0.250	0.85	0.196	0.68
5 分	0.391	1.33	0.307	1.05
6 分	0.563	1.92	0.442	1.51
7 分	0.766	2.61	0.602	2.05
1 寸	1.000	3.40	0.786	2.68
1寸1分	1.270	4.31	0.994	3.38
1寸2分	1.560	5.32	1.230	4.19

American system of Reinforcing.

上列各種鋼條，除竹節鋼條之外，其他花色用者絕鮮。且美國鋼條，行銷於我國市場者，亦不多覯；以其價較比國貨爲昂也。是以比國貨鋼條，在我國市場，可稱獨步。茲將比國貨鋼條，根據美國標準之重量，列表如下：

方竹節鋼

(Corrugated Square Bars)

直徑 (粍)	6.35	9.52	12.7	15.87	19.05	22.22	25.4	28.575	31.75
直徑 (寸數)	2 分	3 分	半寸	5 分	6 分	7 分	1 寸	1寸1分	1寸2分
淨面積 (方吋)	.06	.14	.25	.39	.56	.76	1.00	1.26	1.55
每一英尺重量(磅)	.22	.49	.86	1.35	1.94	2.64	3.43	4.34	5.35

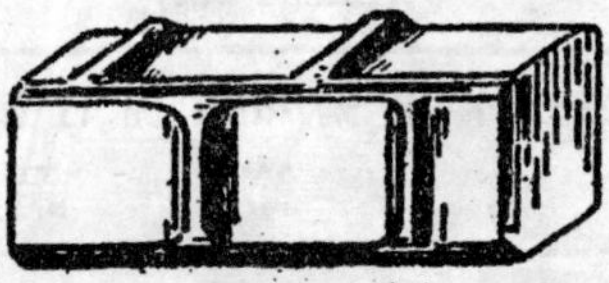

圓竹節鋼

(Corrugated Round Bars)

直徑 (粍)	9.52	12.7	15.87	19.05	22.22	25.4	28.575	31.75
直徑 (寸數)	3 分	半寸	5 分	6 分	7 分	1 寸	1寸1分	1寸2分
淨面積 (方吋)	.11	.19	.30	.44	.60	.78	.99	1.22
每一英尺重量(磅)	.38	.66	1.05	1.52	2.06	2.69	3.41	4.21

光圓鋼條

(Plain Round Bars)

直徑 (粍)	6.35	7.94	9.52	12.7	15.87	19.05	22.22	25.4	28.575	31.75
直徑 (寸數)	2 分	2 分半	3 分	半寸	5 分	6 分	7 分	1 寸	1寸1分	1寸2分
每一英尺重量(磅)	.167	.261	.376	.668	1.043	1.502	2.044	2.67	3.38	4.172

(待 續)

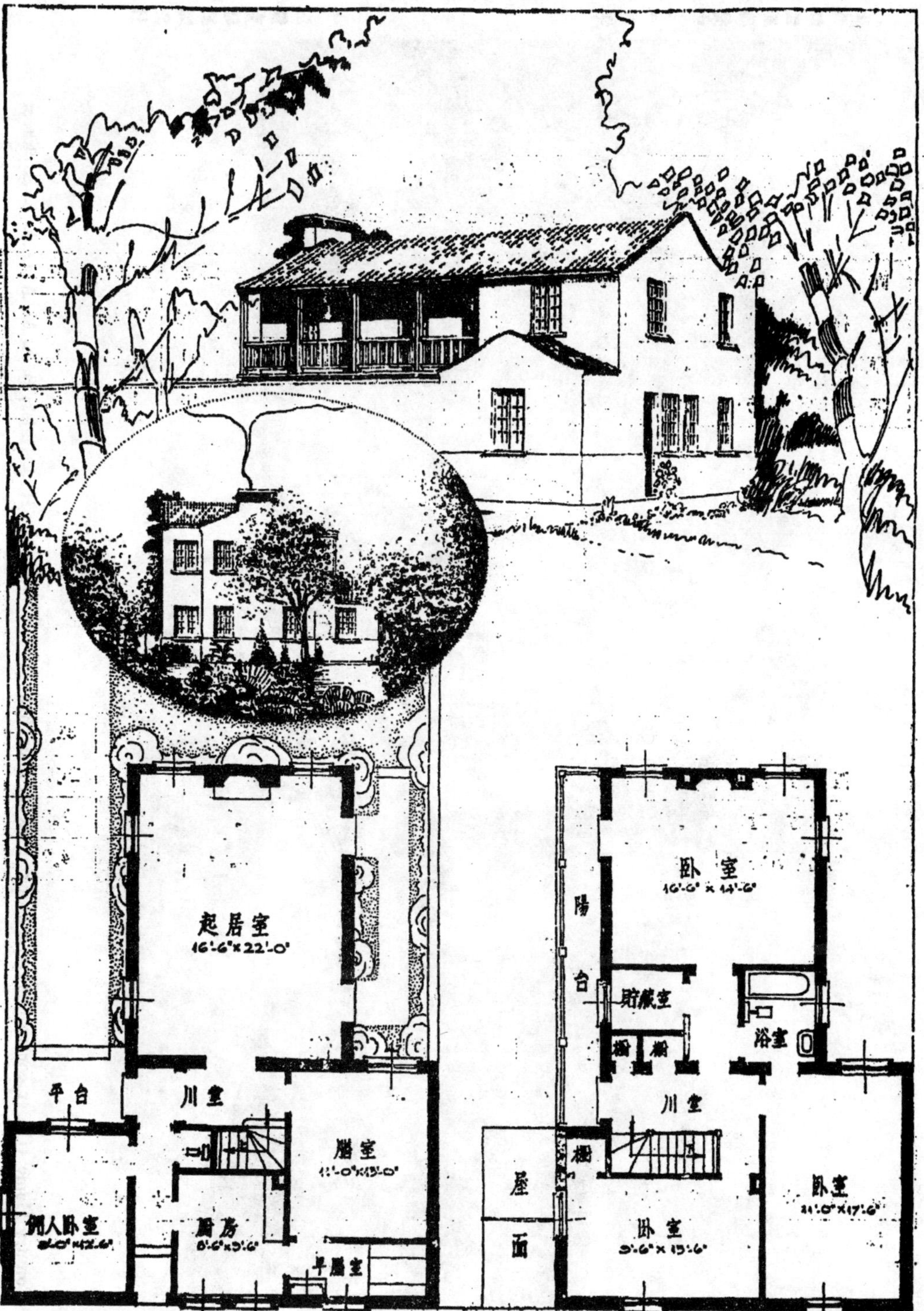

滬西張智鴻先生住宅

本會服務部擬

22569

上海虹橋路建築中之一住宅

海傑克建築師設計

Country Home (Under construction) on Hungjao Road, Shanghai.

H. J. Hajek, B. A. M. A. & A. S., Architect

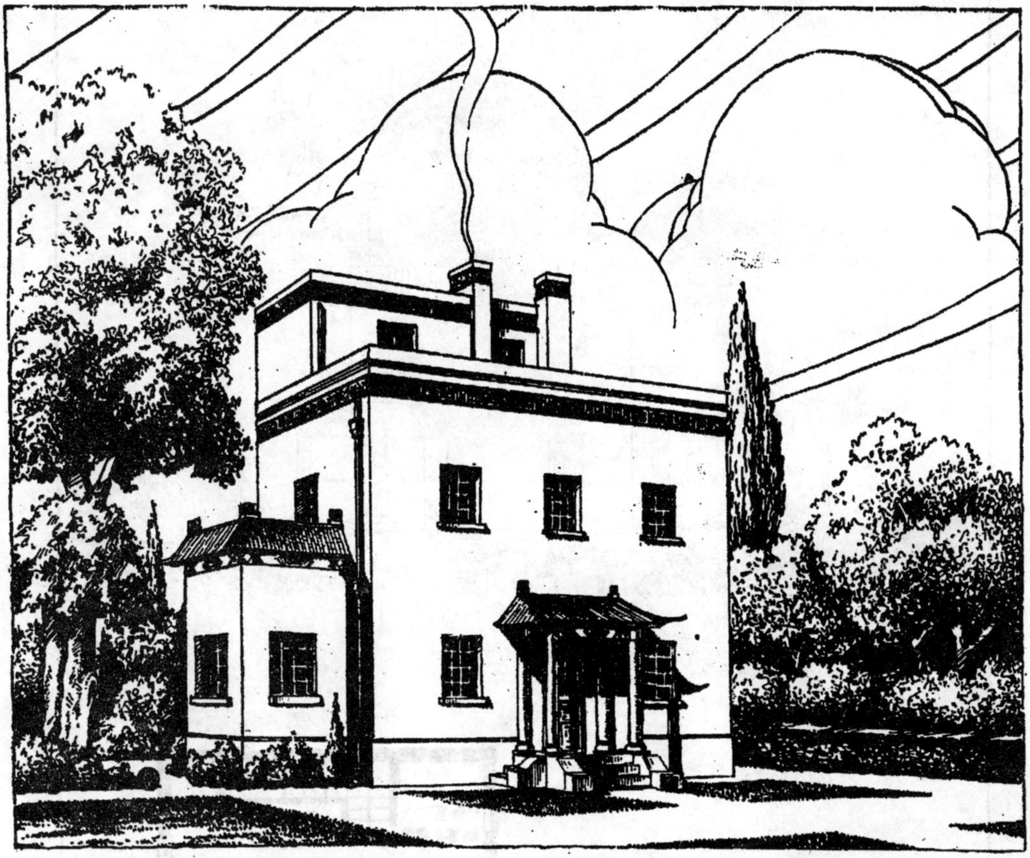

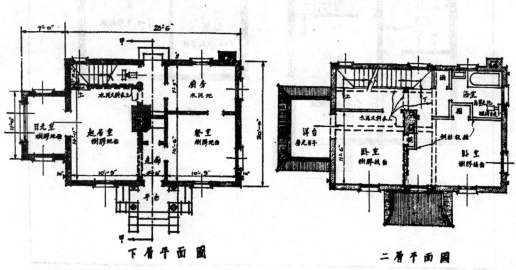

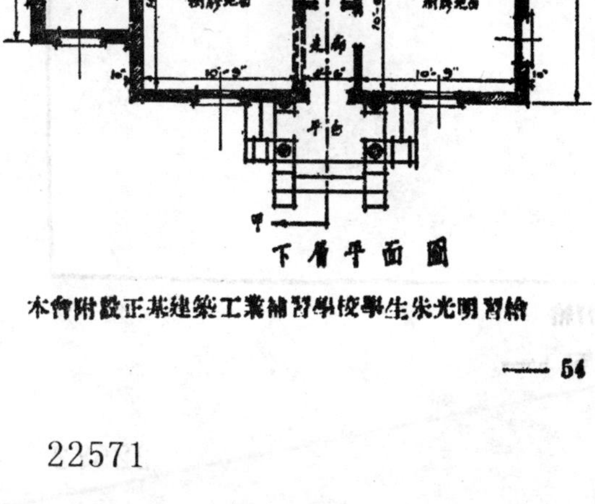

下層平面圖

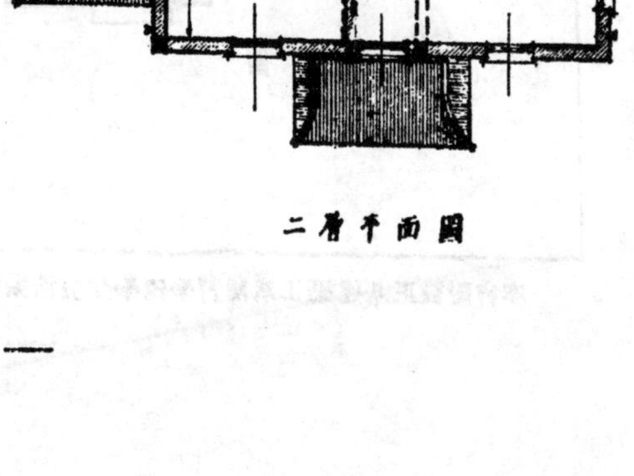

二層平面圖

本會附設正基建築工業補習學校學生朱光明習繪

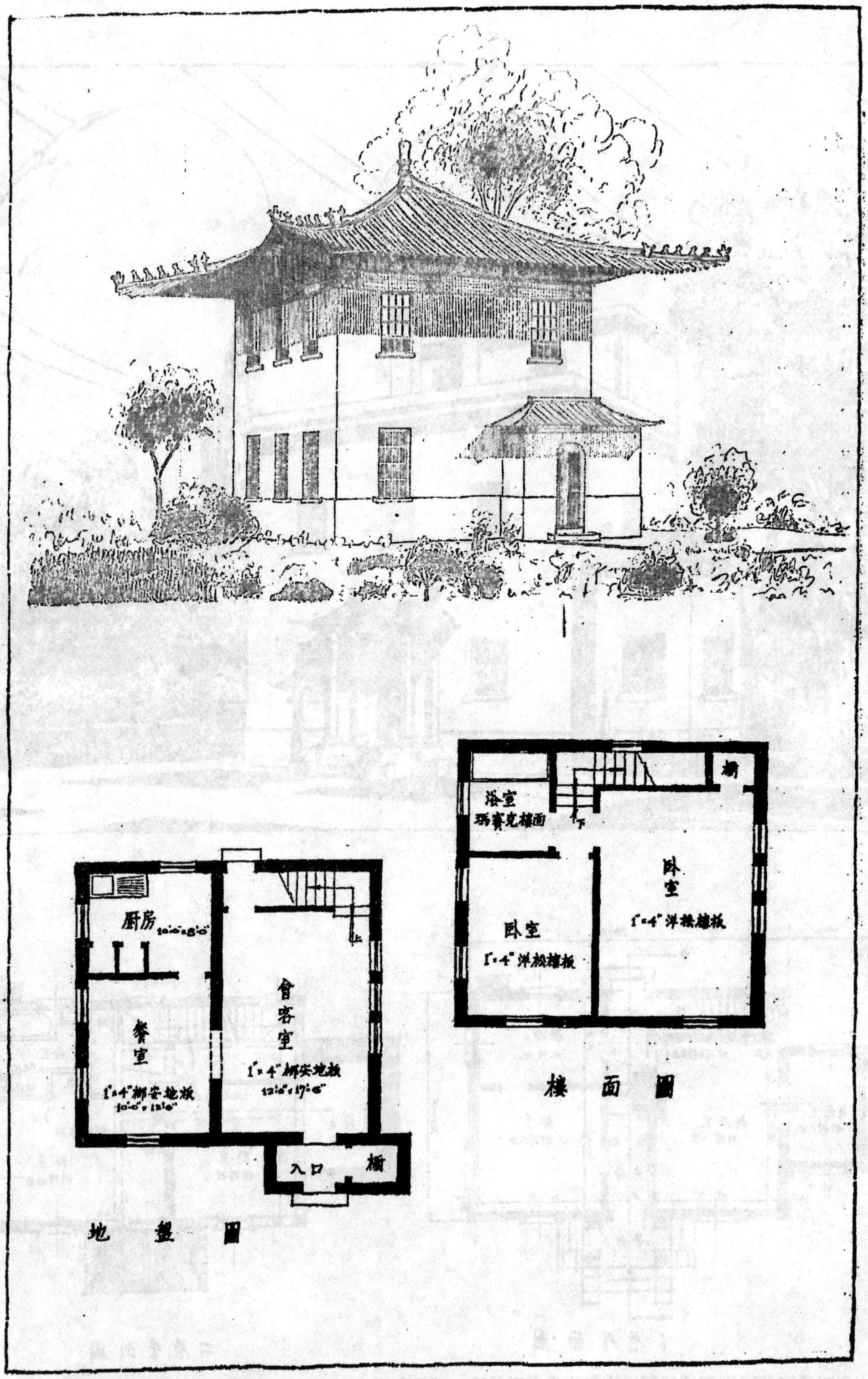

本會附設正基建築工業補習學校學生吳浩振習繪

建築材料價目表

磚 瓦 類

貨名	商號	大小	數量	價目	備註
空心磚	大中磚瓦公司	12"×12"×10"	每千	$250.00	車挑力在外
„ „ „	„ „ „ „	12"×12"×9"	„ „	230.00	
„ „ „	„ „ „ „	12"×12"×8"	„ „	200.00	
„ „ „	„ „ „ „	12"×12"×6"	„ „	150.00	
„ „ „	„ „ „ „	12"×12"×4"	„ „	100.00	
„ „ „	„ „ „ „	12"×12"×3"	„ „	80.00	
„ „ „	„ „ „ „	9¼"×9¼"×6"	„ „	80.00	
„ „ „	„ „ „ „	9¼"×9¼×4½"	„ „	65.00	
„ „ „	„ „ „ „	9¼"×9¼"×3"	„ „	50.00	
„ „ „	„ „ „ „	9¼"×4½"×4½"	„ „	40.00	
„ „ „	„ „ „ „	9¼"×4½"×3"	„ „	24.00	
„ „ „	„ „ „ „	9¼"×4½"×2½"	„ „	23.00	
„ „ „	„ „ „ „	9¼"×4½"×2"	„ „	22.00	
實心磚	„ „ „ „	8½"×4⅛"×2½"	„ „	14.00	
„ „ „	„ „ „ „	10"×4⅞"×2"	„ „	13.30	
„ „ „	„ „ „ „	9"×4⅜"×2"	„ „	11.20	
„ „ „	„ „ „ „	9"×4⅜"×2¼"	„ „	12.60	
大中瓦	„ „ „ „	15"×9½"	„ „	63.00	運至營造場地
西班牙瓦	„ „ „ „	16"×5½"	„ „	52.00	„ „
英國式灣瓦	„ „ „ „	11"×6½"	„ „	40.00	„ „
脊瓦	„ „ „ „	18"×8"	„ „	126.00	„ „
空心磚	振蘇磚瓦公司	9¼×4½×2½"	„ „	$22.00	空心磚照價送到作
„ „ „	„ „ „ „	9¼×4½×3"	„ „	24.00	場九折計算
„ „ „	„ „ „ „	9¼×9¼×3"	„ „	48.00	紅瓦照價送到作場
„ „ „	„ „ „ „	9¼×9¼×4½"	„ „	62.00	
„ „ „	„ „ „ „	9¼×9¼×6"	„ „	76.00	
„ „ „	„ „ „ „	9¼×9¼×8"	„ „	120.00	
„ „ „	„ „ „ „	9¼×4¼×4½"	„ „	35.00	
„ „ „	„ „ „ „	12×12×4"	„ „	90.00	

貨名	商號	大小	數量	價目	備註
空心磚	振蘇磚瓦公司	12×12×6″	每千	$140.00	
„ „ „	„ „ „ „	12×12×8″	„ „	190.00	
„ „ „	„ „ „ „	12×12×10	„ „	240.00	
靑平瓦	„ „ „ „	144	平方塊數	70.00	
紅平瓦	„ „ „ „	144	„ „	60.00	
紅磚	„ „ „ „	10×5×2¼″	每千	12.50	
„ „	„ „ „ „	10×5×2″	„ „	12.00	
„ „	„ „ „ „	9¼×4½×2¼″	„ „	11.50	
„ „	„ „ „ „	9¼×4½×2″	„ „	10.00	
光面紅磚	„ „ „ „	10×5×2¼″	„ „	12.50	
„ „ „	„ „ „ „	10×5×2″	„ „	12.00	
„ „ „	„ „ „ „	9¼×4½×2¼″	„ „	11.50	
„ „ „	„ „ „ „	9¼×4½×2″	„ „	10.00	
„ „ „	„ „ „ „	8½×4⅛×2½″	„ „	12.50	
靑筒瓦	„ „ „ „	400	平方塊數	65.00	
紅筒瓦	„ „ „ „	400	„ „	50.00	

鋼條類

貨名	商號	標記	數量	價目	備註
鋼條		四十尺二分光圓	每噸	一百十八元	德國或比國貨
„ „		四十尺二分半光圓	„ „	一百十八元	„ „ „
„ „		四二尺三分光圓	„ „	一百十八元	„ „ „
„ „		四十尺三分圓竹節	„ „	一百十六元	„ „ „
„ „		四十尺普通花色	„ „	一百〇七元	鋼條自四分至一寸方或圓
„ „		盤圓絲	每市擔	四元六角	

水泥類

貨名	商號	標記	數量	價目	備註
水泥		象牌	每桶	六元三角	
水泥		泰山	每桶	六元二角半	
水泥		馬牌	„ „	六元二角	

22574

貨名	商號	標記	數量	價格	備註
水泥		英國"Atlas"	„ „	三十二元	
白水泥		法國麒麟牌	„ „	二十八元	
白水泥		意國紅獅牌	„ „	二十七元	

木材類

貨名	商號	說明	數量	價格	備註
洋松	上海市同業公會公議價目	八尺至卅二尺再長照加	每千尺	洋八十四元	
一寸洋松	„ „ „		„ „	„ 八十六元	
寸半洋松	„ „ „		„ „	八十七元	
洋松二寸光板	„ „ „		„ „	六十六元	
四尺洋松條子	„ „ „		每萬根	一百二十五元	
一寸四寸洋松一號企口板	„ „ „		每千尺	一百〇五元	
一寸四寸洋松副號企口板	„ „ „		„ „	八十八元	
一寸四寸洋松二號企口板	„ „ „		„ „	七十六元	
一寸六寸洋松一頭號企口板	„ „ „		„ „	一百十元	
一寸六寸洋松副頭號企口板	„ „ „		„ „	九十元	
一寸六寸洋松二號企口板	„ „ „		„ „	七十八元	
一二五四寸一號洋松企口板	„ „ „		„ „	一百三十五元	
一二五四寸二號洋松企口板	„ „ „		„ „	九十七元	
一二五六寸一號洋松企口板	„ „ „		„ „	一百五十元	
一二五六寸二號洋松企口板	„ „ „		„ „	一百十元	
柚木(頭號)	„ „ „	僧帽牌	„ „	五百三十元	
柚木(甲種)	„ „ „	龍牌	„ „	四百五十元	
柚木(乙種)	„ „ „	„ „	„ „	四百二十元	
柚木段	„ „ „	„ „	„ „	三百五十元	
硬木	„ „ „		„ „	二百元	
硬木(火介方)	„ „ „		„ „	一百五十元	
柳安	„ „ „		„ „	一百八十元	
紅板	„ „ „		„ „	一百〇五元	
抄板	„ „ „		„ „	一百四十元	
十二尺三寸六八皖松	„ „ „		„ „	六十五元	
十二尺二寸皖松	„ „ „		„ „	六十五元	

貨名	商號	說明	數量	價格	備註
一二五四寸柳安企口板	上海市同業公會公議價目		每千尺	一百八十五元	
一寸六寸柳安企口板	„ „ „			一百八十五元	
二寸一半片建松	„ „ „			六十元	
一丈字印建松板	„ „ „		每丈	三元五角	
一丈足建松板	„ „ „		„ „	五元五角	
八尺寸甌松板	„ „ „		„ „	四元	
一寸六寸一號甌松板	„ „ „		每千尺	五十元	
一寸六寸二號甌松板	„ „ „		„ „	四十五元	
八尺機鋸杭松板	„ „ „		每丈	二元	
九尺機鋸甌松板	„ „ „		„ „	一元八角	
八尺足寸皖松板	„ „ „		„ „	四元六角	
一丈皖松板	„ „ „		„ „	五元五角	
八尺六分皖松板	„ „ „		„ „	三元六角	
台松板	„ „ „		„ „	四元	
九尺八分坦戶板	„ „ „		„ „	一元二角	
九尺五分坦戶板	„ „ „		„ „	一元	
八尺六分紅柳板	„ „ „		„ „	二元二角	
七尺俄松板	, , ,		, ,	一元九角	
八尺俄松板	„ „ „		„ „	二元一角	
九尺坦戶板	„ „ „		„ „	一元四角	
六分一寸俄紅松板	„ „ „		每千尺	七十三元	
六分一寸俄白松板	„ „ „		„ „	七十一元	
一寸二分四寸俄紅松板	„ „ „		„ „	六十九元	
俄紅松方	„ „ „		„ „	六十九元	
一寸四寸俄紅白松企口板	„ „ „		„ „	七十四元	
一寸六寸俄紅白松企口板	„ „ „		„ „	七十四元	

五金類

貨名	商號	標記	數量	價目	備註
二二號英白鐵			每箱	五十八元八角	每箱廿一張重四〇二斤
二四號英白鐵			每箱	五十八元八角	每箱廿五張重量同上
二六號英白鐵			每箱	六十三元	每箱卅三張重量同上

貨名	商號	標記	數量	價目	備註
二八號英白鐵			每箱	六十七元二角	每箱廿一張重量同上
二二號英瓦鐵			每箱	五十八元八角	每箱廿五張重量同上
二四號英瓦鐵			每箱	五十八元八角	每箱卅三張重量同上
二六號英瓦鐵			每箱	六十三元	每箱卅八張重量同上
二八號英瓦鐵			每箱	六十七元二角	每箱廿一張重量同上
二二號美白鐵			每箱	六十九元三角	每箱廿五張重量同上
二四號美白鐵			每箱	六十九元三角	每箱卅三張重量同上
二六號美白鐵			每箱	七十三元五角	每箱卅八張重量同上
二八號美白鐵			每箱	七十七元七角	每箱卅八張重量同上
美方釘			每桶	十六元〇九分	
平頭釘			每桶	十六元八角	
中國貨元釘			每桶	六元五角	
五方紙牛毛毡			每捲	二元八角	
半號牛毛毡		馬牌	每捲	二元八角	
一號牛毛毡		馬牌	每捲	三元九角	
二號牛毛毡		馬牌	每捲	五元一角	
三號牛毛毡		馬牌	每捲	七元	
鋼絲網		27"×96" 2¼lb.	每方	四元	德國或美國貨
” ” ”		27"×96" 3lb.rib	每方	十元	” ” ”
鋼版網		8'×12' 六分一寸半眼	每張	三十四元	
水落鐵		六分	每千尺	四十五元	每根長廿尺
牆角線			每千尺	九十五元	每根長十二尺
踏步鐵			每千尺	五十五元	每根長十尺或十二尺
鉛絲布			每捲	二十三元	闊三尺長一百尺
綠鉛紗			每捲	十七元	” ” ”
銅絲布			每捲	四十元	” ” ”
洋門套鎖			每打	十六元	中國鎖廠出品 黃銅或古銅色
洋門套鎖			每打	十八元	德國或美國貨
彈弓門鎖			每打	三十元	中國鎖廠出品
” ” ”			每打	五十元	外貨

貨名	商號	標記	數量	價目	備註
彈子門鎖	合作五金公司	3寸7分(古銅色)	毎打	四十元	
„ „ „	„ „ „ „	„ „ (黑色)	„ „	三十八元	
明螺絲彈子門鎖	„ „ „ „	3寸5分(古銅色)	„ „	三十三元	
„ „ „	„ „ „ „	„ „ (黑色)	„ „	三十二元	
執手插鎖	„ „ „ „	6寸6分(金色)	„ „	二十六元	
„ „ „	„ „ „ „	„ „ (古銅色)	„ „	二十六元	
„ „ „	„ „ „ „	„ „ (克羅米)	„ „	三十二元	
彈弓門鎖	„ „ „ „	3寸 (黑色)	„ „	十元	
„ „ „	„ „ „ „	„ „ (古銅色)	„ „	十元	
迴紋花板插鎖	„ „ „ „	4寸5分(金色)	„ „	二十五元	
„ „ „	„ „ „ „	„ „ (黃古色)	„ „	二十五元	
„ „ „	„ „ „ „	„ „ (古銅色)	„ „	二十五元	
細邊花板插鎖	„ „ „ „	7寸7分(金色)	„ „	三十九元	
„ „ „	„ „ „ „	„ „ (黃古色)	„ „	三十九元	
„ „ „	„ „ „ „	„ „ (古銅色)	„ „	三十九元	
細花板插鎖	„ „ „ „	6寸4分(金色)	„ „	十八元	
, , ,	, , , ,	, , (黃古色)	, ,	十八元	
, , ,	, , , ,	, , (古銅色)	, ,	十八元	
鐵質細花板插鎖	, , , ,	, , (古色)	, ,	十五元五角	
甆執手插鎖	, , , ,	3寸4分(棕色)	, ,	十五元	
, , ,	, , , ,	, , (白色)	, ,	, , ,	
, , ,	, , , ,	, , (藍色)	, ,	, , ,	
, , ,	, , , ,	, , (紅色)	, ,	, , ,	
, , ,	, , , ,	, , (黃色)	, ,	, , ,	
甆執手鎗式插鎖	, , , ,	, , (棕色)	, ,	, , ,	
, , ,	, , , ,	, , (白色)	, ,	, , ,	
, , ,	, , , ,	, , (藍色)	, ,	, , ,	
, , ,	, , , ,	, , (紅色)	, ,	, , ,	
, , ,	, , , ,	, , (黃色)	, ,	, , ,	

本刊上二期已將「北平市溝渠建設設計綱要」刊完，現再將「徵求北平市溝渠計劃意見報告書」接登，以資討論焉。（紓）

杜彥耿

徵求北平市溝渠計劃意見報告書

本府技術室前擬定之「北平市溝渠建設設計綱要及污水溝渠初期建設計劃」，爲集思廣益起見，曾分寄國內工程專家徵求批評。現覆函嘗已遞到，特歸納諸家高見，分爲問題七種，參以本府技術室意見，擬具報告如左：

一，溝渠制度問題

關於平市溝渠應採之制度，各家與本府之意見完全一致，即「改良舊溝以宣洩雨水，建設新渠以排除污水，即所謂分流制者是也」。溝渠制度爲溝渠之根本問題，得各家一致之主張，本府自當引爲溝渠建設之準繩也。

二，溝渠建設之程序

溝渠之制度定，溝渠建設之程序可隨之而決，即先整理雨水溝渠，次建設污水溝渠是也。然溝渠設計之程序，不能同於溝渠建設之程序，雖建設可分先後，設計則須同時完成。蓋街市上雨水污水兩種溝渠之配置，交錯時不相衝突之高度，或某處因分設兩管之特殊困難，須採局部之合流制者，必雨水污水溝渠同時設計，始可兼籌並顧，以謀所以配合適應之道。至溝渠建設之施工，不但須分期進行，在分期之中，尙須分區工作，就工程進行上之便利及減輕經濟上之困難言，實爲溝渠建設所必採之步驟也。

三，雨水溝渠設計之基本數字

「設計綱要」中所假定之雨水溝渠設計基本數字如下：

降雨率　每小時六十五公厘（即二•五吋）

洩水係數　商業區83%　住宅區49%

降雨集水時間　三十分鐘（由梅耶氏〔Mayer〕降雨率五年循環方程式求得）

進水時間　十五分鐘

北平工學院院長李耕硯先生認爲降雨率不必假定如此之大，本府當根據今後平市之降雨率精確記錄，酌爲減低。淸華大學敎授陶葆楷先生認洩水係數所假定之數字稍嫌過高，本府「設計綱計」所列之二表，係舉例性質，同爲住宅區，其區內房屋疎密及過路情況，未必盡同，設計時當就各洩水區域，分別加以調查，列表備用，既可與實際情形相脗合，亦可免管大浪費之弊也。

四，污水溝渠設計之基本數字

「設計綱要」中所假定之污水溝渠設計基本數字如下：

人口密度（每公頃人數）　商業區六百人　住宅區三百人

每人每日用水量　七公升（或十五英加侖）

地下水滲透量　每公里管線二五〇〇〇公升

庫氏(Kutter)公式中之N爲○•○一五

人口之密度，李先生仍認爲太密。上海市工務局技正胡實予先生亦同此意見，並發表具體之主張如下：

「按二十二年平市公安局人口調查統計，人口最密之外一區每公頃爲四百零五人，普通住宅區每公頃一百五十人。此種情形，在最近若干年內，似不至有多大變動。即將來工商業發達，人口激增，亦宜限制建築面積與高度，及開設新市區以調劑之，不宜聽其自然發展，致蹈吾國南方城市及歐美若干舊市區人烟過於稠密之覆轍，使文化古都，成爲空氣惡濁交通擁擠之場所，而失其向來幽雅之特色。鄙意平市商業區將來之人口密度仍宜以每公頃四百人爲限，住宅區以增至每公頃二百人爲限，」

平市人口，就民元以來二十一年之統計觀之，實有穩堅增長之總趨勢。雖六年至十五年之九年間，人口總數之變動甚微，而十五年以後之人口激增，迄今賡續前進，勢不稍衰。若根據二十一年來之人口增加率，按等差級數法，推測二十五年以後之人口密度，則商業區每公頃可達五百六十人，住宅區可達二百一十人。若就最近七年來之增加率，按等差級數法推測二十五年後之人口密度，則商業區每公頃可達七百五十人，住宅區可達二百八十人。推算人口增加，以等差級數法所得之結果，最爲保守。按二十一年之平均增加率，算得將來之人口密度，尙在五百與二百人之上，而開闢新市區以減低人口密度之法，平市以城牆關係，較之他市稍感困難，似將來人口密度之假定，商業區不能小於五百，住宅區不能小於二百。惟平市商業區與住宅區不能明確劃分，且漸有變遷轉移之勢。民元前後商業區皆集中於前門外一帶，現則東城以王府井大街爲中心之商業區發展甚速，西城以西單牌樓爲中心之商業區亦有突飛之興榮，故平市有趨於細胞發展之可能，人口增加之推測，亦以分區估算爲較妥，所謂商業區及住宅區不過籠統而言，其間自應就各處特殊情形而斟酌損益也。

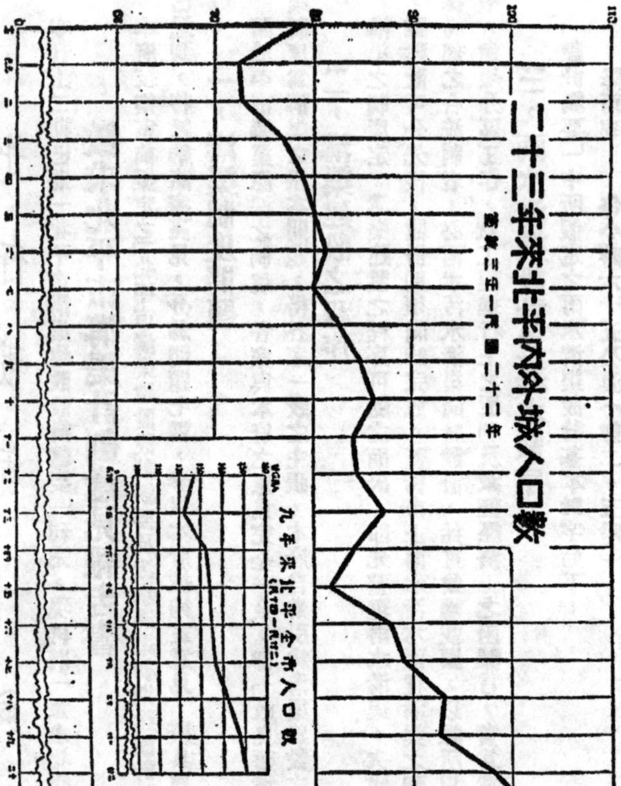

至庫氏公式中之N，青島市工務局副局長嚴仲絜先生，認爲計算缸管中之流量，○•○一五非所必要，當遵嚴先生之意見改用○•○一三計算。

五，溝渠建設之實際問題

(1)污水管之材料及形狀 中央大學教授關富權先生以蛋形管之水力半徑(Hydraulic Rdaius)較優於圓形管，不易發生沉澱，且蛋形管材料用混凝土，既可價廉，又免利權外溢。查蛋形管最適用於污水雨水合流之溝渠，早爲工程界之定論。因雨水污水之量難相差至百

22580

數十倍，而流於蛋形管內，流速之變動則至微也。惟平市溝渠擬採分流制已如上述，若僅流污水之管，其每日之流量無大差異，且每日至少有一次之滿流，即有沉澱，爲每日之滿流所沖刷，亦不致有壅塞之弊。混凝土蛋形管之用於合流溝渠者，有於管裏面之下部貼以光滑之缸瓦，其用意一方在減少管內之阻力，一方在防止污水侵蝕洋灰，若污水溝渠而用混凝土蛋形管，設不滿貼缸瓦，似難免以上二弊，若貼用缸瓦，則所費不貲矣。現唐山開灤煤礦已不兼營缸管貿易。平津所用者皆該地土窰所製，雖品質稍遜，倘大批訂購，可使加工精製也。故購用缸管，並無利潤流入外商之弊。再就經濟方面言，缸管亦較混凝土管爲省費。按青島市溝渠工程之統計，四百公厘以下者以用缸管爲省，四百公厘以上者以用混凝土管爲省。茲列青市工務局之統計表於左以明之：

管徑(公厘)	管質	每公尺長工料價共計(土工在外)
一五〇	缸管	一、一六元
二〇〇	仝	一、六六
二五〇	仝	二、〇三
三〇〇	仝	三、七二
三五〇	仝	五、二六
四〇〇	仝	六、三一
五〇〇	混凝土管(一：二：四)	六、〇〇
六〇〇	仝	七、〇〇
七〇〇	仝	八、〇〇
九〇〇	仝	九、五〇

若在平市，混凝土所需之原料石子砂子皆較青市昂至一倍左右，而唐山缸管較之青市所用之博山缸管，價尚稍廉。茲列比較表如左：

名稱	單位	青島價格	北平價格
石子	立方公尺	二、四〇元	三、九〇元
砂子	立方公尺	一、五〇元	三、七〇元
缸管	半徑四百公厘，一公尺長，	六、〇〇元	三、八四元（此係唐山交貨最上等雙釉缸管價格，北平交貨另加運費每公尺約一元左右。）

故就材料之經濟而論，平市溝渠之宜用缸管，殆尤迫切於青島市也。

(2)接管用之材料 下水道水管間結合之材料，普通用者有柏油麻絲及洋灰砂漿二種用洋灰砂漿之優點在堅實省費，其缺點在換裝支管困難，接頭處無伸縮性，若基地下陷或壓力不均，缸管有折裂之虞。用柏油麻絲之優點在換裝支管甚易，接頭處有伸縮性，缸管不致折裂，其缺點在用費稍昂，略欠堅牢。嚴先生主張用洋灰砂漿接管，在街傍用戶於建造溝渠時皆同時裝接支管，則該處以洋灰砂漿接管，倘無不便，否則以用柏油麻絲接管爲較妥。至地基之堅實情形，亦爲決定採用何種接管材料所應考慮之因素也。

(3)水管埋設之深度 原計劃假定管頂距路面之深度最小以一公尺爲限。關先生以爲〇•六公尺即足以防凍，似無須埋設一公尺之深。查北平市冬季嚴寒，〇•六公尺之深度是否足以護管，尙待考究，惟爲防止車輛震裂水管計，〇•六公尺之深度稍嫌不足。因通衢雖有柏油或石碴路面，電車之震動則甚劇，而平市電車軌之下並無鐵筋混凝土基礎以抗禦之。若水管敷設於步道或小巷中，鐵輪大車於雨後恆陷入路面〇•三公尺上下，則所餘之〇•三公尺實不足以護管。故水管埋設之深度，除防凍外，尙應斟酌交通情形而規定之也。

(4)反吸虹管之採用 污水管橫過護城河時，如該河水流橫斷面有限，不容污水管直穿時，嚴先生主張用反吸虹管，由河底穿過。查平市護城河流量多嫌不足，自以照嚴先生所言辦理，最爲妥善。

(5)消污池(Septic tank)之採用 關先生主張每胡同或數戶合建一消污池，以減污水之量，改進污水之質，並減輕未安專用污水，住戶之負擔。用意皆深，惟事實上則未能與理想之結果相合。公共消污池不能建於私人土地之內，必設於街衢，既置妨礙交通於不論，池之通風筒放出多量之亞摩尼亞氣，行人掩鼻而過，與今日糞車滿街之情況無異，有失建設污水溝渠之意義，此其一。全市建造數百消污池，較之建一大規模之總清理廠，所費更鉅，按天津英租界工部局建造鐵筋混凝土消污池之統計，供給二十人用之池，造價約八十元，即平均每人需費四元。平市飲用自來水之人口約爲十萬，則建造消污池之所費，即有四十萬元之多，且數百消污池之清除管理，亦非易舉，此其二。消污池所減之污水量甚微，而其所剩之污渣，不能用作肥料，此其三。酸性污水，或天寒之時，池內霉腐作用，幾全停止，此其四。有此四端，故消污池不能大規模採用於平市。原計劃中有建造穢水池四百處一項，即便於不裝置專用污水管之中下市民傾倒污水而設，故市民無論貧富，皆有使用污水溝渠之便利，市民之負擔與享用，並無畸重畸輕之弊也。

六，清理分廠之地址問題

城內清理分廠之設立及其位址，完全爲地形所決定。因污水藉地面天然之坡度，由高趨下，全市污水總清理廠既設於城外之二閘，則全市各處之污水欲其皆能藉天然之坡度，匯集於二閘，爲平市地形所不容許，因城內有數處低窪之區，水流至此，若不以機器提高水位，污水即停滯該處，無術排除，此清理分廠之所以設及地址之所由決定也。陶先生以爲宣武門內等處，人煙稠密，設清理廠，不免有臭味，不如設於天壇地廣人稀之處，此爲北平市地形所限，不能不分設於宣武門內，東四九條胡同及天壇東北角等過於低窪之處，實爲無可奈何之事，如青島市之污水清理總廠雖僅西鎭一處，而清理分廠則有四處，其太平路之一廠，在市府之前，爲交通要衢，亦風景佳地，而因地形關係，不設廠則水不能前進，故德管時代已闢地設廠矣，日本東京市復興計劃完成後，全市有污水清理分廠八處，各廠設備有「沉沙池」及「喞筒室」等。污水經篩濾後，再提高水位，送至清理總廠。其第一排洩區之「錢瓶町喞筒場」即在東京驛之北傍。此種污水清理分廠若設計周密管理得法，並無臭味外溢，因所清理者爲新出之污水，不同於消污池所出之霉腐污水，且僅經過篩濾一種手續，即以抽水機送出。若清理濾池，運除污渣於夜間行之，附近居民當不致有不快之感也。嚴先生主張將東四九條之第一清理分廠移於朝陽門一帶，因該處更爲低下也。此論極是，惟朝陽門至東便門間無可供安設幹溝之街道。本市現正測製二千五百分之一地形圖，等高綫之差爲半公尺，此圖測竣，各污水清理分廠之地址，當再重行通盤籌劃也。

七，污水之最後處理方法

污水之總清理廠設於東便門外之二閘，該處地價不昂，污水經清理後，卽洩入通惠河，該河之水並不充作飲料。根據以上二種情形，並為節省財力計，故污水清理採用篩濾池及伊氏池(Imhoff tank)之法，雖此法佔用廠基稍多，然地價不昂，所費無多。清理效率雖不能十分圓滿，然全廠構造簡單，不藉機械之力以工作，且河水不作飲料，故亦無須再經他法以清潔之。採用伊氏池法，不僅建造費低，且管理易，經常費尤省也。至污水中之肥料，大部存留於篩濾池中，沉澱於伊氏池及洩入河中者為量無多。李先生囑仿上海英租界辦法，採用「活動污泥法」(Activated Sludge Process)，以保全肥料，用意至善。惟「活動污泥法」清理污水手續省藉機械之運轉，設備費既昂，管理亦難，經常費尤大。其優點在清理效率高，污渣之肥料價值大，而廠基佔地，在各種清理污水方法中為最小。上海租界地價昂，或採用此法之一原因也。上海英租界污水清理廠之成績，本府已派員調查，以供參考；并擬選定現出污水地點數處，按時往取污水加以化驗。如每月化驗一次，則積一年以上之記錄，於污水最後處理方法之取捨，定有所助也。

按伊氏(Imhoff)最近主張伊氏池與「空氣活動污泥法」，為連續之污水清理法，卽污水先經伊氏池，再入吹風池，完成「空氣活動污泥」手續後，始行排除。惟吹風池之污泥一部仍回吹風池，一部則又送至伊氏池內，助該池內污泥之消化。其工作系統如附圖所示。中圖所示清理系統之特徵，約有兩點：

1伊氏池為初步之清理，吹風池為高度之清理，但視污水情形，吹風池可完全不用，僅經伊氏池，卽行排除，以減消耗。

2吹風池內之污泥必經伊氏池，與該池內之污泥混合後，始得送至污泥晒床，故吹風池與伊氏池之污泥不能分別保存。

由以上二點而論，北平市污水清理總廠，暫先設伊氏池，二閘距城稍遠，通惠河水不用作飲料，僅伊氏池已可勝清理污水之任；否則隨時加建吹風池，以前之建設仍可充分利用，固無棄置之可慮也。

此次承海內工程專家，不吝賜敎，為北平市之溝渠計劃，建一完善合理之基礎，本府實深感荷。今後在詳密計劃完程過程中，與諸位工程先進商榷之問題正多，為百餘萬市民造福利，想諸君必樂為助也。

(待續)

污水清理廠工作系統圖
(Imhoff 設計)

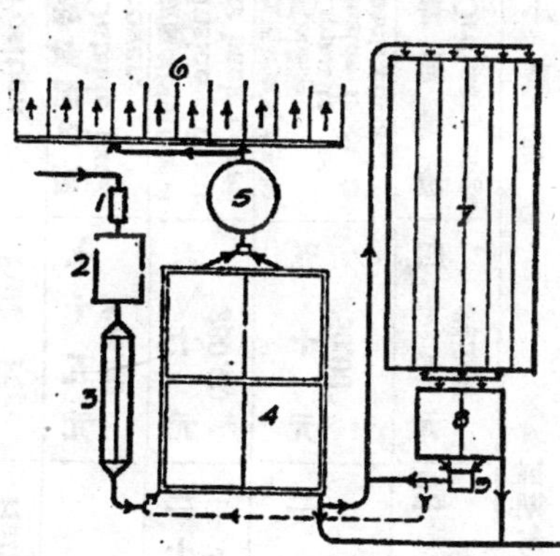

1. 粗篩 Coarse racks
2. 濾油池 Skimming tank
3. 沉砂池 Grit chambers
4. 伊氏池 Imhoff tanks
5. 污泥再消化池 Secondary sludge digestion tank
6. 污泥晒床 Sludge-drying beds
7. 吹風池 Aeration units
8. 最後沉澱池 Final settling tanks
9. 污泥抽送機 Sludge pumps

22583

預定

全年	十二冊	大洋伍元
郵費	本埠每冊二分,全年二角四分;外埠每冊五分,全年六角;國外另定	
優待	同時定閱二份以上者,定費九折計算。	

建築月刊

第二卷・第九號

中華民國二十三年九月份出版

編輯者　上海市建築協會　南京路大陸商場

發行者　上海市建築協會　南京路大陸商場

電話　九二〇〇九

印刷者　新光印書館　上海寧波路渭遠里三一號

電話　七四六三五

投稿簡章

1. 本刊所列各門,皆歡迎投稿。翻譯創作均可,文言白話不拘,須加新式標點符號。譯作附寄原文,如原文不便附寄,應詳細註明原文書名,出版時日地點。
2. 一經揭載,贈閱本刊或酌酬現金,撰文每千字一元至五元,譯文每千字半元至三元。重要著作特別優待。投稿人却酬者聽。
3. 來稿本刊編輯有權增删,不願增删者,須先聲明。
4. 來稿概不退還,預先聲明者不在此例,惟須附足寄還之郵費。
5. 抄襲之作,取消酬贈。
6. 稿寄上海南京路大陸商場六二〇號本刊編輯部。

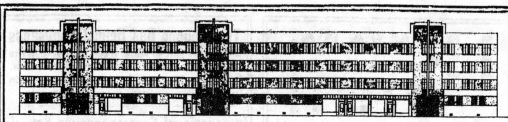

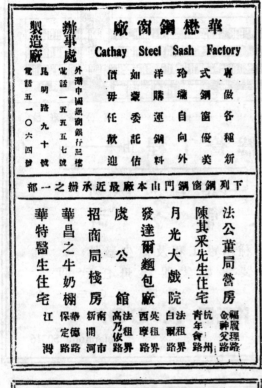

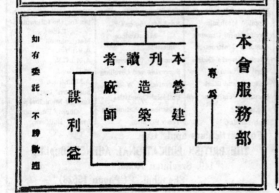

新仁記營造廠

總賬房
愛文義路一四二三號
電話三〇五三一

事務所
江西路一七〇號二樓二五八號
電話一〇八八九

本廠承造工程之一斑：

沙遜大樓　南京路
漢彌爾登大廈　江西路
都城飯店　江西路

二十層百老匯大廈　本廠最近承造工程之一

Broadway Mansions

Sin Jin Kee & Company

Head office: 1423 Avenue Road Tel. 30531

Town office: Hamilton House, Room No. 258, 170 Kiangse Road Tel.10889

公勤鐵廠股份有限公司

總廠 上海楊樹浦 臨青路五十三號

分廠 上海楊樹浦 齊齊哈爾路二七〇號

三戟牌 註冊商標

電話＝五〇二一四・五〇一六七・五二三四五

電報掛號(國內"二〇六〇")(國外"COLUCHUNG")

事務所上海天潼路二八四號＝電話四一一二〇號

上海經理處 源橋號 北蘇州路

兩廣批發所 廣州濠畔街西約二七四號

本廠出品，向以國貨圓釘為大宗。所製三戟牌圓釘，銷遐邇，早已馳名。歷次參加展覽，頗獲社會好評。優點所在，約舉凡三。(一)釘頭圓整(二)釘身堅挺(三)釘尖鋒銳。整個釘子，全身光潤無疵，稱[illegible]經久不銹。建築界頗有以良友稱之。最近新製鞋釘銅釘，以及各式特別釘類，因合社會需要，幾致供不應求。釘類分析愈繁，本廠營業，愈益擴大。一方面運用機器部全部母機製造釘機，並設拉絲部自行拉絲，側重於圓釘之製造。而一方面增設分廠，特闢網籬部，從事於網籬之編織。出品及裝置工程見圖。此種網籬，用途甚廣，凡私人住宅，公共花園，工廠學校，球場，體育場等，均適用之，而尤以鐵路車站裝置本廠所製鐵絲網籬，更能表示特色，蓋全國國有鐵路到達之處，中華國產網籬能有如蠅附驥尾而致千里，未始非國貨界之榮光焉。

上項鐵絲網籬，為本廠最新出品。疊擱成捲，拉開成網，再經設計裝置，便成壯嚴燦爛的圍籬。左圖所示，即係鐵路車站兩傍。月臺裝置鐵絲網籬之一幅攝真。乘客安全，路局秩序，兩利賴之。

鐵路車站網籬裝置圖

此邊線代表本廠所製刺線

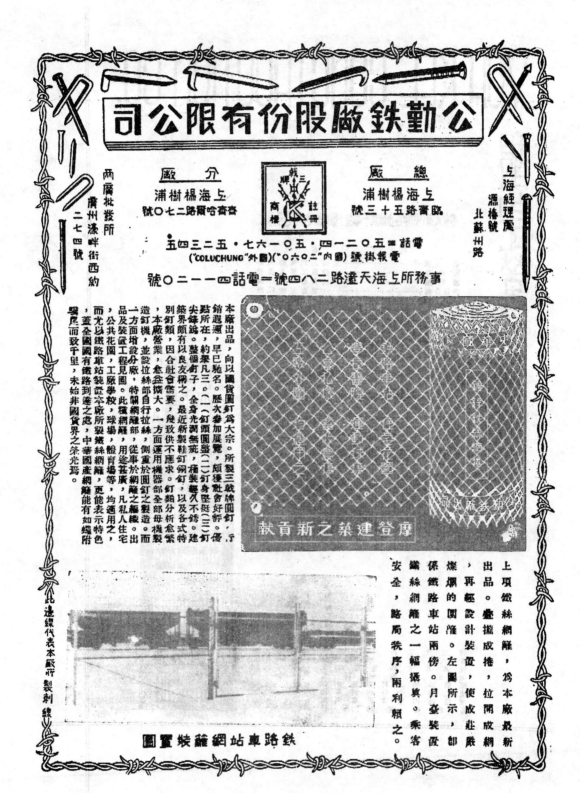

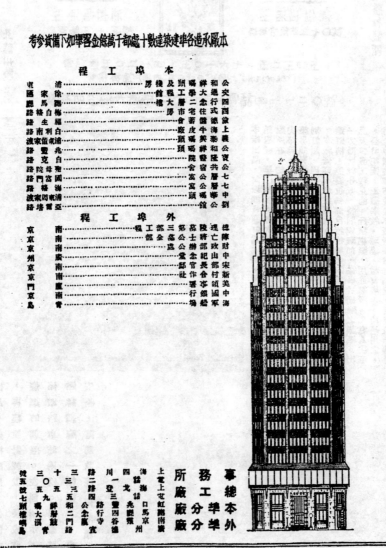

南京中央醫院衛生實驗處——由本公司承裝樓地板工程

大美地板公司

總事務所 上海南京路大陸商場A四百二十五號 電話 九一二二八

堆棧 上海楊樹浦眉州路中

本公司爲滬上唯一美術地板專家素以服務社會及輔助我國建築事業爲主旨茲將優點略舉列左

聘請技師 富有經驗
代客建造 精益求精
花樣種多 任意揀選
採辦材料 堅固悅目
電力砂磨 光滑異常
價格公道 與衆不同
限期勿悞 迅速可靠
保險期內 免費修理
光顧諸君 滿意讚揚
如蒙賜顧 毋任歡迎

本公司承造最近各大廈樓地板工程略舉如下

（一）墾業銀行大廈 北京路
（二）國華銀行大廈 北京路
（三）大陸銀行大廈 九江路
（四）中央衛生醫院 南京
（五）中央飛機場 杭州
（六）大陸報館 新康大廈 九江路
（七）漢彌爾登大廈 江西路
（八）蔣委員長住宅 賈爾業愛路
（九）四明銀行 范副行長住宅 福煦路
（十）匯中飯店 南京路
（十一）安和寺公寓 安和寺路
（十二）大華跳舞廳 愛多亞路
（十三）大光明影戲院 静安寺路
（十四）聖愛娜舞廳 斜橋路
（十五）百樂門跳舞廳 静安寺愚園路
（十六）祁齊路公司 祁齊路
（十七）斜橋總會 静安寺路
（十八）范文照建築師住宅公寓 姚主教路

其餘工程不克細載

The American Floor Construction Co.

Room 425 Continental Emporium, Nanking Road

Telephone 91228

22591

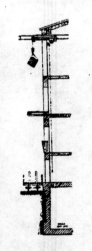

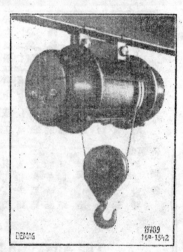

華德老牌

精良國貨

上海 廠址 西安路六十八至七十號

欲避免觸電

請指定選用

亞光電木玉電料品

既避電又美觀

又耐用又經濟

營業所 靜安寺路四一一號 電話三五〇八五

製造廠 普陀路第一五三號 電話三五六三二

亞光製造公司

合豐行 總經理

國貨天棚玻璃磚

承包

馬路柏油工程
屋頂油毡工程
柏油沙工程
磁磚瓷磚工程

經理

油毛毡，柏油
各色磁磚
衛生器具
紙柏板
大小五金

HAH FOONG & CO.
BUILDING SUPPLIES
ROAD & ROOFING
CONTRACTORS
47 NINGPO ROAD, Shanghai.
Tel. 18254

泰興建築材料行

上海九江路一一三號大陸大樓八樓

電話一〇一二七

新到大批現貨

鋼窗
白水泥
磁磚地磚
各色鋼絲網
避聲避熱紙板
屋頂牛毛毡工程

尚有多種不勝枚舉
貨品優良價格克已
如崇賜顧定使滿意

China Building Supply Co.
113 Kiukiang Road
Tel. 10127

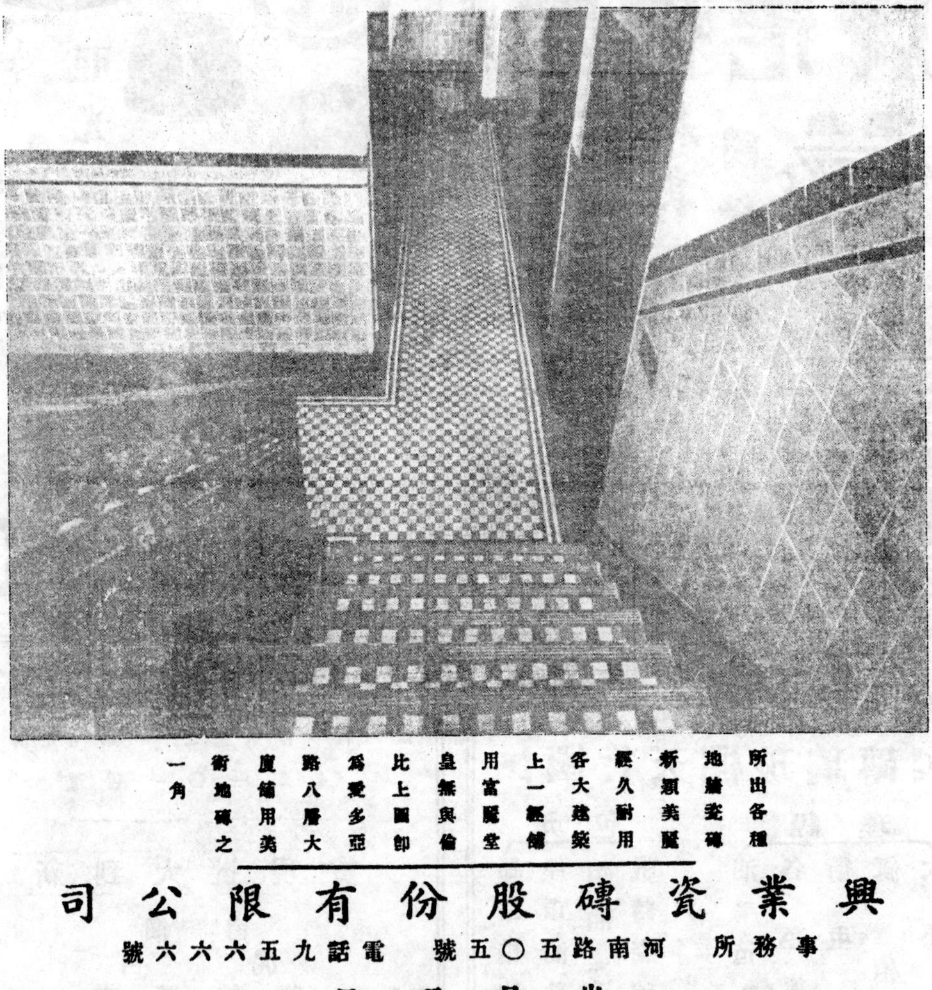

Tung Nan Brick & Tile Co.

Office: 396 Kiangse Road

Telephone 13760

東南磚瓦公司

出品

牆面磚
顏色鮮豔尺寸整齊毫不灣曲
花樣繁多貼於牆面華麗雄壯

地缸磚
性質堅硬毫不吸水平面光滑
不染汚垢花紋種類聽憑選擇

踏步磚
品質優良式樣美觀
面有條紋不易滑跌

紅平瓦
泥料細膩火力勻透
耐用經久永不滲漏

耐火磚
原料上等製造精密
能耐極高熱度

事務所　江西路三百九十六號

電話　一三七六〇

WE MANUFACTURERS OF

FACING BRICKS

PAVING BRICKS

STEP TILES NOSING

RED TILES

& FIRE BRICKS.

22595

THE CHINA IMPORT & EXPORT LUMBER COMPANY, LIMITED
(INCORPORATED UNDER THE COMPANIES' ORDINANCES OF HONGKONG.)

FLOORING DEPARTMENT

英商祥泰木行有限公司地板部

上海之有美術地板本公司實爲首創嗣後互相效尤凡各商埠之高樓大廈莫不採用本公司以二十年之經驗中外技師之策劃堅固美妙允稱獨步如蒙賜顧定獲稱心滿意本公司購備最新式砂磨機器十五部括垢磨光平滑無比

已竣工程

本埠

美國鄉下總會
法國總會
江海關
安利洋行
月宮飯店
辣斐跳舞場
自來水公司
上海跑馬總會
仁濟醫院
孫科住宅
惠羅公司
匯豐銀行
義泰洋行
禮查飯店
都城飯店
新聞報館
西人青年會
辣斐飯店
十三層公寓
萬國儲蓄會
麥特赫司脫路大廈
漢彌爾登大廈
金城銀行
華懋飯店
中國體育會
字林西報館
英國總會
花旗總會
宜昌路救火會
榆林路巡捕房
江灣路工部局學校
廣西路格致公學
王家沙花園工部局住宅
華德路巡捕醫院
永安公司
台灣銀行
怡和洋行
英美烟公司
徐家匯天主堂
海格路公寓
大西路工部局醫院

外埠

南京 蔣委員長住宅
南京 何應欽住宅
香港 救火會
南京 汪精衛住宅
汕頭 太古公司
青島 萬國總會

進行工程

靜安寺路四行儲蓄會
外白渡橋堍大廈
博德連新廠
漢口安利新廈
白賽仲公寓
中匯銀行
青島海濱大廈
華業公寓
萊斯德工藝學校

其餘工程繁多不及備載

總行 上海楊樹浦路第壹千肆百念六號

電話第五〇〇六八號 三線轉接各部

22596

22598

英商吉星洋行油漆服務部

上海九江路六號　電話一六〇一二二至三

香港——上海——天津

22599

THE BUILDER

建築月刊

VOL. 2 NO. 10
第二卷第十期

上海建築協會

潤身潤屋
美奐美輪

朱文鑫敬題

22601

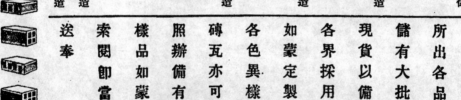

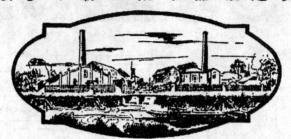

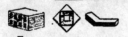

22604

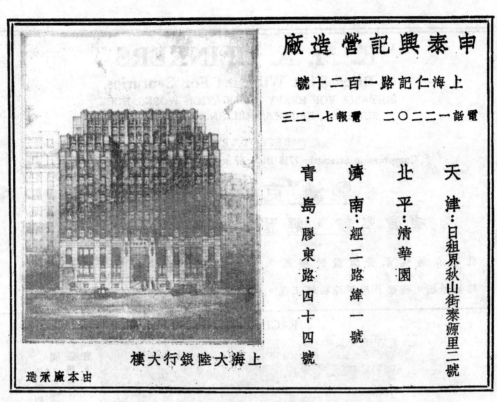

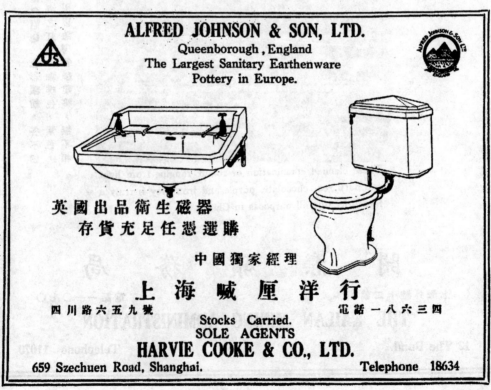

君必用信『雙耐克勞夫』牌運貨汽車。而後能解決運輸問題。

THORNYCROFT

現有車用及船用兩種狄塞爾引擎

五十種式類之「雙耐克勞夫」牌運貨及載客汽車。從二噸起至十二噸止。裝有汽油或狄塞爾引擎底盤。

車用汽油引擎底盤
從兩噸二十五匹馬力
至十一噸八十七匹馬力

車用狄塞爾引擎
從三十六・一四匹馬力
至五十六・四匹馬力

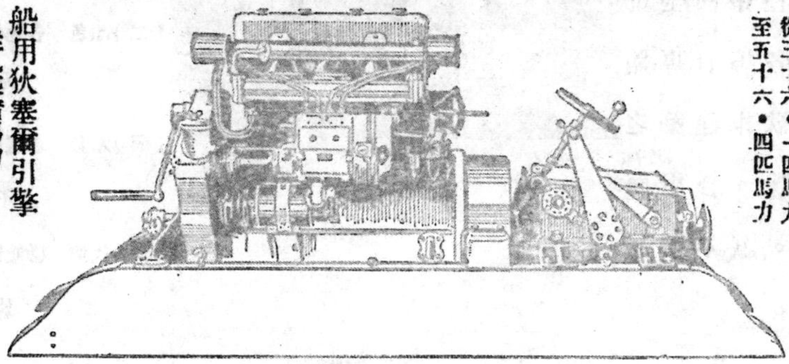

船用狄塞爾引擎
從九匹實馬力
至一百廿六匹實馬力

船用汽油引擎
從九匹實馬力
至四百匹實馬力

欲知以上價格及詳情請向本行接洽

上海廣東路五一號大來房子 **固敏洋行** 電話 一四二七〇

JOHN I. THORNYCROFT & CO., Limited.

君必用信『雙耐克勞夫』牌運貨汽車。而後能解決運輸問題。

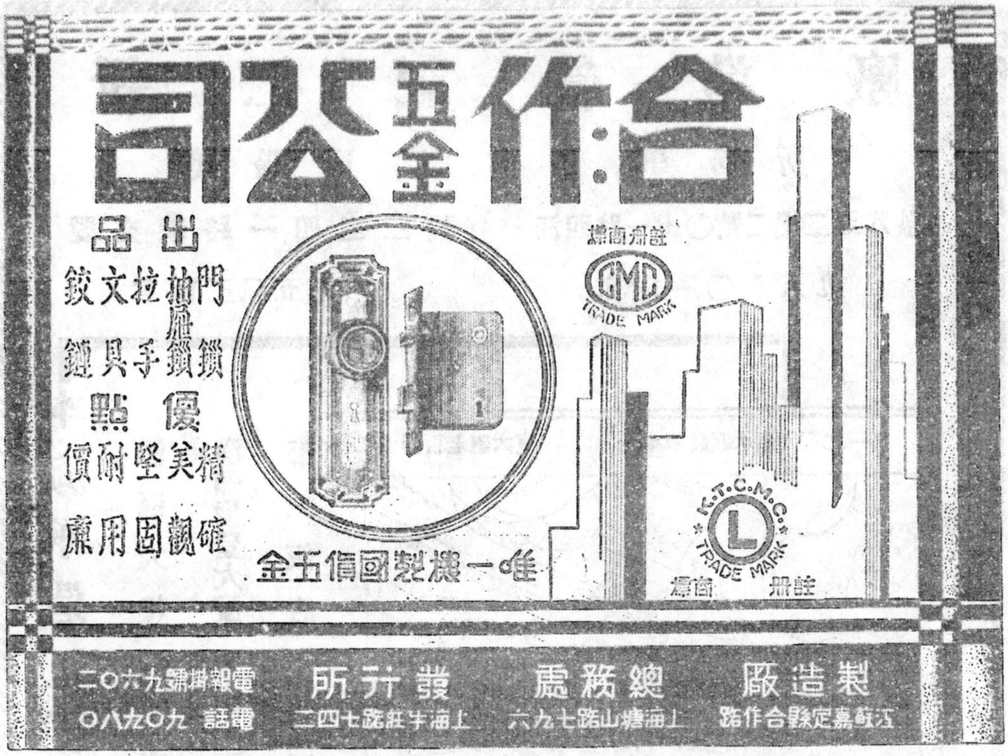
合作五金公司
出品
門鎖 抽屜鎖 拉手 文具 鉸鏈
優點
精確 美觀 堅固 耐用 價廉
註冊商標
CMC
TRADE MARK
K.T.C.M.C.
L
TRADE MARK
註冊商標
唯一機製國貨五金
製造廠 江蘇嘉定縣合作路
總務處 上海塘山路七九六
發行所 上海牛莊路七四二
電報掛號九六〇二
電話九〇九八〇

Union Commerciale Belge de Metallurgie, S.A.
No. 150 Kiukiang Road.
Telegraphic Address
UCOMETAL-Shanghai
Telephone
12197
UCOMETAL
鐵路鋼軌 工業機械
電車鋼軌 電氣用品
各式橋樑 鋼窗材料
採礦工具 鋼條鋼板
上海九江路一五零號
電話一二一九七
比國鋼業聯合社

新仁記營造廠

總賬房　愛文義路一四二三號　電話三〇五三一

事務所　江西路一七〇號二樓二五八號　電話一〇八八九

本廠承造工程之一斑

沙遜大樓　南京路

漢彌爾登大廈　江西路

都城飯店　江西路

二十層百老滙大廈　本廠最近承造工程之一

Broadway Mansions

Sin Jin Kee & Company

Head office: 1423 Avenue Road Tel. 30531

Town office: Hamilton House, Room No. 258, 170 Kiangse Road Tel.10889

22610

POMONA PUMPS

凡裝自流井而欲求最經濟之水源請採用最新式

「普摩那」

電機抽水機

最新式之抽水設備

PUMPING WATER

THE MODERN WAY

「普摩那」透平式抽水邦浦。利用機械與水壓原理製成。適得其宜者。

「普摩那」透平邦浦。絕對可靠。費用儉省。而出水量較多。

常年運用。幾無需耗費管理或修理等費。

時間減少。出水量增多。無需裝置價格昂貴之壓氣機等設備。大小邦浦。皆可裝置自動機件。

出水量。每分鐘自十五伽倫至五千伽倫。大小俱備。

抽水機軸。每隔十尺。裝有橡皮軸承。用水潤滑。靈便。可靠。

所佔裝置地位極小。

用美國威斯汀好司廠馬達發動之。

滬上各處裝置。成績優良。咸皆贊美。

總經理美商茂和公司

上海圓明園路一八五號　電話一一三一〇

建築月刊

第二卷 第十號

廣告索引

THE BUILDER

October 1934 Vol. 2 No. 10

LEADING CONTENTS

ILLUSTRATIONS

ARTICLES

目錄

插圖

譯著

英華華英合解建築辭典發售預約

▲備有樣本 函索即寄▼

英華華英合解建築辭典
建築界之顧問

英華華英合解建築辭典，是『建築』之從業者．研究者．學習者之顧問，指示「名詞」「術語」之疑義，解決「工程」「業務」之困難。爲

建築師及土木工程師所必備 藉供擬訂建築章程承攬契約之參考，及探索建築術語之釋義。

營造廠及營造人員所必備 倘簽訂建築章程承攬契約而發現疑難名辭時，可以檢閱，藉明含義，如以供練習生閱讀，尤能增進學識。

土木專科學校教授及學生所必備 學校課本，輒遇冷僻名辭，不易獲得適當定義，無論教員學生，均同此感，倘備本書一冊，自可迎刃而解。

公路建設人員及鐵路工程人員所必備 公路建設尚發軔於近年，鐵路工程則係特殊建築，兩者所用術語，類多艱澀，從事者苦之；本書對於此種名詞，亦蒐羅詳盡，以應所需。

律師事務所所必備 人事日繁，因建築工程之糾葛而涉訟者亦日多，律師承辦此種訟案，非購置本書，殊難順利。

此外如「地產商」，「翻譯人員」，「著作家」，以及其他有關建築事業之人員，均宜手置一冊。蓋建築名詞及術語，普通辭典掛一漏萬，即或有之，解釋亦多未詳，英華華英合解建築辭典則彌補此項缺憾之最完備之專門辭典也。

預約辦法

一、本書用上等道林紙精印，以布面燙金裝訂。書長七吋半，闊五吋半，厚計四百餘頁。內容除文字外，並有三色版銅鋅版附圖及表格等，不及備述。

二、本書在預約期內，每册售價八元，出版後每册實售十元，外埠函購，寄費依照書價加一收取。

三、凡預約諸君，均發給預約單收執。出版後函購者依照單上地址發寄；自取者憑單領書。

四、預約期限本埠本年十二月底止，外埠二十四年一月十五日截止。

五、本書在出版前十日，當登載申新兩報，通知預約諸君，準備領書。

六、本書成本昂貴，所費極鉅，凡書店同業批購，或用圖書館學校等名義購取者，均照上述辦理，恕難另給折扣。

七、預約在上海本埠本處爲限，他埠及他處暫不代理。

八、預約處上海南京路大陸商場六樓六二〇號。

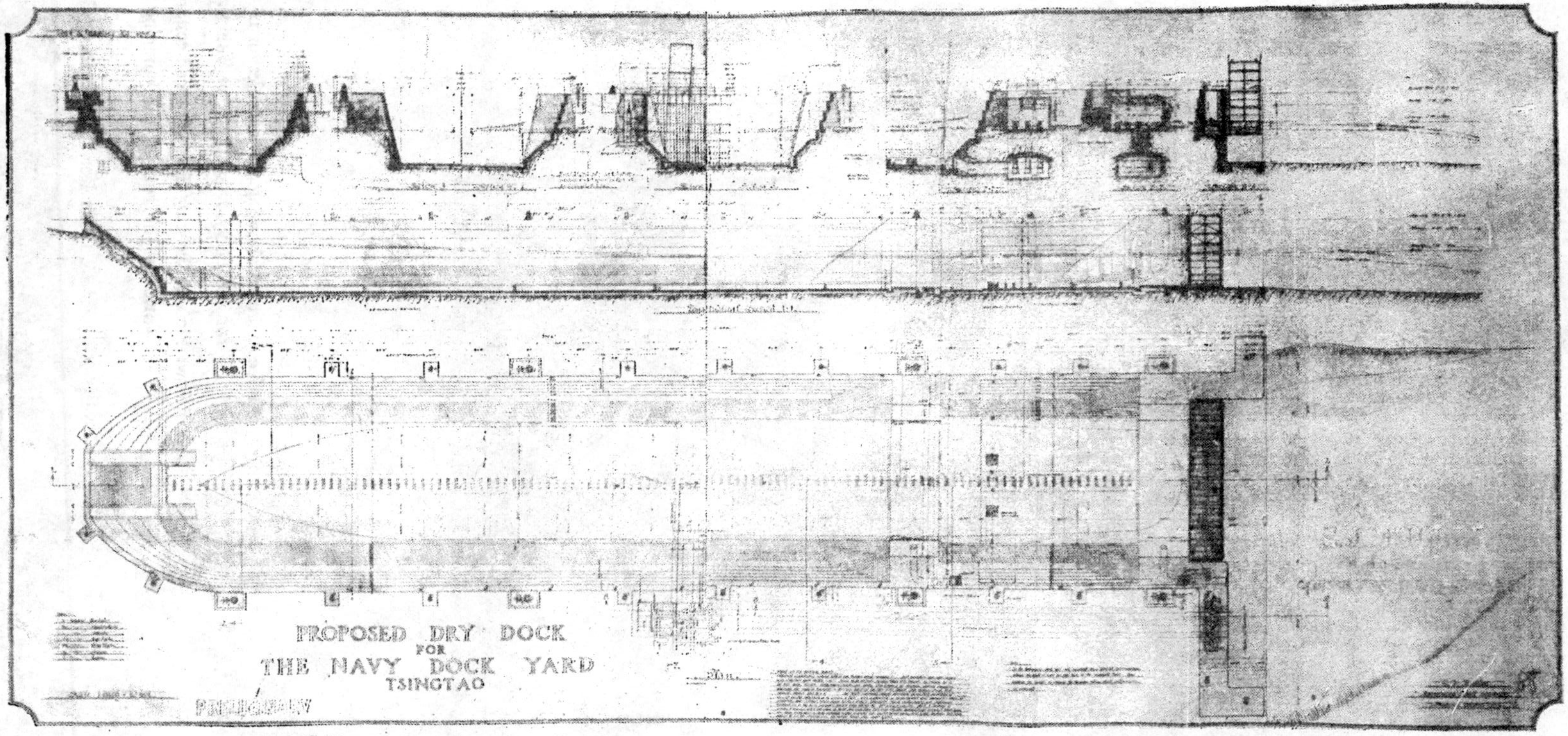

青島海軍船塢平面圖及解剖圖

上海馥記營造廠承造

青島海軍船塢土壩工程完竣攝影

搗注抽水機房平頂混凝土之攝影

Above: Picture showing the completion of the Cofferdam for the Navy Dock Yard at Tsingtao.

Below: Picture showing the reinforced concrete engineering work for the roof of the pumping quarter.

Voh Kee Construction Co., Contractor.

青島海軍船塢外口停泊塢門左耳石壁攝影

青島海軍船塢外口停泊塢門右耳石壁攝影

Above: Stone wall at the left side of the entrance to the dock.

Below: Stone wall at the right side of the entrance to the dock.

青島海軍船塢錨鏈
坡弧壁及梯步攝影

Arch wall and steps for the chains and anchor slope of the dock.

青島海軍船塢石壁
及梯步一部份攝影

View showing part of the stone wall and steps of the dock.

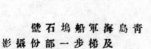

青島海軍船塢斜梯步
及進出水管口攝影

青島海軍船塢舵坑墊
木墩及石壁攝影

Above: The sloping steps and water pipe holes of the dock.

Below: Bilge blocks and stone wall of the dock.

Side view of the New Chung Wei Bank Building, Shanghai.
—Kow Kee Construction Co., Contractors.

新近完成之上海中匯銀行大樓側影

久記營造廠承造

The new apartment house on corner of Tsunming and North Kiangse Roads.

Republic Land Investment Co., Architects.

Yee Chong Tai, Building Contractor.

上圖爲北江西路崇明路角之鄰鄉公寓面樣，係五和洋行所設計，設備新穎，極合華人高尚習慣，因完成後將租給華人居住也。高凡五層：下層爲汽車間及店面，二層與三層爲夫婦公寓，四層以上爲單身公寓，每層有寬暢之公共餐室及會客室。全部房間計五百餘個，租金最低者只每個月二十五元。並備有安置傢具之房間，以供各界租作小住。造價共計國幣六十餘萬元，由怡昌泰營造廠承造，水電工程由漢興水電公司承辦。全部工程，業已完竣。

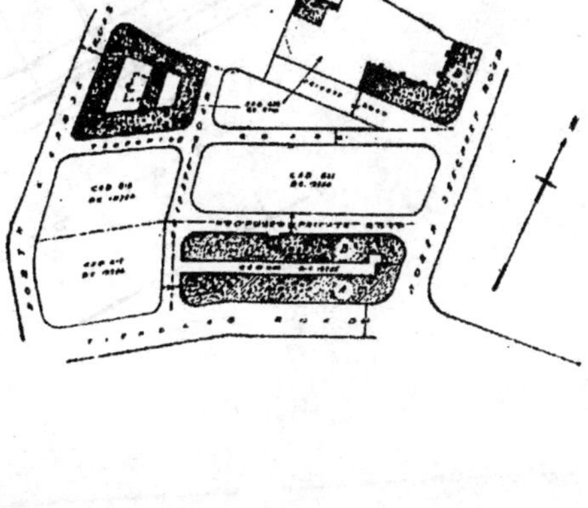

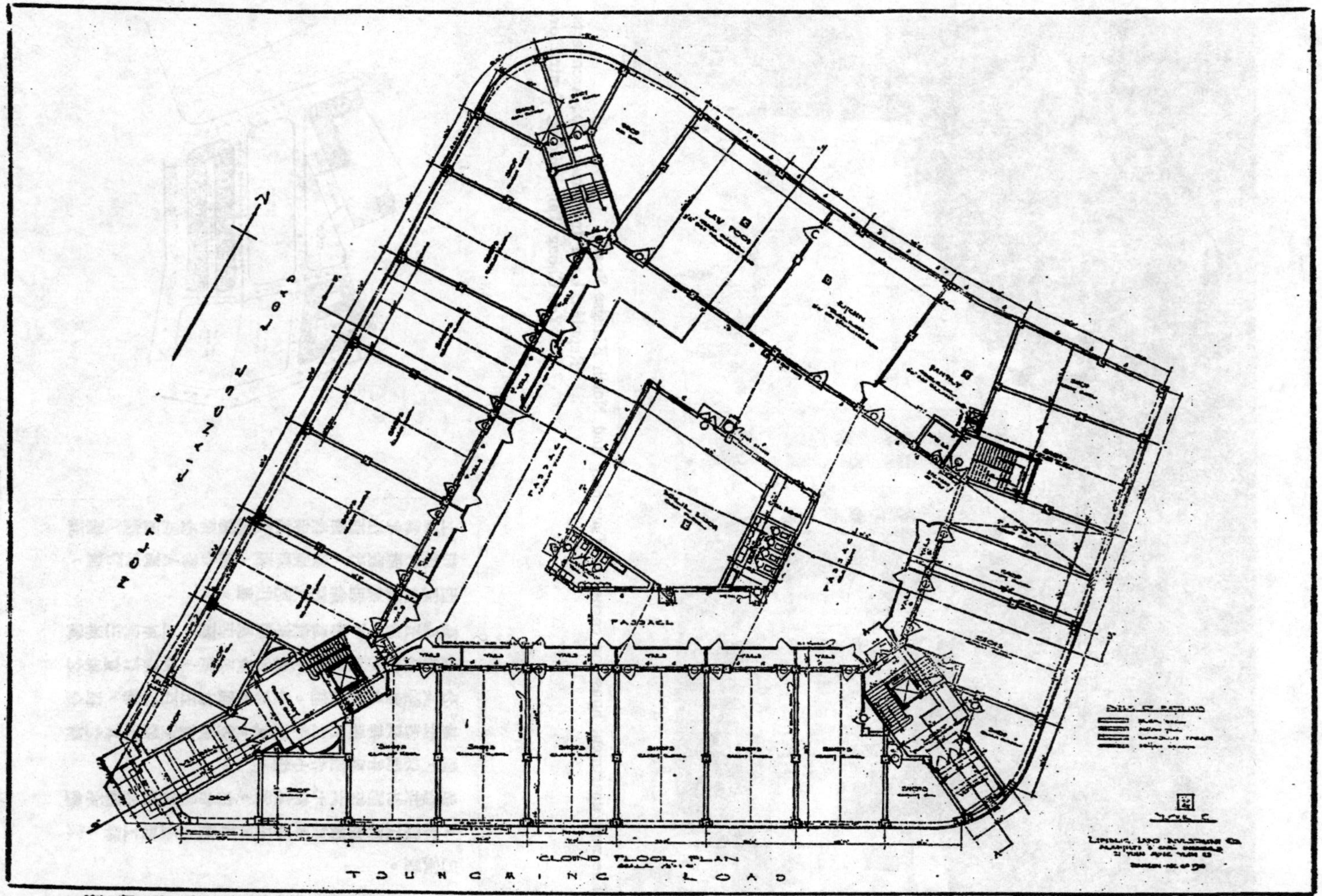

鄉鄰公寓下層平面圖　The new apartment house on corner of Tsunming and North Kiangse Roads.

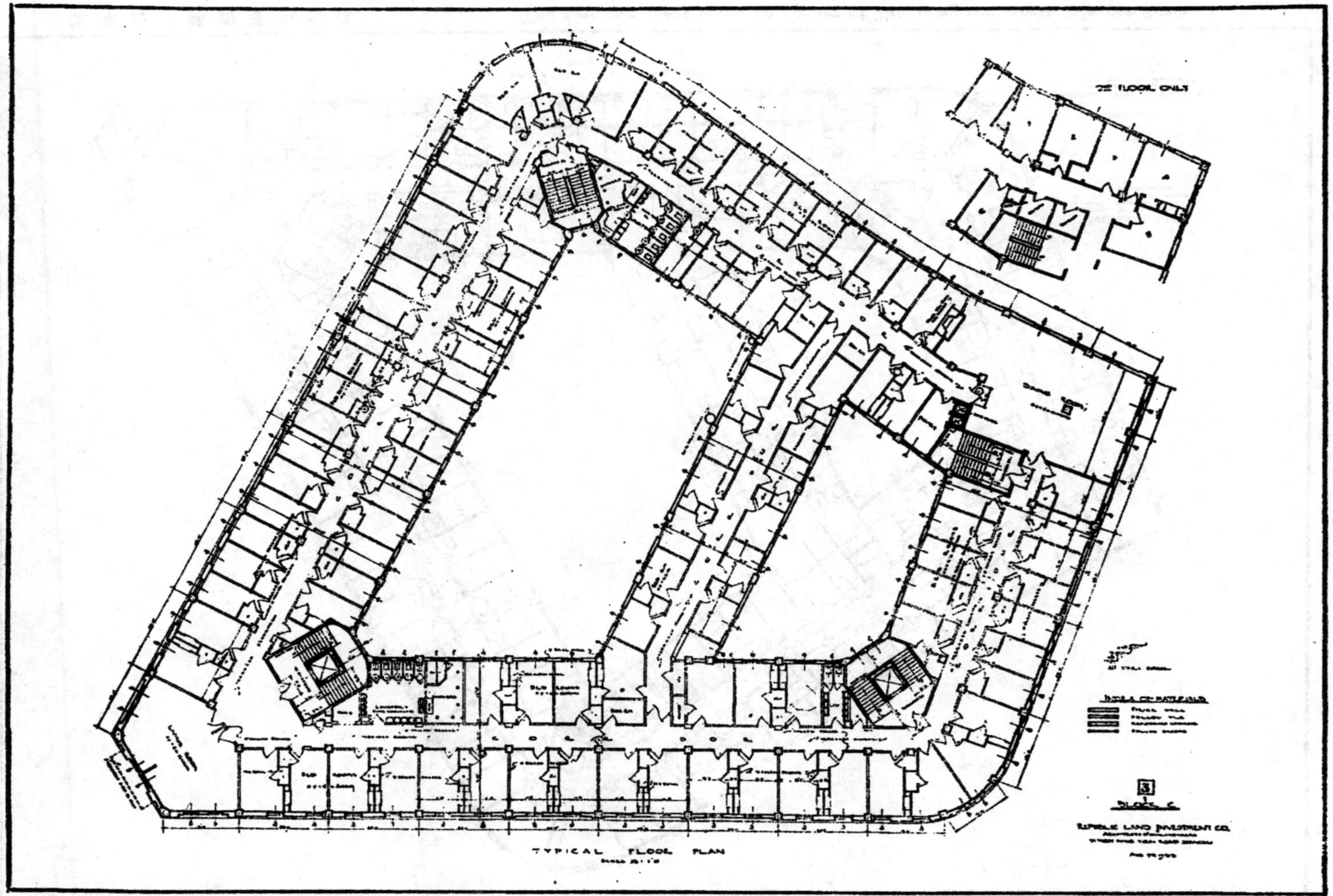

德鄰公寓上層平面圖　The new apartment house on corner of Tsunming and North Kiangse Roads.

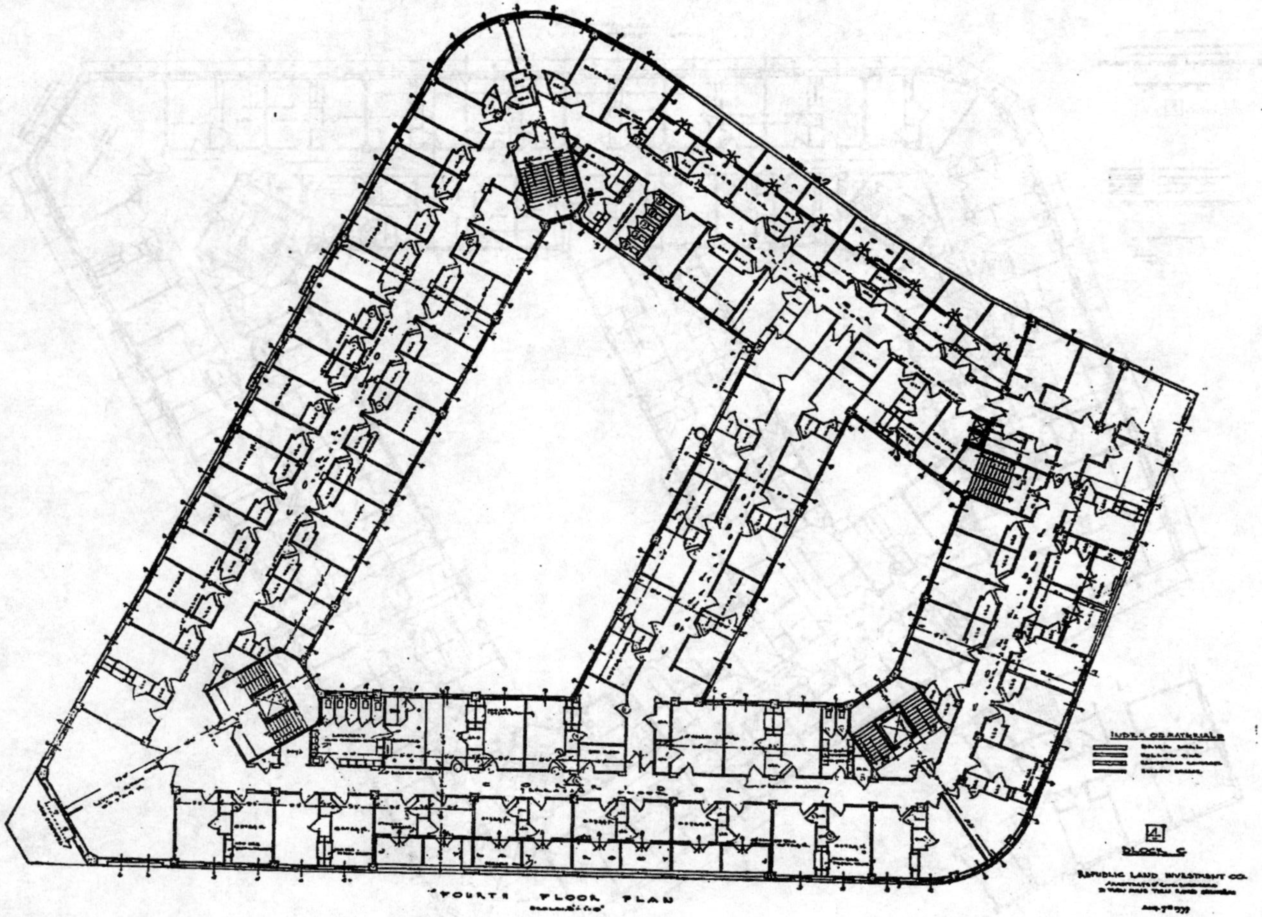

德鄰公寓第四層平面圖　The new apartment house on corner of Tsunming and North Kiangse Roads.

22624

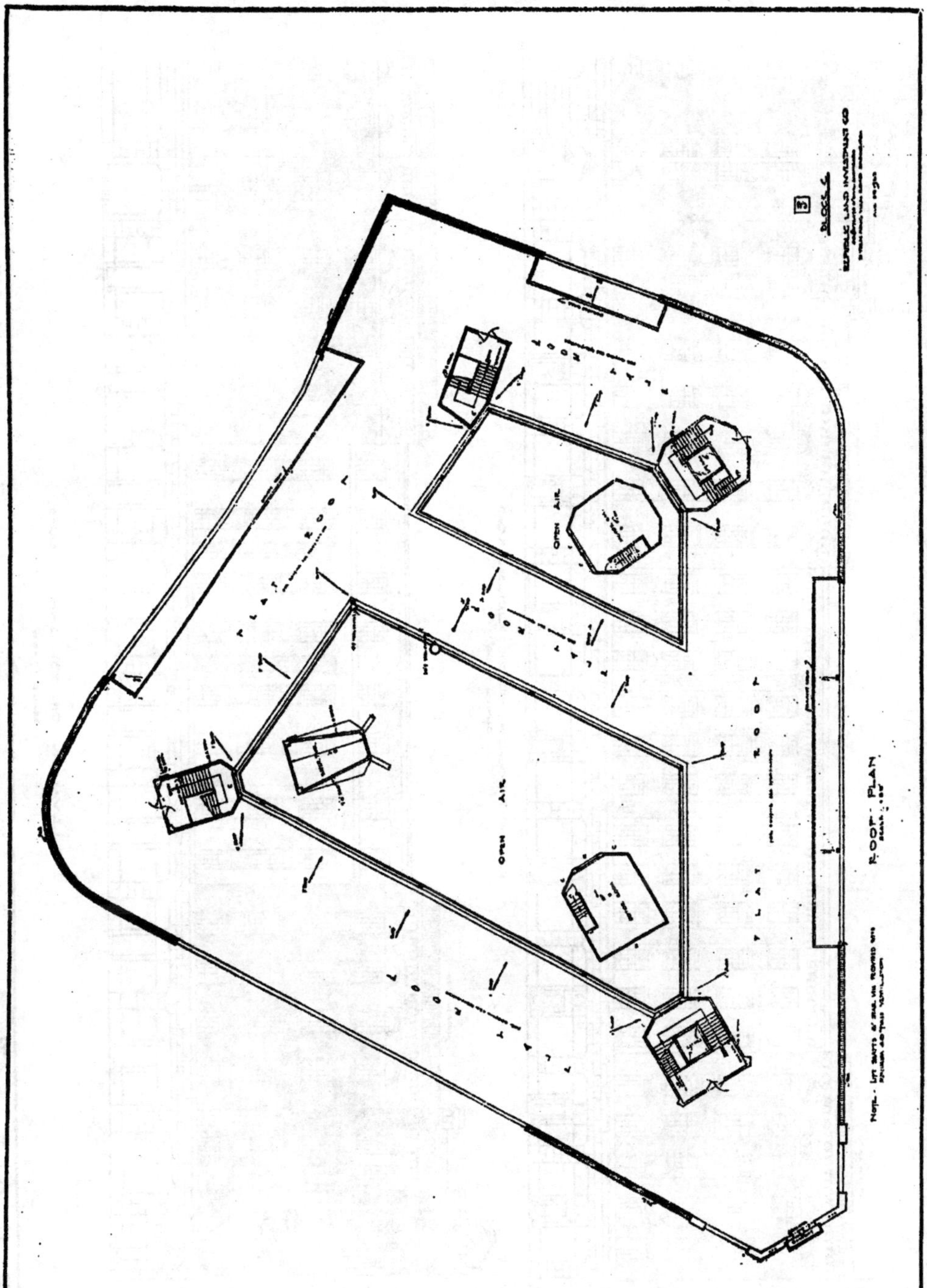

德鄰公寓屋頂平面圖 The new apartment house on corner of Tsunming and North Kiangse Roads.

22625

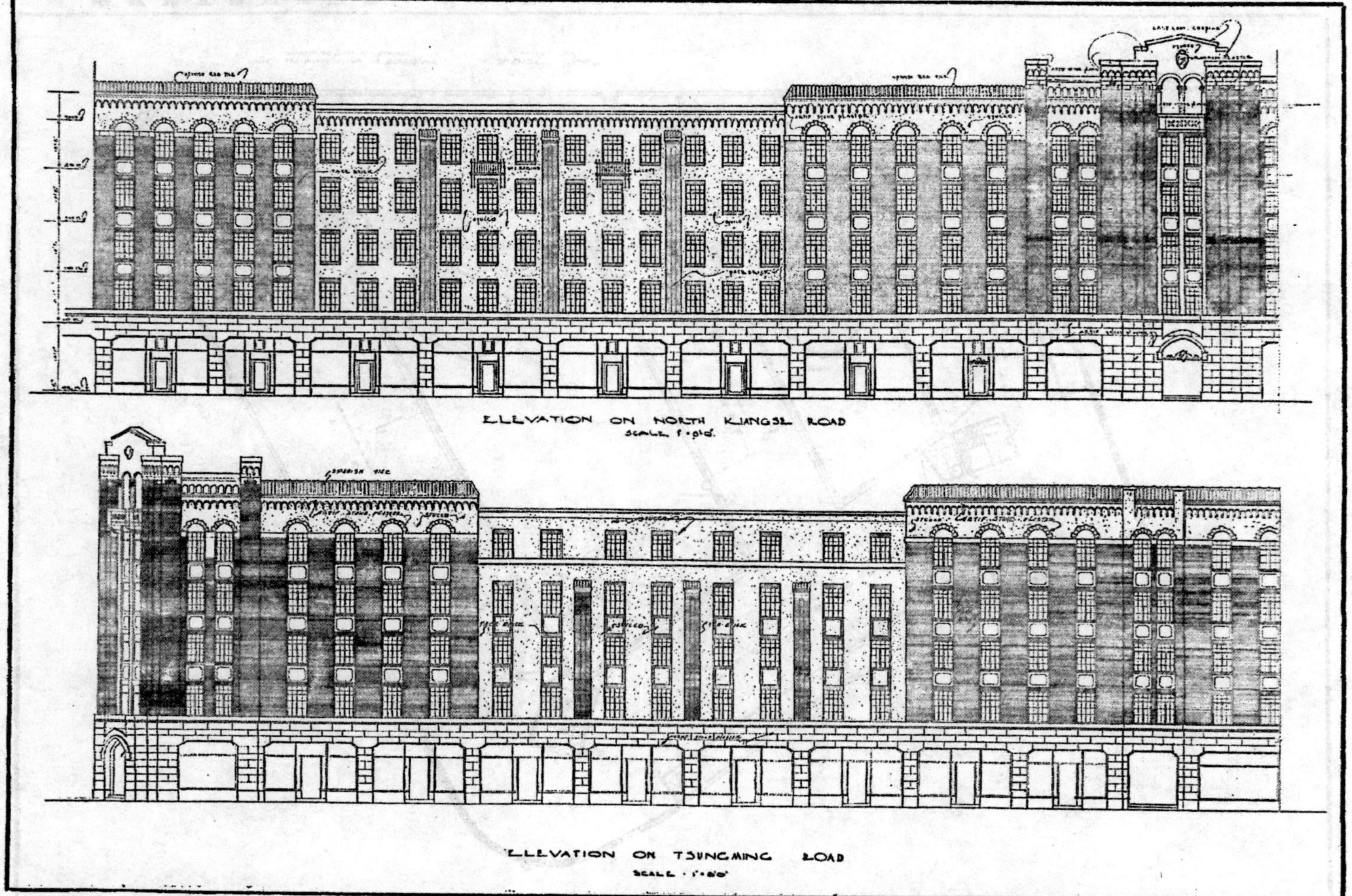

德鄰公寓正面圖　The new apartment house on corner of Tsunming and North Kiangse Roads.

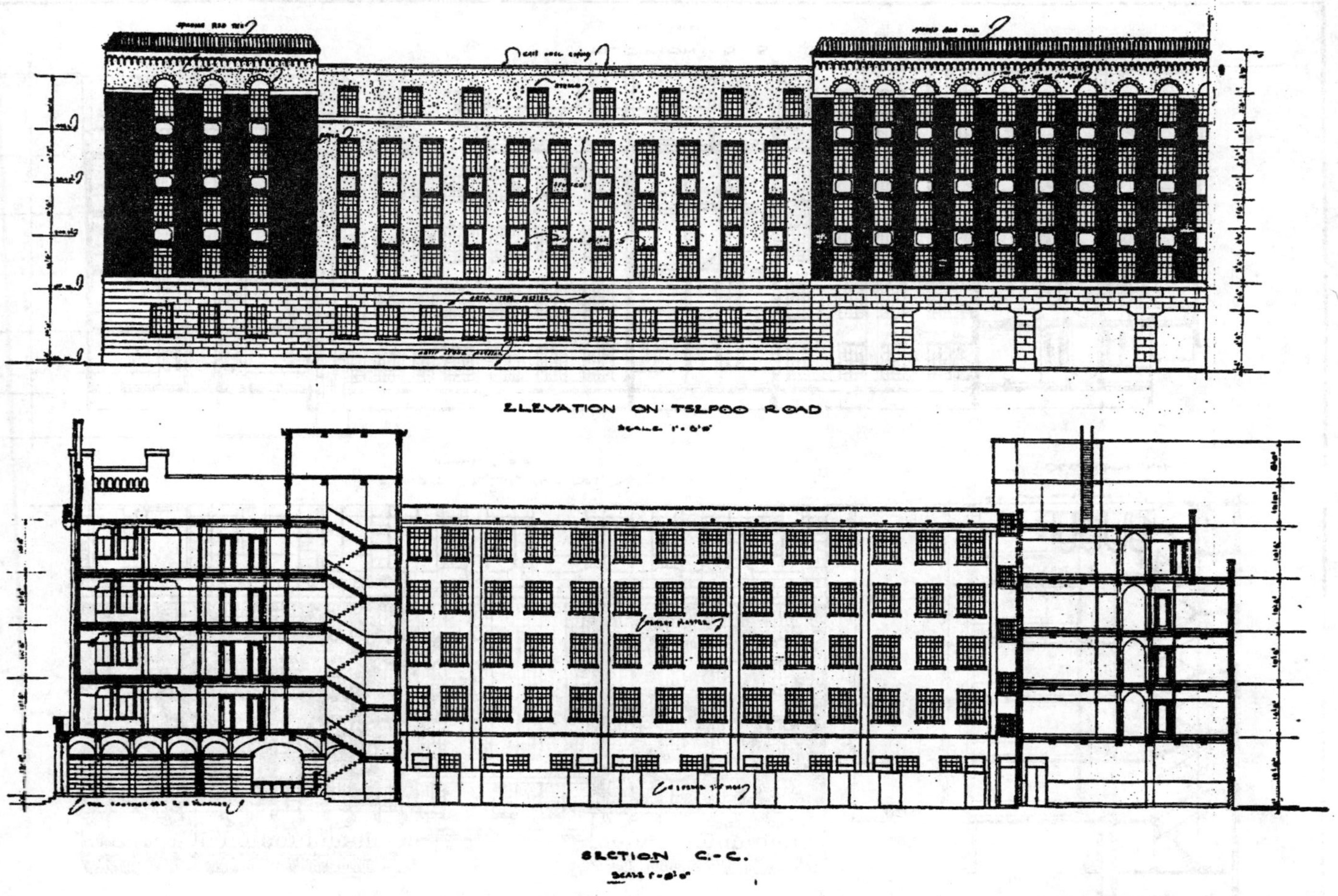

德鄰公寓正面圖及剖面圖 The new apartment house on corner of Tsunming and North Kiangse Roads.

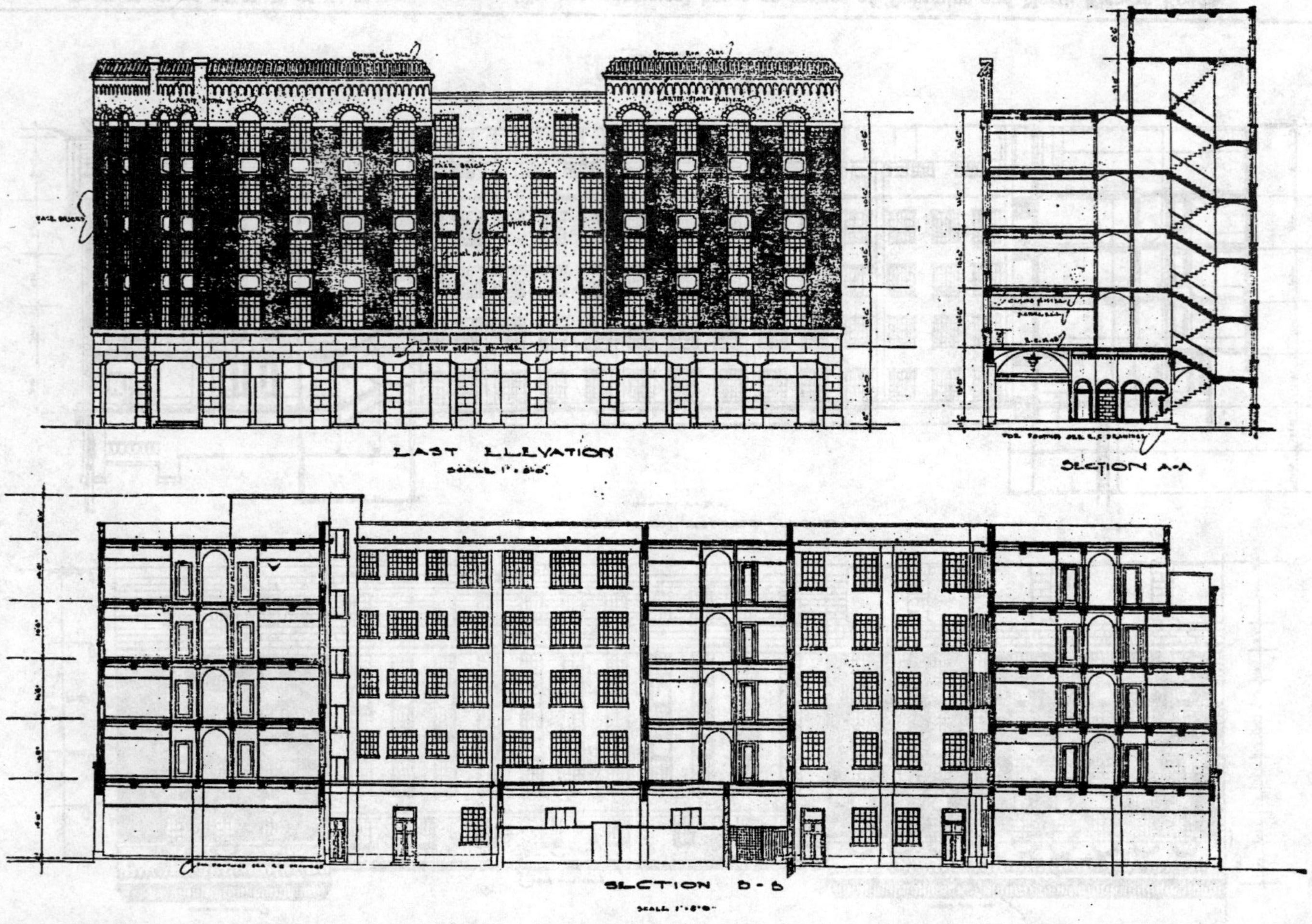

德鄰公寓東立面圖及剖面圖　The new apartment house on corner of Tsunming and North Kiangse Roads.

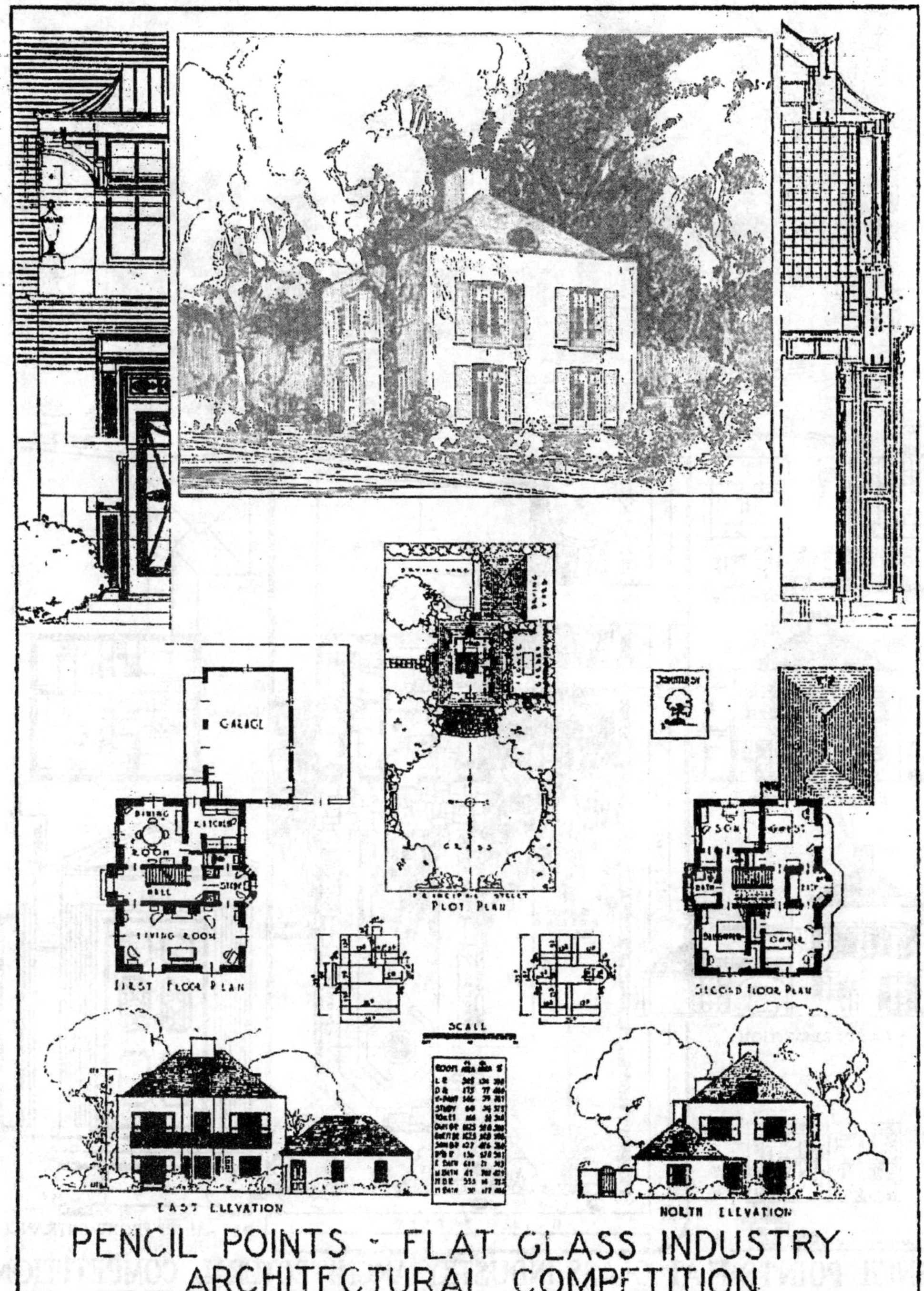

美國圖樣競賽　　二十之選附

22629

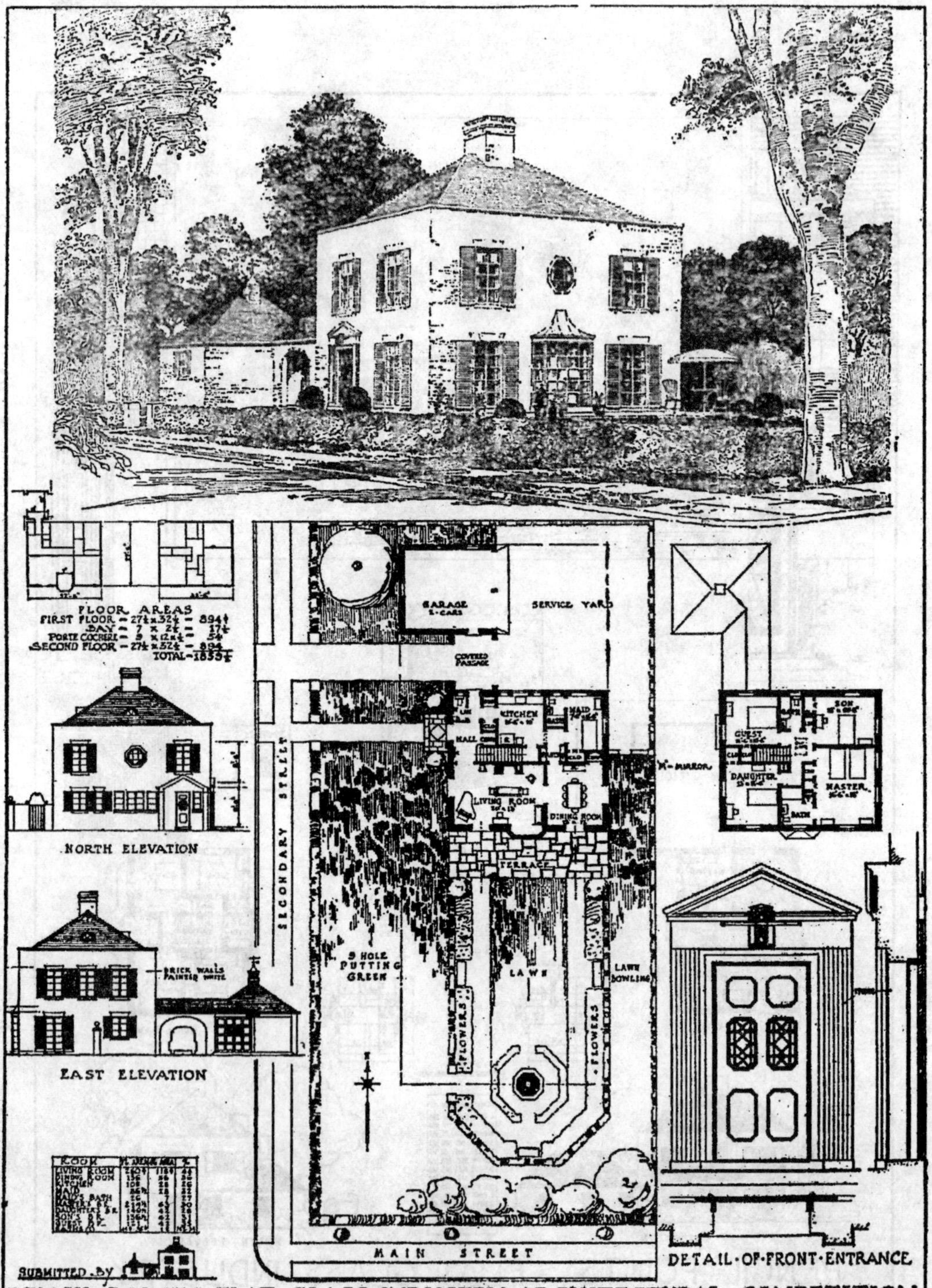
FLOOR AREAS
NORTH ELEVATION
BRICK WALLS PAINTED WHITE
EAST ELEVATION
GARAGE 2-CARS
SERVICE YARD
COVERED PASSAGE
KITCHEN
MAID
HALL
LIVING ROOM
DINING ROOM
TERRACE
SECONDARY STREET
9 HOLE PUTTING GREEN
LAWN
LAWN BOWLING
FLOWERS
FLOWERS
MAIN STREET
GUEST
SON
DAUGHTER
MASTER
BATH
DETAIL·OF·FRONT·ENTRANCE
SUBMITTED BY
PENCIL POINTS-FLAT GLASS INDUSTRY ARCHITECTURAL COMPETITION

附圖之十三

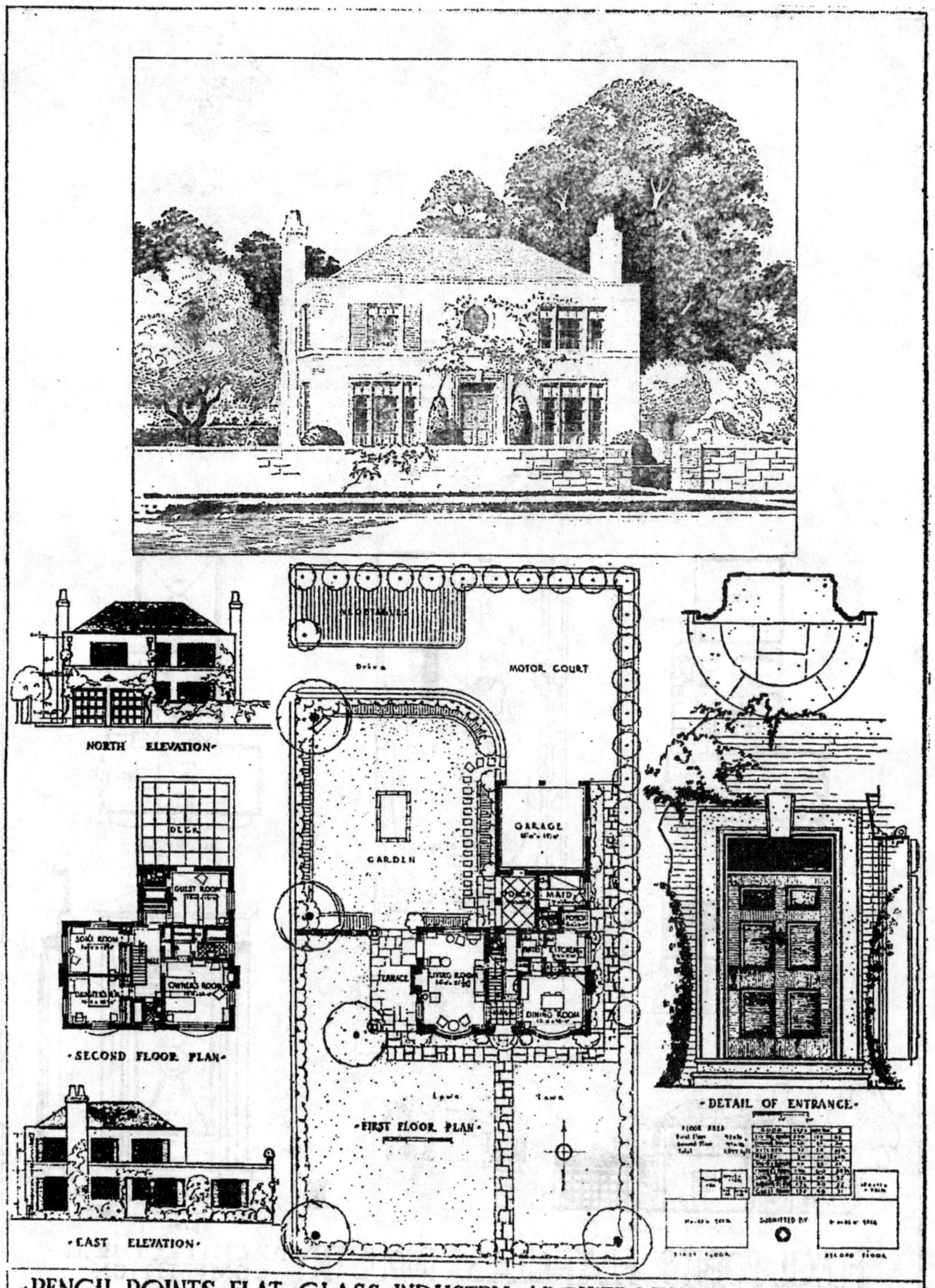

-PENCIL POINTS-FLAT GLASS INDUSTRY ARCHITECTURAL COMPETITION-

附選之十四

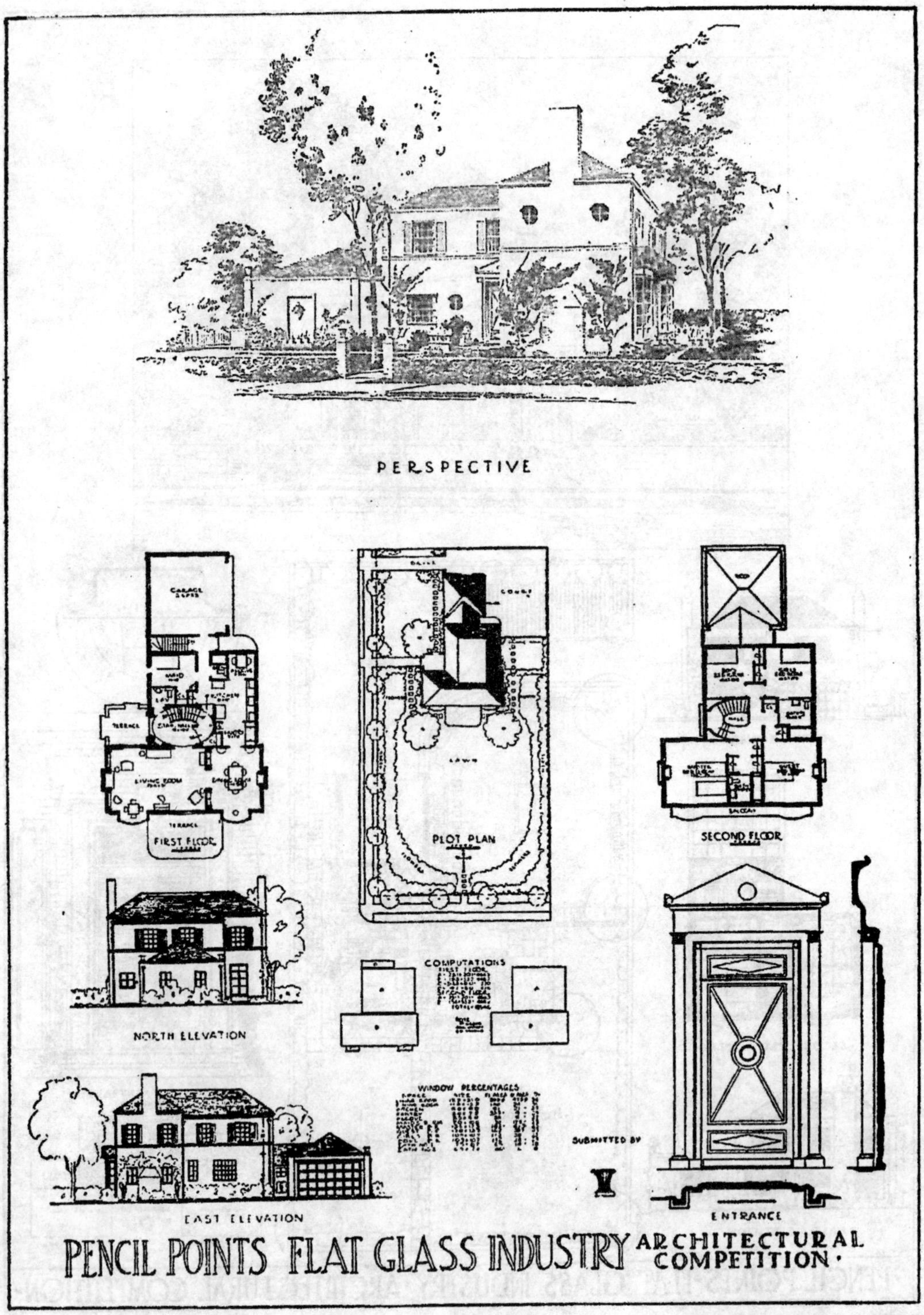
PERSPECTIVE
FIRST FLOOR
PLOT PLAN
SECOND FLOOR
NORTH ELEVATION
COMPUTATIONS
WINDOW PERCENTAGES
SUBMITTED BY
EAST ELEVATION
ENTRANCE
PENCIL POINTS FLAT GLASS INDUSTRY ARCHITECTURAL COMPETITION·

附選之十五

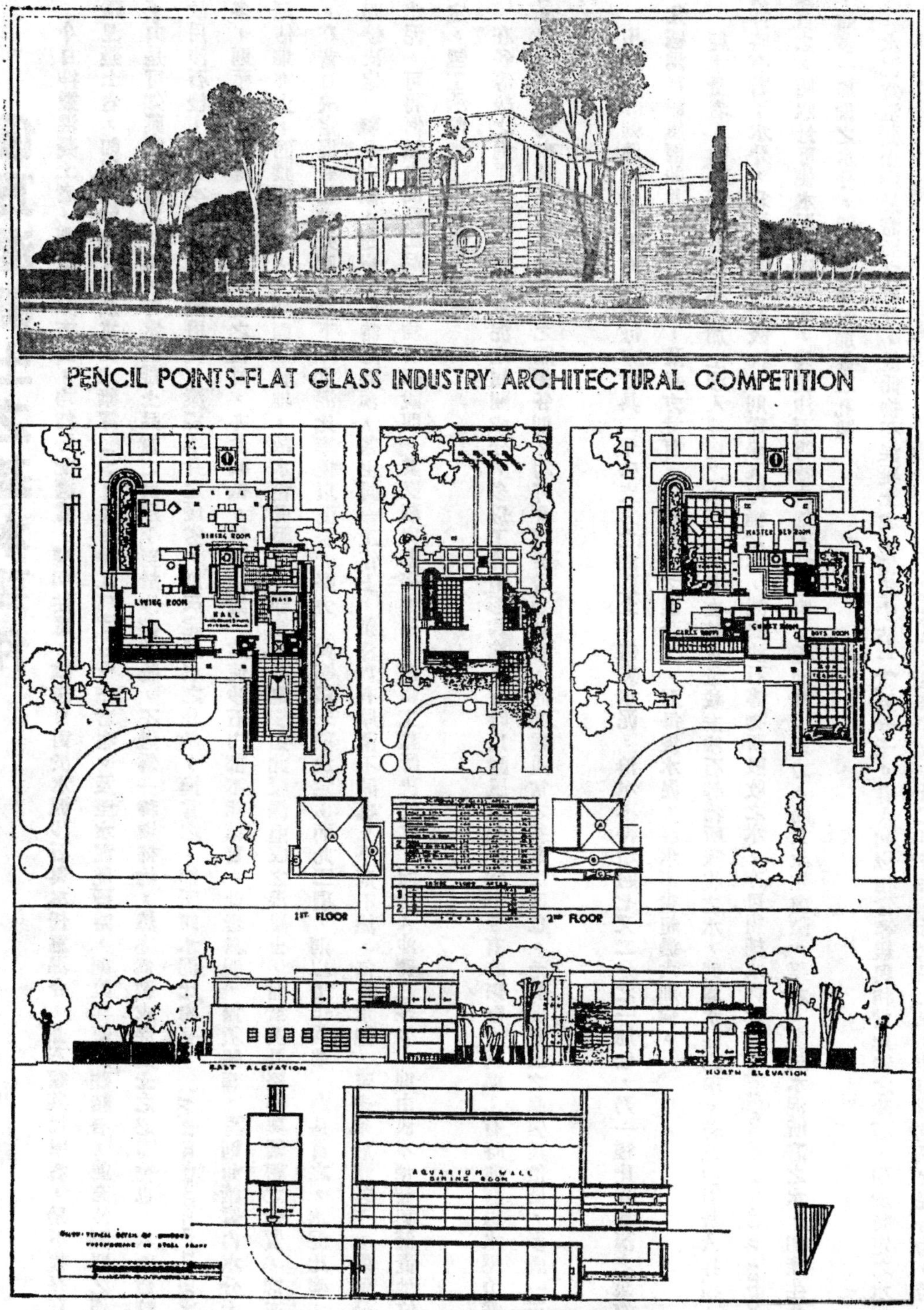
PENCIL POINTS-FLAT GLASS INDUSTRY ARCHITECTURAL COMPETITION
LIVING ROOM
DINING ROOM
HALL
MASTER BED ROOM
1ST FLOOR
2ND FLOOR
EAST ELEVATION
NORTH ELEVATION
AQUARIUM WALL
DINING ROOM

附圖之十六

22633

優良混凝土之基本要件

向華

今日拌製混凝土者，對於成分方面，均能分配適當，深切注意。故往日對於水泥沙石與水任意混合，並不察其比率者，殆不復存在。所謂混凝土者，卽粗細沙礫，粲於水泥之漿澤 (Water-cement paste) 中者也。及至水泥乾硬時，則漿澤使沙礫結合，並充沙礫間之連結物。由是可知漿澤品質之好壞，可定混凝土品質之良窳；至於沙礫等物，不過爲一種塡補物，然亦爲製成混凝土之必需物也。其價値較廉，故用沙石後，其成本價値，亦較廉矣。漿澤本身之優劣，則決定於水之分量；換言之，卽所謂水泥比率是。(Water-cement ratio) 水愈多，則漿澤愈稀薄，而堅韌緊密之性質，亦愈減低。稀薄之漿，常使沙石內部不能結實，此理易明，無須解釋。再則如漿質內水分太多，則佔地亦大，而漿質本身，又無固定質地，故水稍受壓力，卽流動不定；如此漿澤造成之混凝土，而欲其具堅韌與緊密之性質，抑亦難矣。在昔日決定混合物成分制度之下，水泥比率恆以混合，堅力，與等級三項決定；而此三項，則以工作爲準，由是言之，水泥比率，不曾間接決定。職是之故，是以漿質時厚時薄，甚至同一工作上，漿澤尚有厚薄不同也。今則不然，每袋水泥，至多須放水若干，幾何分水之水泥，可得何種之混凝土品質，均詳細說明。其堅韌與緊密性質，則由工程師決定之，而加入沙礫之多少，則由成本價値與舖置地位而決定，包工承攬者，多注意及之。

在各等級之混凝土中，水與水泥之相關成分，多以工作情形爲準。有時以耐風雨剝蝕爲準；有時以堅力爲準；有時亦有以水壓力爲準者。後列水泥比率與堅力及耐久力之關係各則，均可應用於普通情形，而亦爲通常之基本法則也。至於混凝土之品質與價値，多成一正比例。

凡耐風雨剝蝕或佔有堅力，並每方寸具二千磅支力之混凝土，每袋水泥，滲水不得超過七又二分之一加倫，乃一種比較稀薄之漿質也。凡極端可耐風雨並具緊密之特性，及每方寸有三千磅支力之混凝土，則每袋水泥，滲水不得超過六加倫。

純水量者，卽沙石外表之水，加上滲入拌桶之水而言。若由純水量減去沙石等物所吸收之水，則爲水泥比率。若乾沙石放入拌桶，當攪拌時有若干水分，爲沙石等物所吸收，則從滲入拌桶之水，減去沙石等物所吸收之水，亦可得純水泥比率 (Net water cement ratio)。換言之，純水量可使水泥漿澤稀薄，並使沙石等物內部不能結實，因而減少堅力，而又產生虛隙。要之，多於水泥所需之水，卽產生孔隙；如多一加倫之水分，卽多產生一加倫之孔隙。

水泥爲混凝土中最需要之成分，故此物在混凝土成本價値中佔一重要分子。吾人如以相當等級與相當比率之沙石，用於特定之水泥漿澤中，卽可產出適用之混凝土，要之，水泥比率可助吾人以智慧眼光選擇材料，及工作方法。低水泥比率，非卽謂乾燥之混合物。若一種潮濕之沙石，而其分量又足以充某種工作之用，則不妨用低水泥比率，否則需多加水泥，以對銷其水分。

若所需之混凝土堅力，欲加改變時，可直接變更水泥比率。同時爲求混凝土實用起見，亦可改變其沙石成分，則目的即可達到。蓋人皆知沙石愈多，則結實愈堅；等級愈粗之沙石，則愈能產出高度堅力，換言之，即每袋水泥加水不可過多。上述三項在實用時亦可變更，惟須注意所希望變更之水泥比率，以收效果。若水泥比例不變，而沙石之等級與分量變更，則此種變更可以影響所產生之混凝土。若多加沙石，則結實愈堅；若多用粗等級之沙石，則結實亦愈堅也。

今有不得已於言者，即如以漿澤或水泥比率而討論混凝土時，須知水與水泥所成立之相互關係，僅能用於各種混合物當有黏性及適用時。若拘守公式，不顧是二者，恐將發生意外，蓋若太少或缺乏細沙之混合物，惟有再加水量或漿澤，始克應用；又若混合物太粗或太濕時，則混凝土即將分爲數層矣。

凡經常不變之水泥比率，可担保堅力一致。此種比率之得到，可直接計算拌桶內之水量。此種水量再加上沙石本身之水分，即爲水泥比率。至於計算沙石之重量，是不過爲求一致故耳。決定沙石本身之水分，乃一簡單工作。如用直接樣子試驗法，試放少數之沙，於天平上秤之，得其重量，然後再放於鐵盤內，以火燒之，使其乾燥；乾後再放於天平上復秤，即可知該沙所含之水分。由是以推，亦不難測大量沙石所含之水分。除斯法外，亦有用特別計算法者。當製合混凝土時，水泥比率不變，而欲使混凝土之緊密特性變更，祇須改變沙石等物，前已明白言之。惟若以邏輯方法表示混凝土混合物之比率，可以6 gal.：1：2：3說明之。意即六加倫之水，一袋水泥，二立方尺黃沙，三立方尺粗礫。若水與水泥總量不變，混合物之總量，按其性質，亦可變更。此種形式之表示，乃承認水爲混合物中之重要成分也。

普通混凝土之水泥比率，每袋水泥，大概需水自五加倫至八加倫。三加倫爲化合水泥之用，其餘則爲聯絡與滑潤大量沙石之用。此剩餘水分，以學理論，雖非必需，然以經驗論，並以工程之牢固論，則不可少也。

當混凝土已經製成而又無須加添水量時，若能吸出任何水分，可使混凝土緊結，並能增加密度與堅力。惟吸取時絕不可使沙石與水泥鬆散，亦不可使細沙與水泥攪至上面。及至硬失去黏性時，則不可再吸水分，否則混合物難以結合，自後所需以化合水泥之水分，非但不能再有蒸發，而且須設法保護，以增進其品質。所謂保護者，即使堅硬之混凝土，保持濕度，並使混凝土有更進步之化合。當水泥沙石等物逐漸化合時，因而在漿澤內固體物質，亦逐漸增加。若無保護之法，則結果如何，頗難預計。至於普通保護法，厥爲水之運用。惟此種運用，不可太遲，遲則無效；再則另加之水，並不入混凝土內，僅供潤濕而已。但水泥表面，不可因加添水分時而洗去，此又不可不慎也。

製 磚

王壯飛

編者按：王壯飛君現供職於南京軍政部軍需署工程處。近被派至河南彰德，督造該部之營房建築工程。昨於公務倥偬中，以彰德製磚業概況見寄，亟刊之以餉讀者。

築窰 先劃地界，表示窰位及烟囪。此間所築之窰，每座約可出磚一萬五千塊，占地一丈五尺方或圓，烟囪三只，約如圖一。地位固定後，即開始挖去窰位，約深三尺至四尺。窰位挖出後，於窰之正面，挖一寬約六尺，深約六尺之走道(即窰門)，上砌圓法圈，——兩旁 Springing 用磚嵌入泥內，如土質堅實，省去亦可。 法圈之上堆土，壓實。走道砌就後，於窰位處留門約寬四尺，做踏步數級，或用板搭跳，以供搬運進出之用。 以上工作完畢後，即以磚坯砌窰牆，厚約十寸，用英國式砌法，黃泥爲膠砌料，漸高，漸收小作圓形或環形，約廣六尺見方。外堆泥土，窰身高約一丈。

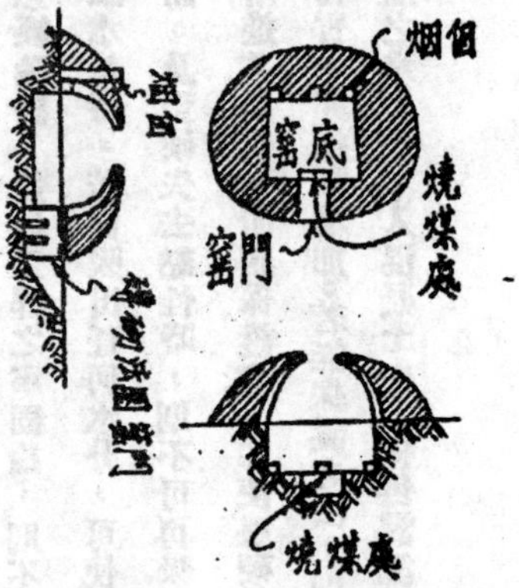

製坯 製坯須先調泥，擇土性之含沙量較少之黃泥，用釘鈀掘起打鬆，加水至適當濕度，用  形鐵鏟橫打濕泥，使無未調和之泥粒，然後用鏟將泥一片片另擲一堆，（其作用如拌混凝土之由此至彼，反覆攪拌同），此時泥土大致己「熟」(和匀也)，即可分切，用手捧起，不致淋漓。於是將沙一把，灑於地面，切泥一塊，用手在沙上和成一光團，擲入磚模內(亦用沙一層)，用鋼絲切平，將模持至，預先碾平，上舖細沙一層之晒坯場，將濕泥覆出。

做瓦坯時情形

於濕磚坯尙未完全乾燥之時，須用板向磚面上平拍，俾獲得光面（磚坯覆出時，常因地面欠平，手術輕重等因而不平）。平拍後，將磚橫排成列，再平拍一次，然後用  形之木板橫拍一次，如此則得四角平整。 此時磚坯卽己製成，堆積成皮，上覆蘆席以避風雨及烈日。俟完全乾燥後即可裝窰

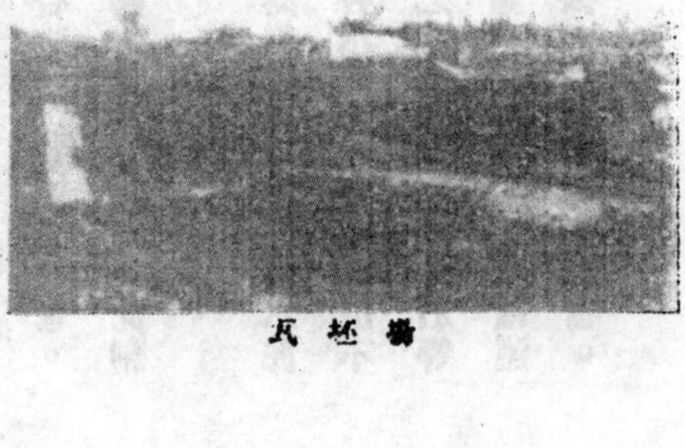

瓦坯場

裝窰　磚坯進窰之前，窰底應先舖青磚一皮（平舖，以免泥土潮性上侵，致磚坯還潮，不能載重。如爲舊窰則可不必。）然後將磚坯堆疊如晒坯時同  ，以達窰頂。燒煤處則仍留孔。此時，燒煤處可用黃泥略和柴草，做成爐條，粗約三寸。爐條下用磚架砌，使流通空氣，並不致塌入。爐條架就後，用大塊烟煤擱於其間，下置乾柴或他種引火物，然後用柴泥將爐門封閉，留長方形或銳角三角形之空隙二三處如圖，以便觀望。

磚瓦窰及出窰之青磚

燒窰　磚窰內磚坯既已裝竣，爐門亦已封就，即可開始「點火」。點火時，煤烟皆穿過坯縫而達頂口，上騰空中，至煤火完全燒紅(Perfect combustion)時，黑烟即不復見。如此燃燒約一晝夜，頂口之磚坯已足紅色，乃漸次用磚平舖，逐漸將頂口封沒，用泥密封，使燃燒之烟回下，透過磚坯，由烟囪內透出。如此燃燒約五日（頭窰七八日）共用煤三噸（頭窰約五噸），由觀望孔內可以察改全部磚坯皆呈透明之紅色，即可停止加煤，俟內部已加燃料完全燃燒後，用柴泥將各孔封沒，(應稍留一小孔，略緩封沒。）並將烟囪堵住，使熱氣不得發洩，即可從事加水。

加水　封窰頂時，用泥將窰頂口圍作環形水池狀，此時例入清水，使緩緩滲入窰內，水氣收入燒紅之磚坯，磚坯即漸呈青色，加水量約爲四日，用水二百餘擔。水量若過少，則呈紅色，土黃色，淺青色等；如水量過多，則青色較深，質亦欠佳。不加水卽成紅磚。加水宜緩，否則磚面有水紋，有礙美觀。

貨運車輛

出窰　加水之手續完畢，任其「悶」一天，然後折去頂口之封蓋，及打破窰門，使熱氣散發一日，始可出窰。

建築工程中之一角

經濟住宅區計劃

喚弱

居留於大都會中之市民，除擁有雄厚資財者外，咸日處於嚴重之「住的問題」，良以「不勝負担」與「不宜生活」之痛苦，已成爲租屋居住者一般之感覺也。

千篇一律之里弄房屋，地位既狹隘，建築又簡陋，偪促其中，於生活上自不合宜；且外界環境惡劣，如市聲喧囂，空氣汚濁，影響精神之舒適及身體之健康者匪淺。試覘久居都市中人之缺乏活潑氣象而可信焉。

至於「義務」，則未能與「權利」平衡，房屋之不合理既如彼，租居之代價，却異常昂貴，每個家庭之開支，毋庸深思而知房租佔最大數額也。處於目前社會經濟狀況之下，小市民惟有望而却步，今歲上海市民之減租運動，亦高價房租壓迫下所產生之反響也。

然減租之呼聲雖高，而業主之予以實行者殊不多覯，推原其故，因多數業主受「押款利息」「造價折舊」以及「地價稅」等等之牽掣，各具有內在之苦衷耳。

默察趨勢，欲市民之房租開支，臻於經常收入中支配各項開支之平衡地位，恐非短時期中所易實現。故一般深思遠慮者，正另闢新路，以挽桑榆，年來公寓之勃興，新村之提倡，即此種計劃實施之初步，蓋欲以「新的居住方式」改善「舊有的租屋制度」也。

顧公寓之供應既操諸業主，新村之建設又需資過鉅，猶未能謂爲盡臻良善而謀大衆之福利。其最大錯誤，厥爲新村之建築太華貴，公寓之租費仍未減。欲彌此弊，惟有於減低負担上繼續籌謀妥善之策。經濟住宅區計劃，即所以謀進一步之救濟者。

建築經濟住宅區之目的，在使各個居戶，將最經濟之費用，建造自己所有之住屋，以減輕最感困難之負担。試以計劃大綱，摘要錄下：（下列設計，均以上海爲標準，各地可參酌當地情形損益之。）

（一）地點

經濟住宅區之居戶，多屬服務於同一地段內而經濟能力相若之市民，爲顧全往返便利起見，應注意地點之適中與交通之便利。同時，因上海地價昂貴，購置不易，故以租賃爲宜；而租賃時尤須選擇租費較低之地段。

寶山路位於中心區之北，滬戰以後，百廢待興，地租較戰前跌落，比之熱鬧地帶以及滬西住宅區域，相差甚鉅。交通又極便捷，空氣比較清新。在此覓定若干畝地，最爲合宜。（倘有其他比較適當之地位，自亦相宜，可視全體村民需要情形而定。）

（二）建築

經濟住宅區中關於房屋之建築及設備，不必高唱如何完美如何寬暢之口號，蓋區內居戶，因不勝負担昂貴之房租而參加者，自以力事撙節爲宜。建築既不求華麗堂皇，但謀雅緻簡潔；設備除電話，水電，警備，及衛生器具外，非必要者一概不加虛靡。

如地基係屬租賃，則建築亦不必過於堅固，因依法律不動產租期不能逾二十年，屆滿即須退租，故堅固性但求適當已可。

普通里弄出租房屋，每畝建十四幢，經濟住宅區，根據此種建築方法，以爲標準，不必多多浪費基地，藉免增加成本。惟於精神與身體之健康，則須切實注意。

（三）安全與衛生

都市之社會組織繁複，五方雜處，良莠不齊，居戶安全，亟宜保障；經濟住宅區除按宅裝置警鈴等各種防警設備，並請市公安局飭警嚴密保護外，更另行設置崗警，防守村口大門，以免竊盜之患。

又各處里弄中每多小販闖入叫賣，白日擾人清思，深宵驚人好夢，且皮核雜穢，狼藉滿地，住戶多苦之；經濟住宅區為保障村民舒適起見，對於此類小販，着崗警阻止入內，以求安靜清潔。

其他傳染疾病之媒介物，如垃圾桶等各種不良設備，亦必儘量改良，以重居戶衛生。

（四）組織

目前一般新村之組織，多由少數人發起而由少數人主持，故一切設計及管理等事務，未免難愜衆意；經濟住宅區計劃，則先由若干人發起，徵求同志參加，集合全體意見，籌議一切適合公共需要與各個能力之標準，妥愼規劃，精心設計，以達經濟合理之目的。

故於發起之初，先組織一發起人會；招集相當人數後，再產生一籌備會；一俟籌備就緒，再行產生一區務委員會及監察委員會。先後主持設計建造管理監督等一切事務。各會委員，均由全體公舉，其執行職務須秉諸全體共通之意見。如是；各方「住的幸福」，庶幾可冀。

（五）負担

經濟住宅區住戶，除繳納建造費洋一千四百元，及些少籌備費外，每月消費之負担極輕，分別如下：

地租　每畝四十元　每畝以十四幢計，每幢應負担三元。

造價　每幢以一千四百元計，每月折舊五元一角弱。

房捐　以房租估價二十元計，每月應納二元。

管理費　請顧警清潔伕等工資，每月三元。

保險　房屋保險費，以一千四百元保險額計，每年應付保險費四元，平均每月三角三分。

總計每月消費十二元四角三分。

依上統計，較住在租界之消費，自屬減低不少；全部開支尙不及房租之半數，蓋租界住屋非三十元以上不堪居住也。且租界房捐亦較華界為高，按公共租界為一成四，法租界為一成二，華界則僅一成；加以房租估價較低，尤屬便宜。又如普通里弄住屋，租戶須付巡捕捕街等費，故管理費收取三元，已屬省廉。

（六）村政

經濟住宅區一切設施，由全體住戶組織「區政辦事處」，負責進行，如房屋必要之修葺，衛生警備之管理等事務，統歸主持。

辦事處可設一區務委員會，（委員人數，視居戶多少而酌定之。）會中並推舉主席委員一人。區政之處理，由委員會斟酌情形，決議後交由主席委員施行。辦事處並設監察委員會，委員三人。區務委員會及監察委員會委員，由全體住戶大會中公舉之；任期一年，連選得連任，但不得逾三年。兩會主席委員，各由該委員會公舉一人担任之。住戶對區務委員會一切措施，如有不滿意處，得隨時提出意見於監察委員會，經審查屬實，認為確有不合時，應予糾正。

辦事處並雇用職員僕役各一人；職員得兼職，略予津貼。

（七）結論

總理建國大綱第二條云：「建國之首要在民生，故對於全國之衣食住行四大需要，政府當與人民協力，…………建築大計劃的各式房屋，以樂民居……………」按之實際情形，信斯言之勿謬。惟現在計劃者，乃本於住戶自己之力量以謀居住之安全，且全體住戶之經濟能力又必薄弱，「大計劃」談何容易，不得從經濟的「小計劃」進行，上文所述，乃小計劃的大要，凡有「居大不易」之感者，盍起圖之，共籌具體的詳細之計劃也。

工程估價

第六節　五金工程（續）

（十八續）

杜彥耿

茲將最近鋼條市價列表如下

（每噸合二二四〇磅）

長度	直徑(寸數)	名稱	重量	價格
四十尺	三分	方竹節鋼	每噸	$ 115.00
,,	四分	,,	,,	$ 115.00
,,	五分	,,	,,	$ 115.00
,,	六分	,,	,,	$ 125.00
,,	七分	,,	,,	$ 110.00
,,	一寸	,,	,,	$ 110.00
,,	三分	圓竹節鋼	,,	$ 125.00
,,	四分	,,	,,	$ 116.00
,,	五分	,,	,,	$ 116.00
,,	六分	,,	,,	$ 116.00
,,	七分	,,	,,	$ 116.00
,,	一寸	,,	,,	$ 116.00
,,	二分	光圓鋼條	,,	$ 124.00
,,	二分半	,,	,,	$ 124.00

附註：上列表內價格，送力在外。

建築高層大廈，利用鋼筋水泥，既極普遍；然更有鋼幹一門，亦為近代高層建築之主要物，如最近落成之上海跑馬廳畔四行二十二層大廈，將近工竣之蘇州河畔百老匯大廈及建築中之永安公司添建新廈，中國通商銀行新屋等，無不採用之。故推測目前之趨勢，可以逆料將來利用鋼幹建造數十層以上之大廈，絡繹不絕，是以各種鋼幹之重量，常亦為讀者所樂聞歟。

爰根據英國道門鋼廠（Dorman, Long & Co.）工字鐵之尺寸及重量，列表如後：

乙字鐵之尺寸及重量表
(Dorman, Long & Co.)

大小(寸數)				重量(磅)每一英尺
J	K	L	M	
4	3	⅜	⅜	11.78
5	3	⅜	⅜	13.05
6	3½	⅜	⅜	15.61
8	3½	⅜	⅜	18.15

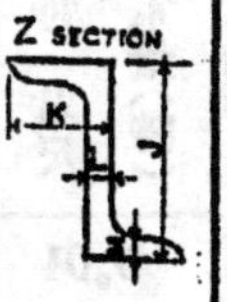

三角鐵之寸尺及重量表
(Dawnay & Sons, Ltd., London)

斷面	重量(磅)每一英尺
2 × 2 × ¼	3.19
2 × 2 × 5/16	3.92
2¼ × 2¼ × ¼	3.61
2¼ × 2¼ × 5/16	4.45
2½ × 2½ × ¼	4.04
2½ × 2½ × 5/16	4.98
2½ × 2½ × ⅜	5.89
3 × 3 × ¼	4.90
3 × 3 × 5/16	6.05
3 × 3 × ⅜	7.18
3 × 3 × ½	9.36
3½ × 3½ × ⅜	8.45
3½ × 3½ × ½	11.05
4 × 4 × ⅜	9.72
4 × 4 × ½	12.75
5 × 5 × ½	16.15
5 × 5 × ⅝	19.92
6 × 6 × ½	19.55
6 × 6 × ⅝	24.18
6 × 6 × ¾	28.70

英國標準工字鐵斷面表
(British Standard Section)

大小(寸數)				每一英尺重量(磅)
A	B	C	D	
3	1½	.16	.248	4
3	3	.20	.332	8.5
4	1¾	.17	.240	5
4	3	.22	.336	9.5
4¾	1¾	.18	.325	6.5
5	3	.22	.376	11
5	4½	.29	.448	18
6	3	.26	.348	12
6	4½	.37	.431	20
6	5	.41	.520	25
7	4	.25	.387	16
8	4	.28	.402	18
8	5	.35	.575	28
8	6	.44	.597	35
9	4	.30	.460	21
9	7	.55	.924	58
10	5	.36	.552	30
10	6	.40	.736	42
10	8	.60	.970	70
12	5	.35	.550	32
12	6	.40	.717	44
12	6	.50	.883	54
14	6	.40	.698	46
14	6	.50	.873	57
15	5	.42	.647	42
15	6	.50	.880	59
16	6	.55	.847	62
18	7	.55	.928	75
20	7½	.60	1.010	89
24	7½	.60	1.070	100

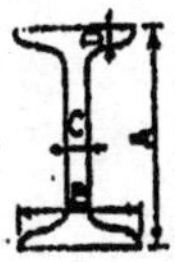

水落鐵之尺寸及重量表
(Dorman, Long & Co.)

大小(寸數)				重量(磅)每一英尺
E	F	G	H	
4	3	½	3/16	16.36
5⅛	2⅞	7/16	½	15.86
6	3	⅜	7/16	15.69
7	3	½	½	20.40
8	3½	½	½	23.79
10	3	7/16	7/16	22.49
12	3½	½	½	30.60

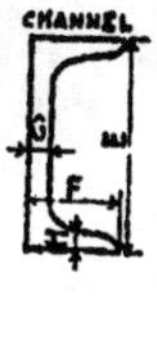

丁字鐵之尺寸及重量表

斷面 (寸數)	每一英尺重量(磅)
2½ × 2½ × 5/16	5.01
2½ × 2½ × 3/8	5.92
3 × 3 × 3/8	7.21
3 × 3 × ½	9.38
3½ × 3½ × 3/8	8.49
3½ × 3½ × ½	11.10
4 × 3 × 3/8	8.49
4 × 3 × ½	11.10
4 × 4 × 3/8	9.77
4 × 4 × ½	12.80
5 × 3 × 3/8	9.78
5 × 3 × ½	12.80
4 × 4 × 3/8	11.10
5 × 4 × ½	14.50
6 × 3 × 3/8	11.10
6 × 3 × ½	14.50
6 × 4 × 3/8	12.40
6 × 4 × ½	16.20
6 × 6 × ½	19.60
6 × 6 × 5/8	24.20

三角鐵(不等邊)之尺寸及重量表

(Dawnay & Sons, Ltd.)

斷面 (寸數)	每一英尺重量(磅)
2½ × 2 × ¼	3.61
2½ × 2 × 5/16	4.45
3 × 2 × ¼	4.04
3 × 2 × 5/16	4.98
3 × 2½ × ¼	4.46
3 × 2½ × 5/16	5.51
3 × 2½ × 3/8	6.53
3½ × 2½ × 5/16	6.04
3½ × 2½ × 3/8	7.18
3½ × 3 × 5/16	6.58
3½ × 3 × 3/8	7.81
4 × 3 × 5/16	7.11
4 × 3 × 3/8	8.45
5 × 3 × 5/16	8.17
5 × 3 × 3/8	9.72
5 × 3½ × ½	12.75
5 × 3½ × 3/8	10.37
5 × 3½ × ½	13.61
6 × 3 × 3/8	11.00
6 × 3 × ½	14.50
6 × 3½ × 3/8	11.60
6 × 3½ × ½	15.30
6 × 4 × 3/8	12.30
6 × 4 × ½	16.45

(待續)

本會出借圖書

第三次續購新書目錄

[閱讀第一次第二次書目請
本刊第二卷第八期及第九期]

Reinforced Concrete Design–Sutherland & Clifford

Relief from Floods–Alvord & Burdick

Report of the Joint Committee on Standard Specifications for Concrete & Reinforced Concrete

Resistance of Materials–Seely

River and Harbor Construction–Townsend

River Discharge–Hoyt & Grover

Rivington's Notes on Building Construction, Part I & II–Twelvetrees

Roads & Pavements–Baker

Rural Highway Pavements Maintenance & Reconstruction–Harger

Sewerage–Folwell

Sewerage & Sewage Disposal–Metcalf & Eddy

Sewerage & Sewage Treatment–Babbitt

Specification for Steel Bridge

Standard Methods of Water Analysis

Statically Indeterminate–Parcel & Mancey

Steam Turbines–Church

Steel Construction–A. I. S. C.

Strength of Material–Boyd

Strength of Material–Poorman

Strength of Material–Timoshenko

Structural Engineering–Kirkham

Structural Engineers Handbook–Kitchum

Structural Geology–Leith

Structural Theory–Sutherland & Rowman

Surveying Elementary, Higher–Breed Hosmer

Surveying Manual–Pence & Ketchum

Town Planing in Practice–Raymond Unwin

A Trestice on Masonry Construction–Baker

Tunneling–Laughli

Water Power Engineering–Barrows

Water Supply Engineering–Babbitt and Doland

本會會員騰淑梟先生，年少英俊，為我營造界不可多得之人才。今竟遽然長逝，痛哉！特將遺君遺像，製版刊出，用誌哀悼。

△暫行借書規則

一、本會所置圖書，搜集未豐，不能完備，故借閱書籍，暫以本會會員為限。

一、會員借閱書籍，須照本會公佈書目，註明書名及類別，備函隨帶會員證至本會取書。

一、外埠會員借書，須開明書名，連同會員證寄來，本會即將書掛號郵寄；為優待起見，並不收取寄費。

一、書籍出借後，會員證暫由本會司事員保存，俟歸還書籍時，再行領取會員證。

一、每會員每次至多得借書兩册。

一、借閱期間至多不得逾一星期。

一、先借者，如未到期，有優先借閱權，其他會員如欲借閱同一書籍，本會未便索回原書。

一、書籍如有毀損遺失塗抹删註等情，概須照原價賠償。

一、本規則如有更改，得隨時由本會常委核准後施行，不另通知之。

22643

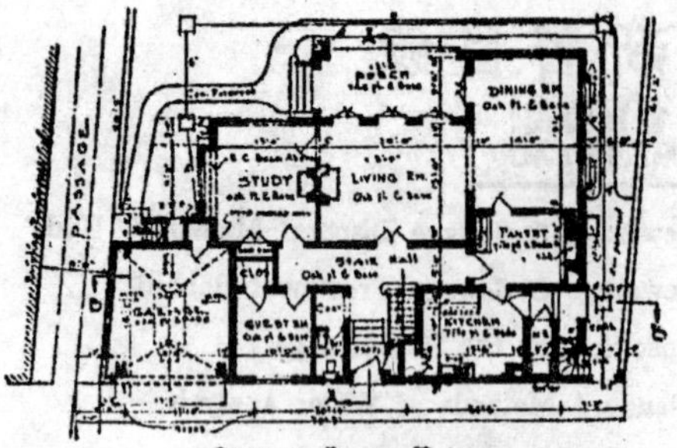

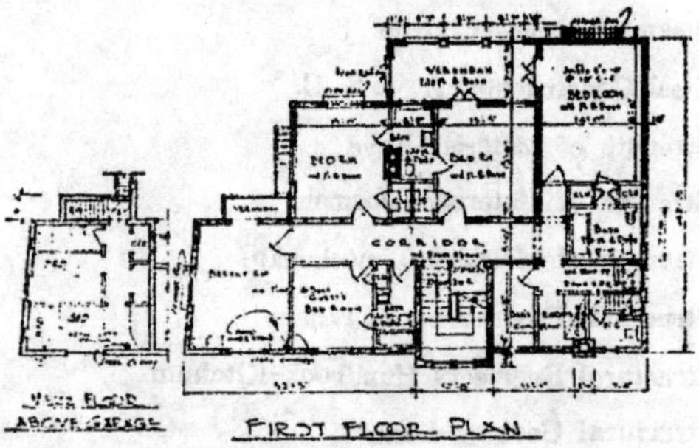

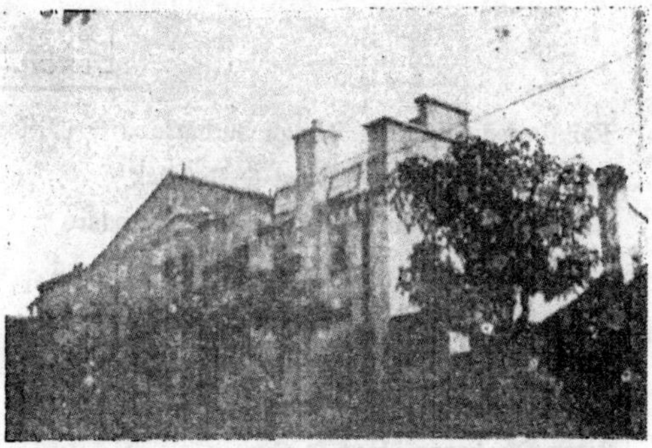

A residence on Route de Sieyes, Shanghai.

上海西愛咸斯路一住宅

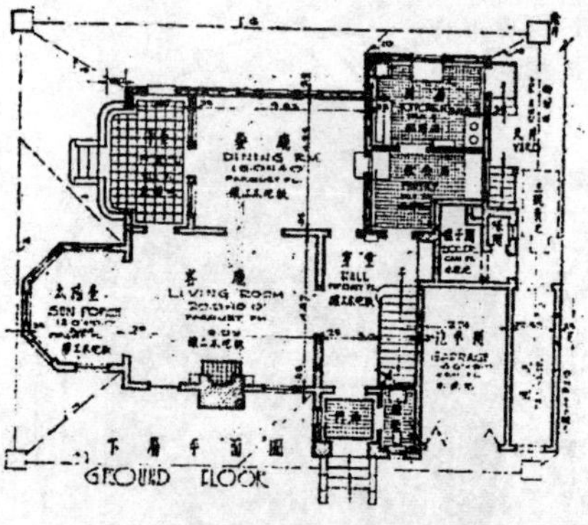

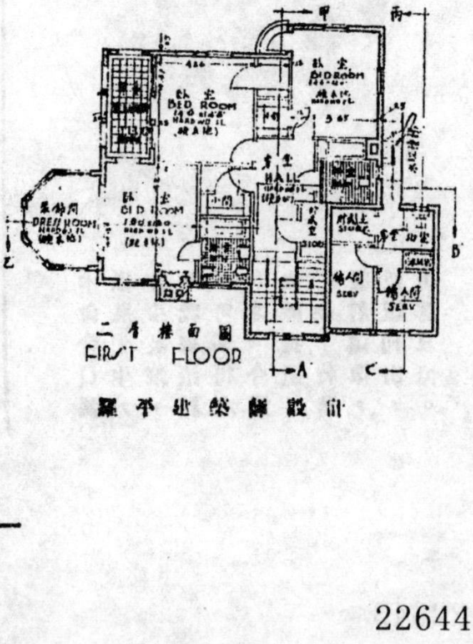

羅平建築師設計

A residence on Hungjao Road, Shanghai.

上海虹橋路一住宅

G. Rabinovich, Architect.

閘北一住屋

此屋位於上海閘北中興路畔，建築異常堅固，外觀一如城堡。二十一年春滬變時，曾燬於炮火，距初造時僅二載耳。幸牆身雖燬，基礎頗固，最近重行設計改造，得復舊觀。茲將該屋葺成後攝影，及平面圖等錄載本刊。

——蔡寶昌設計——

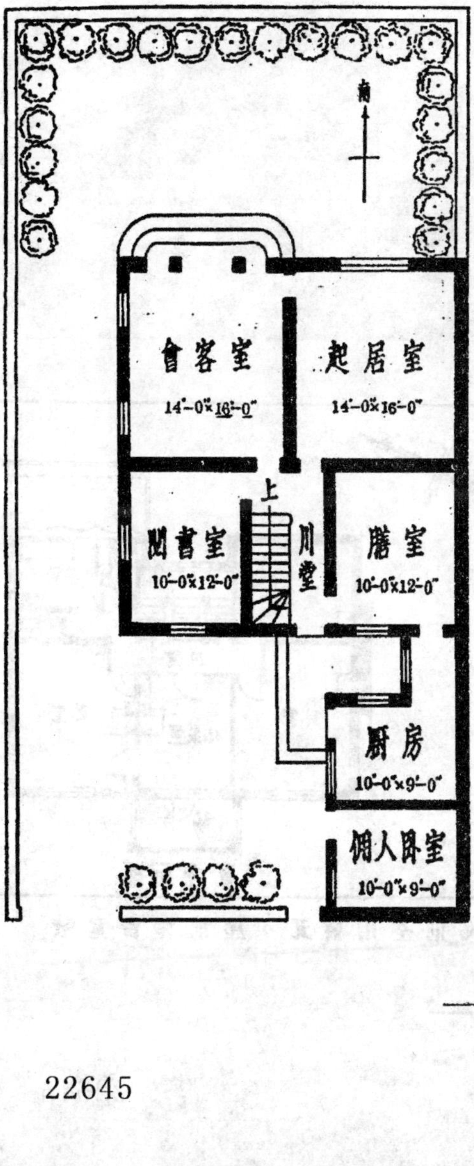

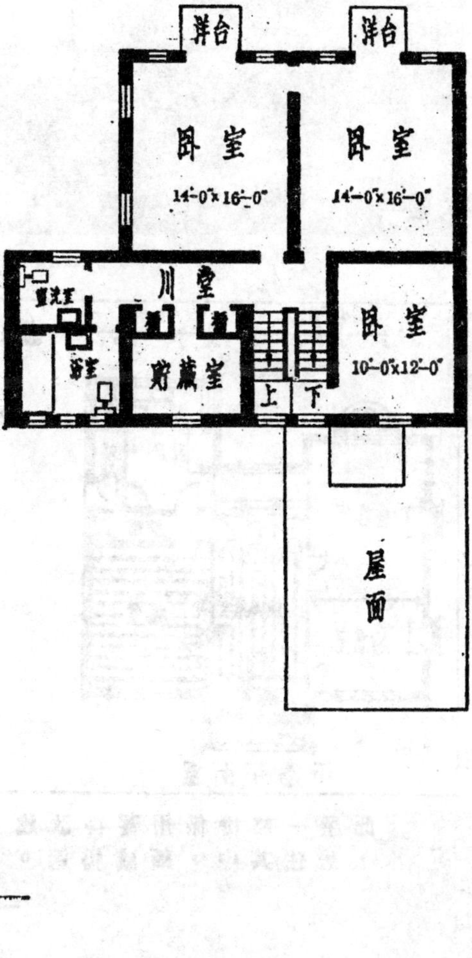

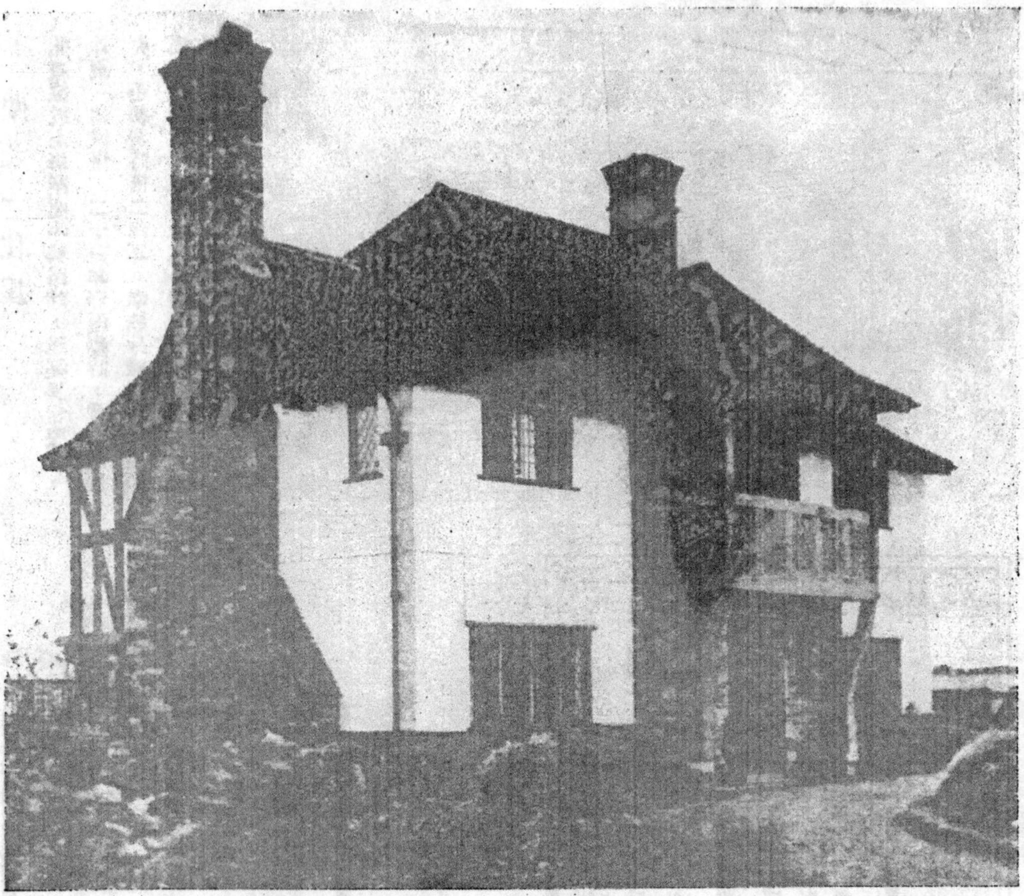

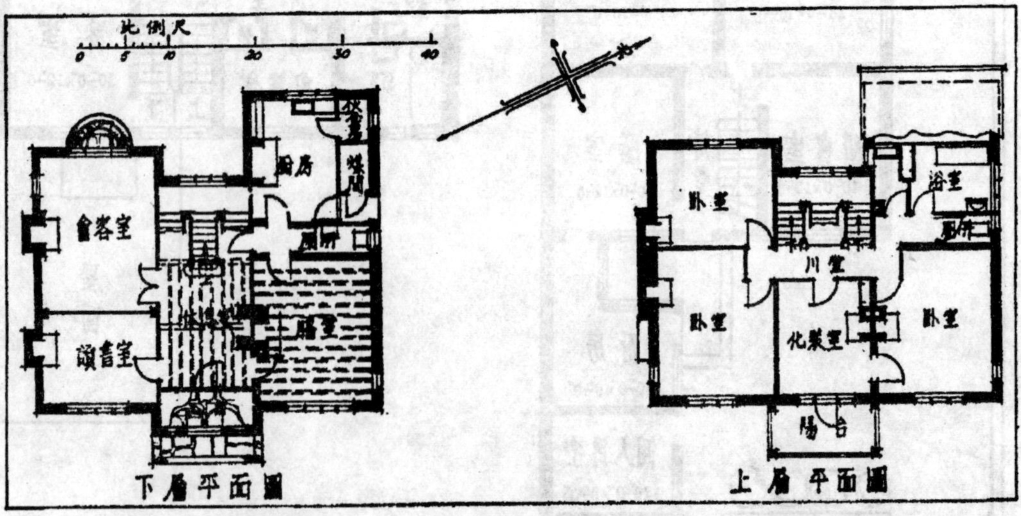

此屋一部份係用舊料改建，屋瓦則全用舊瓦。屋前洋台寬敞，居住其中，頗感暢適。

見了大門的入口便想到
内部充溢着和諧與舒適

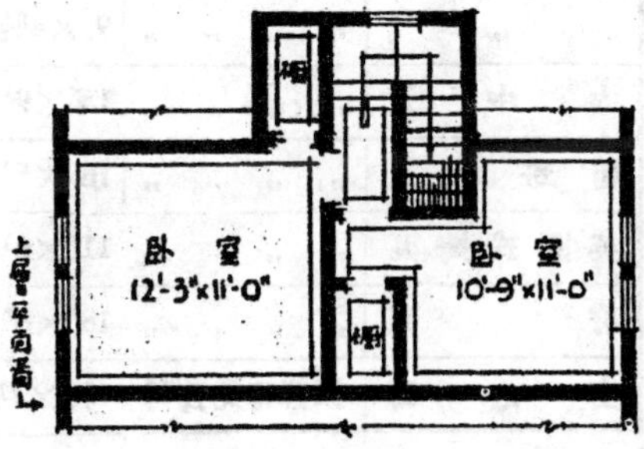

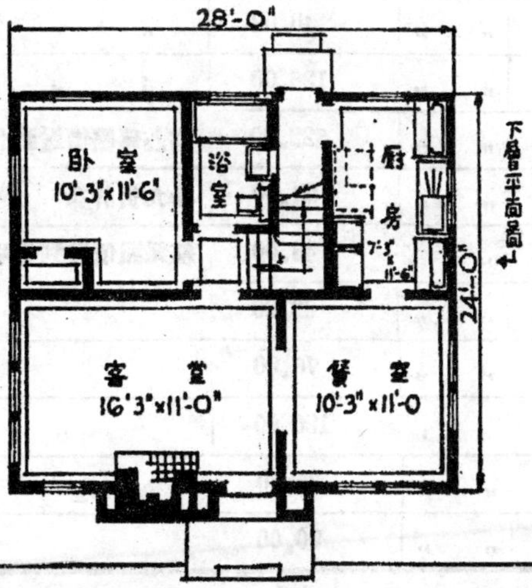

房屋所佔地位 ---------- 28'-0"×24'-0"

全部地位 ---------- 29'-6"×31'-0"

下層高度 ---------- 8'-6"

上層高度 ---------- 8'-0"

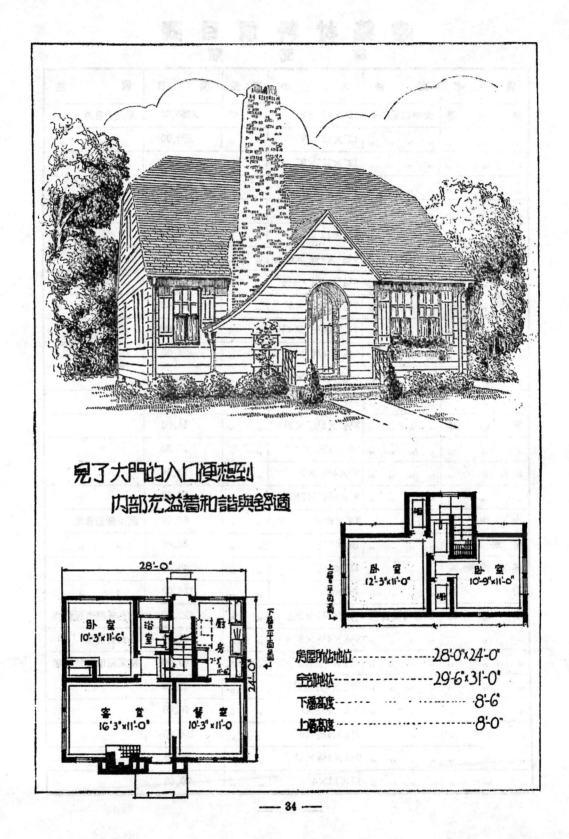

建築材料價目表

磚瓦類

貨名	商號	大小	數量	價目	備註
空心磚	大中磚瓦公司	12″×12″×10″	每千	$250.00	車挑力在外
〃 〃 〃	〃 〃 〃 〃	12″×12″×9″	〃 〃	230.00	
〃 〃 〃	〃 〃 〃 〃	12″×12″×8″	〃 〃	200.00	
〃 〃 〃	〃 〃 〃 〃	12″×12″×6″	〃 〃	150.00	
〃 〃 〃	〃 〃 〃 〃	12″×12″×4″	〃 〃	100.00	
〃 〃 〃	〃 〃 〃 〃	12″×12″×3″	〃 〃	80.00	
〃 〃 〃	〃 〃 〃 〃	9¼″×9¼″×6″	〃 〃	80.00	
〃 〃 〃	〃 〃 〃 〃	9¼″×9¼×4½″	〃 〃	65.00	
〃 〃 〃	〃 〃 〃 〃	9¼″×9¼″×3″	〃 〃	50.00	
〃 〃 〃	〃 〃 〃 〃	9¼″×4½″×4½″	〃 〃	40.00	
〃 〃 〃	〃 〃 〃 〃	9¼″×4½″×3″	〃 〃	24.00	
〃 〃 〃	〃 〃 〃 〃	9¼″×4½″×2½″	〃 〃	23.00	
〃 〃 〃	〃 〃 〃 〃	9¼″×4½″×2″	〃 〃	22.00	
實心磚	〃 〃 〃 〃	8½″×4⅛″×2½″	〃 〃	14.00	
〃 〃 〃	〃 〃 〃 〃	10″×4⅞″×2″	〃 〃	13.30	
〃 〃 〃	〃 〃 〃 〃	9″×4⅜″×2″	〃 〃	11.20	
〃 〃 〃	〃 〃 〃 〃	9″×4⅜″×2¼″	〃 〃	12.60	
大中瓦	〃 〃 〃 〃	15″×9½″	〃 〃	63.00	運至營造場地
西班牙瓦	〃 〃 〃 〃	16″×5½″	〃 〃	52.00	〃 〃
英國式灣瓦	〃 〃 〃 〃	11″×6½″	〃 〃	40.00	〃 〃
脊瓦	〃 〃 〃 〃	18″×8″	〃 〃	126.00	〃 〃
空心磚	振蘇磚瓦公司	9¼×4½×2½″	〃 〃	$22.00	空心磚照價送到作
〃 〃 〃	〃 〃 〃 〃	9¼×4½×3″	〃 〃	24.00	場九折計算
〃 〃 〃	〃 〃 〃 〃	9¼×9¼×3″	〃 〃	48.00	紅瓦照價送到作場
〃 〃 〃	〃 〃 〃 〃	9¼×9¼×4½″	〃 〃	62.00	
〃 〃 〃	〃 〃 〃 〃	9¼×9¼×6″	〃 〃	76.00	
〃 〃 〃	〃 〃 〃 〃	9¼×9¼×8″	〃 〃	120.00	
〃 〃 〃	〃 〃 〃 〃	9¼×4¼×4½″	〃 〃	35.00	
〃 〃 〃	〃 〃 〃 〃	12×12×4″	〃 〃	90.00	

貨名	商號	大小	數量	價目	備註
空心磚	振蘇磚瓦公司	12×12×6"	每千	$140.00	
,, ,, ,,	,, ,, ,, ,,	12×12×8"	,, ,,	190.00	
,, ,, ,,	,, ,, ,, ,,	12×12×10	,, ,,	240.00	
青平瓦	,, ,, ,, ,,	144	平方塊數	70.00	
紅平瓦	,, ,, ,, ,,	144	,, ,,	60.00	
紅磚	,, ,, ,, ,,	10×5×2¼"	每千	12.50	
,, ,,	,, ,, ,, ,,	10×5×2"	,, ,,	12.00	
,, ,,	,, ,, ,, ,,	9¼×4½×2¼"	,, ,,	11.50	
白水泥花磚	華新磚瓦公司	8"×8,6"×6,4"×4"	每方	24.00	送至工場
紅大紅磚	,, ,, ,, ,,	16"×10"	每千	67.00	,, ,, ,,
青大平瓦	,, ,, ,, ,,	16"×10"	,, ,,	69.00	,, ,, ,,
青小平瓦	,, ,, ,, ,,	12⅜"×92/8	,, ,,	50.00	,, ,, ,,
紅脊瓦	,, ,, ,, ,,	18"×8"	,, ,,	134.00	,, ,, ,,
青脊瓦	,, ,, ,, ,,	18"×8"	,, ,,	138.00	,, ,, ,,
紅西班牙筒瓦	,, ,, ,, ,,	16"×5½	,, ,,	46.00	,, ,, ,,
青西班牙筒瓦	,, ,, ,, ,,	16"×5½	,, ,,	49.00	,, ,, ,,

鋼條類

貨名	商號	標記	數量	價目	備註
鋼條		四十尺二分光圓	每噸	一百十八元	德國或比國貨
,, ,,		四十尺二分半光圓	,, ,,	一百十八元	,, ,, ,,
,, ,,		四二尺三分光圓	,, ,,	一百十八元	,, ,, ,,
,, ,,		四十尺三分圓竹節	,, ,,	一百十六元	,, ,, ,,
,, ,,		四十尺普通花色	,, ,,	一百〇七元	鋼條自四分至一寸方或圓
,, ,,		盤圓絲	每市擔	四元六角	

水泥類

貨名	商號	標記	數量	價目	備註
水泥		象牌	每桶	六元三角	
水泥		泰山	每桶	六元二角半	
水泥		馬牌	,, ,,	六元二角	

貨名	商號	標記	數量	價格	備註
水泥		英國"Atlas"	〃 〃	三十二元	
白水泥		法國麒麟牌	〃 〃	二十八元	
白水泥		意國紅獅牌	〃 〃	二十七元	

木材類

貨名	商號	說明	數量	價格	備註
洋松	上海市同業公會公議價目	八尺至卅二尺再長照加	每千尺	洋八十四元	
一寸洋松	〃 〃 〃		〃 〃	〃八十六元	
寸半洋松	〃 〃 〃		〃 〃	八十七元	
洋松二寸光板	〃 〃 〃		〃 〃	六十六元	
四尺洋松條子	〃 〃 〃		每萬根	一百二十五元	
一寸四寸洋松一號企口板	〃 〃 〃		每千尺	一百〇五元	
一寸四寸洋松副號企口板	〃 〃 〃		〃 〃	八十八元	
一寸四寸洋松二號企口板	〃 〃 〃		〃 〃	七十六元	
一寸六寸洋松一頭號企口板	〃 〃 〃		〃 〃	一百十元	
一寸六寸洋松副頭號企口板	〃 〃 〃		〃 〃	九十元	
一寸六寸洋松二號企口板	〃 〃 〃		〃 〃	七十八元	
一二五四寸一號洋松企口板	〃 〃 〃		〃 〃	一百三十五元	
一二五四寸二號洋松企口板	〃 〃 〃		〃 〃	九十七元	
一二五六寸一號洋松企口板	〃 〃 〃		〃 〃	一百五十元	
一二五六寸二號洋松企口板	〃 〃 〃		〃 〃	一百十元	
柚木（頭號）	〃 〃 〃	僧帽牌	〃 〃	五百三十元	
柚木（甲種）	〃 〃 〃	龍牌	〃 〃	四百五十元	
柚木（乙種）	〃 〃 〃	〃 〃	〃 〃	四百二十元	
柚木段	〃 〃 〃	〃 〃	〃 〃	三百五十元	
硬木	〃 〃 〃		〃	二百元	
硬木（火介方）	〃 〃 〃		〃 〃	一百五十元	
柳安	〃 〃 〃		〃 〃	一百八十元	
紅板	〃 〃 〃		〃 〃	一百〇五元	
抄板	〃 〃 〃		〃 〃	一百四十元	
十二尺三寸六八皖松	〃 〃 〃		〃 〃	六十五元	
十二尺二寸皖松	〃 〃 〃		〃 〃	六十五元	

貨名	商號	說明	數量	價格	備註
一二五四寸柳安金口板	上海市同業公會公議價目		每千尺	一百八十五元	
一寸六寸柳安金口板	〃	〃	〃	一百八十五元	
二寸一年建松片	〃	〃	〃	六十元	
一丈字印建松板	〃	〃	每丈	三元五角	
一丈足建松板	〃	〃	〃	五元五角	
八尺寸甌松板	〃	〃	〃	四元	
一寸六寸一號甌松板	〃	〃	每千尺	五十元	
一寸六寸二號甌松板	〃	〃	〃	四十五元	
八尺機鋸杭松板	〃	〃	每丈	二元	
九尺機鋸甌松板	〃	〃	〃	一元八角	
八尺足寸皖松板	〃	〃	〃	四元六角	
一丈皖松板	〃	〃	〃	五元五角	
八尺六分皖松板	〃	〃	〃	三元六角	
台松板	〃	〃	〃	四元	
九尺八分坦戶板	〃	〃	〃	一元二角	
九尺五分坦戶板	〃	〃	〃	一元	
八尺六分紅柳板	〃	〃	〃	二元二角	
七尺俄松板	〃	〃	〃	一元九角	
八尺俄松板	〃	〃	〃	二元一角	
九尺坦戶板	〃	〃	〃	一元四角	
六分一寸俄紅松板	〃	〃	每千尺	七十三元	
六分一寸俄白松板	〃	〃	〃	七十一元	
一寸二分四寸俄紅松板	〃	〃	〃	六十九元	
俄紅松方	〃	〃	〃	六十九元	
一寸四寸俄紅白松金口板	〃	〃	〃	七十四元	
一寸六寸俄紅白松金口板	〃	〃	〃	七十四元	

五金類

貨名	商號	標記	數量	價目	備註
二二號英白鐵			每箱	五十八元八角	每箱廿一張重四〇二斤
二四號英白鐵			每箱	五十八元八角	每箱廿五張重量同上
二六號英白鐵			每箱	六十三元	每箱卅三張重量同上

貨名	商號	標記	數量	價目	備註
二八號英白鐵			每箱	六十七元二角	每箱廿一張重量同上
二二號英瓦鐵			每箱	五十八元八角	每箱廿五張重量同上
二四號英瓦鐵			每箱	五十八元八角	每箱卅三張重量同上
二六號英瓦鐵			每箱	六十三元	每箱卅八張重量同上
二八號英瓦鐵			每箱	六十七元二角	每箱廿一張重量同上
二二號美白鐵			每箱	六十九元三角	每箱廿五張重量同上
二四號美白鐵			每箱	六十九元三角	每箱卅三張重量同上
二六號美白鐵			每箱	七十三元五角	每箱卅八張重量同上
二八號美白鐵			每箱	七十七元七角	每箱卅八張重量同上
美方釘			每桶	十六元〇九分	
平頭釘			每桶	十六元八角	
中國貨元釘			每桶	六元五角	
五方紙牛毛毡			每捲	二元八角	
半號牛毛毡		馬牌	每捲	二元八角	
一號牛毛毡		馬牌	每捲	三元九角	
二號牛毛毡		馬牌	每捲	五元一角	
三號牛毛毡		馬牌	每捲	七元	
鋼絲網		27"×96" 2¼lb.	每方	四元	德國或美國貨
″ ″ ″		27"×96" 3lb.rib	每方	十元	″ ″ ″
鋼版網		8'×12' 六分一寸半眼	每張	三十四元	
水落鐵		六分	每千尺	四十五元	每根長廿尺
牆角線			每千尺	九十五元	每根長十二尺
踏步鐵			每千尺	五十五元	每根長十尺或十二尺
鉛絲布			每捲	二十三元	闊三尺長一百尺
綠鉛紗			每捲	十七元	″ ″ ″
銅絲布			每捲	四十元	″ ″ ″
洋門套鎖			每打	十六元	中國鎖廠出品 黃銅或古銅色
洋門套鎖			每打	十八元	德國或美國貨
彈弓門鎖			每打	三十元	中國鎖廠出品
″ ″ ″			每打	五十元	外貨

貨名	商號	標記	數量	價目	備註
彈子門鎖	合作五金公司	3寸7分(古銅色)	每打	四十元	
„ „ „	„ „ „ ,	„ „ (黑色)	„ „	三十八元	
明螺絲彈子門鎖	„ „ „ „	3寸5分(古銅色)	„ „	三十三元	
„ „ „	„ „ „ „	„ „ (黑色)	„ „	三十二元	
執手插鎖	„ „ „ „	6寸6分(金色)	„ „	二十六元	
„ „ „	„ „ „ „	„ „ (古銅色)	„ „	二十六元	
„ „ „	„ „ „ „	„ „ (克羅米)	„ „	三十二元	
彈弓門鎖	„ „ „ „	3寸 (黑色)	„ „	十元	
„ „ „	„ „ „ „	„ „ (古銅色)	„ „	十元	
廻紋花板插鎖	„ „ „ ,	4寸5分(金色)	„ „	二十五元	
„ „ „	„ „ „ „	„ „ (黃古色)	„ „	二十五元	
„ „ „	„ „ „ „	„ „ (古銅色)	„ „	二十五元	
細邊花板插鎖	„ „ „ „	7寸7分(金色)	„ „	三十九元	
„ „ „	„ „ „ „	„ „ (黃古色)	„ „	三十九元	
„ „ „	„ „ „ „	„ „ (古銅色)	„ „	三十九元	
細花板插鎖	„ „ „ „	6寸4分(金色)	„ „	十八元	
, , ,	, , , ,	, , (黃古色)	, ,	十八元	
, , ,	, , , ,	, , (古銅色)	, ,	十八元	
鐵質細花板插鎖	, , , ,	, , (古色)	, ,	十五元五角	
變執手插鎖	, , , ,	3寸4分(棕色)	, ,	十五元	
, , ,	, , , ,	, , (白色)	, 、	, , ,	
, , ,	, , , ,	, , (藍色)	, ,	, , ,	
, , ,	, , , ,	, , (紅色)	, ,	, , ,	
, , ,	, , , ,	, , (黃色)	, :	, , ,	
變執手集式插鎖	, , , ,	, , (棕色)	, ,	, , ,	
, , ,	, , , ,	, , (白色)	, ,	, , ,	
, , ,	, , , ,	, , (藍色)	, ,	, , ,	
, , ,	, , , ,	, , (紅色)	, ,	, , ,	
, , ,	, , , ,	, , (黃色)	, ,	, , ,	

會務

本會第三屆會員大會紀詳　愧安

本會第三屆會員大會，已於十月二十日下午三時，在法租界八仙橋青年會九樓西廳舉行。是日下午二時許，會員卽已陸續蒞至，敏體尼蔭路上，車馬喧闐，熱鬧非凡。會員一概招待入門，自下午三時開始會員大會，七時起入席歡宴，佐以大同樂社及工業電影等餘興，至深夜十二時始賦歸歟，實足盤桓有十餘小時之久。融洩一堂，不覺時間之久長，反嫌駒光之易逝。記者參預盛會，特將經過分別詳紀如后，以誌鴻爪。

嚴肅整齊大會開始

是日下午三時，開始舉行會員大會，嚴肅整齊，氣象壯穆。除到全體會員外，並有市黨部代表毛霞軒，市教育局代表孫海帆，出席指導監督。公推謝秉衡，江長庚，湯景賢，陳松齡，殷信之，杜彥耿，盧松華等爲主席團。主席團導行禮如儀後，由杜彥耿委員報告會務進行狀況及經濟概要。次由湯景賢委員報告附設正基建築工業補習學校校務概況（另見本期報告）。繼由市黨部毛代表，市教育局孫代表相繼訓詞，語多激勉。次

修訂會章

由殷信之委員逐條宣讀，經衆討論，修正多處：（一）市黨部毛代表霞軒指導：將「會址」項移前，與「定名宗旨會址」順序並列，俾符法令。（二）將「職員任期」修改爲：各項委員任期以二年爲限，連舉得連任，但至多以四年爲限。各項委員未屆期滿而因故解職者，以候補委員遞補之，但以補足二年爲限。（三）將「大會」修改爲：本會每年舉行會員大會一次，討論重要會務，報告賬略；於第二年舉行大會時，並修訂會章，選舉執監委員，其日期由執行委員會議決通告之。（四）市黨部毛代表霞軒指導：將「附則」修改爲：本章程如有應行修正之處，須俟大會決定之，並呈請當地政府核准後發生效力。繼卽照章

改選職員

由市黨部及市教育局代表監選。選舉結果，計（一）執行委員九人：竺泉通（六四票）姚長安（五九票）陳松齡（五四票）應興華（五四票）陳壽芝（五〇票）賀敬第（五〇票）殷信之（四七票）孫德水（三五票）孫維明（三三票）（二）候補執行委員三人：汪敏章（三二票）陳士範（三二票）王法鎬（二六票）（三）監察委員三人：江長庚（五五票）陶桂林（三四票）盧松華（三四票）（四）候補監察委員二人：湯景賢（三一票）杜彥耿（一六票）。當場宣誓就職，由市黨部及市教育局代表監誓。至七時攝影散會。

融融洩洩入席歡讌

會員大會既畢，已鐘鳴七下，九樓遠眺，已滿城燈火矣。於是卽告入席歡讌，來賓如上海市教育局局長潘公展，新近由美講學歸國之江亢虎博士，及許嘯天，謝福生，趙深，顧道生，許貫三等，亦先後蒞至，蹌濟一堂，不下[illegible]百餘人。嚴肅壯穆之空氣，此時一變而爲歡諧融洩之景象，欣逢知己，談笑風生，當前話舊，樂此良晤。廳中四壁，滿懸許嘯天先生夫人高劍華女士所書橫披立軸，琳瑯滿

目，美不勝收，蓋分贈上屆徵求會員大會徵求成績優良之各隊長者也。所書語句，多爲許先生所撰，意味雋永，足銘座右。會員領受之餘，無不認爲雅緻宜人，珍同拱璧。是日宴會，係承

大陸實業公司

款待。所備菜餚殊豐。該公司顧海，王劍芬，周門奚諸君殷懃招待，盛情可感。按該公司出品「固木油」，爲唯一國貨建築材料，木材所屬，一經使用該油，即可免除蛀腐。故時不數載，已風行國內，各界無不樂於採用，獲得美滿結果。際此國貨建築材料未能振作暢銷，全被外貨壟斷，而固木油應運產生，殊足國人注意，而有竭力提倡之必要也。餐至半酣，來賓江亢虎博士起立演說，對於建築與文化之關係，發揮頗多，闡明無遺。繼由上海市教育局局長

潘公展先生演講

略謂上海爲世界通商大都，握中國商業金融之樞紐。然外人觀光中國者，必先羣趨北平故都，對此繁榮衝要之上海，並不十分注意。此蓋上海所見者，爲畸形發展之摩天高樓與皇皇巨廈，建築法式，多抄襲歐美，此在其本國已司空見慣，遠勝之而無不及。若至北平，則宮殿院宇，壇囿寺觀，其建築無不表示東方數千年來之文化精神。營造法式，壯嚴偉大，渾樸絕倫，其格調不落尋常窠臼。故外人欲知東方文化之眞面目，必先羣趨北平，瞻望建築，藉此並可覘吾民族雍容華貴之精神。又建築爲綜合的藝術，融數技於一爐，始克表顯其特長。且吾人參觀建築，見其外表，知其內容，一任風霜雨露之剝蝕，亦能經歷相當期間，巍然存在。非若金石書畫等藝術，必供之清案，懸之高壁，始克供人鑑賞，事後又須妥愼保存，始克延續其生命也。潘氏繼又謂本埠公私立中小學林立，爲數頗多。建築設備，雖不乏完善良好者，然就一般言，均因陋就簡，狹隘不堪。於是里弄居屋，暫充學舍，荒地百步，卽成操場，偪促之狀，難以描述。當局屢擬發行教育公債，以其所得用於改進一般學校之建築設備。在座諸君，蓋爲建築界之實力份子，若能每人担任建築校舍一座，非但教育公債可不必發行，且明年今日，不復再見弄堂學校矣。慷慨陳詞，聽者無不動容。（潘先生演辭大意如此，文責由作者自負）。繼由許嘯天謝福生諸先生相繼演說，尤以謝君演辭突梯滑稽，博得全場笑聲不少。繼由

大同樂會奏演助興

按大同樂會爲本埠唯一研究古樂團體。在國內負有盛名，是日蒙全體社員蒞場奏演助興。先奏霓裳羽衣曲，時全場靜寂異常，但聞樂聲，悠悠之音，忽如萬馬奔騰，忽如珠走玉盤。時窗外月色，分外皎潔，倍增雅趣。到場來賓及會員，側耳恭聽，心神俱往，幾疑此身尚在十里洋場之高樓中也。繼奏春江花月夜，綺麗之音，旖旎動聽，千迴百轉，殊饒幽趣。迨樂終席散，繼之以

開映工業電影

關於建築材料，如鋼鐵之融冶，水泥之拌製等，歷歷如繪，詳盡無遺。傍及北平阿拉斯加冰國之風景畫片等，清晰異常，觀衆極感興趣。放映歷二小時之久，至深夜十二時許，始興盡賦歸，各會員赴會時間，蓋已俱足十小時矣。

樣本贈品紛然雜陳

是日本埠各建築材料廠行，如吉星洋行，大陸實業公司，上海棕櫚公司，興業磁磚公司，元豐油漆公司，英豐洋行．中華鐵工廠，亞光電木製造公司，及萬國函授學校等，在場分發樣本及贈品等，並當日出版之二卷九期本刊各一册，故到會者無不滿載而歸。

執監聯席會議產生常委

本會第三屆會員大會自改選職員後，當選各職員即於十月二十三日下午五時，在會召集第一次執監委員聯席會議，到執監委員湯景賢、應興華、盧松華、陳壽芝、竺泉通、殷信之、江長庚、姚長安、陳松齡、孫維明、賀敬第、孫德水等十二人。照章在執行委員九人中推選常務委員三人，爲殷信之（得八票）應興華、賀敬第（各七票）。並在三常委中互舉殷信之爲主席委員。並議決：（一）規定每月第一星期之星期二下午五時爲本會常會時間，（二）組織月刊刊務委員會及夜校校務委員會，以助長月刊及校務之發展。並推竺泉通、江長庚、陳松齡爲月刊刊務委員；賀敬第、應興華、姚長安爲夜校校務委員。（三）組織經濟委員會，並推陳壽芝、殷信之、孫維明、姚長安、盧松華等五人爲委員。及其他要案多起。

正基建築工業補習學校概況

湯景賢

過去追溯

本校成立於民國十九年秋季，以歷史言，不能謂爲久長；以性質言，實爲本市唯一建築工業夜校。當時夜校之數極夥，工程夜校則實不多覯；蓋文商等科輕而易舉，避實就文，爲一般辦學者之常情也。

回憶本校成立之初，建築協會尚在籌備時期，原名建築協會附設職業夜校，（二十二年四月，奉市教育令，加題專名，改稱正基。）校址即附設於九江路十九號會所內，係由泰康行撥助，不出租費。當時學生二十餘人，校具設備僅方桌數隻，櫈椅若干，校中教職員多由會中職員兼任；一切組織因陋就簡，課程設備，多不切當。現在經過五年之努力整頓，積極改善，校舍已擴充至二院，（第一院在牯嶺路長沙路口十八號，第二院在牯嶺路南陽西里十二號）有六學級，學生增至百餘名，教職員十四人，各級開設學程計有二十餘種；設備方面如理化儀器，測量器械，製圖桌板，建築圖書等均略備具，雖未能謂爲完全，但一補習夜校能具此規模，自問尚能過去。至於現在課程內容之充實，師資之愼選，與管教之嚴格，自有社會公評，毋庸多述。惟教育事業至重且大，十年樹木，百年樹人，本校達於理想之境，距離尚遠，前途改進，多待繼續努力也。

組織狀況

本校辦事組織，現分教務註冊訓育總務等四處，另設祕書一人，商承校長意志，擘劃校務改進事宜。教務處審定每屆開設學科，查核學生成績，及其他教務事宜。註冊處編排課程表格，保管學生成績，主持招生事宜等。訓育處主持學生懲獎事項，尤注意學生缺課之調查。凡不屬於上述三處之職務，均由總務處管理之，如會計庶務等是。

須注意者，上述四處職員，除總務一人外，餘均由教員中指定兼任，俾輕車熟熟，增進辦事效能，復可撙節經費，以濟他用。

程度編制

本校編制，現分初高二部；每部各三年，修業年限共六年。初級部授以中英文數學，及理化等基本學科，以爲升入高級部時再求深造之準備。工業教育以數理學科爲基礎，故各年級對此，每週鐘點特多，極爲重視。若自問對於數理學科缺乏興趣，入學後殊難造就。高級部所授學科，俱爲切於實際應用者，其程度與大學之工科無甚差異，情形特殊，在招考時極感困難。各級入學資格爲：

初級一年級　須在高級小學畢業，或具同等學力者。

初級二年級　須在初級中學肄業，或具同等學力者。

初級三年級　須在初級中學畢業，或具同等學力者。

高級一年級　須在高級中學工科肄業，或具同等學力者。

高級二年級　須在高級中學工科畢業，或具同等學力者。

高級三年級　照章概不招考新生或插班生。

課程改進

本校各年級課程，經歷五年之改進，已漸上軌道，切合需要。在創立之初，因無過去經驗，各年級課程繁複廣博，名目極多；此種情形，或僅適宜於讀書為專責之日校，殊不能應用於業餘補習夜校。現憑過去經驗，觀察實際需要，將課程審慎修訂，務期簡切實用，去蕪存菁，將各年級上下學期課程，設法自成段落，集中精神，順序而進。此種情形，尤以高級各年級為然，力戒貪多務得，致顧此失彼，難求深造。茲為明瞭起見，將各年級課程附錄如左：

初級一年級課程表

第一學期	每週時數	第二學期	每週時數
算術	5	算術	5
英文	4	英文	4
國文	3	國文	3

初級二年級課程表

第一學期	每週時數	第二學期	每週時數
代數	7	幾何	8
英文	3	英文	3
國文	2	國文	1

初級三年級課程表

第一學期	每週時數	第二學期	每週時數
三角	5	解析幾何	6
化學	4	化學	4
英文	3	英文	2

高級一年級課程表

第一學期	每週時數	第二學期	每週時數
微積分	4	微積分	4
物理	4	物理	4
商業英文	4	商業英文	4

高級二年級課程表

第一學期	每週時數	第二學期	每週時數
應用力學	6	材料力學	8
機械畫	4	測量學	4
房屋建築	2		

高級三年級課程表

第一學期	每週時數	第二學期	每週時數
結構力學	6	結構計劃	4
鋼筋混凝土	6	鋼筋混凝土計劃	4
		建築規程	4

（附註）「每週時數」係指每週講授鐘點而言，學科中遇須課外實習者，其時間另定之。

經費情形

本校自民國二十一年秋遷入牯嶺路後，積極擴充，開支浩繁，校中經費，每屆不敷，由建築協會及本人與熱心校務諸先生籌措之。經費收支詳況，總務處另有書面報告。就二十一年秋季至二十三年春季二載中大概情形而言，學費收入為七千四百元，支出方面，教員薪金及房租兩項，已佔全部收入之總數。其他費用不敷尚鉅，均待籌措者也。

本校學費，初級各生每學期繳二十元，高級各生二十六元，（初高級各生如係建築協會會員子弟或學徒，經會員具函證明，得減免學費四元。）在此社會經濟衰落之時，此數在各生之負担，不可謂爲不重，但一般夜校按月交費亦達五六元之數，化零爲整，其數亦屬可觀，逸論本校係屬工業性質，開支浩大，情形特殊，專科教員每小時之待遇，其數與大學教授相差無幾，故每屆收費雖多，虧折更巨。此種情形，深得學生家長諒解，均樂予贊助，以維護此亟待提倡之工業補習教育也。

入學統計

本校學生人數雖歷屆增加，但均淘汰低劣，錄取優良，無論有無畢業證書及介紹函件，均須經過嚴格之甄別。蓋本校創設之初，即抱重質輕量，甯缺毋濫之宗旨也。工業教育以數理學科爲基礎，故各年級對此每週鐘點特多，極爲重視。如上學期（二十三年春季）各年級學生因數學成績不良，或缺乏興趣，難以造就，因此降級或飭其退學者，不下三十餘人，而缺課逾上課時間四分之一，照章不准參與學期考試者，又佔其次多數。本校之所以如此澈底整頓，存菁去蕪者，實亦有不得已之苦衷，外界固不能以苛擇峻拒相責也。茲將歷屆入學人數列表統計於後：

年份 人數 年級	十九年	二十年		二十一年		二十二年		二十三年	
	秋季	春季	秋季	春季	秋季	春季	秋季	春季	秋季
初級一年級	5	23	14	因滬亂停辦半載	24	42	28	44	31
初級二年級	8	19	19		26	30	31	26	26
初級三年級	9	7	8		4	5	26	20	18
高級一年級			12		16	12	10	10	15
高級二年級							16	11	4
高級三年級									7
總計	22	49	53		70	89	111	111	101

學生分析

（一）職業方面　入學各生現在營造廠，建築公司，打樣間等處任職者，約佔十分之八。餘爲商界及現在供職他業，準備入建築界者。

（二）費用方面　學生費用由廠主或公司經理保送者，約佔半數，餘多爲自費。

（三）年齡方面　最小者十五歲，最大者二十七八歲不等。

（四）出路方面　本校尙未舉辦畢業（二十四年夏舉辦第一屆畢業）同時入學各生日間均有職業，故於出路方面並無問題。本年夏季，南京參謀本部城塞組要塞築城技術訓練班，招考學生，函囑本校選送學生數名，赴京應考，當有學生朱光明杜駿熊沈耀祖等志願入學，由校保送前往。現該生等入班訓練，將及半載，派至全國各處要塞實地工作，頗感興奮，聞平日學科成績，亦稱良好云。

辦學感念

本人憑已往五年辦學經驗，有下列感念報告諸君：

（一）夜校學生多數能利用業餘時間，努力向學，其精神爲日校學生所不能及。各生工作地點，有遠在浦東江灣高昌廟虹橋飛機場等處者，每日下午六時，工作始告完畢，即須趕程來校受課，間有風雨無阻，從不缺課者。

（二）少數營造廠學徒，因工作地點遷移無定，忽在本埠，忽在外埠，聽受廠主派遣，學生因職業關係，有時不得不中途輟學前往，未能竟其所學，殊引爲憾。此種現象，在其他夜校則較少見。

（三）投考學生，中英文程度低落，數學根基不良，此殆亦爲大中小學共同之現象，不獨夜校如此也。舊生中因數學成績不良，或缺乏興趣，因此降級或退學者，每學期動輒數十人。

（四）建築工程用書，缺乏完善本國文教本，於是不得不採用英文原版。此舉實屬增加學生負担，又不適合國情，從事工業教育者，亟宜設法補救。且英文原版工程用書，均屬高級性質，缺乏中等程度者，故本校高級部用書，擬盡為國內各著名大學之工科用書，外界不察，或將疑為炫耀高深，不務實際也。

（五）對於建築工程之譯名，不能統一，故無固定之名詞可資遵循，在施教時頗感困難。

（六）初級部學生人數，每感過剩，高級部程度特殊，投考困難，故來源極少，人數缺乏。本學期高級二三年級入學人數共僅十一人，（見統計表）照常開課。犧牲之巨，可見一斑。

北行報告 (續)

杜查耿

徵求北平市溝渠計劃意見報告書(續)

李耕硯先生覆函

——天津國立北洋工學院院長——

前奉大函，並北平市溝渠建設設計綱要及北平市污水溝渠初期計劃綱要一冊，囑即詳許見復等因，當即與敝院衛生工程教授徐世大先生，共同研究，對於原計劃綱要，微有鄙見，茲約略述之：謹按原計劃綱要所定各節，尙屬妥善；惟每小時最大雨量，較青島爲高，似可不必。又估計人口，亦嫌太密。蓋污水溝之最小者，有一定限度。人口估計太密，尙屬無礙；若總管及支管埋設既深，人口過密，不免糜費；且北平並非工商業重要市區，人口未必增加甚多；即或某一區域有增加之時，亦可安設支管，隨時應付。清理廠之估計似太低，但因未知其計劃，無從懸斷。又查吾國人向以人糞溺爲肥料，事不可忽視。如用因姆好夫池，即不能得肥料之用。上海所用促進污泥法 Activated Sludge Pro-cess，雖或用費稍增，而保全利益頗厚，似應加以調查，以定清理之法。以上數端，鄙見如是，是否有當，尙祈卓裁。

(二十二年十二月十五日)

嚴仲絜先生覆函

——青島市工務局局長——

頃奉大函，附北平市溝渠建設設計綱要及污水溝渠初期建設計劃，拜讀之下，具見規模宏遠，擘劃周詳，無任欽佩。猥以蘭陋，辱荷垂詢，殊愧無以報命，惟念千慮一得，或有補於高深，謹將管見所及，略陳如左：

(一)污水溝渠初步計劃，採用分流制，並規定各清理廠地點，市置甚爲妥善周密，惟第一清理分廠之東南一帶，地勢仍趨低下，若該處人口繁盛，市面發達，有宜洩污水之必要，似可於朝陽門附近，另擇適當地點，移建第一清理分廠於該處，兼可吸收由朝陽門向西一帶之污水。(二)污水管橫過護城河或大溝，如該溝內流水橫斷面有限不容污水管直穿，似宜用反吸虹管由河底穿過。(三)計算缸管流量應用庫氏公式時，係數(N)可減爲〇•〇一三，尙不嫌小也。(四)污水缸管接口用一比二洋灰漿，確屬堅實省費，滲水亦少，較之用柏油與麻絲爲優，以上各節是否有當，敬乞卓裁，肅箋奉復，即希查照爲荷。

(二十二年十二月六日)

陶葆楷先生覆函

——清華大學衛生工程教授——

接讀來函，並北平溝渠建設設計綱要及污水溝渠初期建設計劃一冊，藉悉貴府計劃北平溝渠系統，有裨民生，自非淺鮮。承囑批評討論，謹就管見所及，逐條敍述如下：

(一)整理北平市溝渠系統，大體採用分流制，即利用舊溝渠，以宣洩雨水，建築新溝管，以排除污水，爲極合理之辦法。不過污水溝管之安設，需款甚鉅，值此社會經濟，異常窘困之時，即有污水溝渠，恐市民接用者，亦屬少數。北平自來水之飲用，尚未普及，以內一區而論，僅百分之二十，接用自來水，其餘均恃井水。且糞污均須作爲肥料，如建築污水溝渠，導污水至附近農地，以供灌溉，究當如何應用亦須先作相當之研究。故鄙意今日北平欲整頓溝渠制度，宜先從雨水着手，換言之，北平市宜暫時集中財力與人力，整理並完成全市之雨水溝渠制度。倘欲建築污水溝渠管，亦當分區進行，如內一區需要較大，不妨先事安設，次則內二區，內三區，逐漸推廣。計劃幹渠時，當顧到將來之發展，自無待言。

(二)整理舊溝渠，宜同時疏濬護城河，高亮橋以上，如暫時不加疏濬，則宜在該處設閘。目下平市舊溝渠淤塞者過多，故第一步在疏濬舊溝，其不能再用，或容量不足者，則須另設新溝。

(三)設計新溝，用「準理推算法」最爲合宜。惟該項計劃中所算得之洩水係數，繁盛區爲〇•八三，住宅區爲〇•四九，似嫌稍高。平市柏油路面尚少，住宅中亦多空地，即使路政逐漸改善，但各胡同爲路之改爲瀝青面，恐爲極遠之事。繁盛區域，如因降雨量用五年循環方程式，而加高其洩水係數，尚有特別理由。至住宅區域，用降雨率五年循環方程式，已稱充裕，故洩水係數〇•四九，似可稍事減低，藉省經費。

(四)污水溝渠，宜分區進行，已如上述。通惠河流量，能否冲淡污水，使不致發生污穢現象，須先作試驗，視通惠河水所含氧之成分而定。設河水之冲淡力不足，始設污水調治廠，蓋設廠需費頗大，不可貿然決定也。計劃書有污水清理分廠三處，查宣武門內等處人烟稠密，污水調治廠，不免稍有臭味，故地點宜愼重選擇。天壇旁地廣人稀，頗稱相宜，不過本市污水量暫時不致過多，設一清理總廠，已足應付，如此可省經費不少也。

(五)唐山磁缸管，如用口徑稍大者，最好先作試驗較爲可靠。

(六)敝校土木工程系，設有材料試驗室及衛生工程試驗室，將來貴府進行溝渠建設，如需試驗上之帮忙，自當效勞。

(七)是項設計綱要，尚係初步研究，故鄙人所述，亦屬普通的理論。將來實際測量設計時，如須共同研究，亦所歡迎。

(二十二年十二月十八日)

胡賓予先生覆函

——上海市工務局技正——

昨由贛至滬，接奉上年十一月三十日　惠函，及附寄北平市溝渠建設設計綱要及污水溝渠初期建設計劃一冊，拜讀之餘，具仰　擘畫精當，無任欽佩，尤以「溝渠系統，採用分流制，利用什剎海三海護城河及舊溝渠之一部分宣洩雨水，另設小徑溝管專排污水」一點，鄙意以爲確爲經濟合理之辦法。至關於護城河之疏浚，舊溝渠之整理，汚水溝渠之建設等計劃，自屬初步性質，須待詳細測量調查後，始能製成具體圖樣預算爲逐步實施張本，惟「溝渠建設設計綱要」第五章第五節內，假定將來商業繁盛區之人口最大密度，爲每公頃六百人，普通住宅區每公頃三百人，揆諸現代城市設計，力趨人口分散之原則，及平市公安局人口密度統計，似嫌稍多。按二十二年平市公安局之調查統計，人口最密之外一區每公頃四百〇五人，普通住宅區每公頃一百五十八人，此種情形在最近若干年內，似不至有多大變動，即將來工商業發達，人口激增，亦宜限制建築面積與高度，及闢設新市區以調劑之，不宜聽其自然發展，致蹈吾國南方城市及歐美若干舊市區人烟過於稠密之覆轍，使文化古都成爲空氣惡濁交通擁擠之場所，而失其向來幽雅之特色。鄙意平市商業區將來之人口密度仍宜以每公頃四百人爲限，住宅區以增至每公頃二百人爲限，一切市政施設與規章均以此爲目標，則不僅建設溝渠之費用可以節省已也。棤學識謭陋，猥蒙垂詢，用抒管見，拉雜奉陳，當否仍祈　卓奪爲幸。

(二十三年一月三日)

盧孝侯先生覆函

——中央大學工學院院長——

前奉台函，敬悉　貴市府爲規劃平市溝渠，卓樹大計，猥蒙　垂詢芻蕘，將所擬北平市溝渠建設設計綱要及汚水溝渠初期建設計劃附種，囑爲具列意見函復，等由；按查　貴市府所擬溝渠原計劃，備極詳盡，至堪欽佩，惟管見所及，尚有兩點，茲附陳於下：

(一)圓形缸管是否較省，其省出之經費，是否足以抵償將來沉澱淤塞之損害(按蛋形洋灰管不易沉澱淤塞)又是否能儘量購用國貨。(開灤管子雖佳然非國貨)

(二)可否在各街口設鋼筋混凝土霉爛箱，將汚水先局部清理，節省管子費用，(可用較小口徑管子)使用汚水管者擔負較大，不用汚水管者減輕擔負。

上述謹備　參酌，自慚學術謭陋，無補高深，尚祈見原爲幸，耑復。

(二十三年一月十八日)

關富權先生建議書

——中央大學衛生工程教授——

(1)蛋形管與圓形管之比較

在水力學理論上着想，蛋形管之水力半徑Hydraulic Radius較優於圓形管；故水中固體物在蛋形管中不易澱，其沉在圓形管中，如滿或半滿時，雖亦不易沉澱，然實際不易適遇全滿或半滿之流量，故圓形管普通之水力半徑不如蛋形管之優，結果在同一圓周中，圓形管所載之流量易生沉澱。

至在費用上着想，蛋形管多用洋灰大砂子，就地用模型製造，如監視配料及製造合宜，不特可工精價廉，且因就地製造可免碰壞傷損

22662

，及車船運費。且如用八英吋至二十四英吋口徑之大管，其質料必須極佳，如爲永久起見，目下自推開滦雙釉缸管爲最佳，然利潤流入外商，諸多不宜，至北平地勢，雖極平坦，然坡度並不致圓形管或蛋形管有所增減，至在已舖馬路處之掘地費用，多半費在傷毀路面，（此在士瀝青路爲尤甚）至污水管下多掘尺餘，所增費用較之全體工價相差甚微。

(2)集用戶數家合設一霉腐桶之利益

污水之設置，其經費無論出自募集公債或增加捐稅，其結果皆使凡用自來水污水管者，與不用該項設備者，同負一樣擔負，此則未免使市民之擔負，有畸重畸輕之弊。今爲使不用自來水之用戶減輕擔負，且爲減輕穢水清理費用起見，可使數家或一胡同內之住戶聯合出資，照指定圖樣各建一鐵筋混凝土霉腐桶 Rein. Conc. Septic Tank。使其污水先注入此桶內，經過微菌作用，將一部份污水變成氣體，經過照指定圖樣構成之管子放出，結果再將餘留液體，注入市設穢水支管（此際已成極稀之液體且臭氣大減）如此有以下三利

(甲)凡有污水管之住戶擔負較多（建築霉腐桶用）而不設污水管之住戶可以大減擔負，因經霉腐桶流出之液體，不特體積大減，（多半已化成氣體）且質已由濃變稀，如此管子之口徑可大減，換言之，卽費用大減。

(乙)污水已經過局部清理，則最後之處理設備及經費可以大減，亦可使一般不用污水制度者減輕擔負。

(丙)將來污水管用之年久必生滲漏，如已局部整理，過後卽偶有滲漏亦不致大妨井水之清潔。

(3)污水管爲防凍起見有〇•六公尺深之埋深卽足。因污水管起微菌作用時，發生多量之熱，故不易受凍，且污水結冰點，亦較普通淨水爲低。

（二十二年一月二十日）

預定

全年	十二冊	大洋伍元
郵費	本埠每冊二分,全年二角四分;外埠每冊五分,全年六角;國外另定	
優待	同時定閱二份以上者,定費九折計算。	

建築月刊

第二卷・第十號

中華民國二十三年十月份出版

編輯者 上海市建築協會 南京路大陸商場

發行者 上海市建築協會 南京路大陸商場

電話 九二〇〇九

印刷者 新光印書館 上海聖母院路聖達里三一號

電話 七四六三五

投稿簡章

1. 本刊所列各門，皆歡迎投稿。翻譯創作均可，文言白話不拘。須加新式標點符號。譯作附寄原文，如原文不便附寄，應詳細註明原文書名，出版時日地點。
2. 一經揭載，贈閱本刊或酌酬現金，撰文每千字一元至五元，譯文每千字半元至三元。重要著作特別優待。投稿人却酬者聽。
3. 來稿本刊編輯有權增删，不願增删者，須先聲明。
4. 來稿概不退還，預先聲明者不在此例，惟須附足寄還之郵費。
5. 抄襲之作，取消酬贈。
6. 稿寄上海南京路大陸商場六二〇號本刊編輯部。

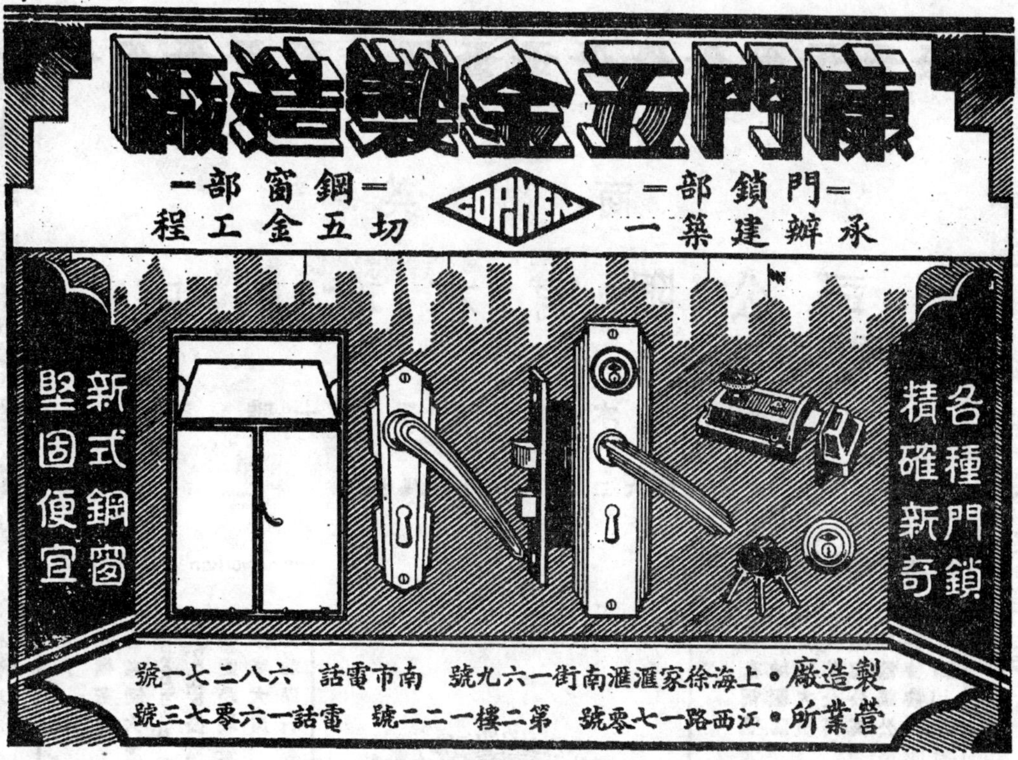
康門五金製造廠
鋼窗部
承辦建築一切五金工程
COPMEN
門鎖部
新式鋼窗
堅固便宜
各種門鎖
精確新奇
製造廠・上海徐家滙南街一六九號 南市電話六八二七一一號
營業所・江西路一七零號 第二樓一二二號 電話一六零七三號

22665

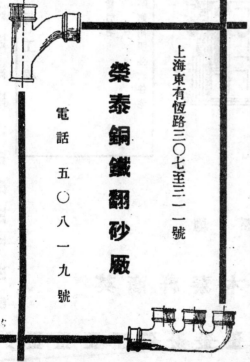

英商

中國造木有限公司

唯一機器製造的木工專家

上海楊樹浦路一四二六號

電報掛號 "woodworkco"　　電話五另另六八號

進行工程

峻嶺寄廬
百老匯大廈
Gascogne公寓
Picardie公寓
福煦路嚴安雅堂居宅
華業大廈
公和洋行建築師惠爾明生君住宅

已竣工程

漢密爾登大廈（第一部及第二部）
都城飯店
河濱大廈
大華公寓
建業公寓「A」「B」「C」「D」及「E」
貝當路公寓
麥特赫司脫公寓
北四川路狄斯威路口公寓

總經理

英商祥泰木行有限公司

22667

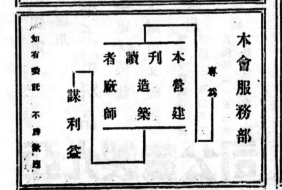

各種大小油漆工程

及

房屋內部裝飾——

都來歸我

嘉豐藝術公司

事務所 圓明園路二〇九號 電話 一〇〇八六 一九〇一四

廠址 東百老匯路六六〇弄 A字九十四號

For your Next PAINTING JOB
Big or Small
Consult

ANCHIA BROTHERS

Decorators Painters and General Contractors

209 Yuen Ming Yuen Road –Tel. { 10086 / 19014

Works-Lane 660, House A94 East Broadway

P. O. Box 1103

華懋鋼窗廠

Cathay Steel Sash Factory

專做各種新式鋼窗優美玲瓏自向外洋購運鋼料如蒙委託估價毋任歡迎

辦事處 外灘中國通商銀行三樓 電話一五五五七號

製造廠 昆明路九十號 電話五一〇六四號

下列鋼窗門由本廠最近承辦之一部

法公董局營房 福履理路 金神父路

陳其采先生住宅 杭州 青年會路

月光大戲院 法租界 白爾路

發達爾麵包廠 英租界 西摩路

虎公館 法租界 高乃依路

招商局棧房 南市 新開河

華昌之牛奶棚 華德路 保定路

華特醫生住宅 江灣

合衆水泥花磚廠

辦事處：上海湯恩路三十七號 電話四三八七二

廠設：閘北西寶興路敦倫路口

專製上等水泥花磚色樣新穎任憑惠顧諸君選購交貨迅速如需目錄估價樣本及樣磚請即函知寄奉不誤

Manufacturers of
High Grade Cement and Tiles.
Stock Carried for immediate orders.
Catalog, Estimates and Samples
Supplied on Request.

THE UNION CEMENT TILE CO.

Office: Thorne Road, House 3, Lane 37,
Dial 43872
Factory: West Paoshing Road, Chapei.
Shanghai

欲避免觸電

請指定選用

亞光電木玉電料品

既避電又美觀

又耐用又經濟

營業所 靜安寺路四一一號 電話三五〇八五

製造廠 普陀路第一五三號 電話三五六三二

亞光製造公司

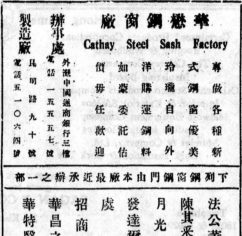

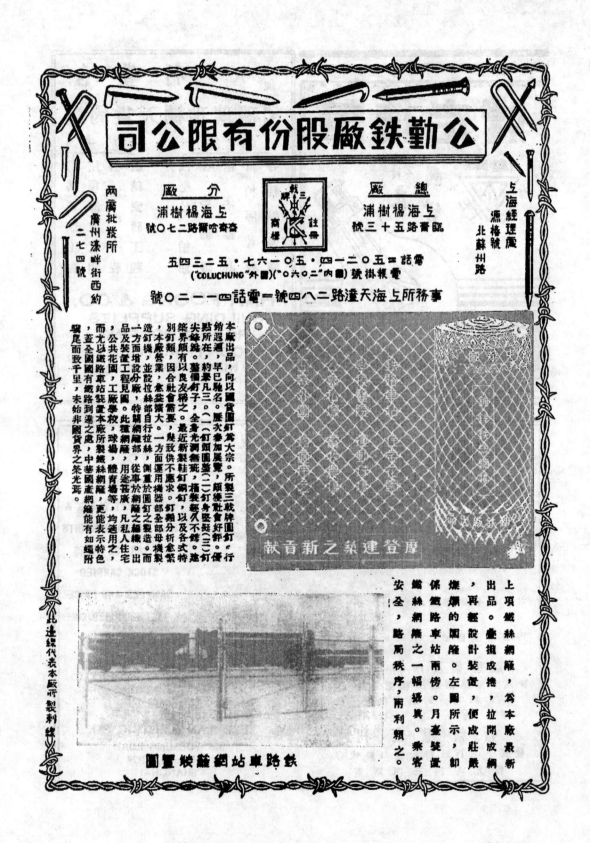

活動製圖檯

UNIVERSAL DRAWING TABLE

中華鐵工廠股份有限公司

THE CHUNG HWA MACHINE WORKS LTD.

活動製圖枱之優點

(一) 式樣美觀　此項活動製圖檯。除選料嚴密。工作精確外。力求構造整潔。形式美觀。凡各大打樣間。一經購置應用。精神爲之大振。

(二) 活動圖板　用普通圖檯製圖往往使工作人員。無形中養成曲背，近視，肺弱等種種病態。良以圖檯呆笨。不能應用自如。身體爲其拘束所致。此種製圖檯。係活動裝置。故圖板之或高或低或平或斜。得隨心所欲。其於工作人員因身心之舒適。而致效能增加。自不待言。

(三) 並行推尺　凡於普通圖檯上工作者。往往須以左手按住丁字尺。殊覺麻煩費力。此種活動圖檯。板面裝有並行推尺一支。用細鋼絲繫於圖板下面之滑輪上。上下推行。絕對並行。尺之上面並有木槽。凡橡皮，鉛筆及儀器之放置或取用。甚爲便利。

(四) 器具抽屜　圖板之下裝於抽屜一具。凡裝圖所需一切用具。儘夠藏置。

(五) 升降坐橙　配製立體三角形，螺絲升降之凹圓坐橙。可使工作人員。安坐橙上。泰然工作。

(六) 廉價推廣　活動製圖檯之種種優點。既如上述。並經本廠長時期之使用。尤覺便利美滿。實有推廣之價值。爲特研究改良。大批製造。力求成本之減低。以供國人之同好。願各建設機關，各打樣間，各工廠，各學校，甚至各私人辦事室。購置數具或數十具。從此振作精神。努力建設。

高低平斜　隨心所欲

坐立咸宜　省力便利

……………有不可思議之功效

建築打樣　機器製圖

建設機關　設計部份

……………不可不備之新工具

營業部　上海江西路三九六號　電話一三七六〇

OFFICE 396 KIANGSE ROAD. SHANGHAI. TEL. 13760

製造廠　上海小西門外陸家浜路　電話二二九三四

FACTORY LO-CA-PANG. WEST GATE. S'HAI. TEL. 22934

22672

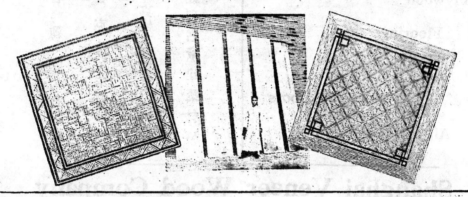

上海膠合板公司

九江路五十號　電話一七一七一

各種膠合板
啞克桃木地板
啞克桃木蔴栗方子及板木
經理名廠建築材料

Plywood-
Flooring-
Hardware-
Veneered Doors
All Building Materials

Shanghai Veneer Wood Company

50 Kiukiang Road. .... Telephone. 17171

SLOANE-BLABON

司隆百拉彭 印花油毛氈毯

此爲美國名廠之出品。今歸秀登第公司獨家行銷。中國經理則爲敝行。特設一部。專門爲客計劃估價及舖設。備有大宗現貨。花樣顏色。種類甚多。尺寸大小不一。司隆百拉彭印花油毛氈毯。質細耐久。終年光潔。既省費。又美觀。室內舖用。遠勝毛織地毯。

美商 美和洋行

上海江西路二六一號

如何解决水的問題？

清潔　衛生

ARTESIAN WELL
自流井

省費　耐用

工廠大廈公寓及弄里房屋等之業主請毋忘經驗豐富成績最佳之

唯一鑿井專家

英商 中華機器鑿井有限公司

地址：九江路一一三號

電話：一二七二四號

CHINA DEEP WELL DRILLING CO., LTD.
ROOM 805, 113 KIUKIANG ROAD
SHANGHAI. TEL. 12724

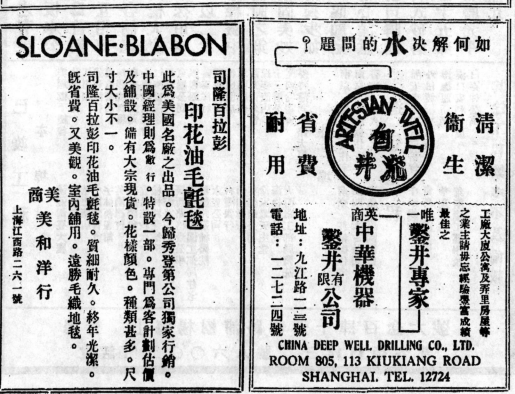

倫敦柏雷兒油漆有限公司

創辦於西歷一千八百五十二年

本公司著名出品

『西摩近』水門汀漆爲海上著名各大公寓大廈所採用，質堅耐久，光澤艷麗。

『勿落近』祛銹漆專供露天鉄器及白鉄屋頂之用。

鴨牌磁漆專供上等木器及屋外門窗塗飾之用。

鴨牌手牌各色油漆，調合漆

金銀粉漆，乾濕牆粉，魚油，燥頭及油灰等。

存貨充足

倘蒙賜顧，無任歡迎

"Arm"Brand
註冊商標

DODO
註冊商標

"加拿大"自動燃煤機"用最新的科學管理能自動的日夜燃燒，經濟，清潔，安全，兼而有之。

CANADIAN IRON STOKER

(一)煤塊由爐底加入
(二)起火時極易燃燒
(三)煤塊預先溫熱，逐漸燃燒
(四)熱度保持常態，煤能自動加入
(五)熱度頗高
(六)煤塊能完全燒盡，並無浪費
(七)可以不必留意

"加拿大，自動燃煤機"自一九三一年創造以來，因效用卓著，久爲各界認爲有價值之創造品，而樂用也。今由敝行首先運滬，務希　駕臨參觀，無任歡迎。

總經理

上海英豐洋行

北京路一〇六號　　電話一三六三六

22675

中國製釘股份有限公司

廠址 上海蘭路福寧路六五〇號

註冊商標

電話五〇六九號

電報掛號九九四三

出品

(一)各種鋼鐵元釘

(二)有刺鉛絲

(三)文具紙夾

出品優良之鐵證

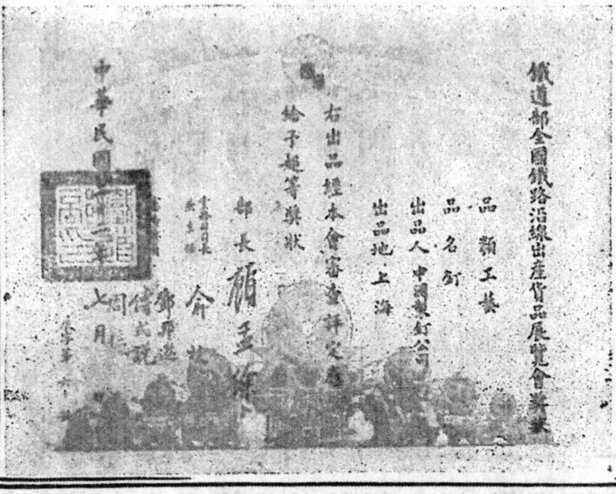

鐵道部全國鐵路沿線出產貨品展覽會獎狀

品類 工藝

品名 釘

出品人 中國製釘公司

出品地 上海

右出品經本會審查評定應

給予超等獎狀

部長 顧孟餘

中華民國

瑞昌銅鐵五金工廠

承辦建築一切銅鐵工程

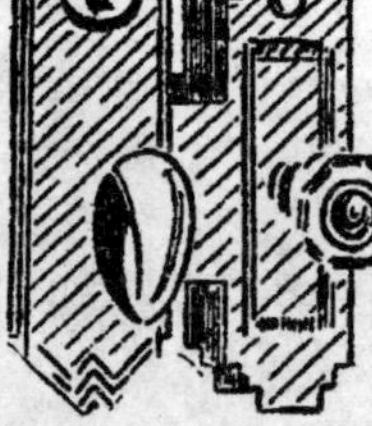

新異 堅固

滬上各大建築

無不採用本廠

是項門鎖以其

新異而堅固也

漢口路二六一號 電話九四四六号

靜安寺路六八六七號 電話三一九六七號

工廠 同孚路二四三號

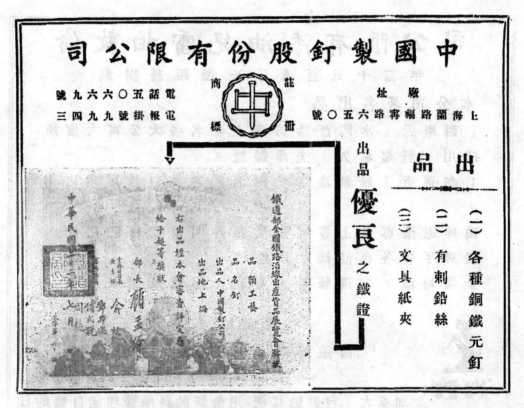

LEAD AND ANTIMONY PRODUCTS

各種鉛銻出品

英國聯合鉛丹製造公司製造

紅白鉛丹
各種成份，各種質地，（乾粉，厚質及調合）

黃鉛養粉（俗名金爐底）
質地清潔，並無混雜他物。

活字鉛
「蔴耐」「力耐」「司的丁」等，合任何各種用途。

鉛片及鉛管
用化學方法提淨，合種種用途。

鉛線
合鋼管接連處釬錫等用。

硫化銻（養化鉛）
合橡膠廠家等用。

如蒙垂詢詳情及價目等請駕

中國總經理處

英商吉星洋行

四川路三二〇號

WILKINSON, HEYWOOD & CLARK
SHANGHAI – TIENTSIN – HONGKONG

The BUILDER

建築月刊

VOL. 2, NOS. 11 &

第二卷第十一二期合訂本

歡庇萬方

建築協會

胡庶華敬題

22679

大中機製磚瓦股份有限公司

製造廠浦東南匯縣下沙鎮

本公司因鑒於建築事業日新月異材料選擇尤關重要特聘專門技師購置德國最新式機器精製各種青紅磚瓦及空心磚等品質堅韌色澤鮮明自應銷以來已蒙各界推爲上乘樂予採購茲略舉一二以資參攷其他惠顧諸君因限於篇幅不克一一備載諸希鑒諒是幸

大中磚瓦公司附啟

會經購用敝公司出品各戶台銜列后

本埠

工部局平涼路巡捕房　新蓀記承造
國立中央實驗館兆豐花園　和興公司承造
四行儲蓄會英大馬路　陶馥記承造
墾業銀行北京路　趙新泰承造
南京飯店山西路　新金記祥號承造
開成造酸公司軍工路　王銳記承造
四海銀行北京路　惠記興承造
麵粉交易所民國路　元和興記承造
業廣公司歇嘉路　陳馨記承造
法教堂勞神父路　吳仁記承造
七層公寓霞飛路　吳仁記承造

外埠

中央飯店南京　新金記承造
金陵大學南京　利源建築公司承造
航空學校杭州　新金記康號承造

所出各品儲有大批現貨以備各界採用如蒙定製各色異樣磚瓦亦可照辦備有樣品如蒙索閱卽當送奉

駐滬批發所

英租界牛莊路德興里四號　電話九〇三一一

DAH CHUNG TILE & BRICK MAN'F WORKS.

Sales Dept. 4 Tuh Shing Lee, Newchwang Road, Shanghai.

TELEPHONE 90311

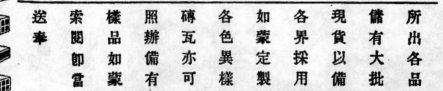

22681

新仁記營造廠

總賬房
愛文義路一四二三號
電話三〇五三一

事務所
江西路一七〇號二樓二五八號
電話一〇八八九

本廠承造工程之一斑：

沙遜大樓　南京路
漢彌爾登大廈　江西路
都城飯店　江西路

二十層百老匯大廈　本廠最近承造工程之一

Broadway Mansions

Sin Jin Kee & Company

Head office: 1423 Avenue Road Tel, 30531

Town office: Hamilton House
Room No. 258 Tel.10889
170 Kiangse Road

FAR EASTERN DECORA, LTD.

遠東雲石股份有限公司

New invented artificial marble

"DECORA"

德國專家新發明之
"德高拉"
雲石。已爲歐西各國建築界所一致公認之最優美而最經濟的石料。故現代建築。咸多樂用之。

現經本公司購得祕密製造方法。獨家出品。在中國全部及南洋各埠有專銷權。凡欲求建築之富麗雄壯。合用而經濟者。誠不可不採用焉。

**for FLOORING,
DADO,
PANELLING WALL
EXTERIOR & INTERIOR**

**Permanent,
Durable,
Weather Proof including
Sun Proof.**

**Low Cost and
Economical.**

**Samples and quotations
supplied on request.**

"德高拉"雲石之特點，列下：

(一)石質　堅固耐久
不畏冰霜烈日

(二)顏色　各色皆有
任隨指定製造

(三)光彩　永遠不變
不忌磨擦污垢

(四)代價　極端低廉
適合時代經濟

Temporary Office:

169 Rue Port de l'Ouest, Shanghai, Tel. 85691

地　　址

上海法租界西門路西成里一六九號

電話　八五六九一

22685

C.S.

振蘇磚瓦公司

上海靜安寺路六八八弄二號　電話三一八六〇號

第一廠址崑山南鄉張浦港口電話第二百〇五號　第二分廠址設在崑山南鄉蘇州河西吳淞港北岸

本公司營業已十有餘載廠設崑山南鄉自建最新式德國窰兩座近因出貨供不應求特設第二分廠於吳淞港北岸更添購機械專製各種機製紅磚空心磚青紅機製平瓦及德式筒瓦質料細靭烘製適度是以堅固遠出其他磚瓦之上且價格低廉交貨迅速久為各大建築公司營造廠家所贊許推為上乘爭相購用信譽昭著茲將曾購用敝公司出品各戶台銜略舉一二以資備考其他因限於篇幅不克一一備載諸希鑒諒是幸如承賜顧請逕與上海總公司接洽可也

振蘇磚瓦公司附啓

大舞台	九江路
百樂門跳舞場	愚園路
麥特赫司脫公寓	靜安寺路
中國銀行宿舍	南京
金城銀行	江西路
大陸銀行	九江路
國華銀行	北京路
證券交易所	漢口路
大陸商場	南京路
德士古火油棧	定海橋
光華火油棧	高橋
申新紗廠	宜昌路
酒精製造廠	浦東
永安紗廠	吳淞
公益紗廠	曹家渡
公大紗廠	軍工路
裕豐紗廠	楊樹浦
華生電氣廠	周家嘴路
大生紗廠	南通
富安紗廠	崇明
寶五洋棧	甘肅路
茂昌堆棧	十六浦
豫康堆棧	光復路
華華中學	愚園路
中央研究院	亞爾培路
動物研究院	愛文義路
榮金大戲院	康悌路
北火車站	界路
四明別墅	愚園路
靜安別墅	靜安寺路
金城別墅	靜安寺路

模範邨	福煦路
四明邨	巨籟達路
綠楊邨	康腦脫路
大陸新邨	施高脫路
古拔新邨	古拔路
和合坊	霞飛路
天樂坊	斜橋路
鴻運坊	愛多亞路
來安坊	新閘路
愚園坊	愚園路
聯安坊	愚園路
鄰聖坊	福煦路
福煦坊	福煦路
愛文坊	愛文義路
基安坊	同孚路
興業里	霞飛路
永安里	北四川路
興業里	天主堂街
同福里	靜安寺路
均益里	界路
德仁里	浙江路
福綏里	天津路
百祿里	大西路
正明里	赫德路
闌威里	湯恩路
恆豐里	施高脫路
恆德里	赫德路
四達里	施高脫路
大通里	白克路
多福里	福煦路
恆茂里	八仙橋
懋益里	山海關路
同昌里	海甯路
興業里	施高塔路
泰安里	山西路
明德里	蘇州觀前

CHEN SOO BRICK & TILE MFG. CO.

BUBBLING WELL ROAD. LANE 688 NO. F2

TELEPHONE 31860

22687

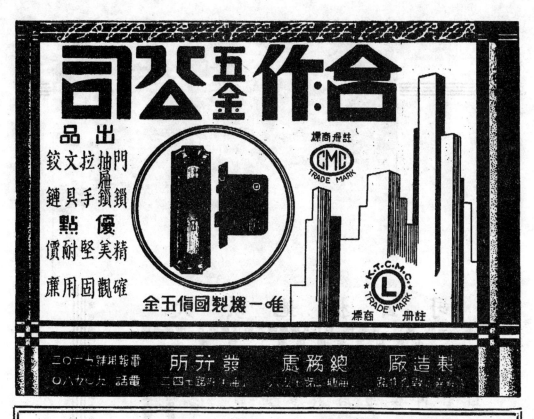

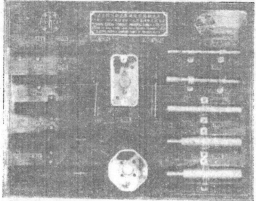

22688

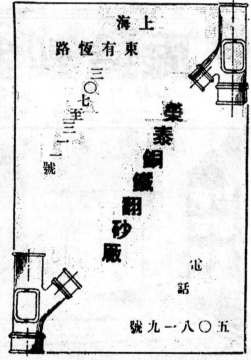

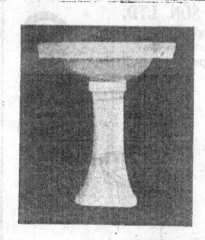

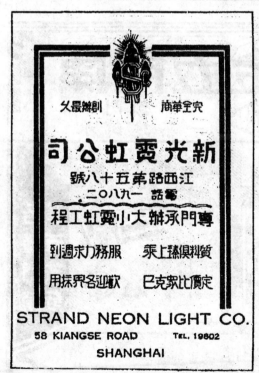

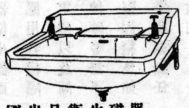

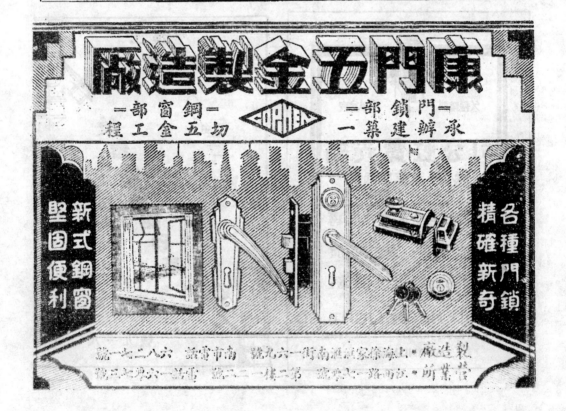

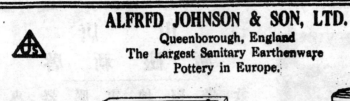

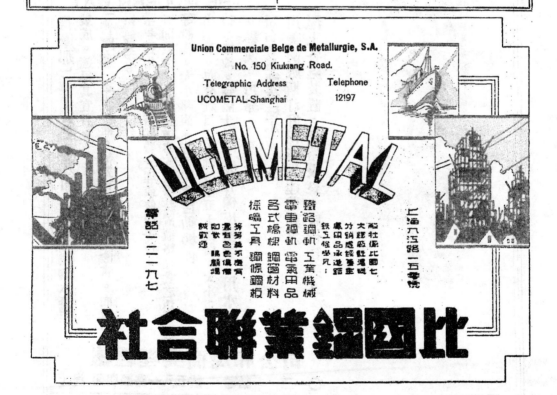

POMONA PUMPS

凡裝自流井
而欲求最經
濟之水源請
採用最新式
「普摩那」
電機抽水機

最新式之抽水設備

PUMPING WATER

THE MODERN WAY

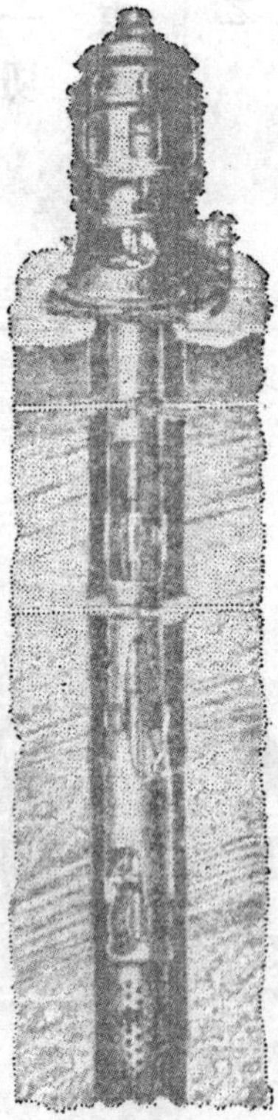

「普摩那」透平式抽水邦浦。利用機械與水壓原理製成。適得其宜者。

「普摩那」透平邦浦。絕對可靠。費用儉省。而出水量較多。

常年運用。幾無需耗費管理或修理等費。

時間減少。出水量增多。無需裝置價格昂貴之壓氣機等設備。大小邦浦。皆可裝置自動機件。

出水量。每分鐘自十五伽倫至五千伽倫。大小俱備。

抽水機軸。每隔十尺。裝有橡皮軸承。用水潤滑。靈便。可靠。

所佔裝置地位極小。

用美國威斯汀好司廠馬達發動之。

滬上各處裝置。成績優良。咸皆贊美。

總經理美商茂和公司

上海圓明園路一八五號　電話一一三一〇

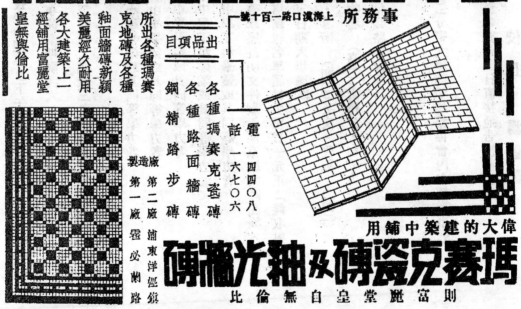

上海市建築協會附設

私立正基建築工業補習學校招生

民國十九年秋創立〇上海市教育局登記

宗旨 利用業餘時間進修建築工程學識（授課時間每日下午七時至九時）

編制 參酌學制設初級高級兩部每部各三年修業期限共六年

招考 本屆招考初級一二三年級及高級一二年級（高級三年級照章概不招考新生或插班生）各級投考資格爲

初級一年級　須在高級小學畢業或具同等學力者

初級二年級　須在初級中學肄業或具同等學力者

初級三年級　須在初級中學畢業或具同等學力者

高級一年級　須在高級中學工科肄業或具同等學力者

高級二年級　須在高級中學工科畢業或具同等學力者

報名 即日起每日上午九時至下午五時攜帶學歷証明文件親至南京路大陸商場六樓六二〇號建築協會內本校辦事處填寫報名單隨付手續費一元正（錄取與否概不發還）領取應考証憑証於指定日期入場應試

考科 各級入學試驗之科目（初一）英文・算術（初二）英文・代數（初三）英文・幾何（高一）三角・解析幾何・物理（高二）微積分・初級力學

考期 一月廿七日（星期日）上午九時起在牯嶺路本校舉行

校址 牯嶺路長沙路口八十號

附告 （一）函索詳細章程須開具地址附郵二分寄大陸商場建築協會內本校辦事處空函恕不答覆

（二）錄取學生除在校審定公佈外並於考試後三日直接通告投考各生

中華民國二十四年一月　日　校長　湯景賢

建築月刊

第二卷　第十一，十二號合刊

廣告索引

大中磚瓦公司
華新磚瓦公司
茂隆洋行
中國通藝社
禪臣洋行
振華油漆公司
公大洋行
新仁記營造廠
新井洋行
開灤礦務局
合豐行
華德燈池公司
遠東雲石公司
新藝製造廠
大來洋行木部
嘉豐藝術公司
振蘇磚瓦公司
公勤鐵廠
合作五金公司
華興機窰公司
新成鋼管公司
華德鋼窗廠
茂昌煟記銅鐵工廠
大美地板公司
中國造木公司
啓新磁廠
合來水泥花磚廠
榮泰銅鐵翻砂廠
美和公司
新光霓虹公司
泰記石棉製造廠
喊厘洋行
順泰洋行
康門五金廠
東南磚瓦公司
環球顧問工程師
美和洋行
比國鋼業聯合社
上海膠合板公司
茂和公司
祥泰木行
英國倍納脫函授學校
馥記營造廠
義錩銅鐵電氣工程
興業瓷磚公司
益中公司
中國製釘公司
瑞昌銅鐵五金工廠
正基建築工業補習學校
吉星洋行

THE BUILDER

December 1934　Vol. 2 Nos. 11 & 12

LEADING CONTENTS

ILLUSTRATIONS

ARTICLES

插圖　目錄

論著

英華華英合解建築辭典發售預約

▲備有樣本　函索即寄▼

杜彥耿編

英華華英合解建築辭典是建築界之顧問

英華華英合解建築辭典，是『建築』之從業者・研究者・學習者之顧問，指示「名詞」「術語」之疑義，解決「工程」「業務」之困難。爲

建築師及土木工程師所必備 藉供擬訂建築章程承攬契約之參考，及探索建築術語之釋義。

營造廠及營造人員所必備 倘簽訂建築章程承攬契約而發現疑難名辭時，可以檢閱，藉明含義，如以供練習生閱讀，尤能增進學識。

土木專科學校教授及學生所必備 學校課本，輒遇冷僻名辭，不易獲得適當定義，無論教員學生，均同此感，倘備本書一冊，自可迎刃而解。

公路建設人員及鐵路工程人員所必備 公路建設尙發靱於近年，鐵路工程則係特殊建築，兩者所用術語，頗多艱澀，從事者苦之；本書對於此種名詞，亦蒐羅詳盡，以應所需。

律師事務所所必備 人事日繁，因建築工程之糾葛而涉訟者亦日多，律師承辦此種訟案，非購置本書，殊難順利。

此外如「地產商」，「翻譯人員」，「著作家」，以及其他有關建築事業之人員，均宜手備一冊。蓋建築名詞及術語，普通辭典掛一漏萬，即或有之，解釋亦多未詳，英華華英合解建築辭典則彌補此項缺憾之最完備之專門辭典也。

預約辦法

一、本書用上等道林紙精印，以布面燙金裝訂。書長七吋半，闊五吋半，厚計四百餘頁。內容除文字外，並有三色版銅鋅版附圖及表格等，不及備述。

二、本書在預約期內，每册售價八元，出版後每册實售十元，外埠函購，寄費依照書價加一收取。

三、凡預約諸君，均發給預約單收執。出版後函購者依照單上地址發寄，自取者憑單領書。

四、預約期限，應各界要求，展期一月，本埠一月底截止，外埠二月十五日截止。爲日無多，幸勿失之交臂。

五、本書在出版前十日，當登載申新兩報，通知預約諸君，準備領書。

六、本書成本昂貴，所費極鉅，凡書店同業批購，或用圖書館學校等名義購取者，均照上述辦理，恕難另給折扣。

七、預約在上海本埠本處爲限，他埠及他處暫不代理。

八、預約處上海南京路大陸商場六樓六二〇號。

年來市政當局，對於市中心區大上海之建設，努力進展，規模備具。最近圖書館及博物館二大建築，又於十二月一日舉行奠基典禮，由吳市長親自奠基，出席者並有王雲五錢新之王曉籟等。此二大建築動工於本年九月，準備於二十四年雙十節前竣工。造價各三十萬元，費用由所發之市政公債中動支，博物館佔地一千七百方尺，高二層。有閱讀室一間，可容百人，講堂一座，容三百人。圖書館式樣相同，但內部係爲東方色調。除儲藏室與辦事室外，有閱報室一間，借書室一間，展覽室一間，閱書室二間，各容一百五十人。儲藏室中書架長凡九千尺，足容書四十萬卷，規模之大，可見一斑！設計者爲上海市中心區建設委員會，承造者爲張裕泰建築事務所。

CORNERSTONES OF LIBRARY AND MUSEUM LAID

Soon after the unprovoked Japanese invasion of Shanghai the reconstruction plan has been carried on in Kiangwan with rapid progress. One of the recent outstanding feature was the laying of the corner stones of the Shanghai City Government's new library and museum buildings at the Kiangwan Civic Center by Mayor Wu Teh-chen on December 1 with appropriate ceremonies and before a large audience. Speeches were made by Mayor Wu Teh-chen, Messrs. Wang Yung-wu, Chien Hsing-tze and Wang Shiao-lai. The construction of these two buildings were begun in September of this year and will be completed before October 10 of next year, the cost being $300,000 each with funds secured from the public bond issue of the Shanghai City Government. The museum will cover 1,700 square feet and will be two storeys high. One hundred seats will be provided in the reading room and 300 seats in the auditorium. The library will be similar in size but its interior will be Oriental in style. Besides storage room and offices, it will contain one newspaper reading room, one book lending room, an exhibition room and two book reading rooms with a capacity of 150 seats each. A case 9,000 feet long capable of containing 400,000 volumes will be constructed in the book storage room.

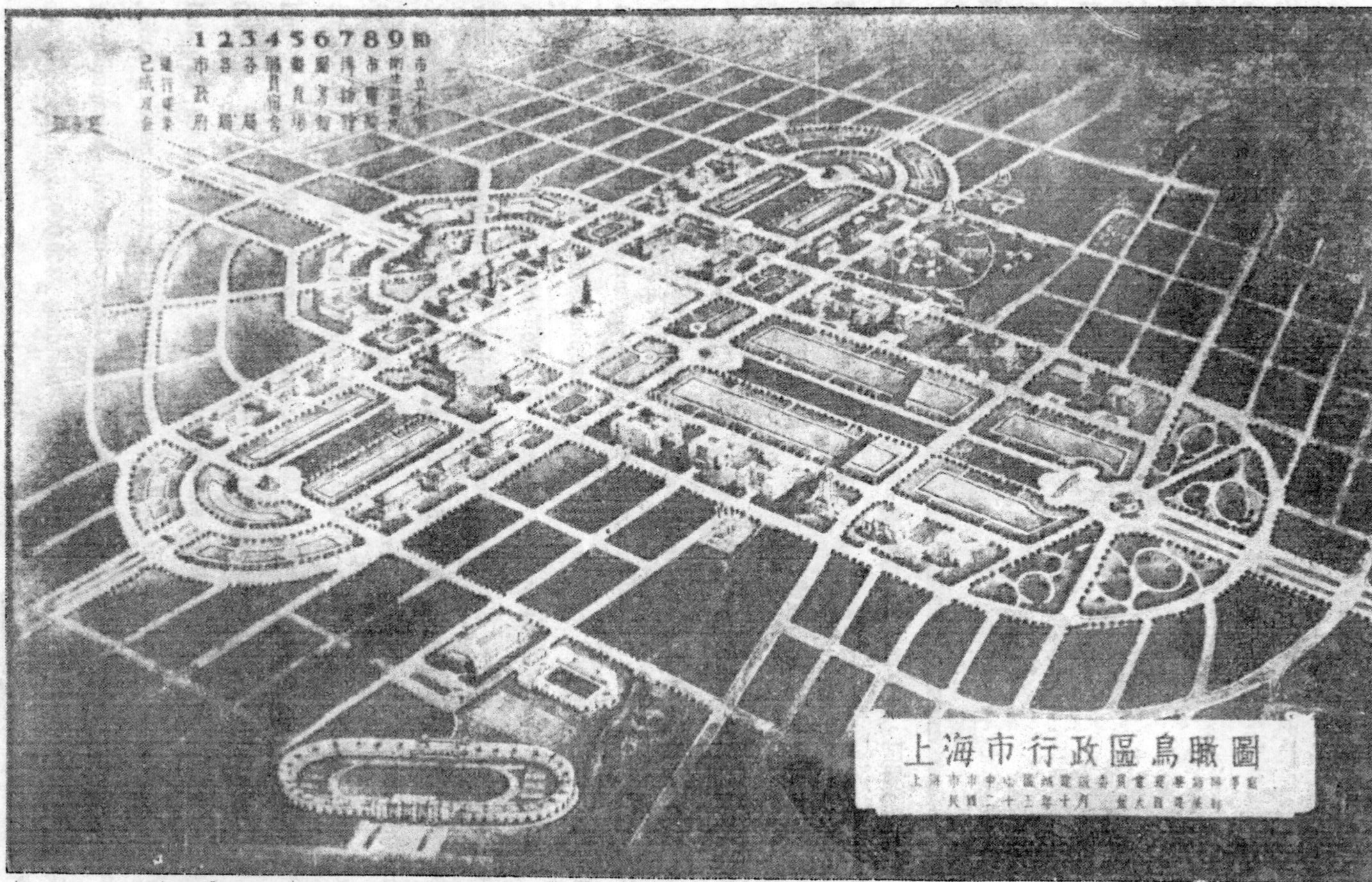

上海市圖書館博物館之位置圖

General View of the Civic Centre of the Municipality of Greater Shanghai

1. Municipality Administration Building
2. The Bureaus
3. The Bureaus
4. Staff Quarters
5. Recreation Ground
6. Library
7. Museum
8. Public Hospital
9. Sanitary Research Building
10. Primary Public School

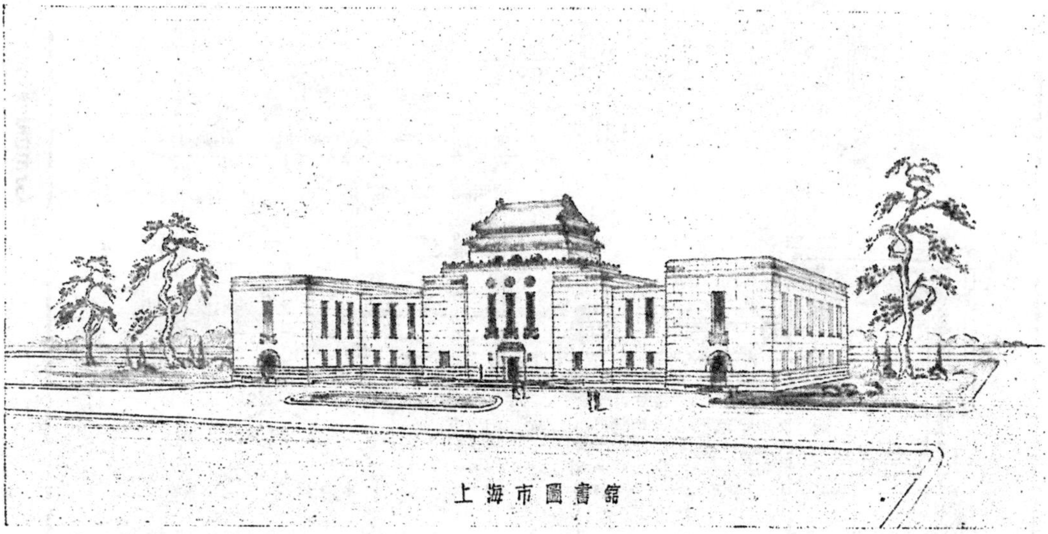

初期建築之上海市圖書館　　The Library

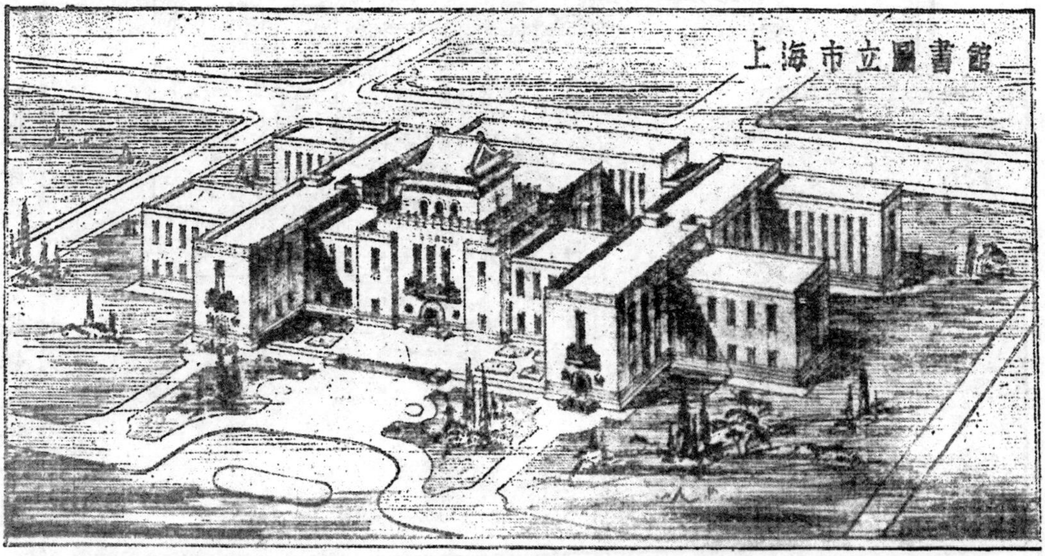

完成後之上海市圖書館　　The Annex to be Built to the Library

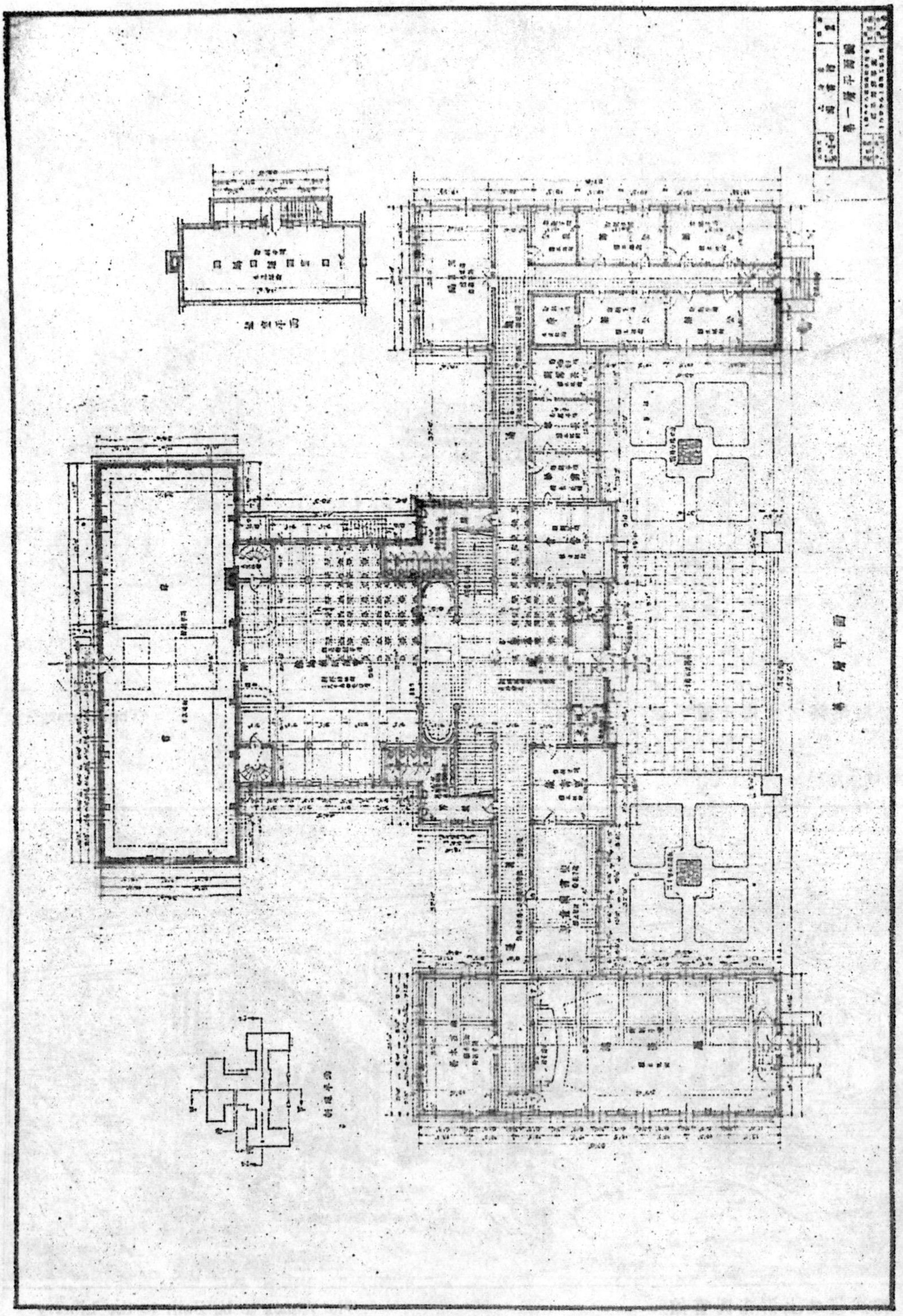

上海市圖書館第一層平面圖

Ground Floor Plan of the Library

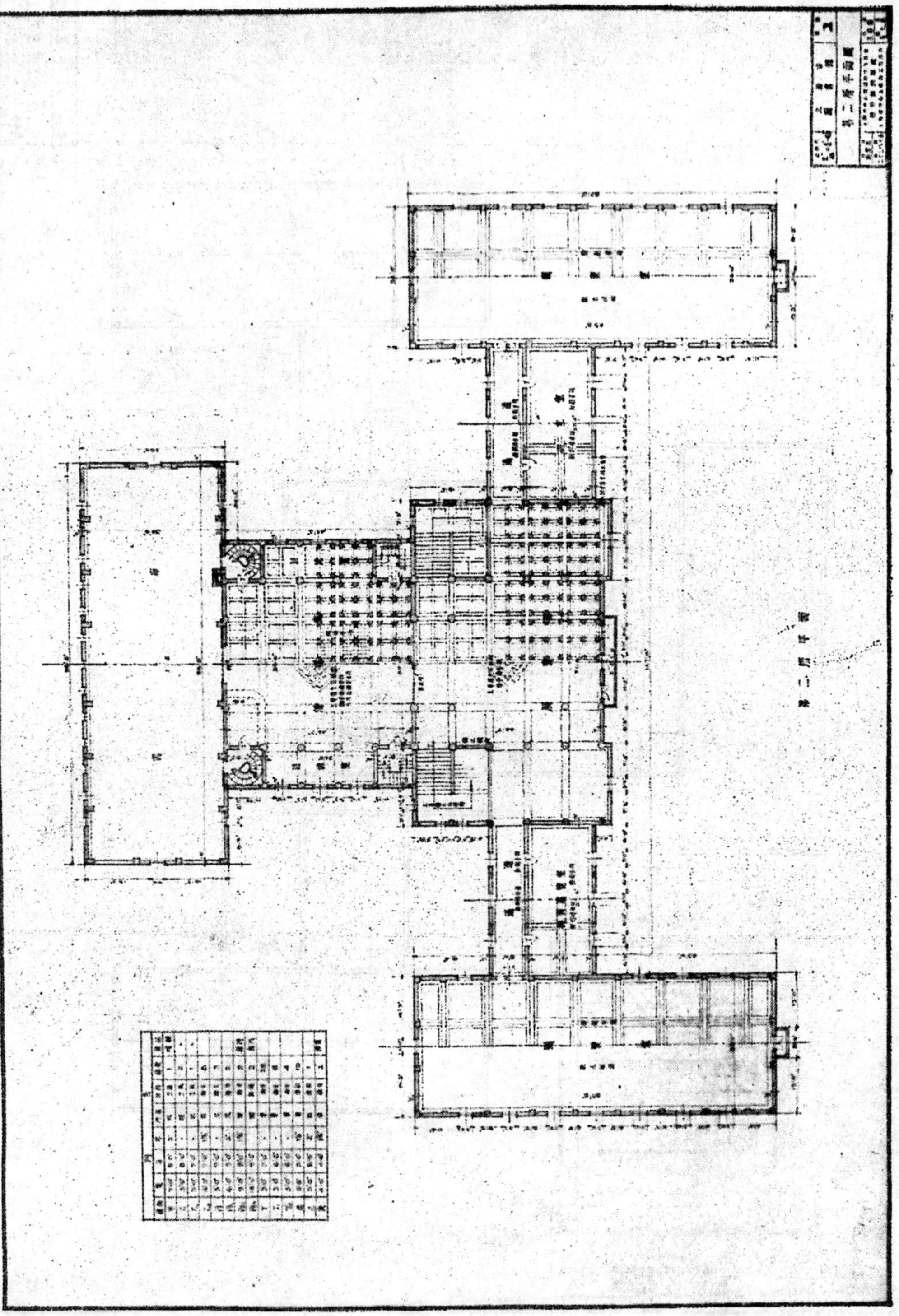

上海市圖書館第二層平面圖

First Floor Plan of the Library

22701

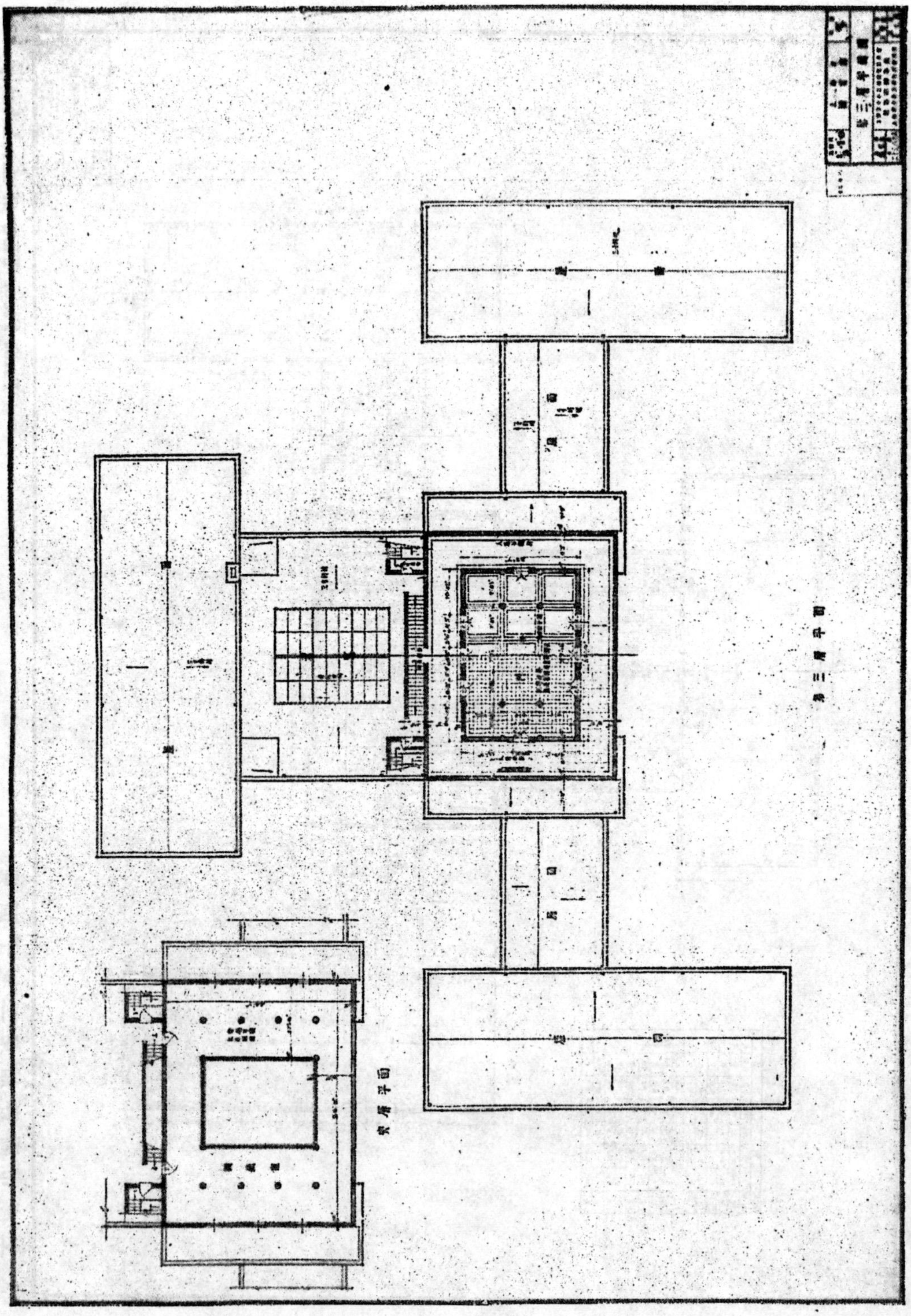

上海市圖書館第三層平面圖

Second Floor Plan

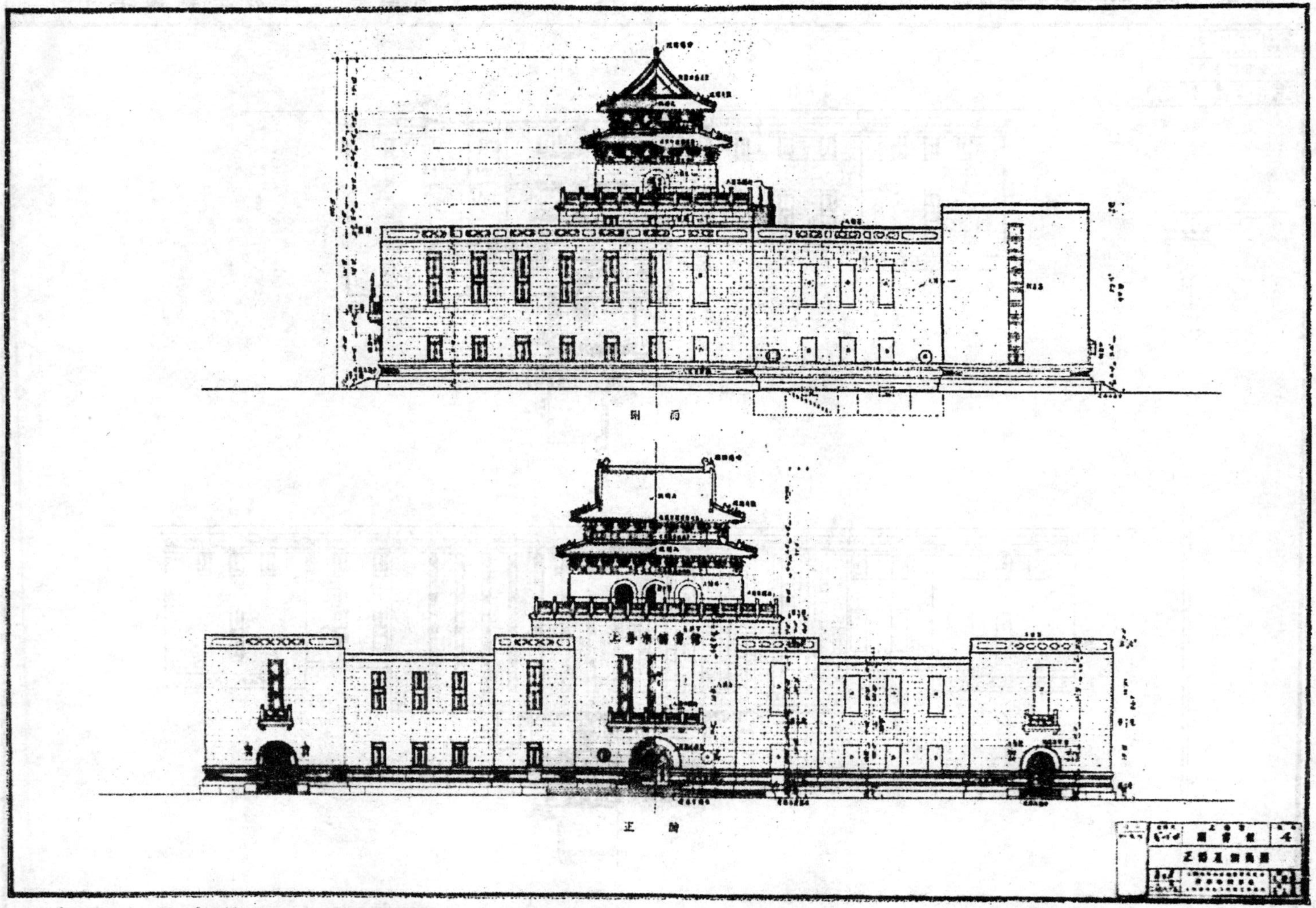

上海市圖書館正面及側面圖

Front and Side Elevation

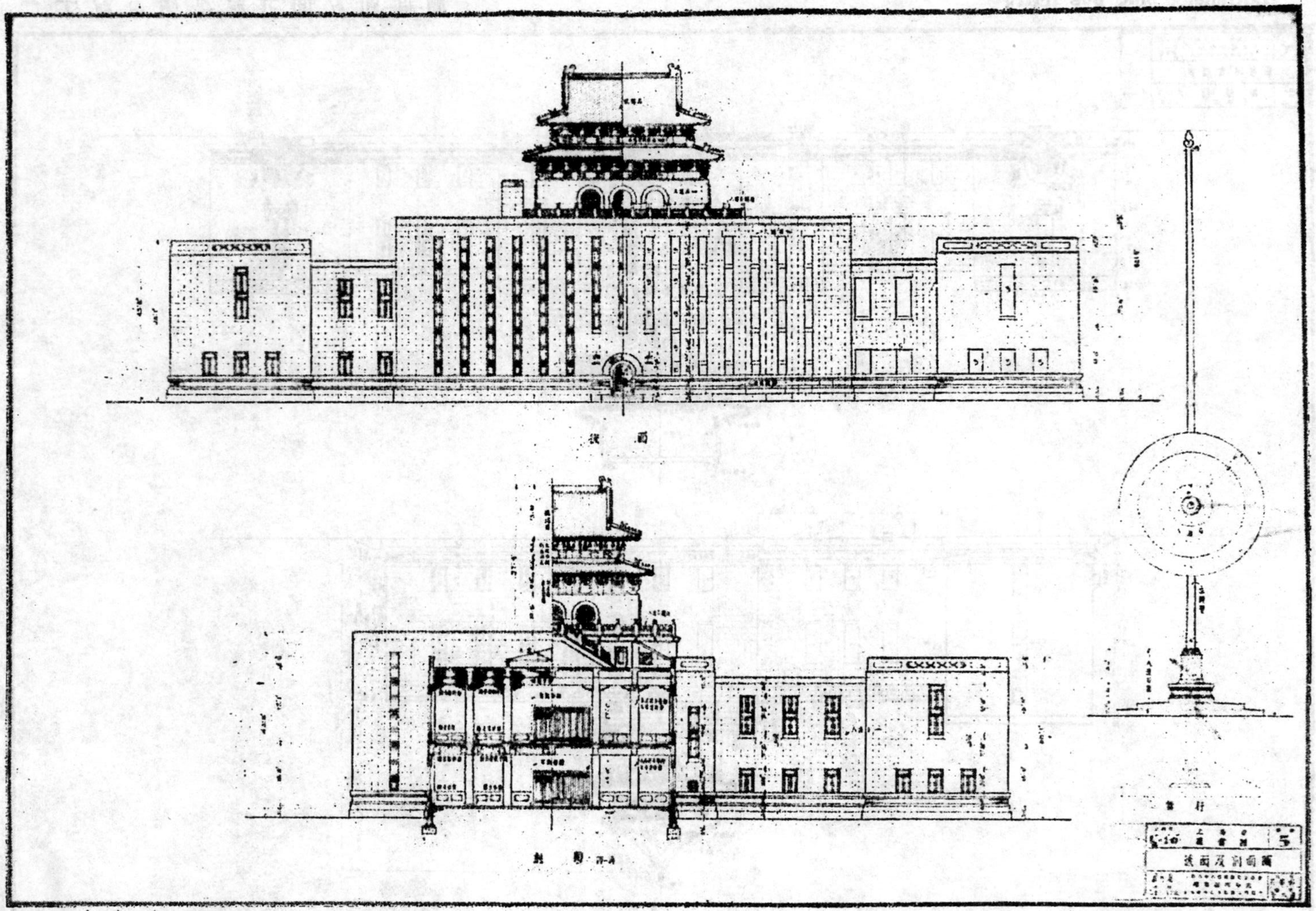

上海市圖書館後面及剖面圖 Rear Elevation and Section

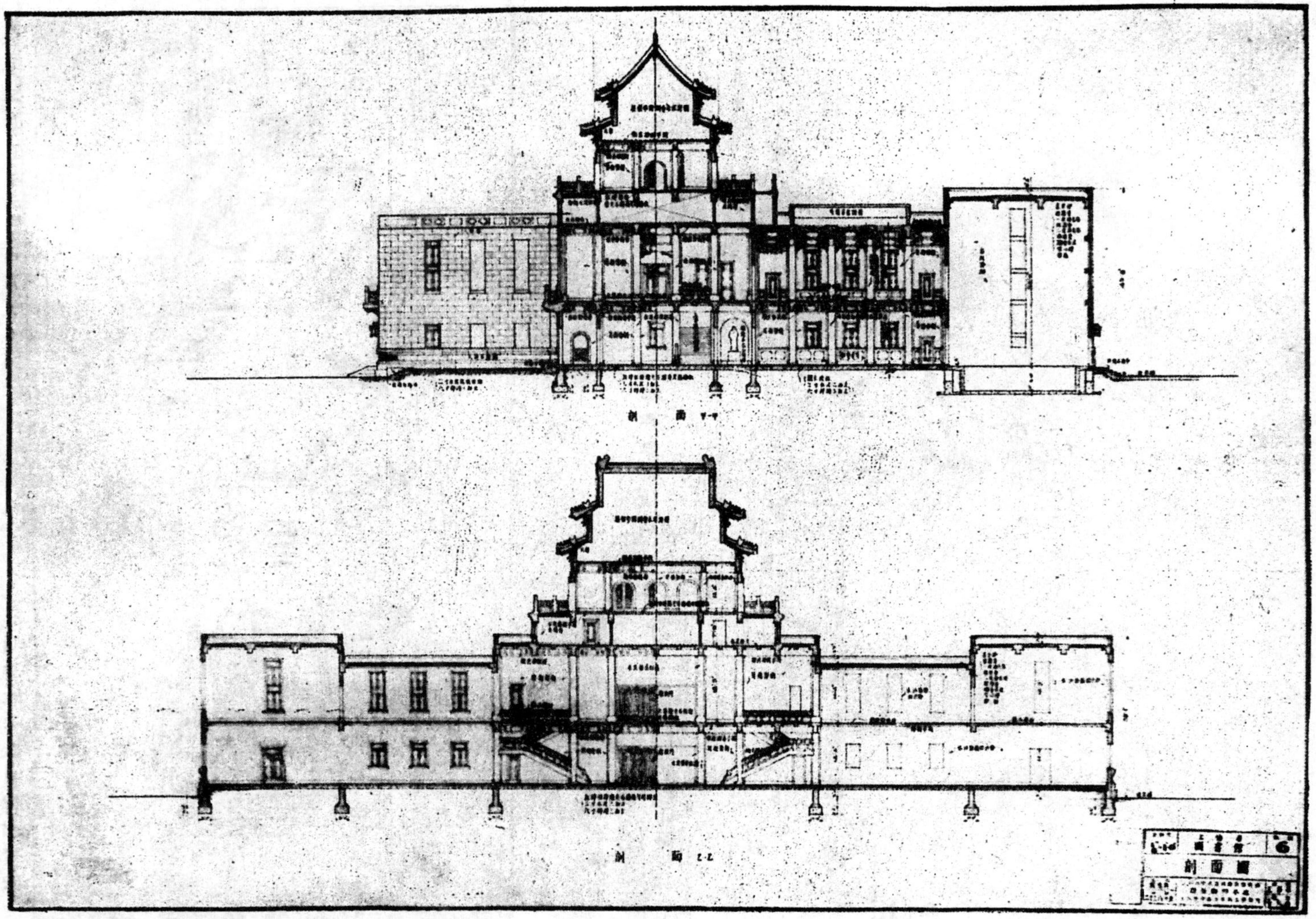

上海市圖書館剖面圖 Section

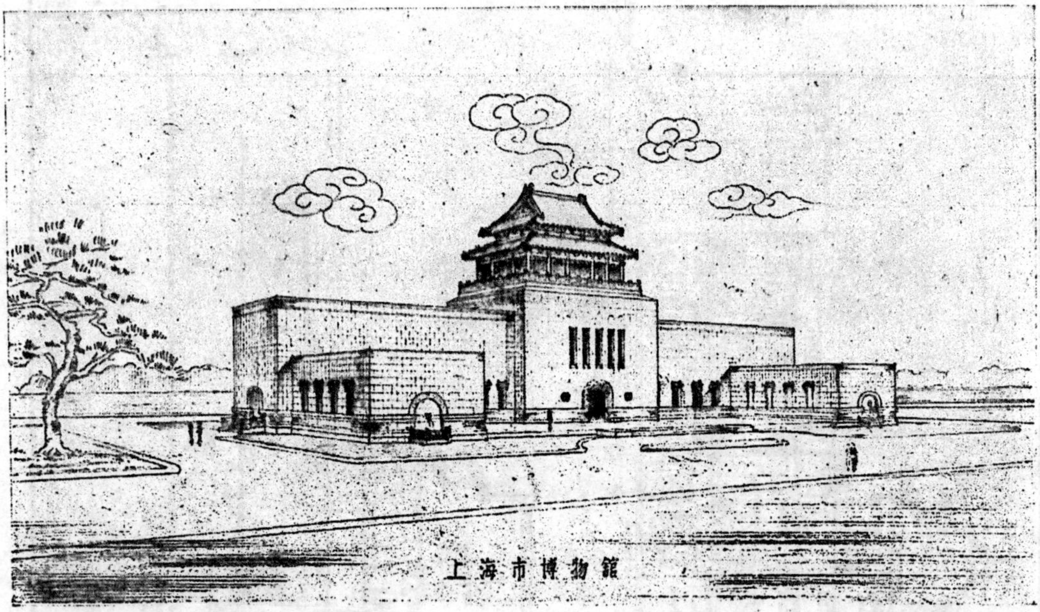

初期建築之上海市博物館 The Museum

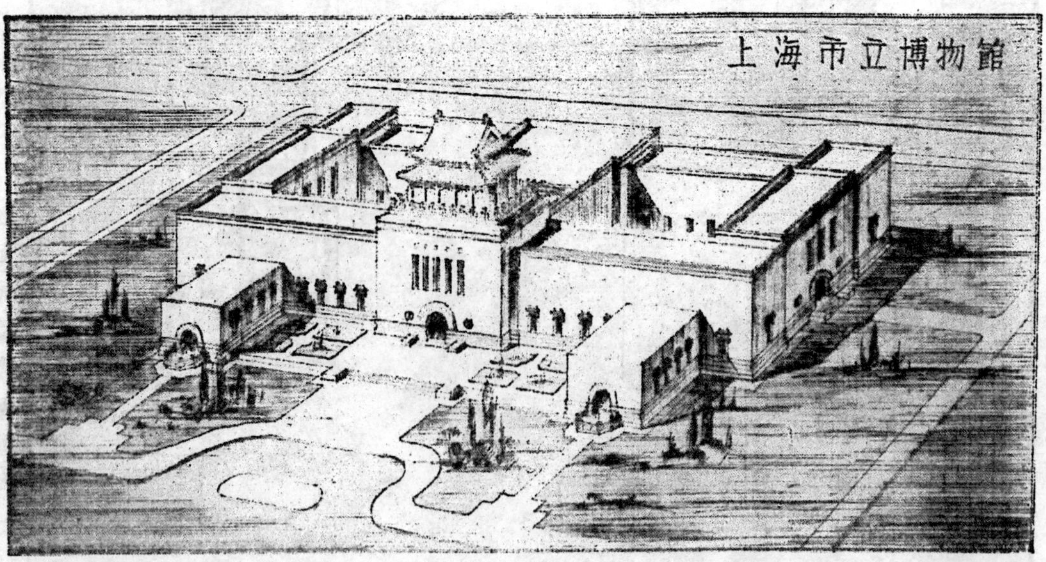

完成後之上海市博物館 The Annex to be Built to the Museum

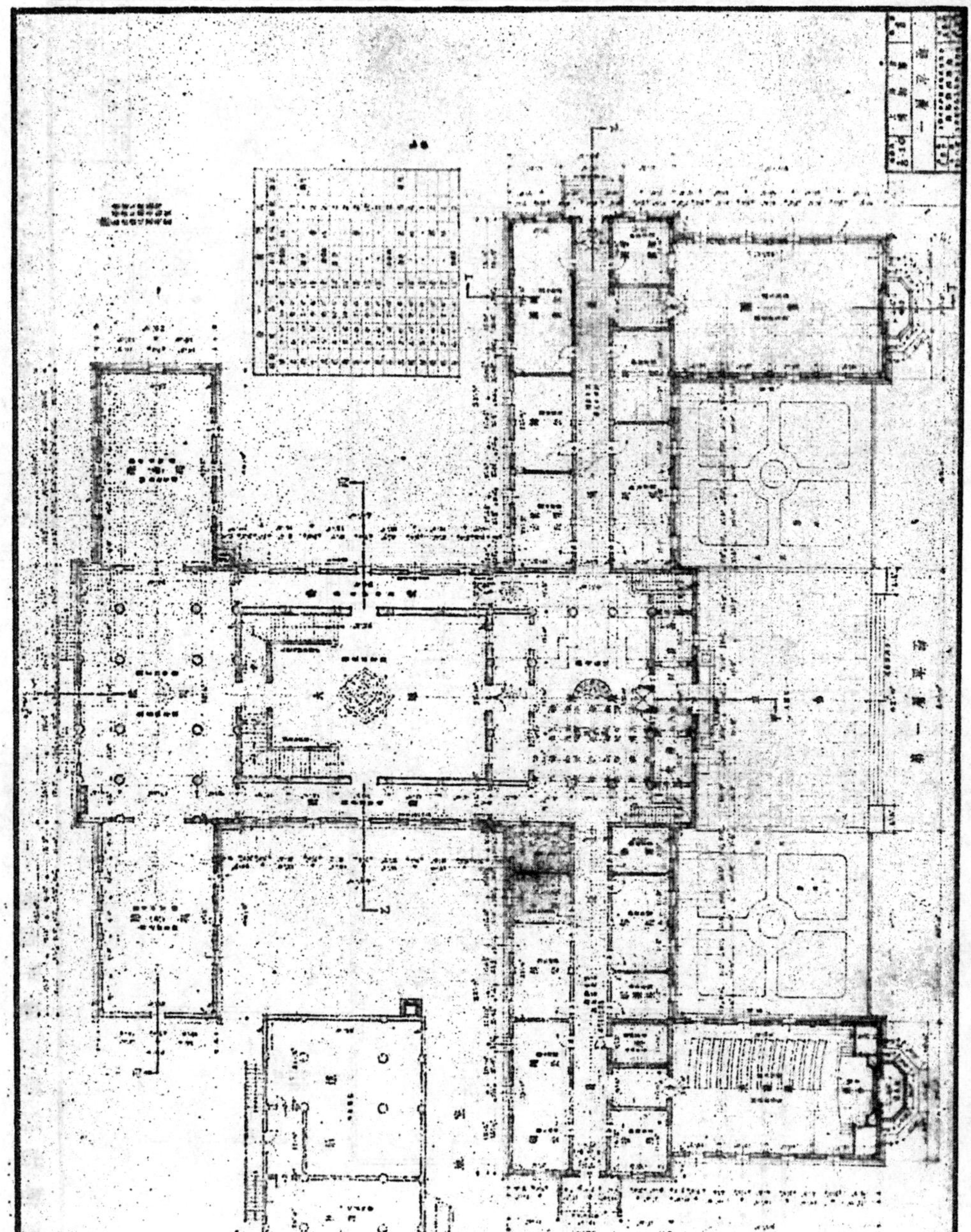

上海市博物館第一層平面圖

Ground Floor Plan of the Museum.

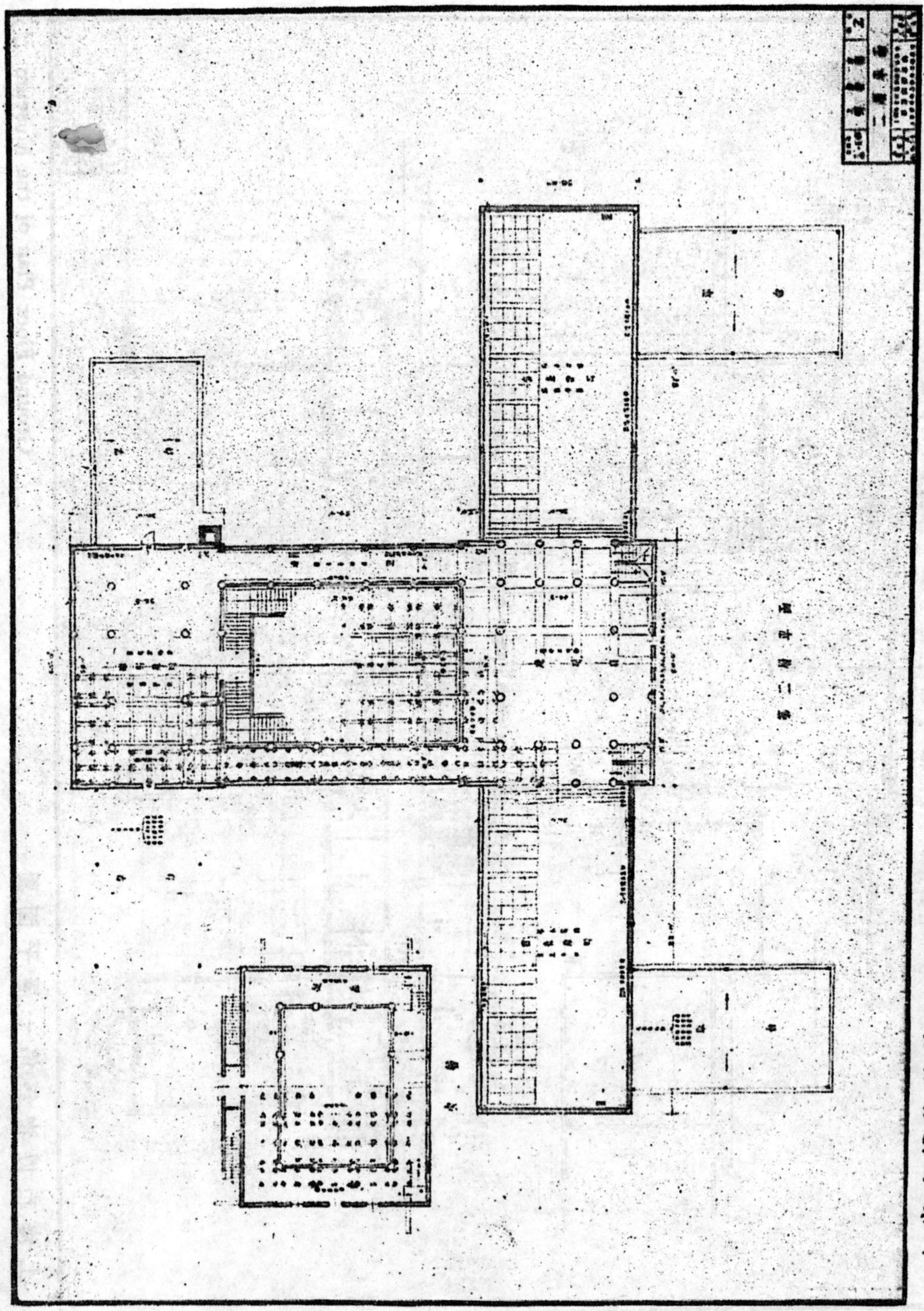

上海市博物館第二層平面圖

First Floor Plan of the Museum

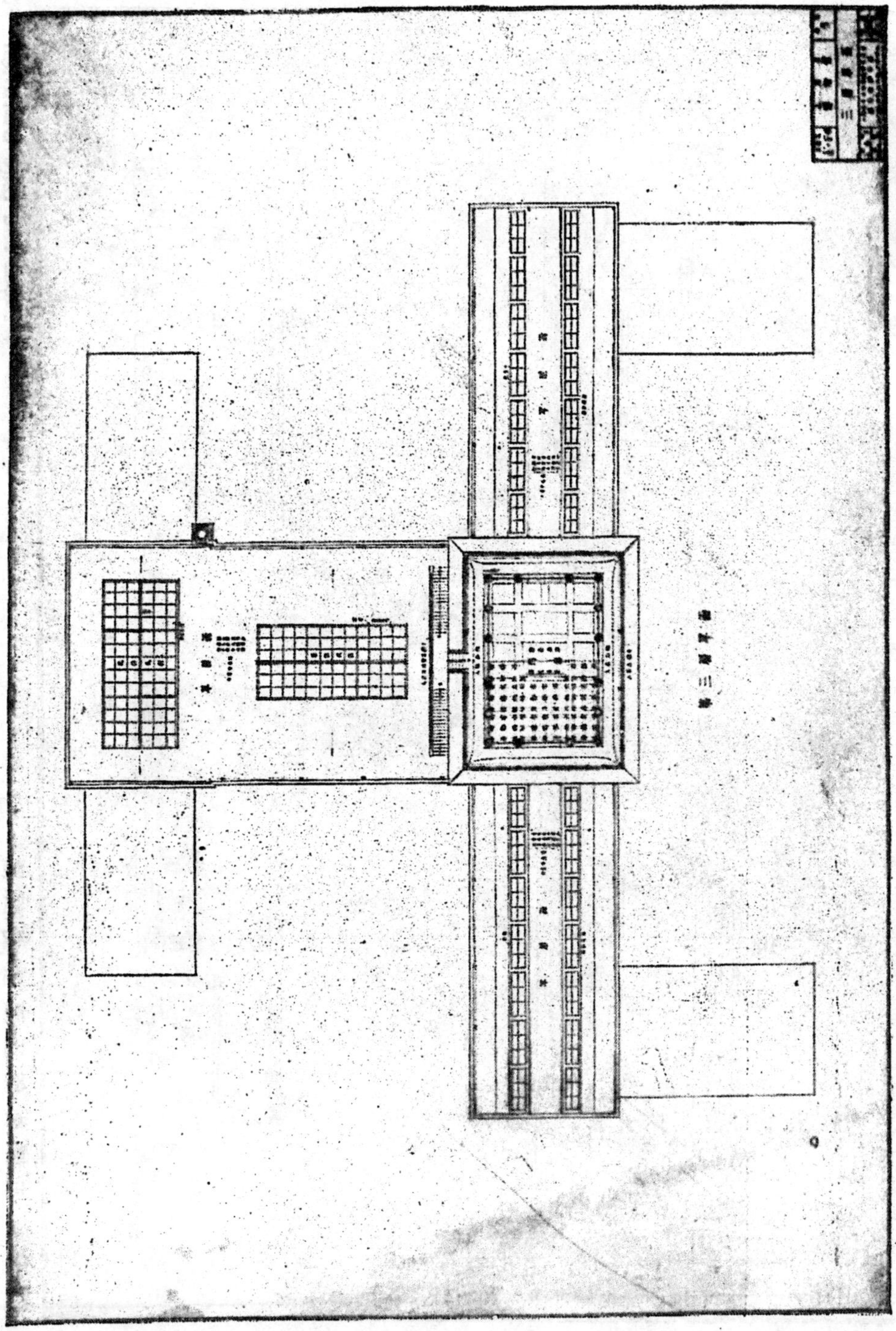

上海市博物館第二層平面圖

Second Floor Plan

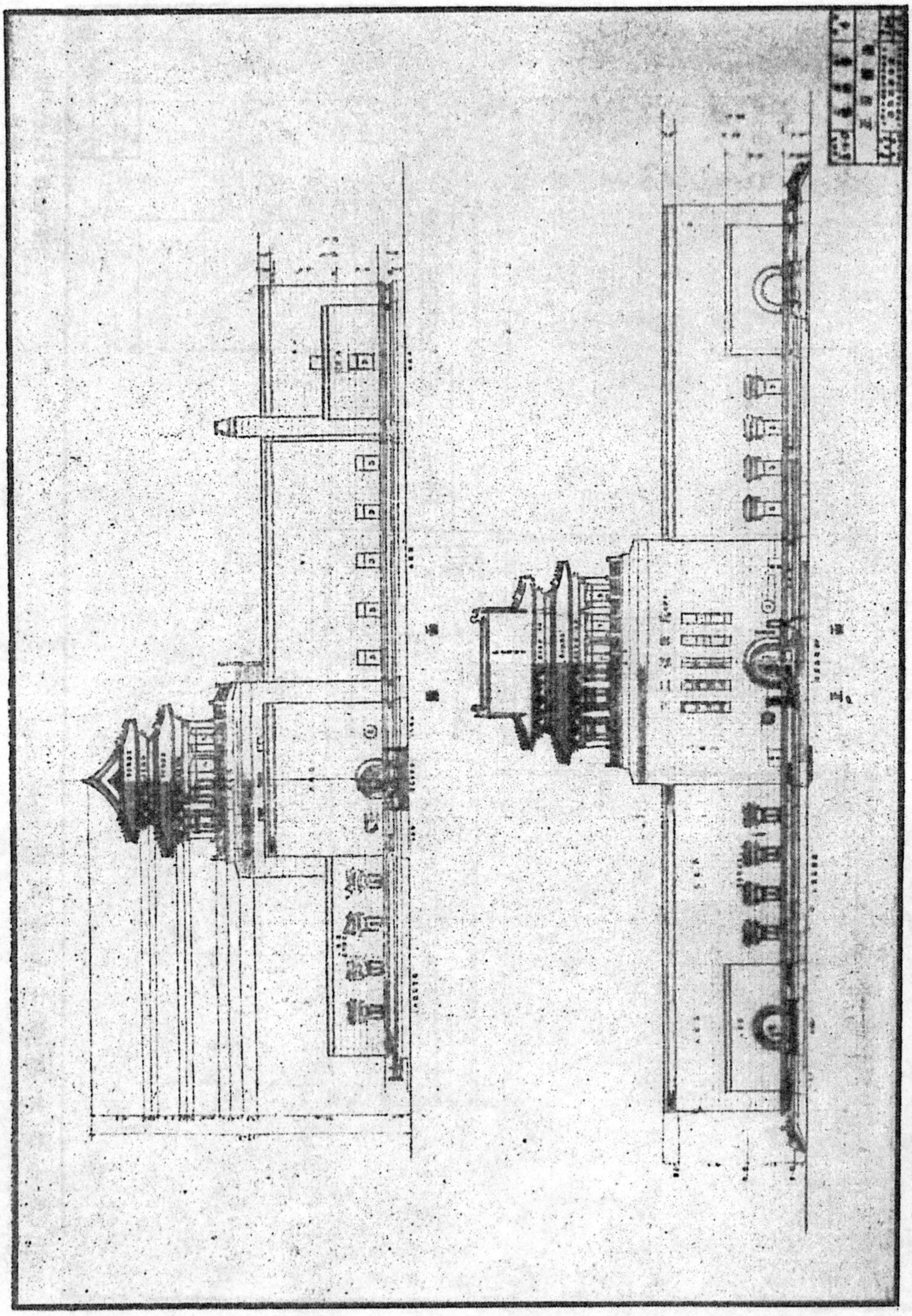

上海市博物館正面及側面圖

Front and Side Elevation

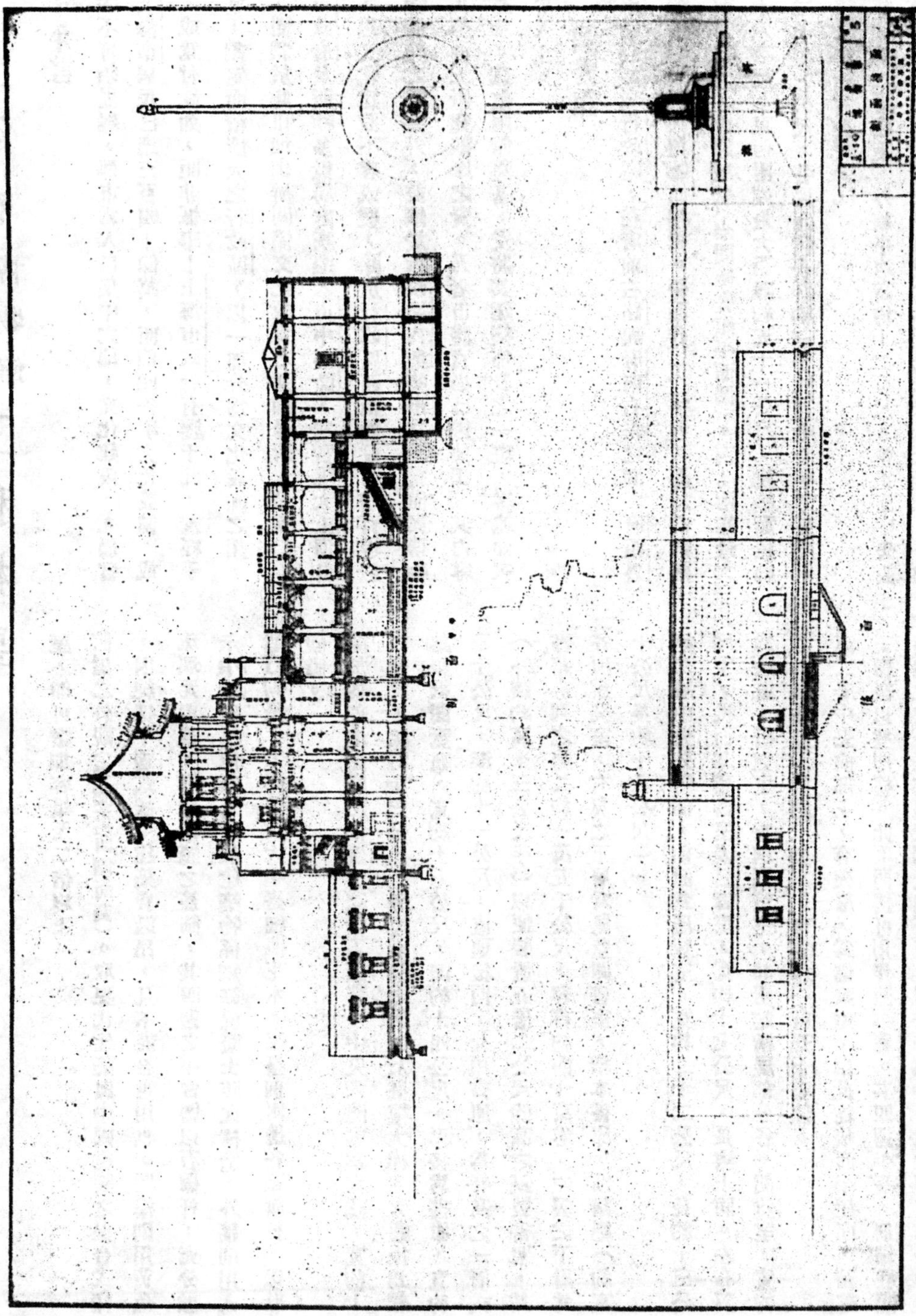

上海市博物館後面及剖面圖

Rear Elevation and Section

上海市圖書館博物館工程概要

一　弁言

文化與人生不可須臾離，都市爲人口集中之地，文化建設，尤屬當務之亟。上海市居民已逹三百四十餘萬，而前此各項文化設備，或規模過小，或竟付缺如，詎非憾事！上海市政府有鑒于此，爰經于市中心區域，劃定面積廣大之行政區，以一部分爲文化設備之用，並獎勵私人團體於此租地創辦關係文化教育之陳列場所。民國二十三年初，市政府及所轄多數局處既遷入市中心區，爲實現大上海計劃之張本，以文化建設不容或緩，除於行政區西南籌設市體育場以供市民鍛鍊體魄之需要外，並議於行政區內興築市立圖書館與博物館，爲市民學藝上研究觀摩之資。乃者市體育場已告興工，其內容梗概亦經露佈。茲値兩館奠基，爰將其建築佈置之一斑，畧述如次，以餉各界人士。

二　圖書館

本館位于市中心區域行政區，在府前右路與府南右路之間。府西外路之南，坐西朝東，與博物館相對。平面作「工」字形，而於前部兩端橫展向前後突出，成扁屛狀（參閱圖書館平面圖）。南北兩端最大距離約六十六公尺，東西兩端最大距離約五十一公尺，建築面積約一千六百二十平方公尺，各層面積合計約三千四百七十平方公尺，容積約一萬六千立方公尺。

本館之大部分爲二層建築，外牆平均高約十二公尺。惟正面中央設門樓，其屋脊高出地面約二十五公尺（參閱圖書館正面側面圖）。將來擴充。毋需將現有館屋加高，僅須就後面餘地添建層數相同之房屋，即可增加容量至二倍以上。

館屋之外觀（參閱正面側面圖）。取現代建築與中國建築之混合式樣，因純採中國式樣，建築費過昂，且不盡合實用也。門樓則用黃色琉璃瓦覆蓋，附以華麗之彩飾，其四週之平台圍以石欄杆，充分顯示中國建築色彩。全部建築物係鋼筋混凝土防火構造，外牆則用人造石砌築，大門前設大平臺種植花木，平臺前兩邊各豎旗杆，以壯觀瞻。

關於內部地面層之佈置（參閱平面圖），中央入門處爲大廳，寬約十二公尺，深約十三公尺，旁通兩翼之過道及登樓大梯。大廳後爲雜誌報紙閱覽廳，寬約十七公尺，深約十四公尺。再後爲書庫，寬約三十公尺，深約十一公尺，直通後門，此項書庫，爲特高之一層式（外牆約高十三公尺半）以便裝置五層二公尺餘高之鋼製書架，其書籍排列之總長約一萬五千公尺，容書約四十萬卷。左翼之下層爲各項辦公室，右翼之下層爲兒童圖書室，繕本書庫，演講廳（約寬十公尺長約十八公尺）。

第二層中央分兩部，前面爲展覽室，寬約二十二公尺，長約十三公尺半，後面爲借書室及目錄室，寬約十七公尺，長與上同。左右翼爲過道，研究室，特別閱覽室，其兩端橫展部分各爲閱覽室，寬約二十六公尺，長約十公尺，可各容一百五十座位。

第二層中央前部上，有夾層，爲儲藏室，由此達後面平屋面，藉露天梯級以登門樓。此項門樓可用作陳列廳，其四週平臺，則備登臨遠眺之需。雜誌報紙閱覽廳下面，開挖一部分，建地下室，爲裝置鍋爐之用。

大廳，借書室，陳列廳內部均用純粹中國式富麗裝飾，設硃紅色之柱。樓梯及過道地面舖磨光石，閱覽室樓面舖軟木塊，其餘部分之地面樓面用花舖㮶木及樹膠塊。

三　博物館

本館在市中心區域行政區府前左路與府南左路之間，府東外路之南，坐東向西，與圖書館相對。平面形狀與圖書館相仿，惟前翼兩端僅向前突出耳（參閱博物館平面圖）。南北兩端最大距離約六十八公尺，東西兩端最大距離約五十八公尺，建築面積約一千七百平方公尺，各層面積合計約三千四百三十平方公尺，容積約一萬九千立方公尺。

本館之中部及前面兩翼，為二層建築，外牆高十公尺有半。另有門樓，屋脊約高二十四公尺。其前面兩翼之突出部分及後面兩翼，則為單層建築，其外牆高六公尺半許（參閱博物館正面側面圖）。本館將來擴充之計劃，亦以就餘地加建為目標，擴充後之建築面積可增加二倍。

館屋之外觀，大致與圖書館同。惟門樓梁柱外露，並於左右兩翼凸出部分之前，各設噴水池，以資點綴。全部建築物亦為鋼筋混凝土防火構造，外牆用人造石砌築。

就內部佈置而言（參閱博物館平面圖），地面層中央入口處為門廳，寬約十七公尺半，長約十四公尺，登樓之梯級及衣帽售品等室附焉。由此向內為大廳寬約十一公尺半，長約十八公尺，主要樓梯在焉。大廳兩旁為過道通前部左右兩翼之辦公，研究，庫藏等室。左翼突出處為圖書室，寬約十公尺，長約十五公尺，約容座位一百。右翼突出處為演講室，長寬與圖書室同，約容座位三百。

第二層佈置，中央分三部為陳列廳及雕刻陳列廳，其中以在前面者為最大，計寬約十七公尺，長約十四公尺。兩翼為書畫陳列廳，各寬約十一公尺半，長約二十五公尺。上蓋玻璃頂棚。

中央二層前面陳列廳之上有夾層。地面與後部平屋頂齊平，由此循露天梯級以達第四層之門樓，門樓四週亦設平臺，以便遠眺。門廳之下有地室，為設置鍋爐等之用。

內部裝飾以形成陳列物之適當背景為目標。門廳及主要陳列廳飾以紅柱及宮殿式之彩畫欄柵平頂。大部分地面，用磨光石，重要陳列廳地面用花舖㮶木，過道亦舖磨光石。各陳列廳室之採光，以多數光線投射於陳列品，而無反光入觀衆眼目為鵠的。懸掛繪畫作品之處由上方側面納光，使斜射牆面，俾觀衆於陰影中面對亮畫，更覺明晰。燈光設備，採「間接式」，其旨趣與上同。因上層各陳列廳不設窗牖，而藉玻璃天棚採光，故須用人工方法更換空氣。館屋內置換氣設備，隨時序之遞遷，分別放送冷暖空氣。

四　施工

圖書館博物館工程經費預算共計六十萬元，設備費在外設計監工由市中心區域建設委員會主任建築師董大酉及助理建築師王華彬主持鋼骨水泥圖樣由工務局技正俞楚白設計建築工程由張裕泰得標承辦，於二十三年九月間開工，十二月一日行奠基禮預定二十四年八月落成。

五　論結

以上所述，僅就上海市市中心區圖書博物兩館之工程方面而言。至若設備方面，如圖書雜誌之採集，陳列物品之搜求，自當力求完備，以應促進文化之需要。惟茲事體大，須可一蹴而成，尚望各界從旁協助，共襄厥成，不勝馨香祝禱之至矣！

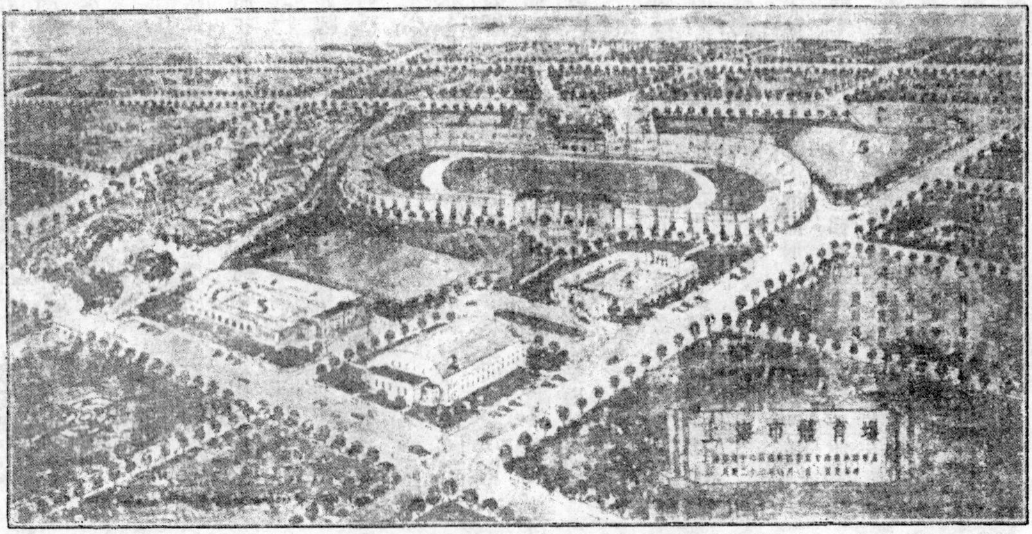

上海市體育場鳥瞰圖

General view of the Recreation Ground in the Civic Center of the Municipality of Greater Shanghai.

1. Recreation Ground. 2. Gymnasium.

3. Swimming Pool. 4. Tennis Court. 5. Base ball Ground.

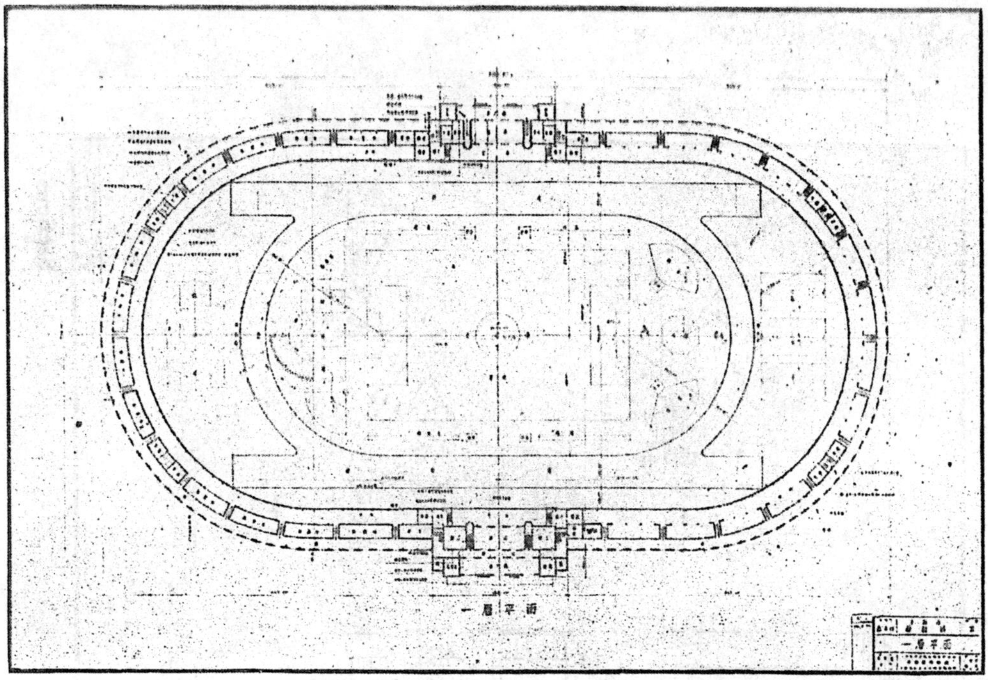

運動場平面圖　　Plan of Recreation Ground

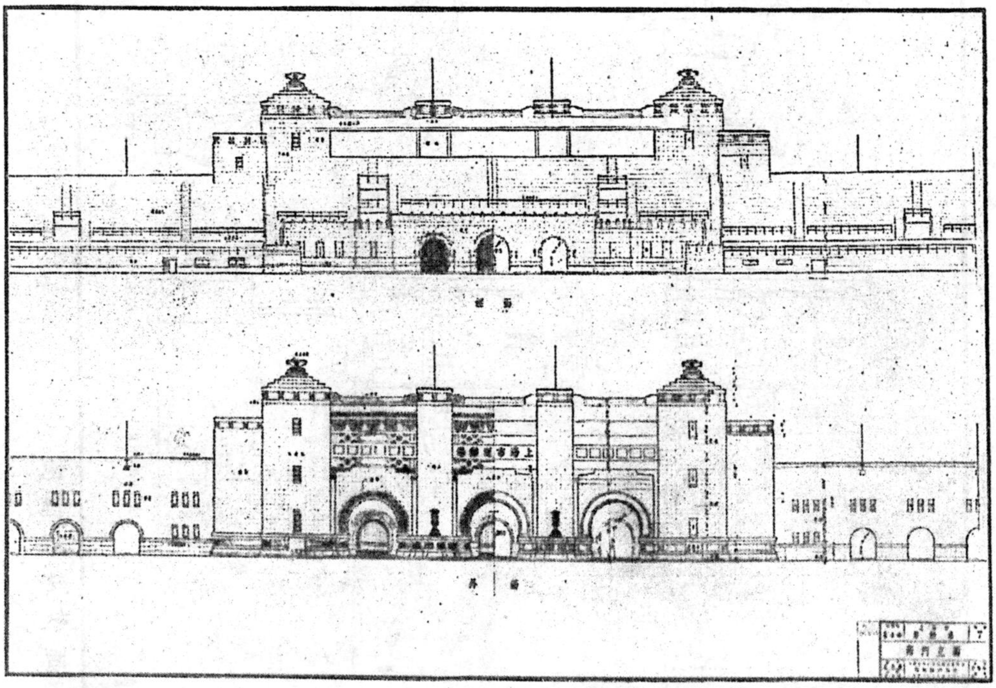

運動場立面圖　　Elevation showing the entrance leading to the Recreation Ground.

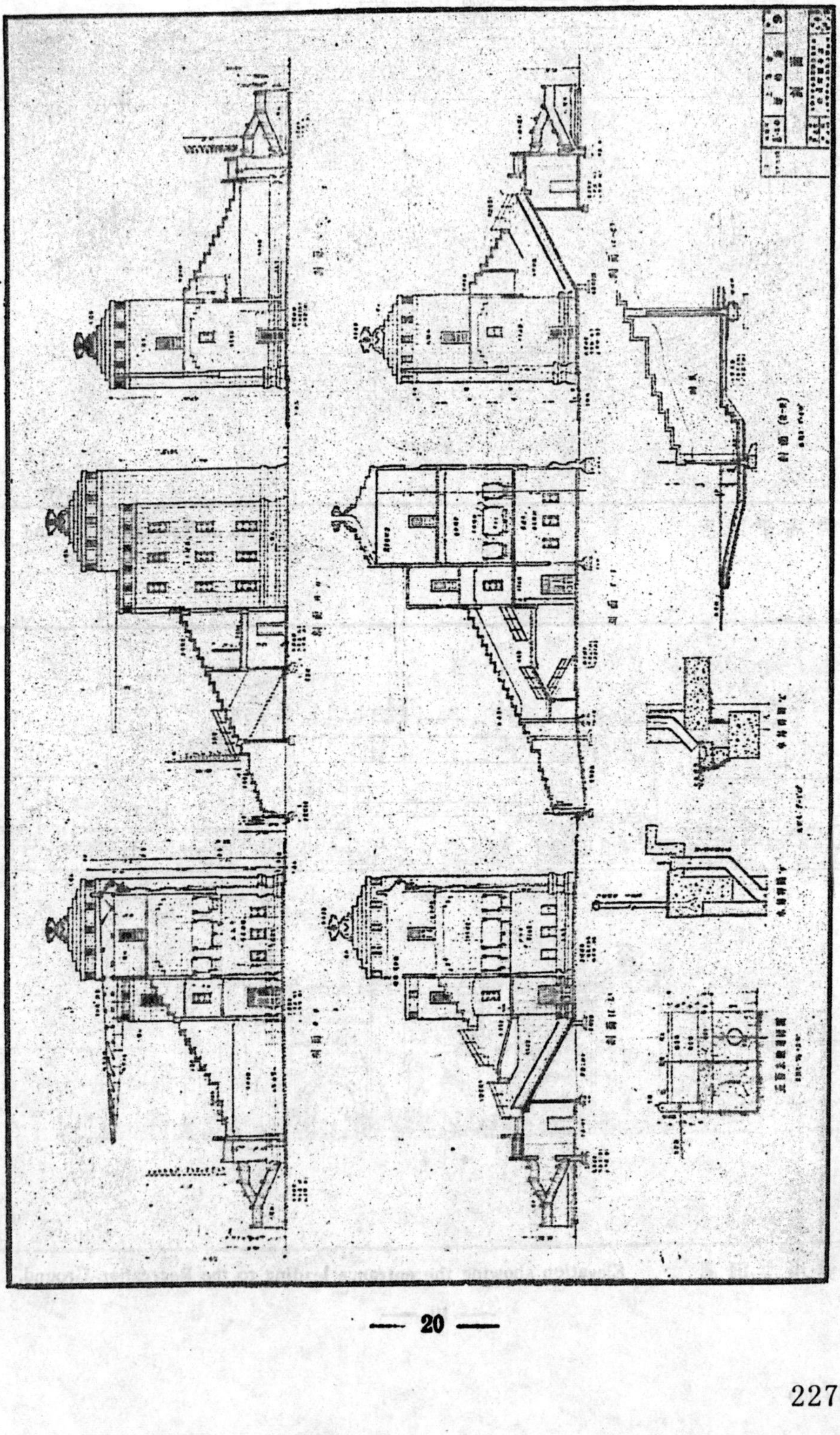

運動場剖面圖 Sections

體育館　　Gymnasium

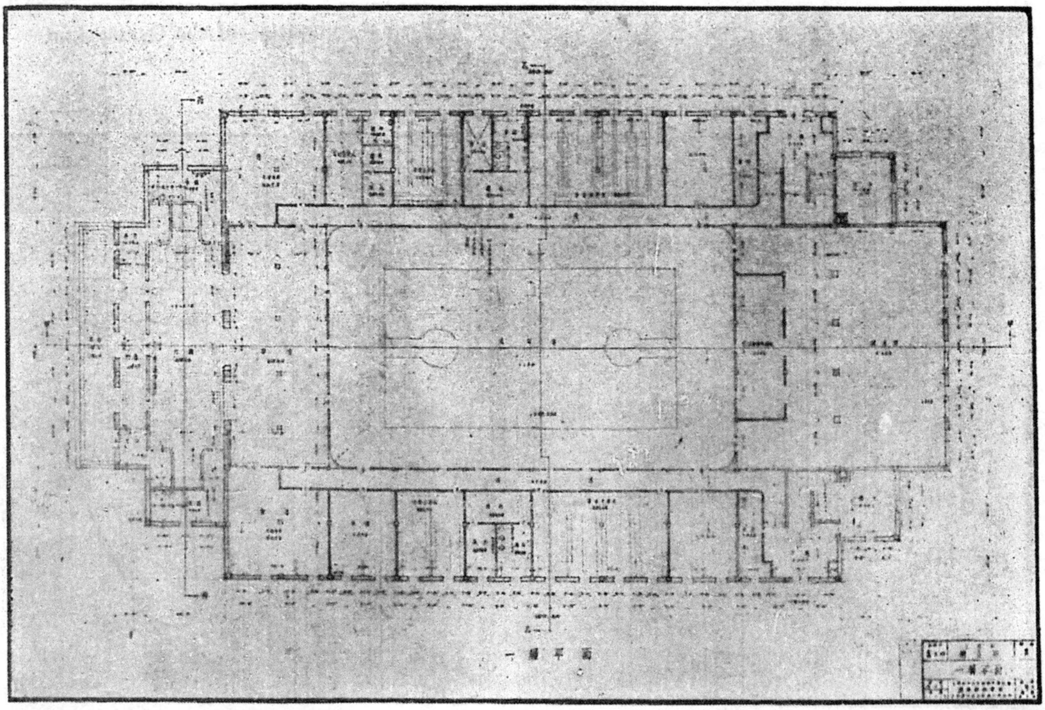

體育館第一層平面圖　　Plan of the Gymnasium

22717

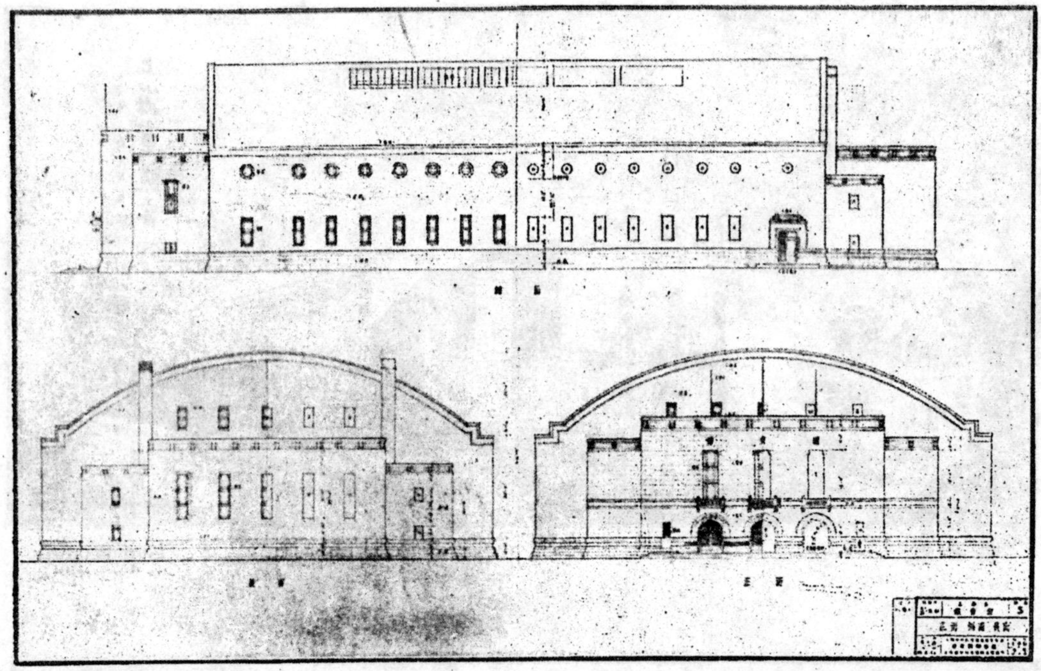

體育館立面圖 Elevation of the Gymnasium

游泳池 Swimming Pool

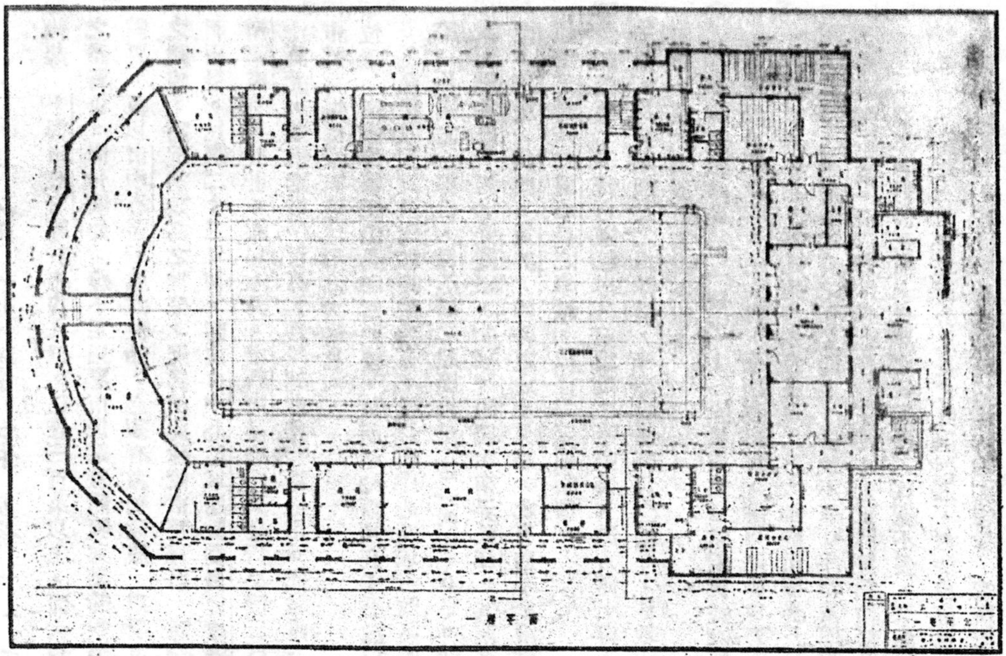

游泳池平面圖 Plan of the Swimming Pool

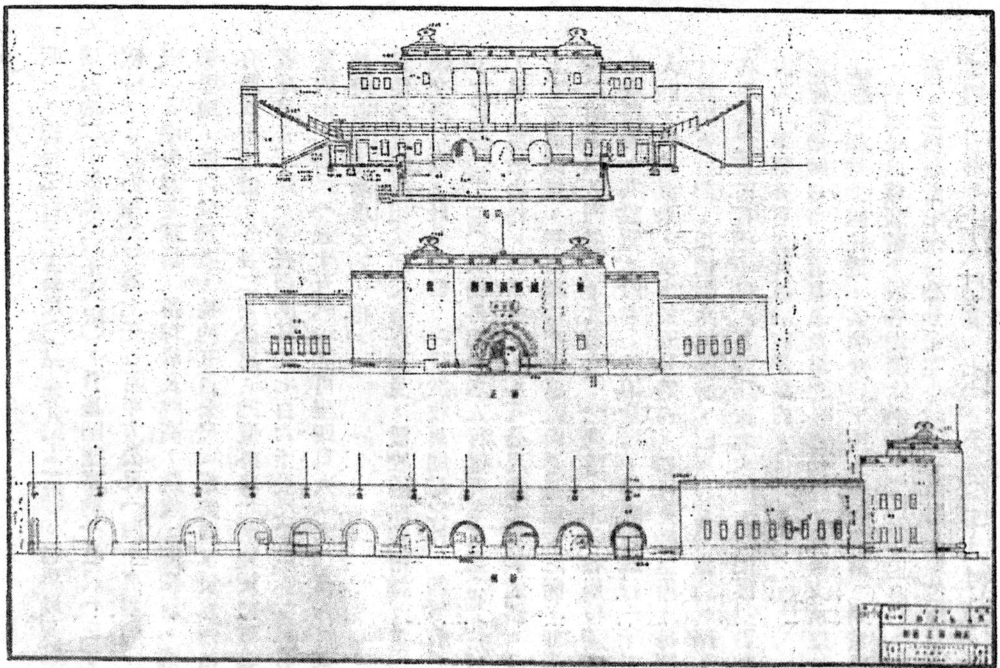

游泳池立面及剖面圖 Section and Elevation of the Swimming Pool

22719

上海市體育場工程概要

(一)緣起　上海市政府鑒於市內人口，已達三百萬以上，而大規模之體育場，尚付缺如，殊不足以應市民鍛鍊體魄與業餘娛樂之需要，復以市中心區域成立伊始，必須有種種設施，以新市民之觀感，而促進該區之繁榮，爰籌於此建設市體育場，謀一舉而兩得。民國二十三年初，即由市中心區域建設委員會建築師辦事處着手設計。同年七月，市政府呈准中央發行公債三百五十萬元，並指定以一百萬元爲建築市體育場之用。此建設上海市體育場籌備經過情形之大略也。

(二)位置　市體育場既須具相當規模，故所佔地面須在千公畝以上。爲免徵收民地及撙節經費起見，爰以市中心區域行政區西南第一公園之一部份，爲該場之建築地址(第一圖中「5」)。該處東面國和路，西通淞滬路，北接政同路，南界虬江，其南有淞滬，翔殷，其美，黃興，四幹道之交叉點，北有將來淞滬鐵路通至三民路淞滬路口之車站，故往來交通稱便。

(三)計劃概要　市體育場包括目前設置之運動場，體育館，游泳池三部，及將來加建之網球場，棒球場兩部(第一圖)，佔地約三百畝；玆述其設計要點其次：

(甲)運動場　運動場(第一圖中「1」)除供市民日常鍛鍊體魄外，並備舉行學校聯合運動會，全國運動會，遠東運動會乃至世界運動會之用。其建築形式及各項尺寸大都視田徑賽及足球，籃球，網球等競賽之需要而定。場址不取U字形及圓形而作鏈鐶形(第二圖)者，以如作U字形，則正門勢須設於凸出之一端，而對向交通上次要之政同路，殊覺不妥，又如作圓形，則徑賽上需要二百公尺長之直線跑道，無法設置也。其他設計要點，亦經參攷歐美著名運動場之佈置，審愼擬定。本場連看臺所佔之地位，總寬一百七十五公尺(五百七十四呎)，總長三百三十公尺(一千零八十二呎)。場屋最高點距地面約二十公尺(六十六呎)，看臺圍牆高約十公尺(三十二呎)。場地面積約三萬七千五百平方公尺(四十萬零四千方呎)。中央爲足球場，排球場及跳高，跳遠，擲鐵餅，國術等場地，圍以環跑道，長約五百公尺。環跑道又於東西兩邊分歧爲直跑道，各長二百公尺。跑道外南北兩端設網球場，籃球場各三處。看臺周圍長約七百六十公尺(二千五百呎)，寬約十七公尺(五十五呎)，可坐四萬人，立二萬人。其容量較南京運動場大約一倍。

爲使數萬觀衆出入迅捷有序起見，設交通路線兩種：(甲)環繞交通路線，計分兩條：一設於收票地點之外，即環繞看臺下之過道(第二圖)及場外四周之人行道與車馬道(寬九公尺)，另一設於場內，即看臺上一·八公尺寬之環繞通路。(乙)上下交通路線，聯絡環繞交通路線與看臺座位之間，即看臺各段間之出入門道，下九看臺下之過道，上達各座位邊者。此項門過，共設三十四處，勻佈全場，每處以通行一千二百人計，數萬觀衆，至多於五分鐘內，即可全數退出。每門道口設鐵質拉門，以便觀衆擁擠時，收票員易於維持秩序。在本場之東西長邊中央，各設莊麗之大門，以便運動員整隊出入，車輛亦可由此通過直達場內。

爲使觀衆視線得由看臺遍及場地各部起見，看臺支承座位之樓板。係按曲線佈置，其坡度自下往上繼續加激。構造之法，係將每段樓級較下段各增高六公釐，(四分之一吋)。前後座位之距離計七十一公分(二十八吋)，故每一座位所佔面積爲四十五公分(十八吋)寬，七十一公分(二十八吋)深。按照前述容量，應設座位二十排。

運動場備有充分宿所，足容納運動員二千五百人，以應舉行大運動會時之需要。又設壯麗之大門與大廳休息辦公室，陳列室，訪事處，無線電播音站，餐室等。其佈置之完備，即全世界運動場中亦鮮有較勝者。

特別看臺凡兩處，東西遙遙相對，專備特別觀客及報館記者之座位。本場看臺以經濟關係，概不設置木椅，惟在西面平頂下之特別看臺爲例外。

另一特別之點，爲利用看臺下地位設置店房，公廁，售票房（第二圖）。其四周之過道，除輔助此項店房遮蔽風日外，又足資暴雨時觀衆引避之需。按照現定計劃，看臺下地位僅利用一半，其餘一半則留備他日加建店房等之用。

運動場用鋼筋混凝土作架，用紅磚砌牆，而以人造石爲外牆之勒脚及壓頂。東西大門採用中國形式，以人造石砌成。其餘構造頗屬簡單。

運動場備有多數旗桿，於舉行運動會時頗關重要。場地及場屋正面設泛射燈。

本場之立面及剖面見第五及第六圖。

（乙）體育館　本館（第一圖中「2」）除應市民各項戶內運動之需要外，兼供集會之用，並可舉行展覽會及演劇。容量爲座位三千五百及立位一千五百。必要時可加設臨時座位於運動廳四周沿牆之處。運動廳設於廳屋之中央，地面用咸木鋪盆。寬約二十三公尺（六十三呎），長約四十公尺（一百三十一呎），可排設普通籃球場三處，爲正式比賽計，可置較大之場位於中央，而於四邊多留餘地（第六圖）。館屋之總寬約四十六公尺（一百五十呎），長約八十二公尺（二百七十呎）。運動廳四週之看臺支於堅固之鋼筋混凝土樑及磚牆。寬約十一公尺（三十六呎），凡十三級，每級寬六十六公分（二十六吋），高三十六公分（十四吋）至四十一公分（十六吋）。設計時假定之活儎爲每平方公尺六百一十公斤（每方呎一百二十五磅），連同靜儎每平方公尺一百二十公斤（每方呎二十五磅），總儎重爲每平方公尺七百三十公斤。

正門內大廳兩旁，各設階級一座，觀衆由此直達看臺。館屋後面兩邊，各設旁門及較狹階級，以便觀衆由此出館。

館屋之正面（第七圖）牆垣用人造石塊砌成，其形式含現代藝術色彩，而參以本國之圖案裝飾。於此開拱門三座，即館屋之正門。其餘外牆用紅磚砌築，而壓頂及勒脚鑲以人造石塊。

自正門入內，爲門廳，兩旁設售票房，再進爲大廳，兩旁設男女廁所及前述通看台之階級。再進爲穿堂，直通運動廳（籃球場）及後面之健身房，旁達辦公室及會客室，又由兩邊各另闢一門（第六圖中「丁」），分別達男女運動員之更衣，淋浴，等室，由此可通運動廳，健身房及運動器儲藏室。健身房兩旁設廚房及鍋爐間，以及前述旁門之門廳與階級。

館屋之前後牆，高出平台以上者，上邊成圓弧形，最高點高二十公尺（六十六呎），兩邊外牆高約十二公尺（三十九呎六吋）。屋頂架前後排列，相距各六公尺七公寸（二十二呎），爲三樞紐式鋼鐵拱形構架，其跨度（即兩端樞紐點之距離）計四十二公尺七公寸（一百四十呎），矢度（即中央樞紐點與兩端樞紐點之垂直距離）計十九公尺半（六十四呎），上弦之曲線半徑爲三十公尺（九十九呎）。邊部垂桿之高度，自兩端樞紐點起，計約十二公尺半（四十一呎）。

運動廳及健身房之採光，取高射式，以免運動員感眩目之弊。故於穹頂設固定排窗十孔，兩邊外牆高出看台處開八角小窗各十六孔，又於前後牆高出平台處設長方形窗各五孔。後兩種窗扇可以開啓，以使空氣流通。至於電燈，則裝於鋼鐵屋頂架之下。

館屋內之熱氣設備，採低壓式，熱氣冷凝之水，藉自動唧筒還入汽鍋。運動廳與健身房藉摩托通風機散佈暖氣，其他部分則直接利用熱之輻射作用以取暖。

(丙)游泳池　本游泳池(第二圖中「3」)之設，以供市民水上運動及舉行游泳競賽爲目的，池爲露天式，四周圍以看台，可容座五千。看臺下設更衣室，淋浴室，休息室，店房，公廁，鍋爐間，濾水機間等。看臺之北邊設宏麗之正門，門內設辦公室，客廳，大廳，售票房等。看臺下沿東，西，南三面建走廊通過，以應觀衆避雨之需(第九圖)。關於游泳池之尺寸，按照美國大學游泳競賽規例，池面至少應爲長十八公尺(六十呎)，寬六公尺(二十呎)，池之深度在較淺之一端至少應爲九公寸(三呎)，在較深一端至少應爲一公尺半(五呎)。本池之尺寸，經與本市體育界商酌，擬定計長五十公尺，寬二十公尺；池底於長邊方向作匙形，由一端深約一公尺一公寸(三呎半)起，向中央漸漸加深至一公尺七公寸(五呎半)，然後由中央至距他端五公尺(十六呎)之處，陡降至三公尺半(十一呎半)之深度。(此項深度，爲遠東運動會所採用者)。

池身用鋼筋混凝土及防水材料構造，以足以抗禦池滿時之「水壓」及池空時之「土壓」爲度。池底打樁七百二十五根爲基。池底及池邊鋪白色瑪賽克，四壁砌白磁磚。

本池之容量約爲二千二百立方公尺(六十萬加侖)。此項鉅大水量，若時時更換，所費勢必不貲，且每次更換須閱十小時，亦殊不便。爰設濾水設備，使濁水出池復變爲清，再返入池，循環不已。計每次循環，凡五階段，即：(一)消毒，(二)濾清。(三)入池，(四)流通，(五)出池。此項濾清工作，可於游泳季節內繼續不停。每經過一次消毒與濾清，水質益形潔淨。

池內燈光設備，採最新式，即於水面下池壁內嵌裝光燈泡，使燈光水色打成一片，而成整個「光源」，於夜間觀之，至爲悅目賞心。反之，若以燈光下照池內，則因水面之反射作用，池外雖極明亮，徒眩游泳者之目，水內則顯幽暗，足滋發生意外時救護之困難。故燈光設於池內水面以下之辦法，有便利游泳與救護兩優點，當今夏夜游泳漸成風習之際，殊有採用之必要。本池及附屬建築物之設計，固以實用爲旨歸，而對於美觀一點亦經加以注意，大門牆垣用人造石塊砌成，上加雕刻，顯示本國文化色彩(第十圖)。其餘牆垣用紅磚砌築，而以人造石爲勒脚及壓頂，以資經濟。就本池全部建築觀之，所有建築形式與運動場及體育館互相適應。

查歐美各國之游泳池，往往附帶小池，深度在一公尺二公寸以下，專供兒童游泳之用。本池以限於經費預算之故，未能兼顧此項設備，殊屬缺憾。

(丁)網球場及棒球場　體育場之中部及西北角，擬建網球場(設球場三處及座位四千之看臺等)及棒球場(附座位四千之看臺)各一處(第二圖中「4」及「5」)，留待將來興工，不在此次舉辦工程之範圍內。

(四)施工　運動場，體育館及游泳池之建築圖案，經市中心區域建設委員會建築師董大酉君及助理建築師王華彬君主持設計完成，並呈奉　市政府核准後，即於二十三年七月由工務局招標。投標人十一家中，由成泰以最廉標價得標承辦。旋於八月開工，於十月一日舉行奠基典禮，預定於二十四年五月落成。

(五)餘言　本工程設計上不乏新穎之點，如關於鋼筋混凝土屋架，出入交通路線宿舍佈置，看臺下店房等設備以及內外裝璜等，在在足供本國其他各處設計體育場者之參考。而以本場規模之大，容量之多，佈置之完備，乃能以百萬元左右之經費完成之，尤見設計者之苦心孤詣焉！

THE LIBRARY
OF
THE TOKYO IMPERIAL UNIVERSITY

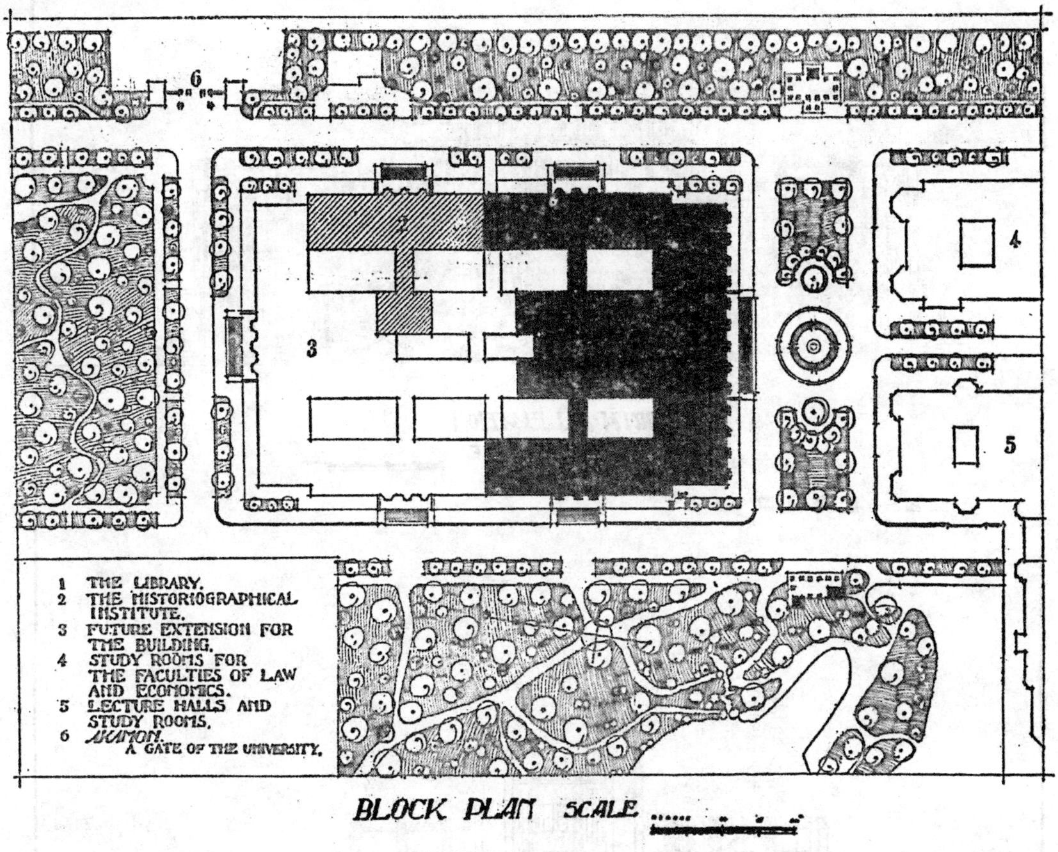

BLOCK PLAN SCALE

日本東京

帝國大帝圖書館

第一圖　總地盤圖

NORTH ELEVATION
SCALE

第二圖　北立面圖

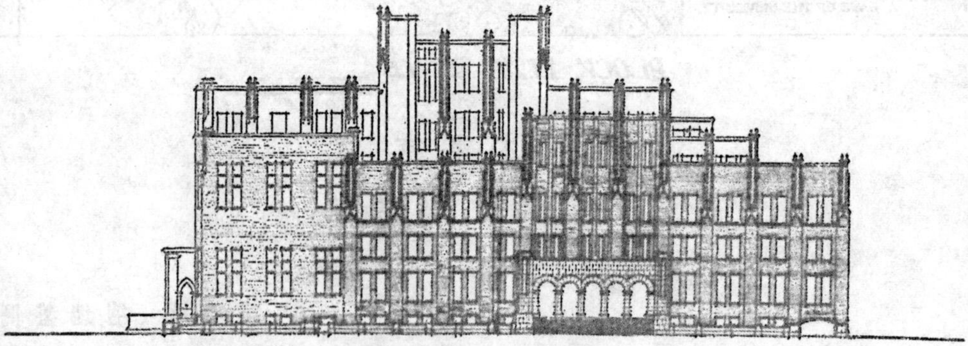

WEST ELEVATION
SCALE

第三圖　西立面圖

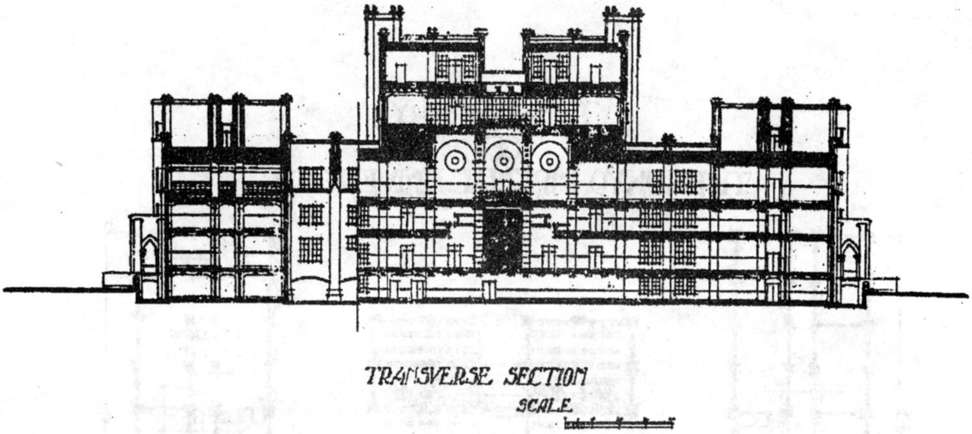

第四圖　縱剖面圖

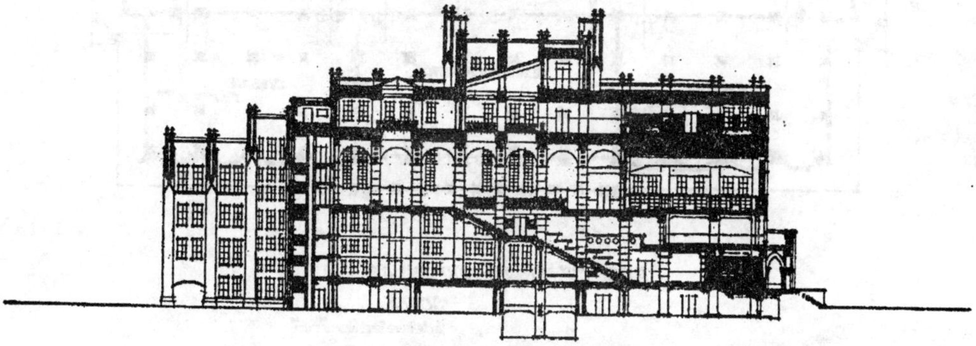

第五圖　長剖面圖

The Library of The Tokyo Imperial University

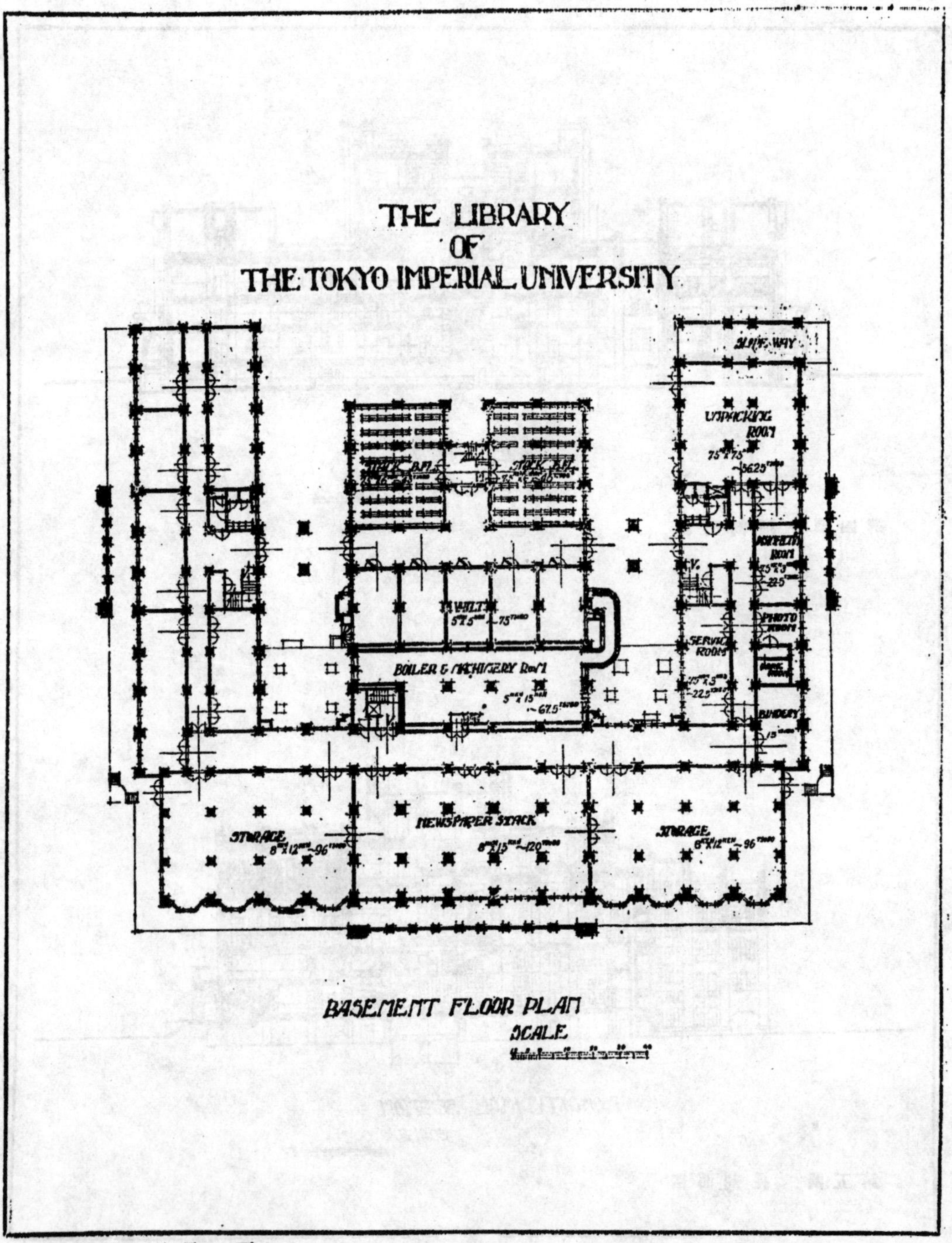
THE LIBRARY
OF
THE TOKYO IMPERIAL UNIVERSITY
NEWSPAPER STACK
STORAGE
STORAGE
BOILER & MACHINERY ROOM
BINDERY
BASEMENT FLOOR PLAN
SCALE

第六圖　地階平面圖

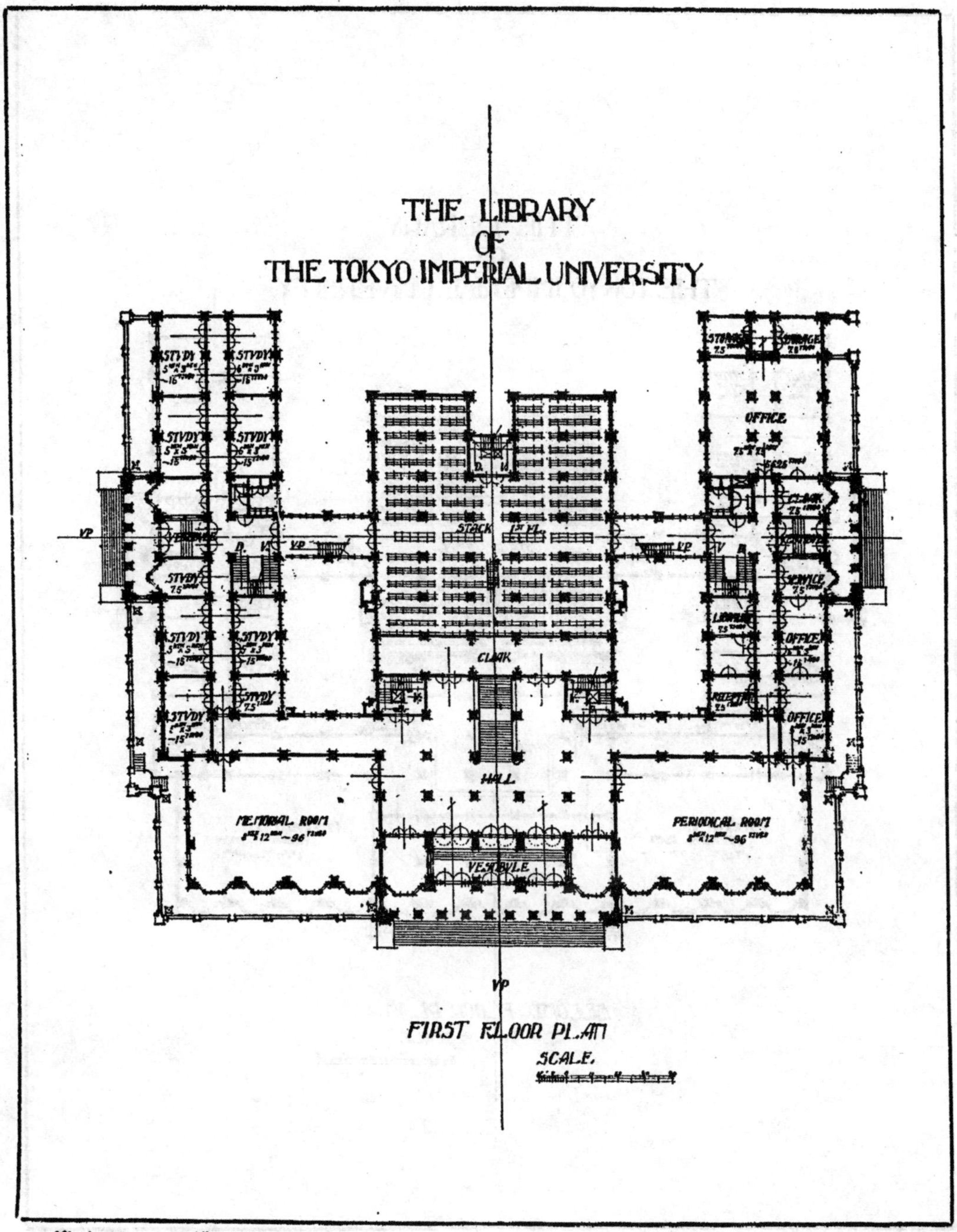
THE LIBRARY
OF
THE TOKYO IMPERIAL UNIVERSITY
STUDY
STACK
CLOAK
HALL
MEMORIAL ROOM
PERIODICAL ROOM
VESTIBULE
OFFICE
SERVICE
VP
FIRST FLOOR PLAN
SCALE.

第七圖　二層平面圖

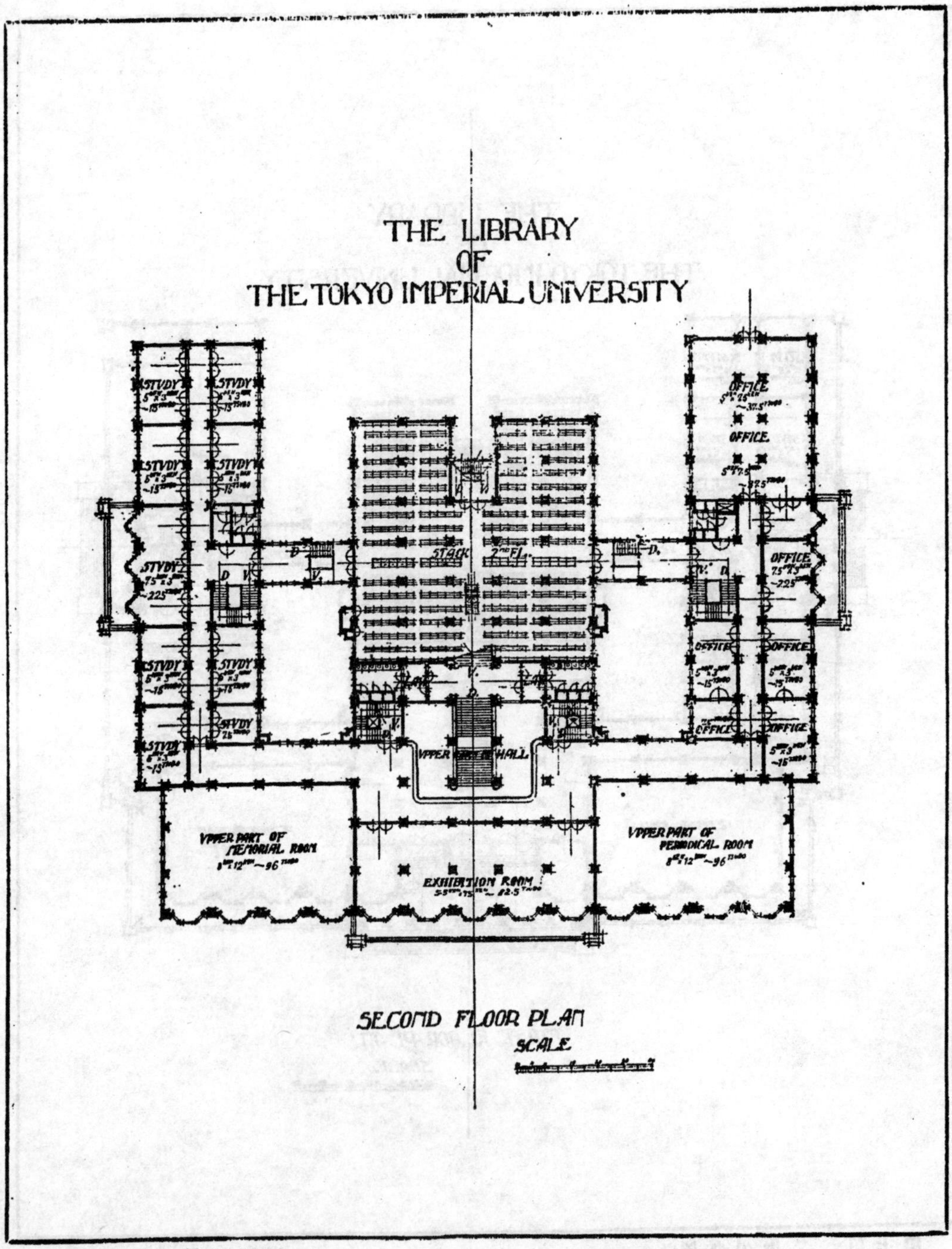
THE LIBRARY
OF
THE TOKYO IMPERIAL UNIVERSITY
STUDY
OFFICE
STACK 2nd FL.
UPPER GREAT HALL
UPPER PART OF MEMORIAL ROOM
UPPER PART OF PERIODICAL ROOM
EXHIBITION ROOM
SECOND FLOOR PLAN
SCALE

第八圖　三層平面圖

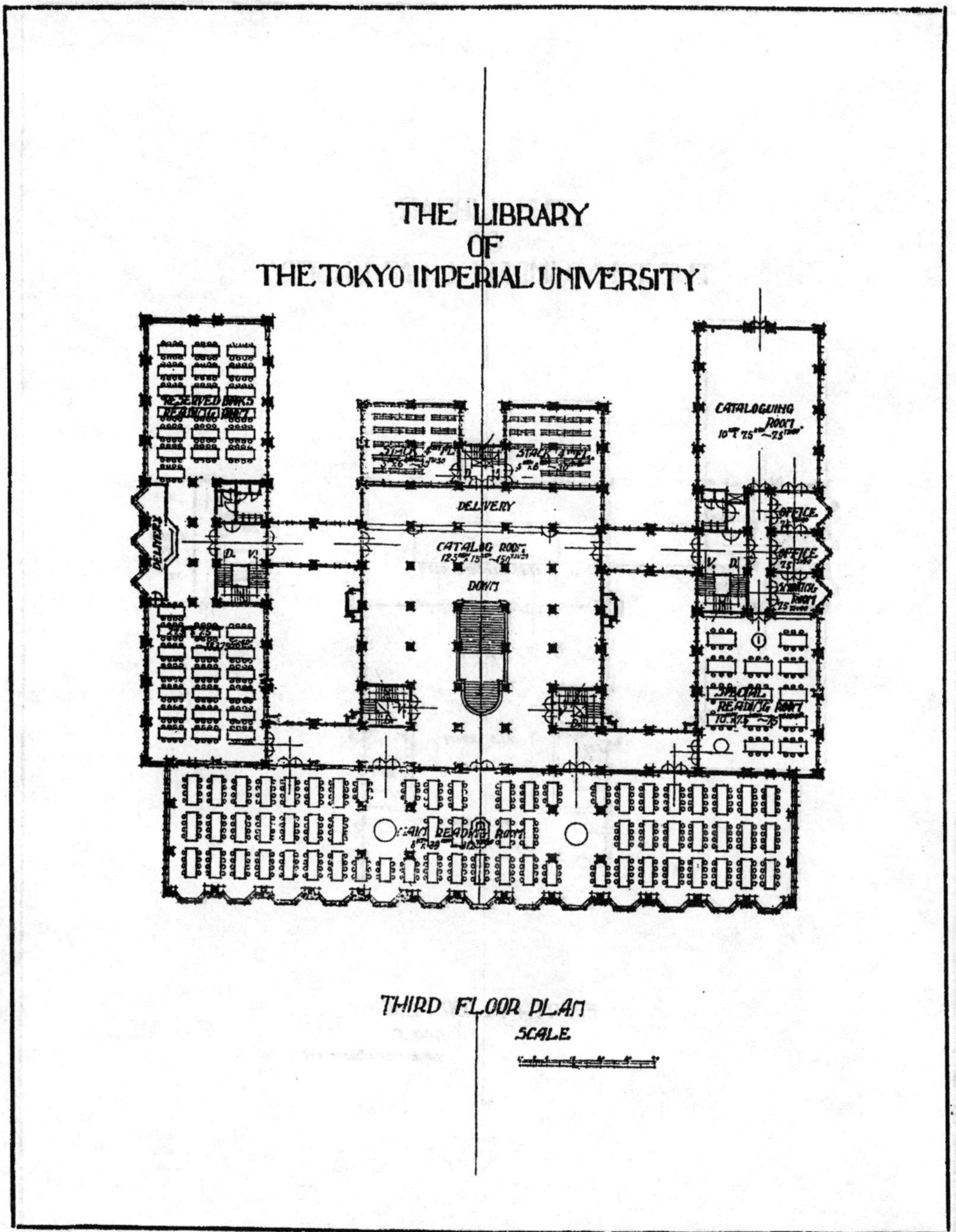
THE LIBRARY
OF
THE TOKYO IMPERIAL UNIVERSITY
RESERVED BOOKS READING ROOM
CATALOGUING ROOM
DELIVERY
CATALOG ROOM
DOWN
OFFICE
SPECIAL READING ROOM
MAIN READING ROOM
THIRD FLOOR PLAN
SCALE

第九圖　四階平面圖

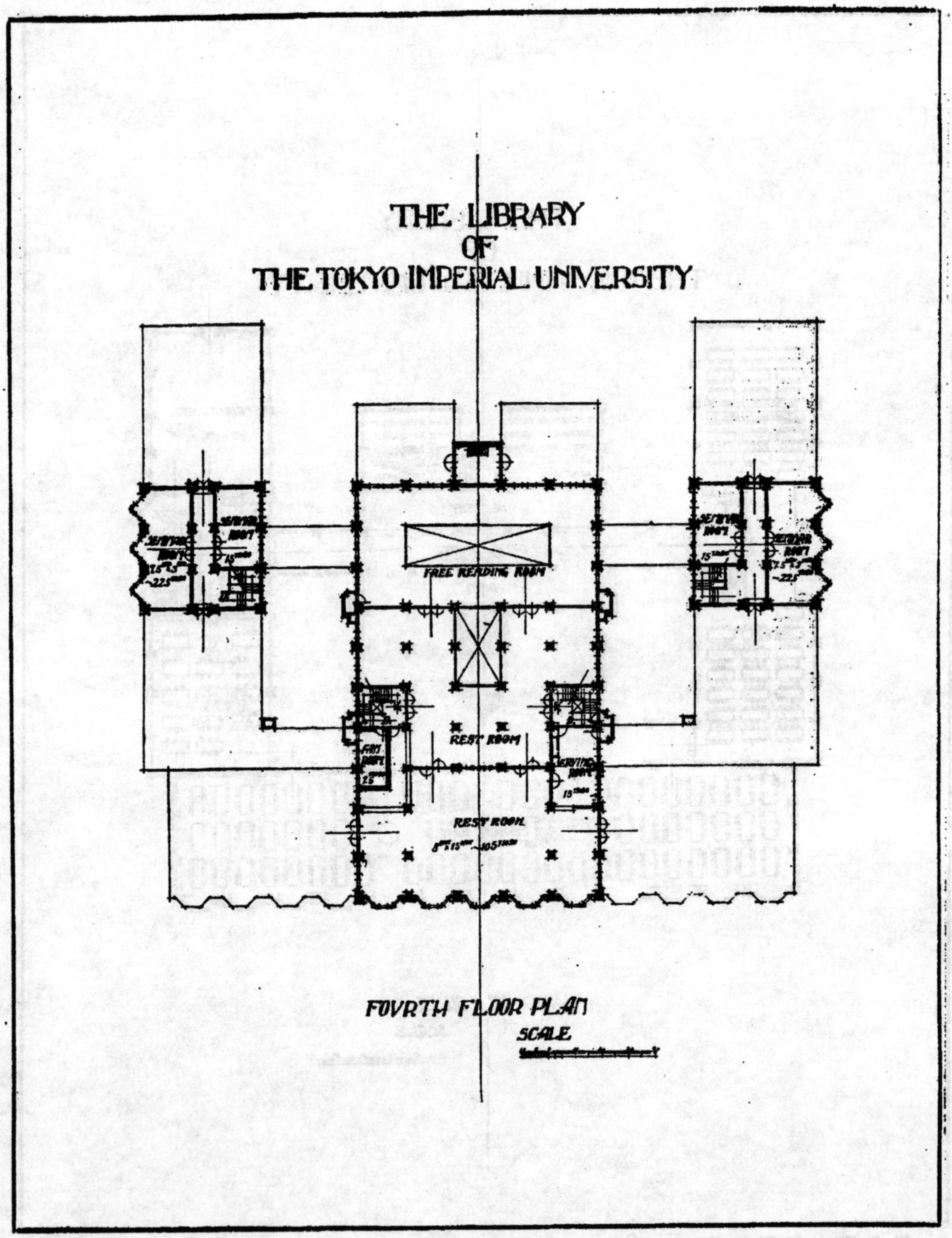
THE LIBRARY
OF
THE TOKYO IMPERIAL UNIVERSITY
FREE READING ROOM
REST ROOM
REST ROOM
FOURTH FLOOR PLAN
SCALE

第十圖　五層平面圖

日本東京共同建物株式會社新屋

第一圖　外觀撮影

New Allied Building, Tokyo, Japan

第二圖 屋頂攝影

View of Tokyo from the Roof of the Allied Building

第三圖 第一層走廊及電梯

Elevators and Girl Operators in the Building

第四圖 一層走廊全景

First Floor Corridor

第五圖 電氣間 Switch Room

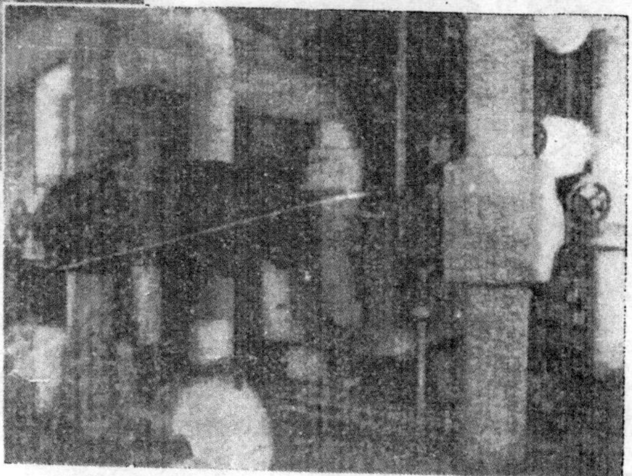

第六圖 冷氣機間

Cold System

Dining Room

第七圖　會食堂

Smoking Room

第八圖　喫煙室

22734

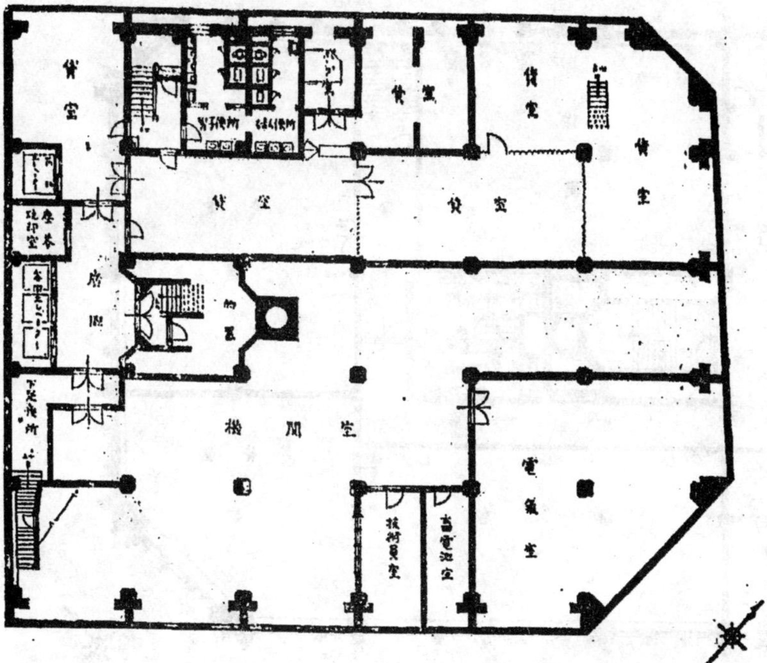

第九圖　地層平面圖

Ground Floor

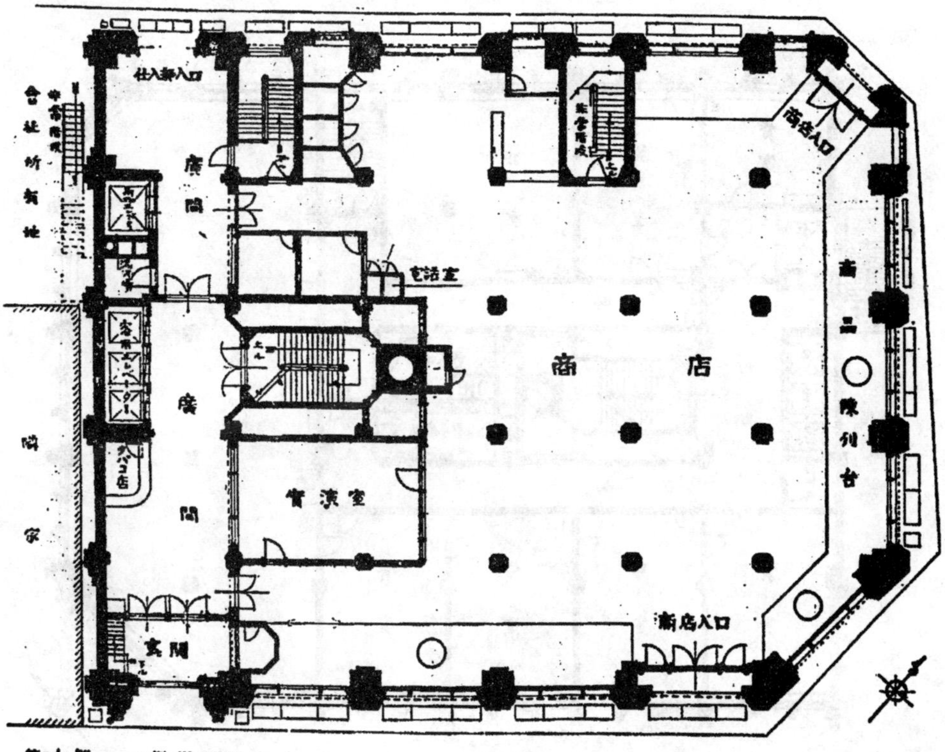

第十圖　一層平面圖

First Floor

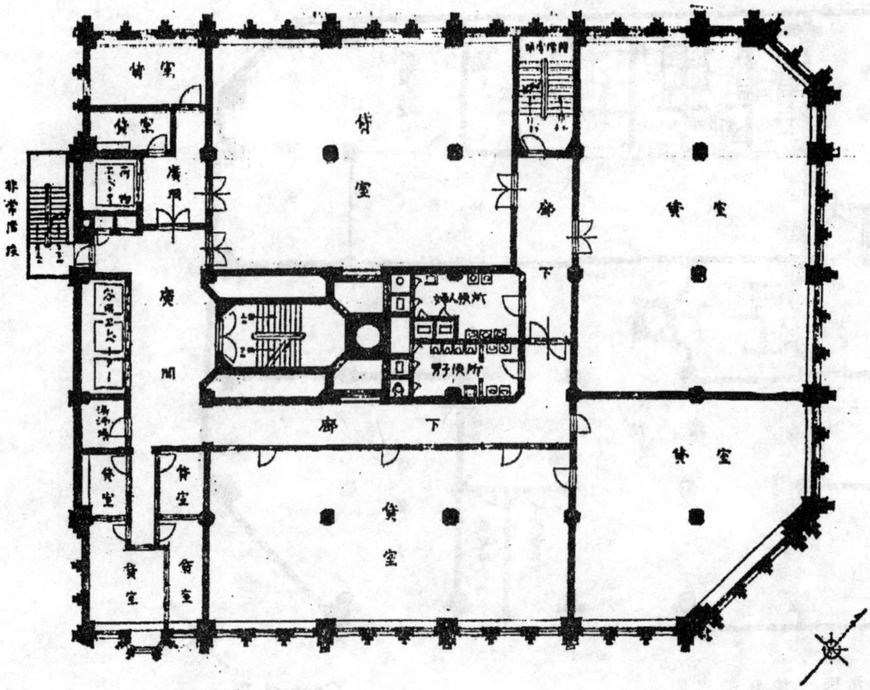

第十一圖　二層平面圖　　**Second Floor**

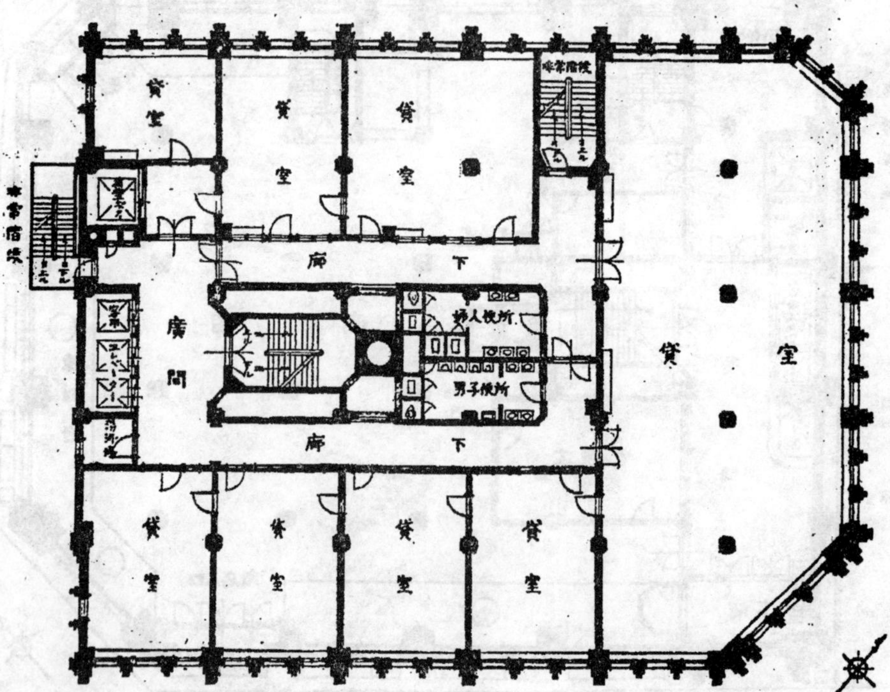

第十二圖　三層至五層平面圖　　**Third, Fourth and Fifth Floors**

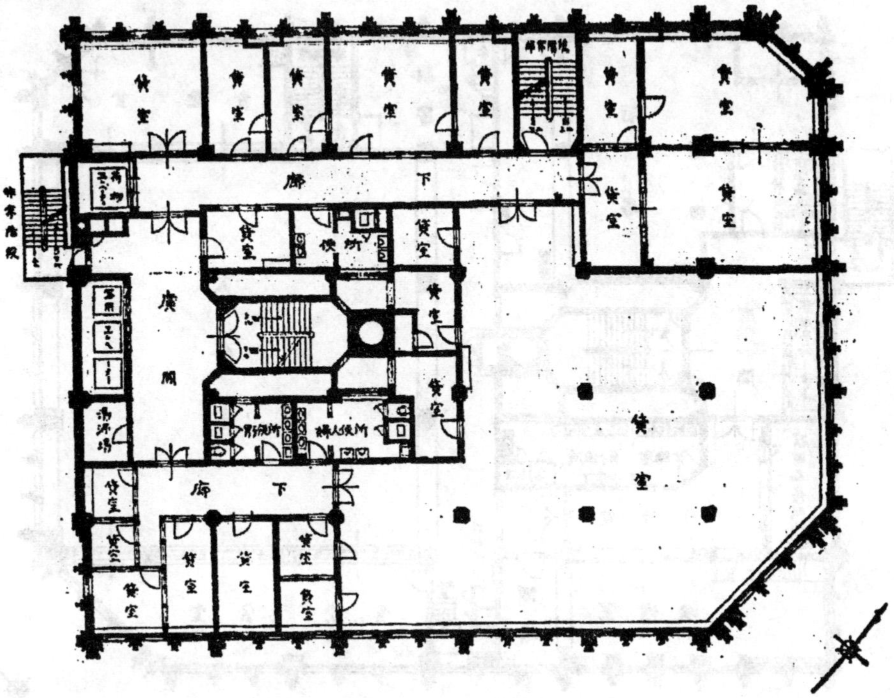

第十三圖　六層平面圖　　Sixth Floor

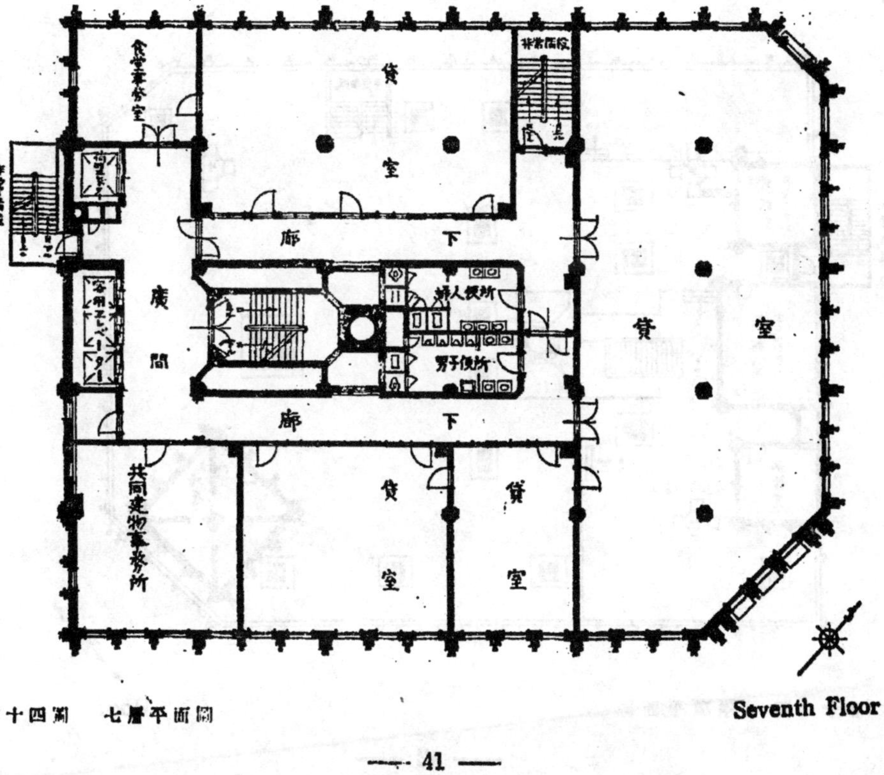

第十四圖　七層平面圖　　Seventh Floor

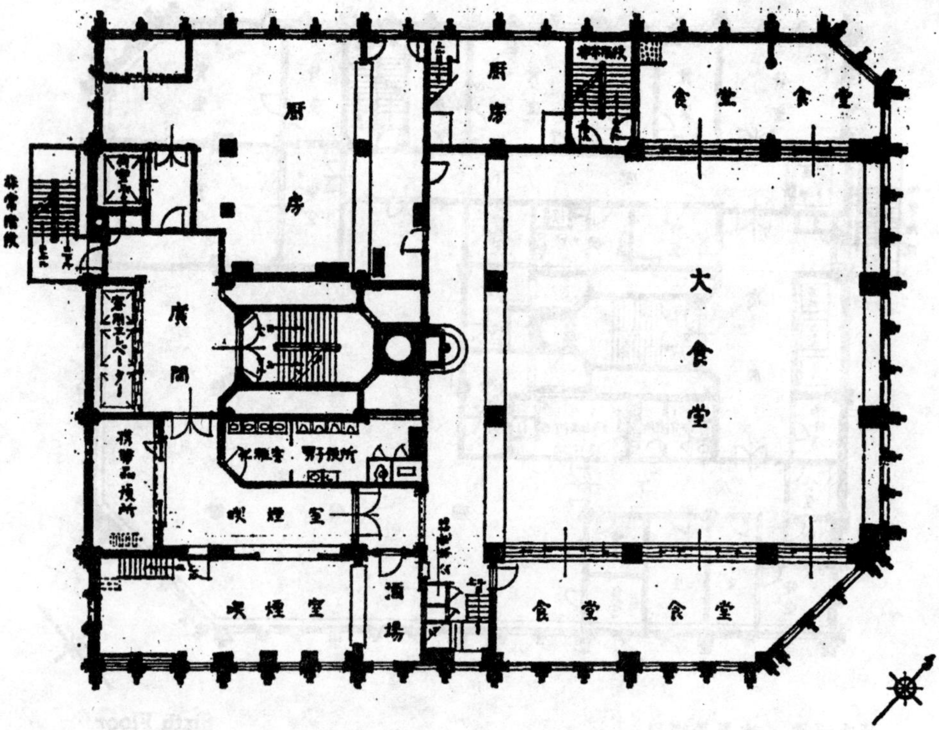

第十五圖　八層平面圖　　Eighth Floor

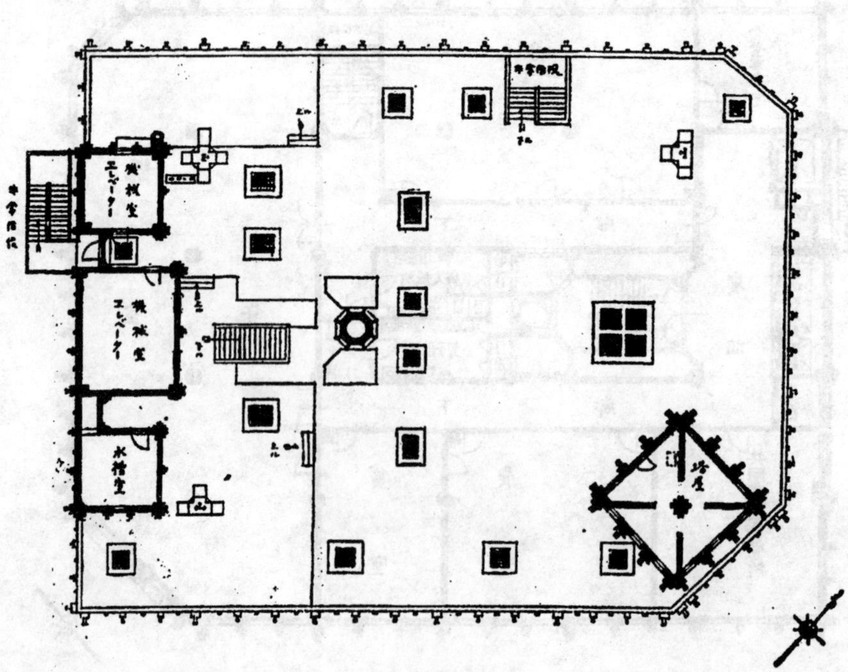

第十六圖　屋頂平面圖　　Roof

22738

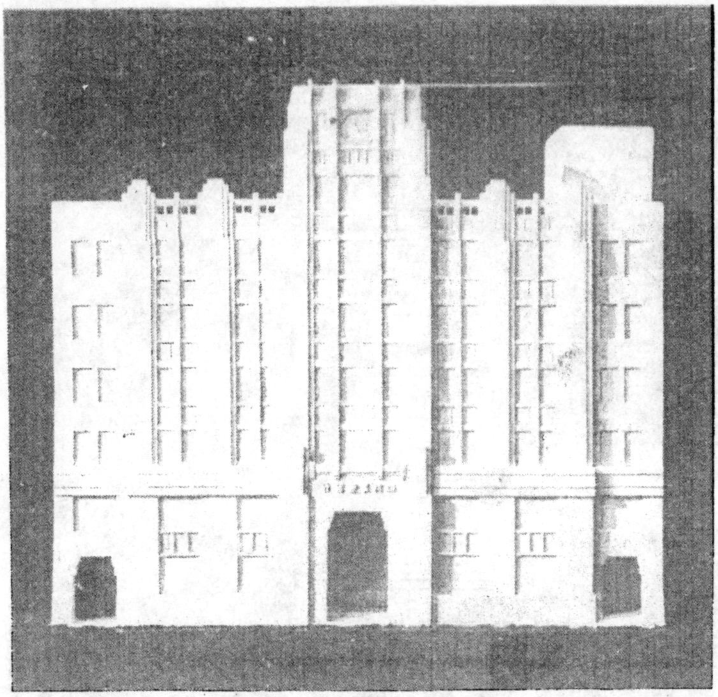

上圖爲重慶四川美豐銀行總行模型，下圖爲平面圖，係由上海基泰工程師設計，馥記營造廠承造，模型則爲上海藝生模型社所製云。

The Mei Feng Bank of Szechuen Chungking

Above: The Model.
Below: The Plan.

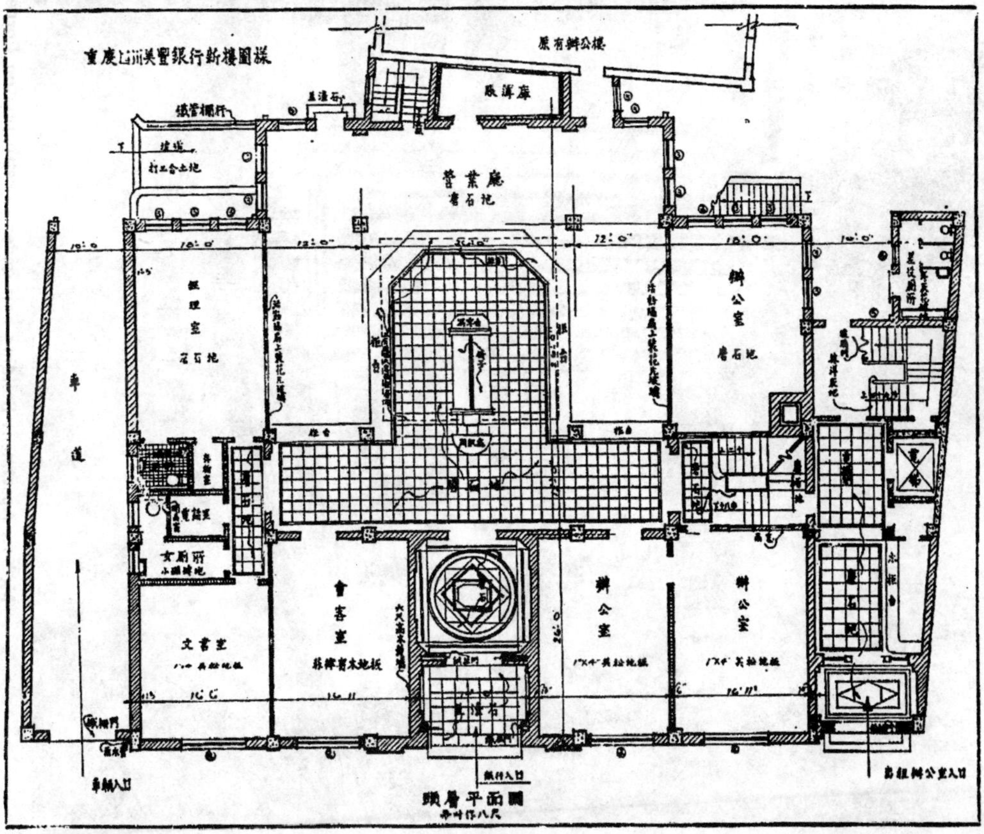

建築中之上海派克路白克路角新式公寓

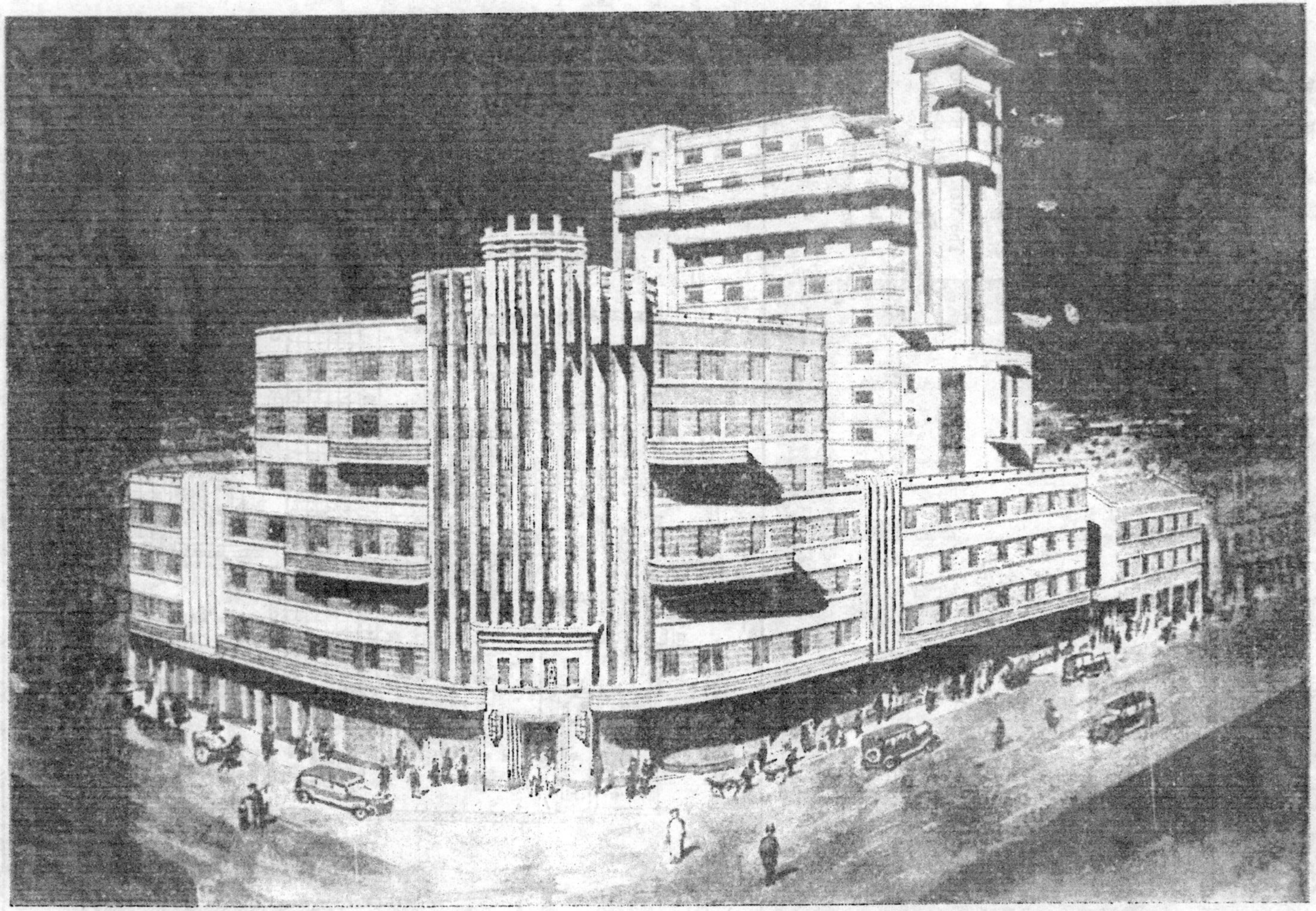

凱司洋行設計

Modern Apartment Building now under Construction on Corner of Park & Burkill Roads, Shanghai.

Messrs. Keys & Dowdeswell, Architects.

派克路白克路角公寓下層平面圖

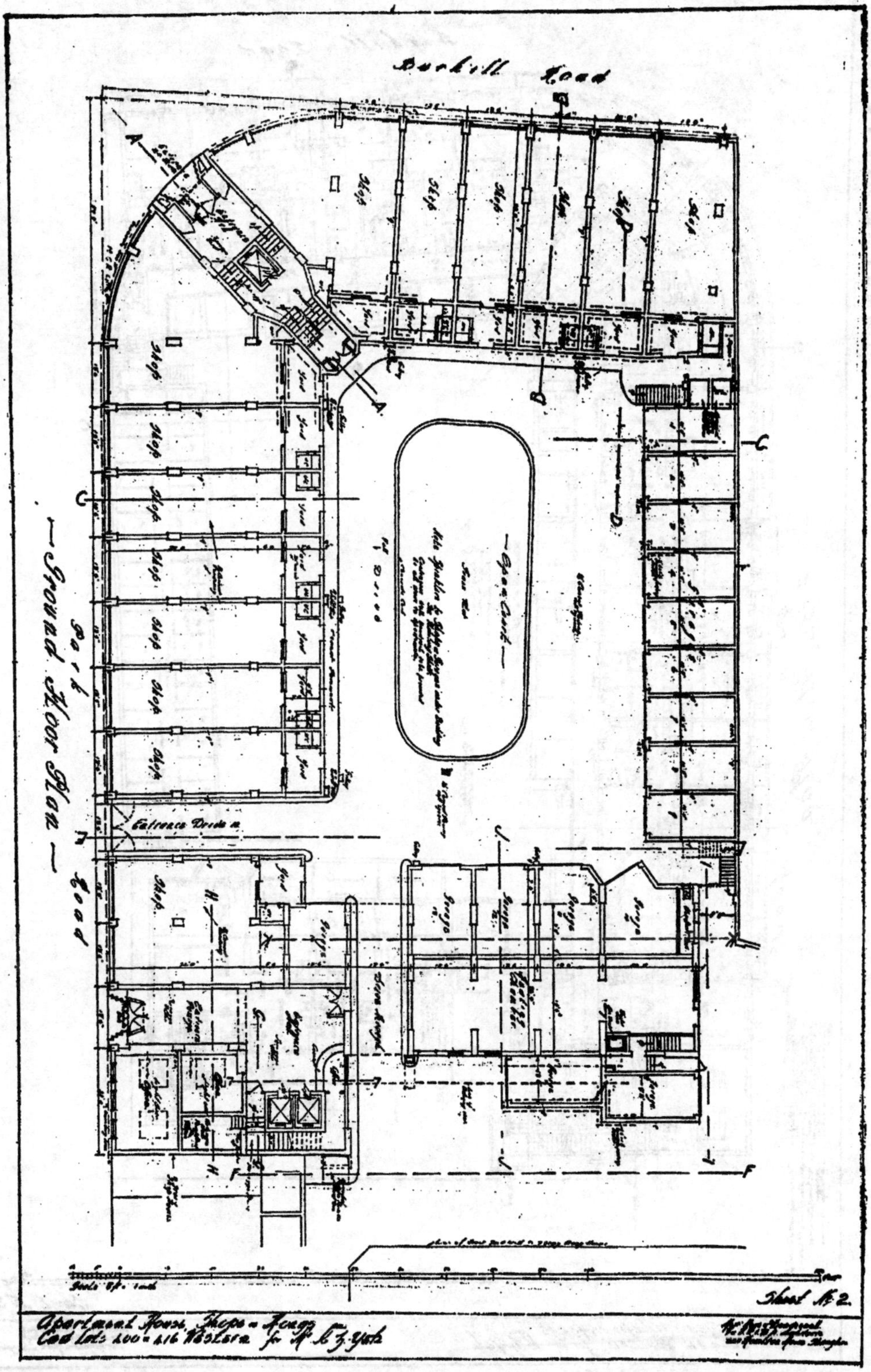

22741

派克路白克路角公寓二層平面圖

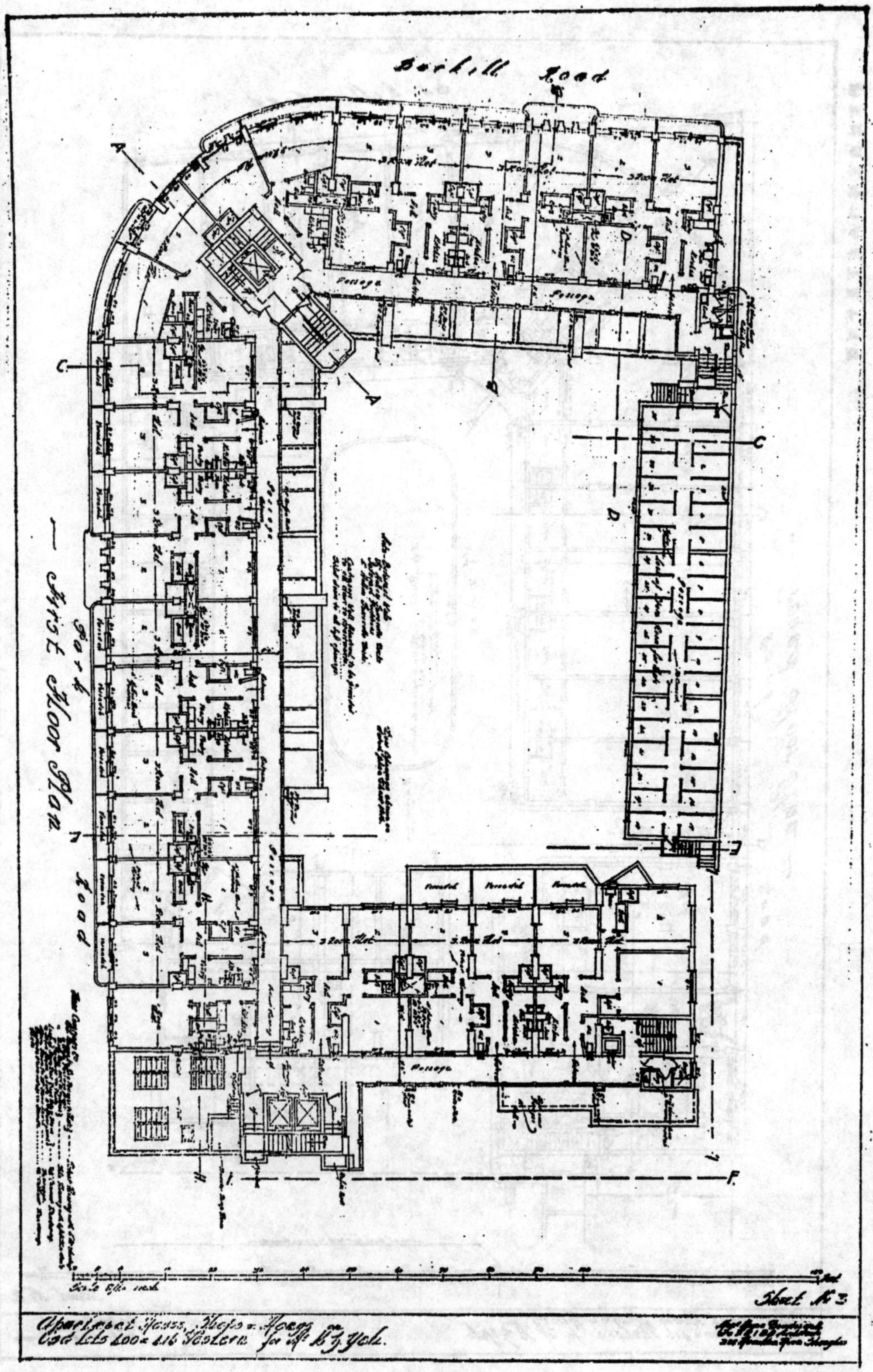

22742

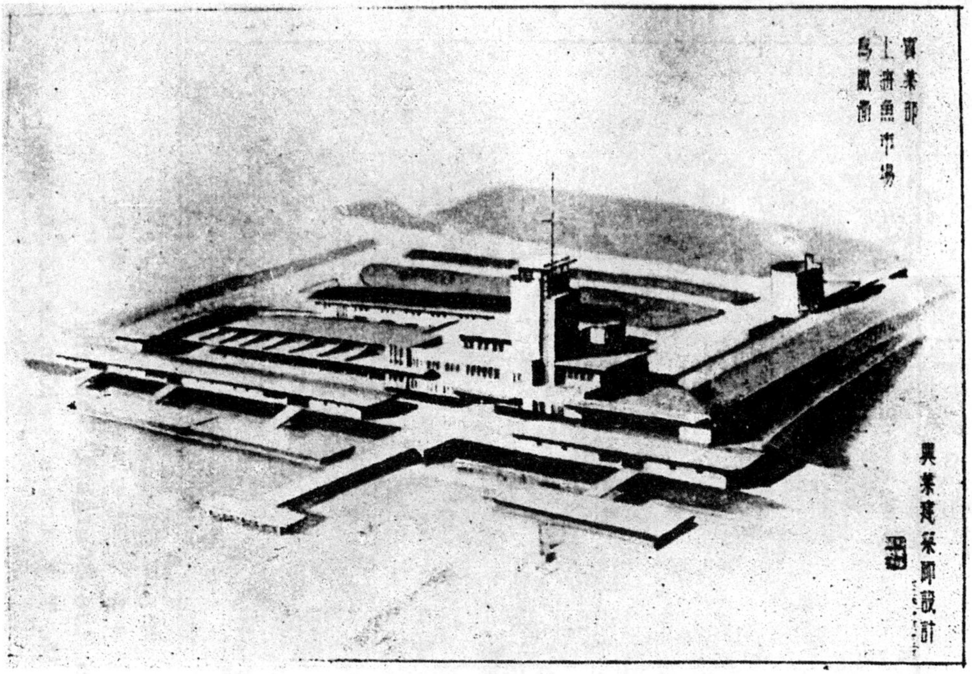

實業部上海魚市場鳥瞰圖

興業建築師設計

我國有數千里之海岸，自直魯蘇浙閩粵凡六省，漁業範圍，至爲龐大，每年水產，約値六千萬元。惟各漁商，俱係各自買賣，既無組織，又乏保護；因之國內漁業不振，外貨侵入，前途日蹙。補救之道，惟有設立一大規模有組織之市場，以管轄全國漁業。如是則非獨振興國內漁業，并裨益整個民生經濟；實業部有鑒於此，特在上海楊樹浦定海橋北，濬浦局新填灘地，籌設上海魚市場一所。蓋因上海爲國際及全國市場，外能控制沿海鹹水魚，可管理沿江淡水魚之集散。該魚市場經實部委本埠興業建築師事務所徐敬直李惠伯等設計，工程浩大，經一年之運籌擘劃，現始開工，計佔地四十八畝，重要部份有(一)魚市場辦事處三層水泥鋼骨建築一座，(二)魚市競賣場一座，(三)經紀人辦事處二層建築一座，(四)新式倉庫一所，內分(甲)冷藏庫，(乙)冰凍室，(丙)製冰室，(丁)機器間，(戊)凝結器室；(五)六百尺之岸壁碼頭一座。其外若氣象台，無線電室等，無不俱備；可與英美日各國之大漁市場相媲美，誠我國建築界中之創舉也。

FISH MARKET TO BE ERECTED ON WHANGPOO

A significant step taken by the Ministry of Industry towards the protection of China's fishing industry is seen in construction of the largest fish market in China located on 48 mow of delta land reclaimed by the Whangpoo Conservancy Board north of the Tinghai Bridge, at the terminus of Yangtszepoo Road. The initial current expenses for the administration of the fish market is learned to be fixed at $100,000 with the sanction of the Central Political Council. A trunk railway line will link the fish market with the main line to facilitate transportation. The building is divided into seven departments. They are the administrative offices, the fish market itself, which will be located on the ground floor, the offices for retailers, the cold storage, an ice-making factory, a machinery installation room, and several godowns for the unloading of fish. There will be six pontoons which jut out into the Whangpoo for the anchorage of fishing junks. A weather signal office with a radio broadcasting office will be located on the upper floor of a tower attached to the main building. Market prices will be broadcast daily fixing the official prices for the fish. The administrative offices will have a research laboratory equipped with scientific apparatus for research purposes. Dormitories will be provided for the administrative staff. The fish market has a water frontage of 600 feet. The ice storage rooms will have a capacity for 1,500 tons of fish besides godowns for that purposes. A tender has been awarded by the Ministry of Industry to the Hsin Chang Tai Building Contractors at a total cost of $300,000 and the building will be completed after six months. The fish market and attached buildings are designed by Su, Yang and Lei architects.

建築中之上海蒲石路三層公寓

承造者：新明記營造廠　　設計者：建安測繪行陸志剛建築師

Three Storied Apartment House on Rue Bourgeat, Shanghai.

Hsu Chun Yuen & Co., Building Contractors.　　Mr. T. K. Loh of the Kien An Co., Architect.

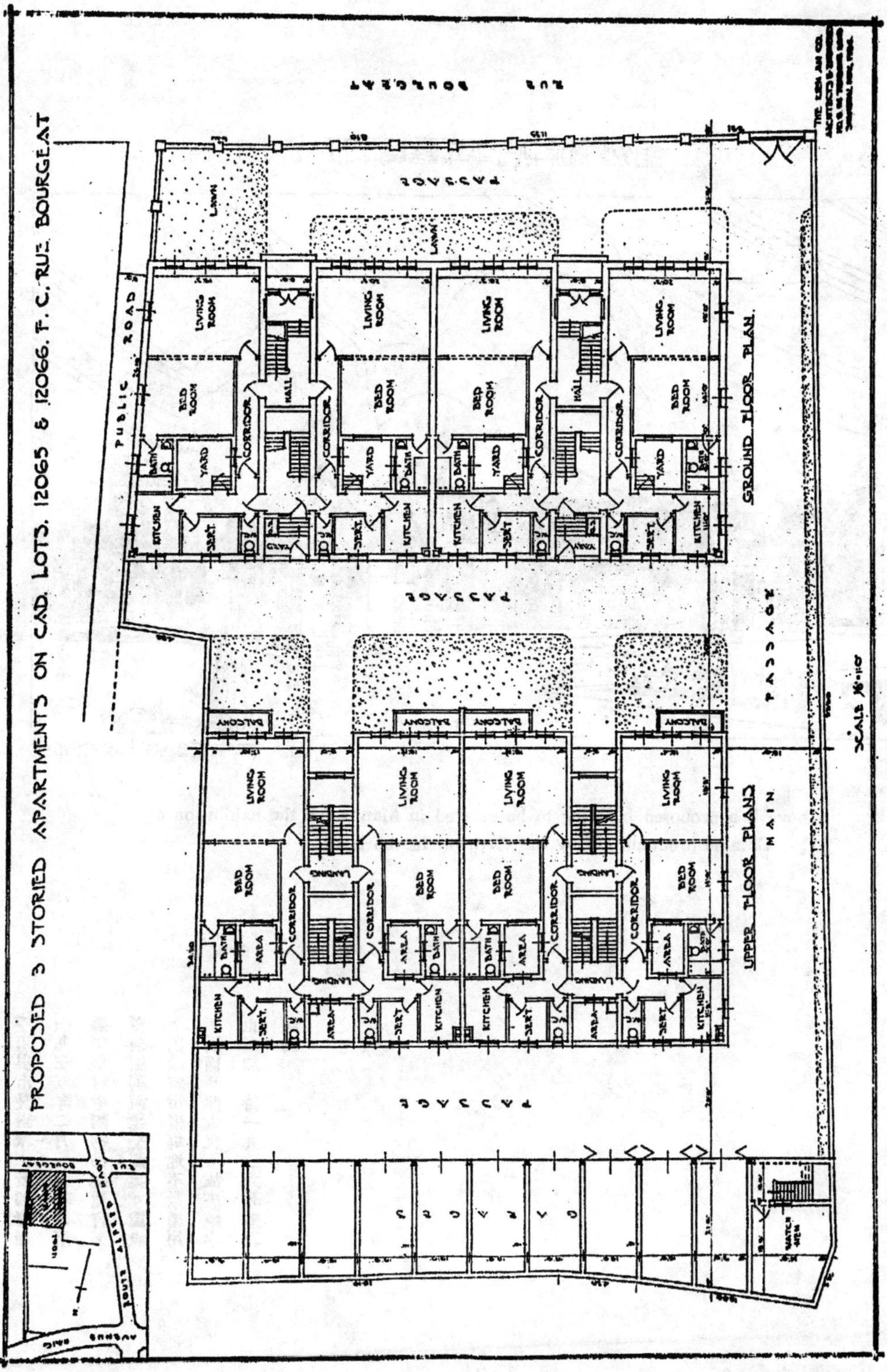

建築中之蒲石路三層公寓平面圖

菲律賓嘉年華會中國陳列館

上海市建築協會服務部

Above is a proposed building to be erected in Manila for the exhibition of Chinese products during the Carnival in the Island.

本市吳市長鐵城，發起參加一九三五年二月一日菲律濱嘉年華會中國物品展覽會，囑製陳列館建築圖案。圖成，因該會指撥場地不敷應用，更因時間太促，故決議中止參加，待一九三六年春再議云。

高等構造學定理數則

林　同　棪

第一節　緒論

高等構造學之定理，本非深奧難明。不幸各著名教授及理論家，皆好引用繁雜算式，以證明之。致普通工程師以及工程學生，望之而生畏；即不敢從事研究，遂指爲無用之公式，謂其徒合理論而無補於實際之設計。殊不知理論確對，則必與實際相合。今欲使工程設計，立基於科學，則必由理論實際，兩方面同時着手。是以最近工程學之趨勢，不但求設計理論之準確，更注意設計方法之簡易。蓋如是則普通工程師，方能引用而實施之也。

本文用工作不滅定理(The law of conservation of energy)證明高等構造學定理數則。其證法之簡單，雖在一二構造學書中，亦可見及；然總未有如本文範圍之廣者。

第二節　兩點互生撓度之關係

(Maxwell's Law of Reciprocal Deflections)

設：任何構架(第一圖a–b)，A及B爲架上任何兩點。

在A點加以力量δP_A使之向δP_A方向發生撓度δD_A而B點向δP_B方向發生撓度δD_{BA}。(第一圖a)(註一)

在B點加以力量δP_B使之向δP_B方向發生撓度δD_B而A點向δP_A方向發生撓度δD_{AB}。(第一圖b)

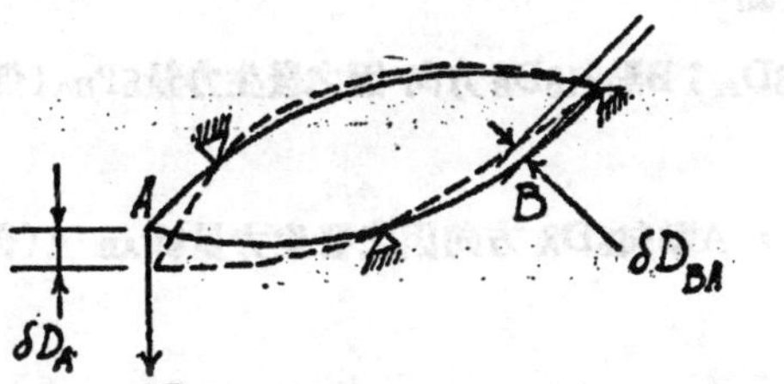

第一圖 a

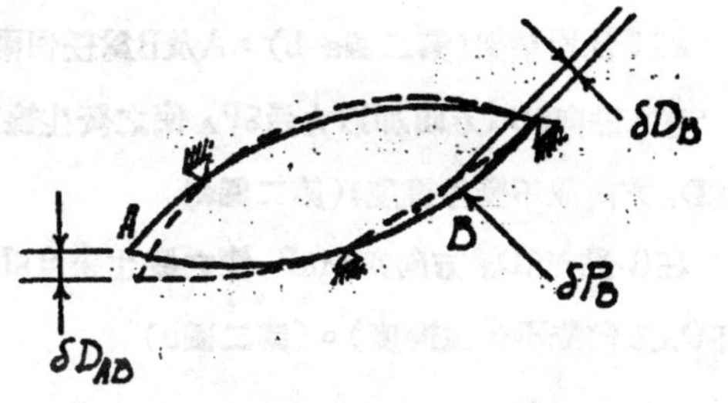

第一圖 b

求證：$\dfrac{\delta D_{AB}}{\delta P_B} = \dfrac{\delta D_{BA}}{\delta P_A}$

證：設在A點加以δP_A，則δP_A之工作爲

$$\tfrac{1}{2}\delta P_A \delta D_A$$

然後在B點再加以δP_B則δP_B之工作爲

$$\tfrac{1}{2}\delta P_B \delta D_B$$

而δP_A又因之而做工作，

(註一)本文各圖中之虛線，係指構架變形後之曲線。⏜係代表支座。⌒代表勁率。⌒\代表坡度。

$\delta P_A \delta D_{AB}$

故δP_A與δP_B之總工作為，

$$W_1 = \tfrac{1}{2}\delta P_A \delta D_A + \tfrac{1}{2}\delta P_B \delta D_B + \delta P_A \delta D_{AB}$$

設在B點先加以δP_B，而後在A點添以δP_A，則δP_A與δP_B之總工作當為

$$W_2 = \tfrac{1}{2}\delta P_B \delta D_B + \tfrac{1}{2}P\delta_A \delta D_A + \delta P_B \delta D_{BA}$$

今者δP_A與δP_B之總工作，與其加於架上之先後次序，當無關係，故，

$$W_1 = W_2$$

$$\therefore \tfrac{1}{2}\delta P_A \delta D_A + \tfrac{1}{2}\delta P_B \delta D_B + \delta P_A \delta D_{AB} = \tfrac{1}{2}\delta P_B \delta D_B + \tfrac{1}{2}\delta P_A \delta D_A + \delta P_B \delta D_{BA}$$

$$\therefore \quad \delta P_A \delta D_{AB} = \delta P_B \delta D_{BA}$$

$$\therefore \quad \frac{\delta D_{AB}}{\delta P_B} = \frac{\delta D_{BA}}{\delta P_A} \quad \text{..} (1)$$

附註(一)：如δP_A為動率，δD_{AB}為坡度；或如δP_B亦為動率，δD_{BA}亦為坡度，本公式亦可應用。

附註(二)：如δP_A或δP_B為多數力量用於各點所組成，同理可證之。

附註(三)：如$\delta P_B = \delta P_A = 1$，則$\delta D_{AB} = \delta D_{BA}$，其意義可譯之如下：A點向$\delta P_A$方向因B點向$\delta P_B$方向受力$\delta P_B = 1$所生之撓度，等於B點向$\delta P_B$方向因A點向$\delta P_A$方向受力$\delta P_A = 1$所生之撓度。此卽為尋常之麥氏定理(Maxwell's law)。

第三節　兩支點互生力量之關係
(Law of Reciprocal Reactions)

設：任何構架(第二圖a-b)，A及B為任何兩支點。

在A點向δD_A方向加以力量δP_A使之發生撓度δD_A；B點向δD_B方向 因之發生力量δP_{BA}（但B點向δD_B方向並不發生撓度）(第二圖a)

在B 點向δD_B 方向加以δP_B使之發生撓度δD_B， A點向δD_A 方向因之發生力量δP_{AB} 。(但A點向δD_A方向並不發生撓度)。(第二圖b)

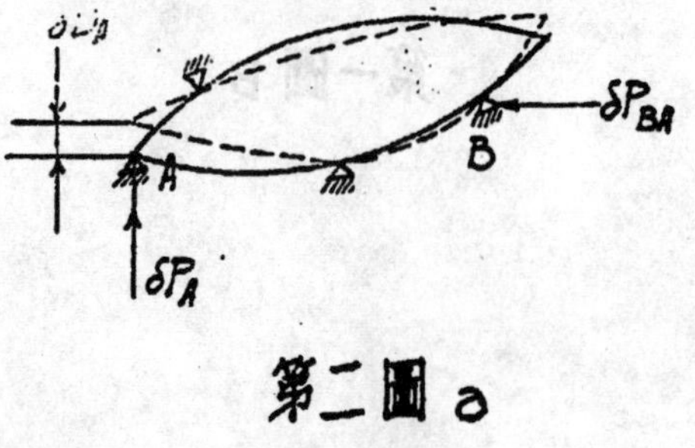

第二圖 a

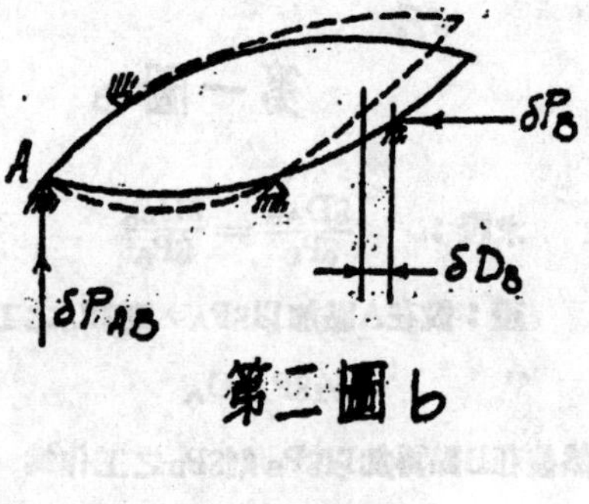

第二圖 b

求證：　$\dfrac{\delta P_{BA}}{\delta D_A} = \dfrac{\delta P_{AB}}{\delta D_B}$

證：設在A點先加以δP_A，後在B點添以δP_B，則δP_A與δP_B之總工作為

$$W_1 = \tfrac{1}{2}\delta P_A \delta D_A + \tfrac{1}{2}\delta P_B \delta D_B + \delta P_{BA} \delta D_B$$

設先在B點加以δP_B，後在A點添以δP_A，則δP_A與δP_B之總工作為

$$W_2=\tfrac{1}{2}\delta P_B\,\delta D_B+\tfrac{1}{2}\delta P_A\,\delta D_A+\delta P_{AB}\,\delta D_A$$

$$\therefore W_1=W_2$$

$$\therefore \tfrac{1}{2}\delta P_A\,\delta D_A+\tfrac{1}{2}\delta P_B\,\delta D_B+\delta P_{BA}\,\delta D_B=\tfrac{1}{2}\delta P_B\,\delta D_B+\tfrac{1}{2}\delta P_A\,\delta D_A+\delta P_{AB}\,\delta D_A$$

$$\therefore \delta P_{AB}\,\delta D_B=\delta P_{AB}\,\delta D_A$$

$$\therefore \frac{\delta P_{BA}}{\delta D_A}=\frac{\delta P_{AB}}{\delta D_B}\quad\text{......................................(1)}$$

附註(一)：如δP_{BA}為勁率，δD_B為坡度；或δP_{AB}亦為勁率，δD_A亦為坡度，本公式仍可應用。

附註(二)：如δD_A或δD_B為各點撓度所組成，同理可證之。

附註(三)：如$\delta D_A=\delta D_B=1$，則$\delta P_{BA}=\delta P_{AB}$其意義如下：

B點向δD_B方向因A點發生$\delta D_A=1$所生之力量，

等於A點向δD_A方向因B點發生$\delta D_B=1$所生之力量。

附註(四)：本定理與麥氏定理相類似。然作者尚未能在各構造書中見及此定理。其是否為一新穎定理，則不可得知矣。

第四節　支點力量與他點撓度之關係

(Influence Lines and Begg's Deformeter)

設：任何構架(第三圖a-b)A為任何支點，B為任何其他其一點。

在A點加以力量δP_A使之向δP_A方向發生撓度δD_A，而B點向δP_B方向發生撓度δD_{BA}。(第三圖a)

在B點加以力量δP_B使之向δP_B方向發生撓度δD_B，而A點向δP_A方向發生力量δP_{AB}。(第三圖b)

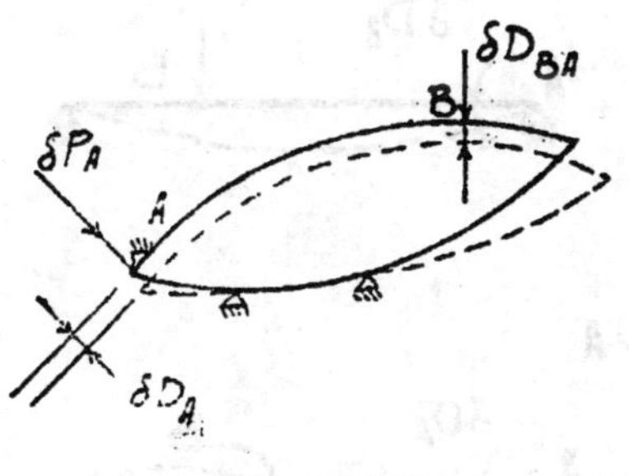

第三圖 a

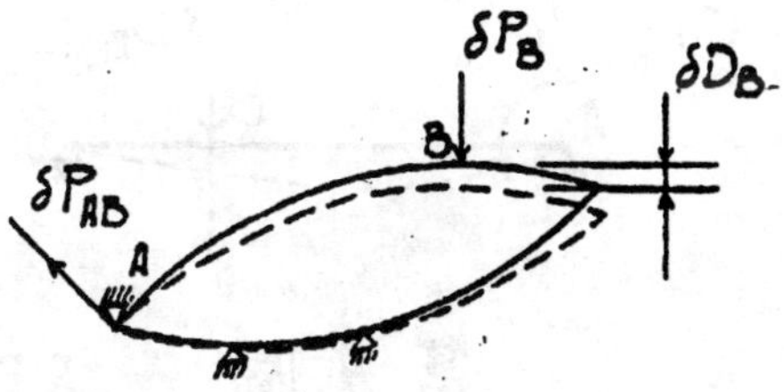

第三圖 b

求證：$\dfrac{\delta P_{AB}}{\delta P_B}=\dfrac{-\delta D_{BA}}{D_A}$

證：設先在A點加以δP_A，後在B點添以δP_B，則δP_A與δP_B之總工作為

$$W_1=\tfrac{1}{2}\delta P_A\,\delta D_A+\tfrac{1}{2}\delta P_B\,\delta D_B$$

設先在B點加以δP_B，後在A點加以δP_A，則δP_A與δP_B之總工作爲，

$$W_2=\tfrac{1}{2}\delta P_B\delta D_B+\tfrac{1}{2}\delta P_A\delta D_A+\delta P_{AB}\delta D_A+\delta P_B\delta D_{BA}$$

$$\therefore W_1=W_2$$

$$\therefore \tfrac{1}{2}\delta P_A\delta D_A+\tfrac{1}{2}\delta P_B\delta D_B=\tfrac{1}{2}\delta P_B\delta D_B+\tfrac{1}{2}\delta P_A\delta D_A+\delta P_{AB}\delta D_A+\delta P_B\delta D_{BA}$$

$$\therefore \delta P_{AB}\delta D_A+\delta P_B\delta D_{BA}=0$$

$$\therefore \frac{\delta P_{AB}}{\delta P_B}=\frac{-\delta D_{BA}}{\delta D_A}\quad\cdots\cdots\cdots\cdots(3)$$

附註(一)：如δP_{AB}爲動率，δD_A爲坡度；或δP_{AB}亦爲動率，δD_A亦爲坡度，本公式仍可應用。

附註(二)：如δP_B爲數點之力量，或δD_A爲數點之撓度，同理可證之。

附註(三)：如$\delta P_B=1$，$\delta D_A=-1$，則$\delta P_{AB}=\delta D_{BA}$，其意義如下

"A點向δD_A方向因B點受力$\delta P_B=1$所生之力量，等於B點向δP_B方向因A點發生撓度$\delta D_A=-1$所生之撓度。"故如使A點向δD_A方向發生撓度$=-1$，則任何一點向任一方向之撓度，即爲該點向該點方向受力$=1$後，A點向δD_A方向所因之而生之力量。此即爲Mueller-Breslan及D.B.Steinman先後所宣佈之影響線定理；亦即爲Begg's Deformeter之原理。

附註(四)：A點可爲架內之任何一點，本公式仍可通用。

第五節　各定理之應用

以上各定理，不但變化不盡，亦且應用無窮。玆姑舉數例如下。讀者得暇，可自設數目，算出以證實之。(I) 公式(1)之應用

(1)

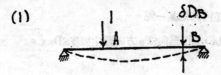

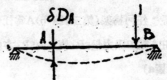

第四圖　$\delta D_B=\delta D_A$

(2)

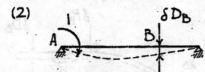

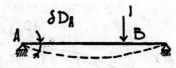

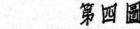

第五圖　$\delta D_B=\delta D_A$

(3)

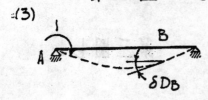

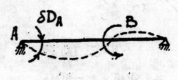

第六圖　$\delta D_B=\delta D_A$

(4)

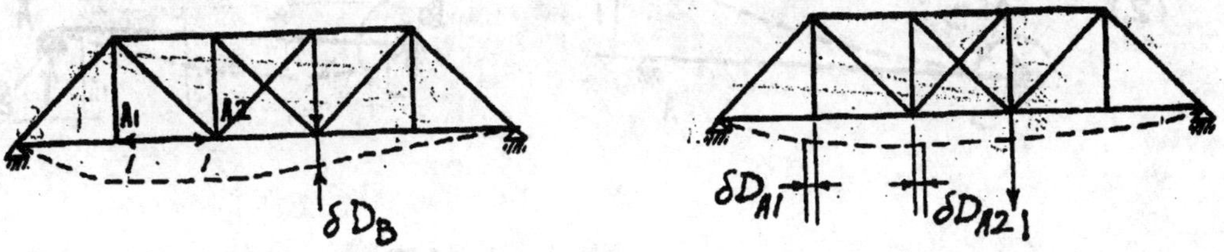

第七圖　$\delta D_B = \delta D_{A1} + \delta D_{A2}$

(5)

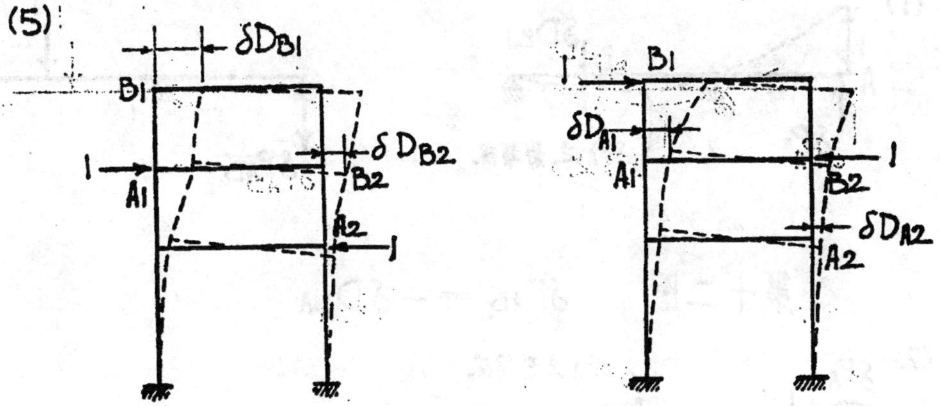

第八圖　$\delta D_{B1} - \delta D_{B2} = \delta D_{A1} - \delta D_{A2}$

(6)

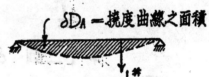

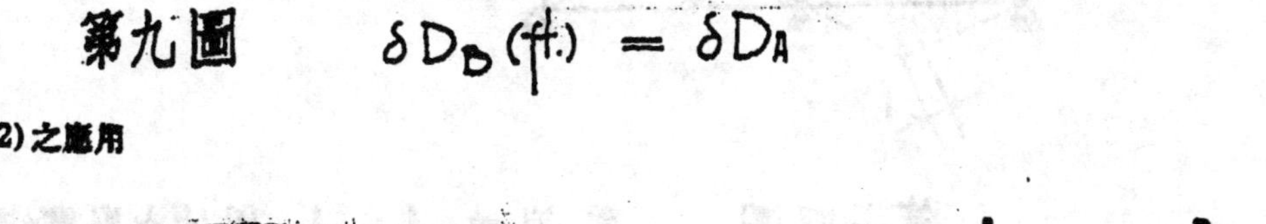

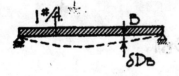

第九圖　$\delta D_B (ft.) = \delta D_A$

(II) 公式 (2) 之應用

(1)

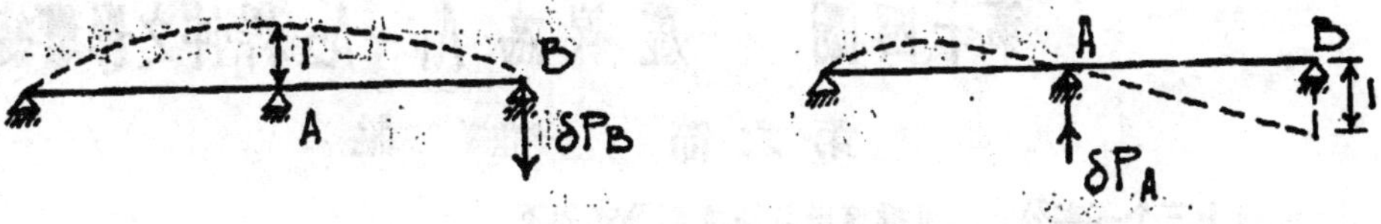

第十圖　$\delta P_B = \delta P_A$

22751

(2)

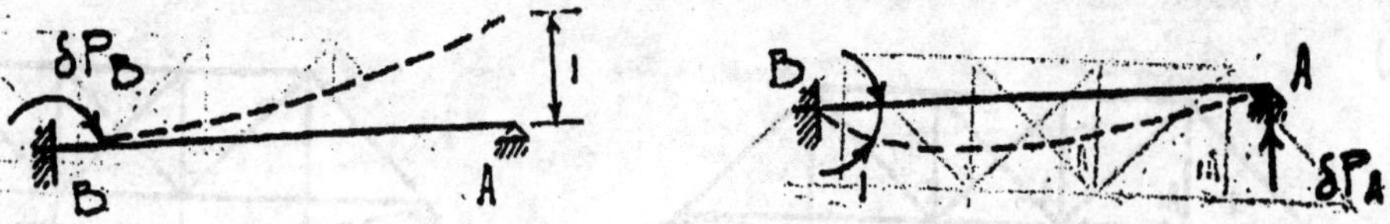

第十一圖　$\delta P_B = \delta P_A$

(III) 公式(3)之應用

(1)

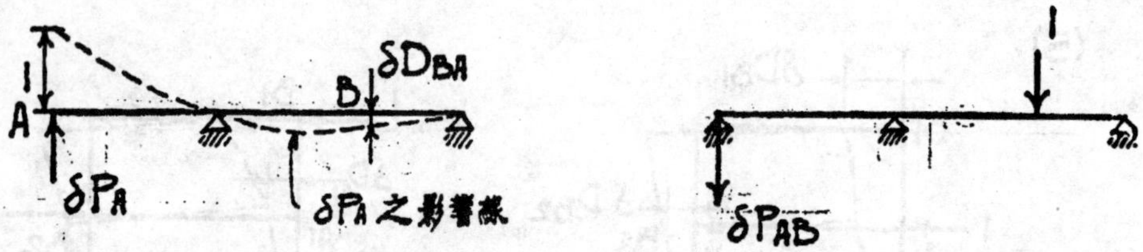

第十二圖　$\delta P_{AB} = -\delta D_{BA}$

(2)

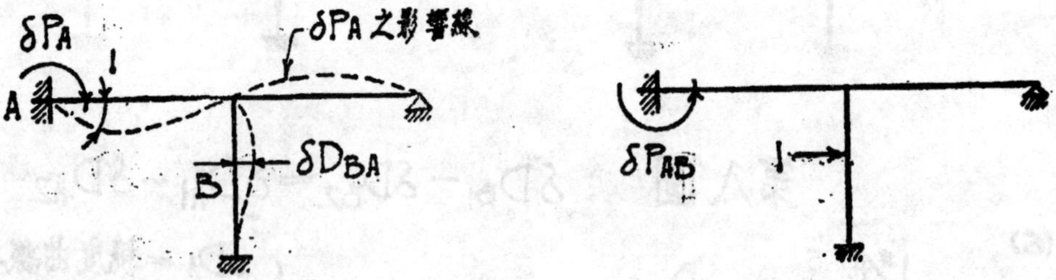

第十三圖　$\delta P_{AB} = \delta D_{BA}$

(3)

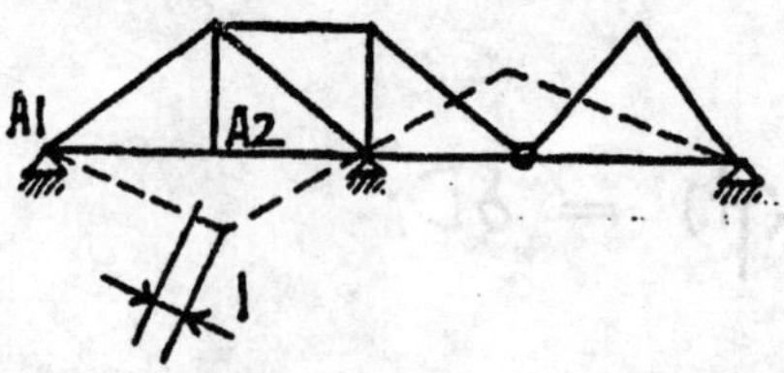

第十四圖　虛線為 $A_1 - A_2$ 桿件之影響線

第六節　推　　論

由以上三个基本公式，可推算得其他主要公式如下

(I) 撓度與構造架內部工作 W_I 之關係 (Castigliano's second theorem)

如將公式(1)寫為：

$$\delta D_{AB} = \frac{\delta D_{BA}\,\delta P_B}{\delta P_A}$$

$$\therefore D_{AB} = \frac{\delta D_{BA}\cdot P_B}{\delta P_A}$$

P_B可指爲構架各部之應力，D_{BA}爲因P_A所生之變形，故

$$W_I = D_{BA}\,P_B$$

$$\therefore D_{AB} = \frac{\delta W_I}{\delta P_A} \quad \cdots\cdots(4)$$

(II)最少工作定理(Theory of Least Work)

如$D_{AB}=0$，則

$$\frac{\delta W_I}{\delta P_A} = 0 \quad \cdots\cdots(5)$$

此公式卽所謂最少工作定理。

(III)普通撓度公式(General Deflection Formula)

公式(3)可寫爲，

$$-\delta D_{AB} = \delta D_B \frac{\delta P_{BA}}{\delta P_A} = D_B\,.u \quad \cdots\cdots(6)$$

此中u爲B點因A點受力＝1所生之力量。由此公式可算出A點因B點撓度所生之撓度。

公式(1)可寫爲

$$\delta D_{AB} = \delta P_B \frac{\delta D_{BA}}{\delta P_A} = \delta P_B\,.V \quad \cdots\cdots(7)$$

此中V爲B點因A點受力＝1所生之撓度。由此公式可算出A點因B點受力所生之撓度。

第七節　結　論

本文內容從簡。許多更可深究各點，如確定各定理之範圍，其所受之限制及假設，皆未在本文提出。欲究之者，可在推算公式中，步步察之。更可用較繁方法，以審查之。

因圖書之缺乏，作者未能將參考書，一一錄出。雖則提及，亦恐國內讀者，不易覓得，故均從略。希讀者原諒。

工程估價 （十九續）

杜彥耿

第六節 五金工程（續）

白鐵皮爲片金屬之一，有平白鐵與瓦輪白鐵之分。平白鐵用以製器物如噴桶，鉛壺及擔水桶等。房屋上之水落，管子，水斗及還水等，亦咸用平白鐵製之。白鐵最薄者雖有三十二號與三十號，（按：號數爲白鐵之厚度及衡量，號數益大，厚度益薄。）然用者咸以二十八號爲最薄，普通用二十六號或用二十四號，用二十二號厚度者殊鮮。瓦輪白鐵用以舖蓋屋面或作壁護，其厚度及衡量與平白鐵相同。白鐵之大小，爲三尺闊與七尺長；瓦輪鐵之闊度則爲二尺半，蓋因瓦輪起伏，故縮狹半尺。

茲將平白鐵與瓦輪鐵，每箱之重量，張數及價格，列表如后：

（甲）平白鐵　　△張數，重量及價格均以每箱計

號數	張數	重量	價格
二十二號（英）	二十一張	四〇二斤	五十八元八角
二十四號（英）	二十五張	四〇二斤	五十八元八角
二十六號（英）	三十三張	四〇二斤	六十三元
二十八號（英）	三十八張	四〇二斤	六十七元二角
二十二號（美）	二十一張	四〇二斤	六十九元三角
二十四號（美）	二十五張	四〇二斤	六十九元三角
二十六號（美）	三十三張	四〇二斤	七十三元五角
二十八號（美）	三十八張	四〇二斤	七十七元七角

（乙）瓦輪鐵　　△張數，重量及價格均以每箱計

號數	張數	重量	價格
二十二號（英）	二十一張	四〇二斤	五十八元八角
二十四號（英）	二十五張	四〇二斤	五十八元八角
二十六號（英）	三十三張	四〇二斤	六十三元
二十八號（英）	三十八張	四〇二斤	六十七元二角

白鐵水落，管子及還水等工程，概由鉛皮號承包，故上項工程之計值，不必分鐵皮，人工，焊錫炭火等，蓋鉛皮號以每丈（即十英尺）計值也。茲特列表如后：

白鐵號數	名稱	每丈價格
二十四號	九寸水落管子	一元九角五分
二十四號	十二寸水落管子	二元三角
二十六號	九寸水落管子	一元六角五分
二十六號	十二寸水落管子	一元九角五分
二十四號	十四寸方管子	二元九角
二十六號	十四寸方管子	二元二角五分
二十四號	十八寸方水落	三元四角
二十六號	十八寸方水落	二元六角
二十四號	十八寸天斜溝	三元一角
二十六號	十八寸天斜溝	二元四角五分
二十四號	十二寸還水	二元三角
二十六號	十二寸還水	一元九角五分

紫銅皮與黃銅皮，對於建築，並非主要材料，故用途不太。銅皮之尺寸，以三尺長爲最短，十五尺濶爲最狹；現在市價，紫銅皮每擔洋四十六元，黃銅皮每擔洋二十七元。

鐵板亦屬片金屬之一，茲特將其每方尺之重量，列表如后：

厚度	每方尺重量（磅）
1/23"	1.275
1/16"	2.55
3/32"	3.825
1/8"	5.1
5/32"	6.375
3/16"	7.65
7/32"	8.925
1/4"	10.2

鐵板現在市價，每擔需洋六元五角。

鋼絲網之於現代建築，爲用殊廣。現在房屋內部之分間牆，平頂，假大料及柱子等，用鋼絲網包釘，用代以前之板條子。因板條子嘗粉刷乾燥時，板條每易收縮，以致粉刷罅裂；況板條子易於着火，故現代建築，咸以鋼絲網代之。蓋時代演進，用鋼漸多，用木漸少，爲必然之趨勢也。

鋼絲網每張之大小，長八尺，闊二尺三寸。價格以每方（即一百平方尺）計，二磅二五者每方洋四元，三磅有筋者每方十元。

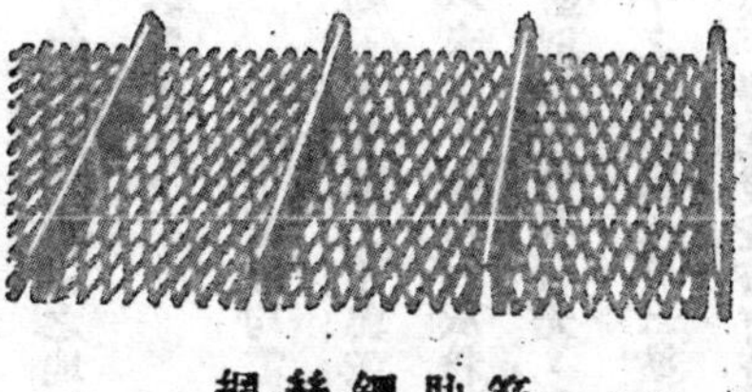

筋肋鋼絲網
(Hy-rib mesh)

平鋼絲網
(Sheet mesh)

寇恩氏特種鋼絲網
(Kuehn's special mesh)

第七節　屋面工程

屋面有平面與坡面兩種，平屋面多數用於城市中之高樓大廈，離市區稍遠之住屋，則以用坡形之屋面爲多。平屋面大概以鋼筋水泥構架者居多，亦有用楓檀木板舖蓋，上覆柏油牛毛毡者，但現在已不多覩。

水泥平屋面。因水泥不能完全禦水滲漏，故必於面上澆置柏油牛毛毡；更有進者，水泥傳熱，若不舖置特種隔絕設備，屋面下之一層室中，在暑熱氣候時，實難居住。因之水泥平屋面上，舖砌空心磚一皮，上置甘蔗板或其他隔熱材料，更於其上澆松香柏油，舖紙牛毛毡；松香柏油一層，一層厚牛毛毡一皮；松香柏油，二層厚牛毛毡；松香柏油，石卵子。如是則屋面既可保無滲漏之慮，冷，熱及聲亦可爲甘蔗板隔絕，且更可行於屋面，眺望四野景色，蓋下有石卵子保護，不致破及牛毛毡也。

國外輸入之牛毛毡，牌號甚多；其價格最佳者每方（百平方英尺）需洋十八元，普通者十二，十三元不等；隔熱甘蔗板半寸厚，每方需洋十三元，可保用十五年至二十年。

舖蓋坡形屋面之材料甚多，如西式青瓦與紅瓦，西班牙瓦，中國牙，捲筒瓦，琉璃瓦，石棉瓦，片瓦，石版瓦及瓦輪白鐵等，不下數十種；然普通應用者，則以上述數種爲多。因將其每方需數及價格列后：

紅瓦	每方一五〇張	每千洋六十三元	計洋九・四五元
青瓦	每方一五〇張	每千洋七十元	計洋一〇・五〇元
西班牙瓦	每方三六〇張	每千洋五十二元	計洋一八・七二元
中國蝶瓦	每方一千張	每萬五十五元加力	計洋五・五〇元
中國琉璃瓦	每方四百張	每千洋五百元	計洋二百元
瓦輪白鐵	每方六張半	每張一・六元（二四號）	計洋一一・五七元

第八節　粉刷工程

粉刷分裏粉刷與外粉刷兩種，外粉刷有粉水泥，汰石子，毛水泥，粉黃沙，擯石子，粉斬水泥假石等。裏粉刷有粉白石灰，粉水沙，粉石膏等。

粉刷之量算，依照現在一般普通營造廠，粉刷包括於牆垣內。倘將牆垣與裏外粉刷分別估算，似較詳盡清晰。更有特製一表，分載室內各種不同之長闊高尺寸，積成方數，可以節省於估算時衡量計算之麻煩。

最算粉刷，最確切者，莫如先結算粉刷有若干方，隨後除去空堂如門窗等所佔之地位。倘空堂甚大或甚多，不妨將粉刷之價額，略爲提高。

粉刷，普通均需三塗，即括草，二塗及末塗是。而同爲三塗粉刷，又有濕三塗與乾三塗之別。濕三塗者：括草後即粉二塗，隨之以末塗。如白石灰粉刷，第一塗係泥紙筋括草，第二塗亦然，第三塗則爲紙筋灰粉光，用毛柴帚或排筆拭刷，使牆面平衡，無起伏不平之鐵板痕。乾三塗者，如內牆粉柴泥括草，待乾後，出豎頭括二塗，待乾透後方可蓋水沙。

茲將內外粉刷之材料，需値等，製表如下：

各種粉刷材料及價格表

水泥粉刷（一）

（一寸厚）

水泥細砂(一•一合)	數量	價格	結計
水泥	一•七桶	每桶六元三角	洋一〇•七一元
黃砂	六•八立方尺	每噸三元二角	〇•九〇元
		共計洋	一一•六一元

水泥粉刷（二）

（一寸厚）

水泥細砂(一•二合)	數量	價格	結計
水泥	一•一三桶	每桶六元三角	七•一一九元
黃砂	九•〇立方尺	每噸三元二角	一•一九七元
		共計洋	八•三一六元

水泥粉刷（三）

（一寸厚）

水泥細砂(一•三合	數量	價格	結計
水泥	•八五桶	每桶六元三角	五•三五五元
黃砂	一〇•二五立方尺	每噸三元二角	一•三五六元
		共計洋	六•七一一元

水泥粉刷（四）

（一寸厚）

水泥細砂(一•四合)	數量	價格	結計
水泥	•六八桶	每桶六元三角	四•二八四元
黃砂	一〇•九立方尺	每噸三元二角	一•四四九元
		共計洋	五•七三三元

麻筋灰粉

(每百立方尺可粉二分厚四十八平方)

種類	數量	價格	結計	備註
石灰	一四•九八担	每担洋一元五角	二二•四七元	
麻絲	四四•五〇斤	每担洋六元	二•六七元	
水	一二五介侖	每千介侖六角三分	〇•〇七九元	
化灰人工	二•三八工	每工洋•八〇元	一•九〇元	
		共計洋	二七•一一九元	

紙筋灰粉

(每百立方尺可粉二分厚四十八平方)

類種	數量	價格	結計	備註
石灰	一二•七〇担	每担洋一元五角	一九•〇五元	
草紙	二三•八〇捆	每捆二角六分	六•一八八元	草紙每捆大 9½"×12"×13"
水	一二五介侖	每千介侖六角三分	〇•〇七九元	
化灰人工	二•三八工	每工洋八角	一•九〇元	
		共計洋	二七•二一七元	

黃砂石灰麻絲括草

(一寸厚)

種類	數量	價格	結計	備註
石灰	八四•一磅＝•七七一担	每担一元五角	一•一五六元	
黃沙	八•五立方尺＝•三五四噸	每噸三元二角	一•一三二元	
麻絲	一磅	每担六元	•〇五四元	
水	一〇介侖	每千介侖六角三分	•〇〇六元	
粉刷工	二•五工	每工九角	二•二五〇元	
		共計洋	四•五九八元	

柴泥稻草石灰及沙泥

(每百立方尺可粉一寸半厚十二平方)

種類	數量	價格	結計	備註
沙泥	一方(即一百立方尺)	每方四元	四•〇〇元	黑色爛糊沙
石灰	每担(即一一〇•二三磅)	每担一•五〇元	一•五〇元	
稻草	一担	每担•八一六元	•八一六元	
水	三〇介侖	每千介侖六角三分	•〇一八元	
搗泥工	一工	每工八角	•八〇〇元	粉刷工另外
		共計洋	七•一三四元	

水沙粉刷

(每百立方尺可粉一百二十平方)

種類	數量	價格	結計	備註
沙泥	一方	每方六元	六•〇〇元	粗粒與淞砂
石灰	六担	每担一元五角	九•〇〇元	
水	一二五介侖	每千介侖六角三分	〇•〇七八元	
化煉工	一•五工	每工八角	一•二〇元	
		共計洋	一六•二七八元	

石膏粉刷

(粉半分厚每平方需工料表)

種類	數量	價格	結計	備註
石膏	二一磅半	每担三元六角	•七二二元	
麻筋灰	一寸厚一方	每方二•三四八元	二•三四八元	
粉刷工	二•五工	每工九角	二•二五〇元	
		共計洋	五•三二〇元	

汰石子粉刷

種類	數量	價格	結計	備註
三•四號石子對合	一桶	每桶三元	三•〇〇〇元	
水泥	一桶	每桶六元三角	六•三〇〇元	
粉刷工	一方	每方七元	七•〇〇〇元	連括草工在內
一•三合水泥底脚	一方	每方六•七一一元	六•七一一元	括草硬底脚
		共計洋	二三•〇一一元	

上列表中之估算，係依照上海安記營造廠歷年承造工程之實例。若以淨計，一寸厚水泥粉刷一•二合，每方應需水泥〇•八三三桶；而表中須需一•一三桶計多〇•二九七桶，其原因係水泥不敷粉於牆上，每有失落損耗之故。

(待續)

中國水泥工業的過去現在及將來

呂騏蒙

中國水泥工業自從啓新洋灰公司創始以來。迄今已有三四十年歷史。其間不知經過幾許困難。如洋貨之壓迫。如內亂之連續。如交通之阻隔。均爲斯業發展上之重大打擊。新興之公司因此停頓者。不知凡幾。九一八以後。東北銷路斷絕。各業咸受影響。水泥工業當然亦不能例外。差幸最近剿匪軍事已大獲勝利。國內市場或可以望有相當的開展。而海關新稅則實施以後。進口水泥數量銳減。亦爲斯業之福音。然而遂謂中國水泥工業已上坦途。則猶有考慮餘地。茲試根據過去現在的狀況。以推測其將來之梗概。

(一)進口水泥的趨勢

水泥爲現代建築上三大要素之一。舉凡橋樑。碼頭。船塢。水池。堤防。水管以及高樓大廈等建築之欲經濟美觀而又耐久者。殆無不唯水泥是賴。故一國建設事業之盛衰。亦可於此覘之。吾國所需水泥。其初均來自國外。光緒二十四年開平礦務局就其煤礦附近創辦水泥工廠。旋以管理不善。於光緒三十三年讓歸華商經營。即今日之啓新洋灰公司。亦即中國有水泥工業之始。其後國內水泥消費漸增。國人自辦之水泥廠乃續有興起。在清季有廣東士敏土廠。湖北大冶水泥廠。(後改爲華記歸併於啓新)民九民十之間又有華商水泥公司及中國水泥公司等。故民九以後。洋貨水泥進口大減。惜內政不修。未能使斯業有長足的發展。而歐戰告終後。各國努力恢復戰前市場。於是水泥進口又復大振。民十四以後。幾有不可禁遏之勢。固然國內新式建築較前亦有所增進。但國產水泥之遭受壓迫。則爲事實之至顯著者。自最近增加進口稅以後。洋貨水泥受一打擊。進口始銳減。茲將自民元至廿三年十月止進口水泥之量與值。列表如下。以資參考。

進口水泥數値統計表

年份	數量(擔)	金額(兩)
民國元年	四八九、一五六▲	五〇七、〇七九
民國二年	六一八、〇一九	六〇八、二二一
民國三年	八八九、五三〇	九〇一、二四一
民國四年	五一八、二七八	四五七、〇七〇
民國五年	二三九、三二八	一八五、七三三
民國六年	七〇五、七三四	七九一、四四六
民國七年	八六二、三二〇	九五三、八二〇
民國八年	一、五一五、一八九	一、六一二、三五一
民國九年	一、七五一、八五四	一、八六〇、一七〇
民國十年	七〇、七〇六	七七、七〇七
民國十一年	四、三五五	四、七九〇
民國十二年	二六七、四八一	二〇九、四五三
民國十三年	四〇七、七四〇	四〇三、六四六
民國十四年	一、七六一、〇九九	一、八七九、七二五
民國十五年	二、四一六、九四八	二、四三六、〇八五
民國十六年	一、九一五、五三三	二、〇九五、〇一八
民國十七年	二、二八〇、五〇九	二、七〇〇、六〇九
民國十八年	二、八三二、八五七	三、四六〇、八二四
民國十九年	三、〇四四、八三九	三、八四〇、四九七
民國二十年	三、二八八、七七三	四、六二五、六〇八
民國廿一年	三、六七〇、二〇一	五、六五六、一六五

民國廿二年	二、二七八、七〇一・	三、七一、六、七五二・
◉民國廿三年	九八四、一三三・	九五二、一五九・

註(◉)廿三年係一月至十月十個月之數字

(▲)民國元年的數量係鐵與水泥混合統計

吾國進口水泥歷年總量已如上述。然其內容究竟如何。孰為大宗進口國家。亦頗值得注意。按水泥為值低而體重之物。隔離過遠。或運輸不便之地。在經濟上往往不易發生貿易關係。故進口水泥均以距離較近之國家所產者為最大。當吾國水泥工業初興之時。英法德日等國紛起競爭。而其所設之廠則均環我國境或竟在我國內。如香港・海防・澳門・九龍・大連・青島等處是。而我國進口水泥之大宗來路。亦即為安南香港與日本。其他各國雖有相當進口。但分之則為數寥寥矣。茲列表如左。

▲進口水泥國別統計表

	二十年 擔	廿一年 擔	廿二年 擔	廿三年▲
安南	二三、九二七	一、二五七、七四六	三六八、六三三	三二六、五四〇
香港	一、六九八、六四六	一、四四五、一九一	五一〇、一四八	二一七、四三三
日本	六七三、九六六	二六九、九〇〇	四五三、三六〇	三三五、〇六六
朝鮮	四八、七六八	三二一、八五三	—	—
澳門	二〇三、五二三	三七三、五一六	三二、六二〇	三二、八六六
蘇聯(歐洲各口)	—		—	四五
關東租借地	—		一六九、〇六六	六六六、七六八
其他各國	二〇九、七五三	三三二、九九五	二四六、八七五	二五五、五一〇
合計	三、二六八、七七三	三、六七〇、二〇一	二、二六八、七〇一	九八四、一三三

註▲廿三年係一月至十月的數量且由公擔化為擔以便與前數年比較

(二)國產水泥的狀況

我國國內水泥廠自啓新洋灰公司創始以後。雖起者雖不乏其人。但迭經風波。迄今尙能屹然存在者。已屈指可數。茲就所知。臚列於下。

工廠名稱	廠址	成立年	資本	商標	每年之生產能力
啓新洋灰公司	河北唐山	光緒廿四年	一千四百萬元	馬牌	一百六十萬桶
廣東士敏土廠	廣州	光緒三十四年	一百二十萬元	獅球牌	二十萬桶
華記湖北水泥公司	湖北大冶	宣統二年	銀一百萬兩	塔牌	三十萬桶
上海華商水泥公司	江蘇龍華	民國九年	一百六十三萬餘元	象牌	六十四萬桶
中國水泥公司	江蘇龍潭	民國十年	二百萬元	泰山牌	九十萬桶
西村士敏土廠	廣州	民國十八年	二百萬元(毫幣)	五羊牌	五十萬桶
致敬水泥公司	山東濟南		二十萬元	—	九萬桶

上表所列七家。其每年之生產力共為四百二十三萬桶。但此乃可能產量。實際產額往往不足此數。其實際產量究竟若何。所可得而考者。僅啓新・華記・中國・上海四家而已。其餘三家均從闕。茲先將此四家近三年之生產額列表如下。

廠名	二十年七月至廿一年六月止	廿一年七月至廿二年六月止	廿二年七月至廿三年六月止	廿三年六月
中國	四三六、六七九 桶	六七七、六五四 桶	七九三、九三三 桶	六〇七、八〇七 桶
上海	四六八、六四〇 桶	四四四、九六三 桶	四一三、一六二 桶	七八、一九九 桶

華記	一四九、〇四三桶	一〇六、六〇九桶	三九、七五二桶	三三、五六六桶
啓新	一、四九一、二五五桶	一、四三一、三四〇桶	一、三五七、二五二桶	二四九、三五三桶

又據統稅局調查。龍華・龍潭・大冶・唐山四廠產銷數量如下。(單位公斤每桶水泥約一百七十公斤)

	產額	銷量
龍華		
二十二年上半期	三五、四八六、八一〇	三三、九四七、二一五
二十三年上半期	三三、四七二、八三〇	三一、七九五、四六八
龍潭		
二十二年	五八、一三二、五二〇	五九、七九七、八二一
二十三年	五七、一五一、四一五	五八、六五四、八一六
大冶		
二十二年	九、三二六、一三〇	八、五九七、三九〇
二十三年	二四、三三二、六八〇	一〇、三九七、八七五
唐山		
二十二年	一四八、九七七、八六七	八四、三七七、七七一
二十三年	一三二、一八〇、七五五	一二八、〇八四、〇五五
合計		
二十二年	二五一、九二六、三三七	一八六、七二〇、一八七
二十三年	二四七、一三七、六八〇	二二八、九三二、二一四

以上兩表產額與前項可能產額相較。則知各廠產額均在其生產能力以下。換言之。卽各廠固有能力尚未能發揮盡量。不僅此也。海關新稅則實行以後。進口水泥較昔銳減。論理國產水泥應比較增加。始合邏輯。乃證諸統計。二十三年上半年四廠產量較二十二年同期反減百分之十一强。此種情形。殊足發人深省。

又從出口水泥之數量而論。就關册所載。民國二十年之出口量有四十四萬餘擔。二十一年減爲三十二萬八千餘擔。二十二年更減爲一萬八千餘擔。去年一月至十月則僅六千七百餘擔矣。此種現象。有兩面觀察。一爲國內銷路增加。移國外銷數於國內。二爲外國水泥進口減少後。以其剩餘傾注於國外市場。致我國水泥國外銷路驟蹙。惟目前我國水泥工業尚未至爭奪國外市場的時期。故無論其起因若何。對於我國水泥工業之影響。並不重大。吾人所期望者。惟國內市場能有所發展耳。

國內各埠水泥消費情形如何。雖無完備統計可資參考。但水泥工業國內祗此數家。海關所列土貨轉口統計。亦頗足以表現水泥移動概況。惟最近關册尚未公布。僅能就廿二年度之數字以覘其概。據二十二年關册所示。土貨轉口統計中各埠(計二十九關)進口水泥合計爲三百八十二萬八千餘擔。內中上海占一百五十餘萬擔居第一。廣州次之。占五十八萬四千餘擔。汕頭第三。占五十萬四千餘擔。膠州第四。約四十萬擔。廈門第五。占二十六萬七千餘擔。甯波第六。約十六萬擔。烟台第七。占十二萬餘擔。其餘則等諸自鄶。均在五萬擔以下矣。至於出口方面。則以天津居第一。在各埠出口總計四百四十五萬二千餘擔中佔三百八十餘萬擔。鎭江次之。佔二十八萬五千擔。上海第三佔二十萬擔。廣州第四。占五萬餘擔。漢口第五。佔三萬餘擔。惟進出不經由海關之移動。則無從估計耳。

又據統稅局統計。二十三年上半年啓新華記華商中國四廠銷數共爲一百四十萬桶强。較諸前年同期約增百分之二十八云。

(三)水泥工業之前途

年來國內建設計劃甚囂塵上。水泥需要之增加自爲意中事。自新稅則實行以後。進口水泥受一打擊。國產水泥之前途似覺更有希望。以吾國幅員之廣。人口之衆。城市建設之繁。區區七家工廠所產水泥。何足以資應付。無論從事實上從理論上推測。水泥工業俱應有突飛猛進之發展。顧從統計數字所示。則去年(二十三年)進口水泥固已大減而特減矣。而國產水泥亦較上年減色。其故何哉。間嘗思之。國民經濟之一般的衰落。當然爲各種要因之一環。而過重的負担與不合理之壓迫。則尤爲斯業不能發展之重要因素。關於前者。可以中華水泥廠商聯合會之呈文爲證。民國二十二年十二月五日財部增加水泥統稅。該會具呈呼籲。略謂『查水泥統稅。原徵國幣六角。現改徵國幣一元二角。其用包袋裝置者。照原稅加倍計算。……使消費者不勝負荷。生產者難於維。……國產水泥徵稅始於前清光緒三十三年。國內海關値百抽五。通行全國。槪不重征。計每桶貨征關平銀一錢。合國幣一角五分。至民國十六年。始加附稅百分之二•五。仍祗合國幣二角三分之譜。上年統稅實行。每桶驟增至國幣六角。今施行未久。忽又加倍徵收。較之舊額。增至八倍。卽較十六七年之稅額。亦增六倍……若就屬會會員公司而論。年來國產水泥因受環境影響。創痛正深。雖蒙政府增加外貨進口稅。以資保護。特因國內多故。民生困窮。諜食不遑。安論建設。故水泥出品祗有通商巨埠尙見行銷。內地銷塲已日見狹隘。全國產額素感供過於求。若復困以重稅。則用戶方面除萬不得已之用途外。必將別謀替代……』云云。則水泥工業苦於捐稅負擔之重。槪可想見。乃橫逆之來，更有甚於捐稅者。則新興的省統制之壓迫是已。查四廠水泥運往廣東。本須另納大學捐九角。長途電話捐四角五分。並須領取進口允許證。較之粵省水泥廠產品之負擔已經加重。去年七月粵省政府又飭建設廳擬水泥統制法。凡機關建築及人民建築在萬元以上者。必須用五羊牌士敏土。其未經准許入口之水泥。固不得在省內私銷。卽允許入口之水泥。亦一律止發允許證。不得再行入口。於是華北長江一帶所產水泥乃不得入粵境。溯自九一八以來。東北之銷路斷絕。自去年七月以來。西南之銷路又告停頓。如是而欲中國水泥工業發展。其可得乎。且所謂省統制經濟之風。方始萌動。各省倘或尤而效之。則國際保護貿易將見於國內。寧非一大怪事。吾人根據過去現在的狀况。雖深信水泥工業前途極有希望。然而參諸人事。則殊未敢自信。而以爲尙有考慮餘地。固然就水泥工業本身而論。應待改善之處甚多。但政府待遇之合理化，終當先一切改進而成立。庶幾可以樹整個的統制經濟之丕基乎。

(轉載一月一日新聞報)

胡熾期　黃元仁　徐嘉平
侯春懋　李國樑　劉雲書　諸君均鑒：
李琨眉　陳向誠

本刊按期依照所開寄址由郵寄奉，近被退回，無法投遞；卽希示知現在通訊處，俾便更正，而免悞遞。爲盼

本刊發行部啓

東行記

杜彥耿

記者在二十一年的冬季創編建築月刊以來，便蹈定要遍遊各處，採取材料，獻給讀者。此議蓄計已久，故便有今春的北行，與秋季的東行。並預定明春擬徜行一次，如時機的許可，明秋更欲往歐美一走。

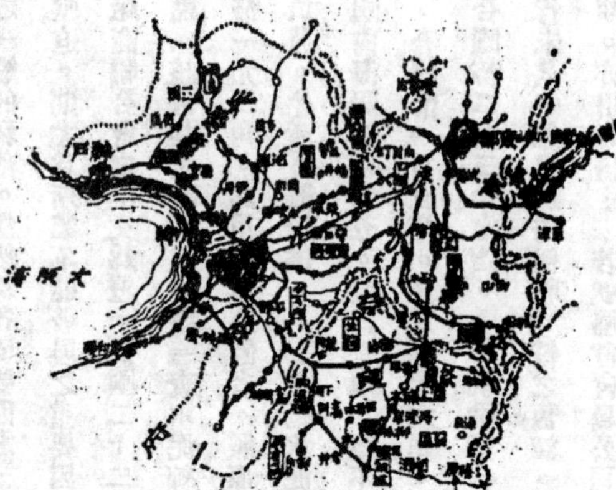

在上海時，聞得日本奈良縣屬的丹波市區裏，新近建築一所天理教的神社。據日人說，這是全日本最偉大的一所神社建築。記者於是決計前往一觀，由滬起行。在船抵神戶時，便登岸換車轉至丹波市區，時已萬家燈火，由日友導往日本橋的教會住下。

晚上未有好好睡着，故在晨光曦微之中，便起身到外面去，領略山川的秀色。回來洗浴，於早餐後去瞻仰那偉大的神社。這時雨伯也知趣趣，下着斷續的微雨。四架飛機，像蜻蜓般在天空週環低飛。記者在這時體念着已往滬戰時的餘悸，但今日他們所表演的，却是散發繽紛的彩紙，祝賀神社的落成典禮。

教中的事務員導我去見教本部建築工事設計監督，技師高田清一郎氏，他把全部建築圖樣翻給我看，並導往地下層參觀。據說這地下層，非教中重要人員，不容輕易進去。出地下層後，復到外面攝取神殿的照片。

丹波市天理教神殿正面

建築的式制，大別爲東西洋二大系統。東方建築要以中國與印度爲體系。日本的建築式樣，皆淵源於中國，所以在日本所見的宮室廟宇神社，與中國的都相類似。在佐藤佐氏所著日本建築全史中，曾說飛鳥時代的建築，都依照中國六朝直寫，鎌倉時代則直襲宋元，桃山時代則影響明清，現代則浸於歐美。這話是很確切的。

神殿後面

神殿的位置，離丹波市車站約一里餘。殿外一片廣場，面積極大。在春秋二季廟會時，廣場的兩傍，豎着五萬餘盞燈籠。在燈上題着每一分教會的名字，故在日本國內或國外，每新設一分教會，便多添一座燈籠，神殿的方向係屬正南。這神殿亦稱甘露台，台上可容數千人。殿的東西兩抹長廊，可通後殿，亦稱教祖殿。殿前也是一片廣場。在教祖殿的西首又有教友殿，係爲紀念過去教友而建的。在教祖殿的東首，有辦事處一座，從這辦事處的梯畔，可通至地道。這是教本部的大概情形。在廟會時，各方信徒專到本部來參拜的，足有三十萬衆，從這一點便可推想前後殿容積的偉大。還有一點是值得注意的，日人進殿，必先在廊下脫去木屐。試想同時有這許多人去參拜，廊下的木屐勢必混雜，或有遺失的可慮。但事實却是不然，一雙雙的木屐，自己依着順序排列，在參拜完畢，出殿穿屐時，依舊好好的擺着，從無淩亂或遺失的弊病。記者至此，又不禁想到上海每年四月初八靜安寺浴佛節的那種混亂狀態了！

神殿外圍的

從本部神殿直南，則有天理學校，天理外國語學校，圖書館，暨寄宿舍等。往東則有天理男女中小學校，天理青年會，講堂，及天理教高級人員的住宅。往西爲天理療養院與印刷所。更西爲丹波市火車站，或稱天理驛。往北爲教祖墓與教友墓地。站在這裏向四面瞭望，只見羣山環繞，幽境天成。

在丹波市盤桓了幾天，便向第二目的地——東京進發。在東京見着日本建築士會的會長中村傳治氏，他連稱巧極，因爲該日適値共同建物株式會社的新屋舉行落成（全套圖樣見三五至四二頁）。兩人便同去該處參觀。入門見兩傍滿立招待員，身上一律穿着西洋禮服。會長把請柬授給一個招待員，並聲明他帶着一個朋友同來。招待員便連說請！請！並各送紀念冊一份，冊上並有黃瓣紅心的花朵一枚。我初不知道是什麽用處，追折了一個灣，門口兩傍又站滿着招待員，一邊是男招待，對面是盛裝的女招待。見客步入，便趨前把書上的花朵取下，替來賓插在襟上，然後至各部詳細參觀，最後至八層進茶點，復乘電梯至地下層，參觀爐機電氣冷氣等裝置。

共同建物株式會社新廈，位置在東京市京橋區銀座西五丁目貳番地。地面計佔一，四八〇粁九五一（每粁四平方公尺）高凡八層。地下層用作機氣，電氣，倉庫，事務，守衛，燒化垃圾爐等。下層爲店舖，電氣器具等之試驗室，及出租辦事室之入門口。二層至七層爲出租事務室。八層爲大食堂，小食堂，喫烟室，酒室，攜帶物寄放室，廚房，配膳室及冷藏室。八層暗層爲食堂，使用人更衣室，預備室，送信機室及排氣機室。屋上正面塔屋，爲電梯機房及水箱室。

該屋全用鋼幹構架，並以鋼筋水泥建築，是一所避火避地震的新構造，內部的設置，極稱完備，如：（一）煖房冷房裝置，（二）換氣裝置，（三）給水排水設備，（四）熱水設備，（五）救火設備，（六）鑿井設備，（七）電氣設備，（八）電話設備，（九）電氣時計設備，（十）無線電收音機設備，（十一）避電針設備，（十二）昇降機設備，（十三）垃圾燃燒設備，（十四）瓦斯設備，（十五）信箱設備，（十六）警火裝置，（十七）衛生設備。此屋之設計並監工者，爲佐藤功一與內藤多仲兩建築事務所。承包建築者，係合資會社清水組。工程開始於去年四月二十六日，至今年九月三十日竣工。

東京帝國大學，號稱東京郊外公園，校址很大，承建築課長清水幸重氏伴至各部參觀，並贈總圖一張，及圖書館建築圖樣全套。（見二七至三四頁）

在東京尚有一處巨大之工程，正在建築中，這便是帝室博物館。主持該工程者，爲帝室博物館營造課長，宮內技師北村耕造氏。據云該館建築圖樣，係用懸賞競選方式徵得者。當選者渡邊仁建築師，得獎金一萬元。二名海野浩太郎，得獎七千元。三名塚田達，得獎五千元。此外四五等獎及選外佳作，各賞三千元二千元一千元不等。這種公開徵選的方法，以及鉅大的獎額，實足誘進投稿者奮發的心理，因此並可發見無名的佳作。應徵章程，簡要異常，足供吾人的參考，茲擇要抄錄如下：

東京帝室博物館新廈建築圖案懸賞徵集章程

第一條　帝室博物館復興翼替會，爲帝室博物館新廈建築圖案懸賞徵集。

第二條　本規程應徵人應以日本國籍人民爲限。

第三條　應徵圖案，經審定後分左列等級贈賞：

一等賞　金一萬圓一名
二等賞　金七千圓一名
三等賞　金五千圓一名
四等賞　金三千圓一名
五等賞　金二千圓一名

第四條　選外佳作，經審定若干名，各贈金一千圓。

第五條　應募圖案，須於昭和六年四月三十日正午：送達東京市麴町區丸內一丁目二番地，日本工業俱樂部內，財團法人帝室博物館復興翼賛會事務所。

第六條　應募圖案，須具備下列圖面及書類：

一、配置圖　縮尺五百分之一
二、各平面圖　縮尺二百分之一
三、立面圖　四面　縮尺百分之一
四、斷面圖（陳列室部分顯示）　二面　縮尺百分之一
五、詳細圖（主要部）　一面　縮尺二十分之一
六、透視圖　一面　全張紙大
七、說明書

第七條　圖面及書類，應依左記作成：

一、設計須別出心裁
二、紙用白色製圖原紙，繪黑墨。陰影自由，透視圖可著色。
三、寸法依前條規定寸法收縮。
四、文字用國字明瞭記入。遇有用外國字必要處，祇得用註音字代之。
五、平面圖各室尺寸應註明
六、配置圖示建築物以外之出入口等位置，庭園道路等關係，詳細圖示。
七、說明書載明設計要旨，意匠，材料，及構造概略；並全屋面積，各室面積，陳列室面積等，務使一目瞭然

第八條　平面圖計劃，於其光線支配，尤為重要，應募者應特別注意。

第九條　應募者於圖案等處簽註暗號，勿書真實姓名。所註暗示，以國字為限。

第十條　應募者於繳送圖案時，應分二個封筒。甲封筒書明應募者住所姓氏（若係共同應募，則書代表者之姓氏）。乙封筒內封送圖案暗記。迨經審定當選，或選外佳作，自當依照原地址姓氏寄還。住址者有搬移，應以書面通知，並須與前投之暗記及姓氏地址符合。

第十一條　應募者於其圖案及文件，須嚴加固封。

第十二條　應募所費，由應募者自己負担。

第十三條　應募圖案，須經左記審查委員審定：

審查委員長　財團法人帝室博物館復興翼賛會副會長，侯爵細川護立。

審查員　東京帝國大學名譽教授，工學博士伊東忠太。
帝室博物館總長大島義脩。
財團法人帝室博物館復興翼賛會理事荻野仲三郎。
大藏次官河田烈。
京都帝國大學教授，工學博士武田五一。
東京帝國大學教授，文學博士瀧精一。

東京帝國大學名譽教授，工學博士塚本靖。
東京帝國大學教授，工學博士內田祥三。
東京帝國大學教授，文學博士黑板勝美。
早稻田大學教授，工學博士佐藤功一。
宮內技師北村耕造。
東京帝國大學教授，工學博士岸田日出刀。

關於應募條例尙有十四條，茲不贅錄。該館預算需款八百五十萬元，用鋼鐵六千噸。開工以來，已有三載。鋼幹構架，本年底可以完成。明年年底完成水泥混凝土工程，全廈完竣須待一九三七年終云。

其他新建築如建築會館，建築圖館也是用競選方法徵得的。造價預算一百四十五萬元。帝室博物館同軍人會館的圖案，當選的經過嚴格的鑑定，洵屬佳構，擬在下期本刊發表，想諸者亦是樂聞的。

日本東京建築會館

因爲時間關係，不能在東京多加逗遛，便乘火車直回大阪。所以預定要往橫濱，名古屋，京都等處參觀建築材料工廠的，都憑火車約略而過，沒有下車參觀。便在大阪也沒多躭擱，祇去訪晤日本建築協會的西谷節氏與村田幸一郎建築師。大阪的日本建築協會，設在大同生命大廈四樓。在協會辦公室外，關材料陳列室，凡大阪各廠所出之建築材料，都羅列室中。陳列室外爲俱樂部。記者於俱樂部壁上，見一秩序單，題爲「關西風水害關於建築通俗大演講會」。主持該演講會者，爲日本建築協會與建築學會二社團。十一月九日映演關西大風水害之慘狀影片。講演者，日本建築協會會長片岡安，講題爲「都市建築之重大性」。大阪府建築課長中誠一郎，講「將來之學校建築」。東京帝國大學教授工學博士濱田稔講「鋼筋混凝土之實力」，及東京工業大學教授工學博士田邊平學講「耐震耐風之家屋建築」。十一月十四日下午六時，又爲演講會，並開始映演「關西大風水害慘狀」影片。繼各講演主講者，爲京都帝國大

日本東京建築士會大門

學講師工學士池田實講「建築重要性之認識」，兵庫縣建築課長工學山崎英二講「因近畿風水害而對監督制度概」。建築學會副會長，早稻田大學教授工學博士內籐多仲，講「災害與人力」，及東京帝國大學教授，工學博士武籐淸講「地震與颶風」。十一月十五日午後六時，映「關西大風水害慘狀」影片，繼演講者爲日本建築協會副會長，工學士葛野壯一郎講「風水害之因鑑」。京都帝國大學敎授，工學博士坂靜夫講「建築構造設計技能」。建築協會副會長早稻田大學敎授工學博士內籐多仲，講「災害與人力」。及東京帝國大學敎授工學博士武籐淸講「地震及颶風」。記者所以不厭細煩，將這張秩序單詳爲抄錄，是因爲他們遇到這樣一次災害，便鄭重將事地舉行映畫，演講，及討論下次同樣災害襲來時的抵禦方法。回憶記者在四年前起草上海市建築協會會章時，曾在職務項第十一條列入「舉辦建築方面之研究會及演講會」。現在協會成立多年，研究會及演講會的舉行，尙待時日，所以見了他人演講會秩序單，不禁有了無限的慨觸。

在這張秩序單上，主講的有大學敎授，市政機關的負責人員，學術團體的職員等。在演講廳裏，有建築師，工程師，及技術人員等，互敍一堂，切磋琢磨，欲謀建築的改良，與交誼的增進，眞是易事。反觀國內，又另有一種情境。建築工程界的服務人員，分道揚鑣，各不相謀。有的且因業務上的衝突，不惜假公攻擊對方；或是一二人的私憤，不惜破壞團體以逞。本會的組織雖稱健全，但有時也不免被這種普遍的惡劣環境所熏陶，這是無可諱言的。記者在艱苦的局面中，先後編行建築月刊，籌備圖書館，及組織服務部等。在計劃中擬急待舉辦的，如建築學術演講會，及建築工業傳習所等。但這種事必須衆力舉辦，獨人難以支持的。現在協會職員已經改選，有了新的轉機，很希望會章中職務項下所列舉辦事項，在可能範圍內促其實現。「爲政不在多言」，空發議論究屬無濟於事，希望本屆職員對於會務的進行，能有具體的表現，以與那蓬勃的日本建築工程學術集團相媲美。

日本建築協會的幹事西谷節氏，邀記者參加十一月九日的演講會，據說那時有很多建築師工程界的重要人員蒞會參加，趁此可以多多介紹。但記者恐交接一廣，延遲旅程，特謝却參加，由大阪乘地底電車至神戶，擬搭輪返國。知該駛華輪船正在長崎小修，故改乘火車經下關門司至長崎，搭乘上海丸返滬。

建築材料價目表

本刊所載材料價目，力求正確；惟市價瞬息變動，漲落不一，集稿時與出版時難免出入。讀者如欲知正確之市價者，希隨時來函詢問，本刊當代為探詢詳告。

磚瓦類

貨名	商號	大小	數量	價目	備註
空心磚	大中磚瓦公司	12"×12"×10"	每千	$250.00	車挑力在外
„ „ „	„ „ „ „	12"×12"×9"	„ „	230.00	
„ „ „	„ „ „ „	12"×12"×8"	„ „	200.00	
„ „ „	„ „ „ „	12"×12"×6"	„ „	150.00	
„ „ „	„ „ „ „	12"×12"×4"	„ „	100.00	
„ „ „	„ „ „ „	12"×12"×3"	„ „	80.00	
„ „ „	„ „ „ „	9¼"×9¼"×6"	„ „	80.00	
„ „ „	„ „ „ „	9¼"×9¼×4½"	„ „	65.00	
„ „ „	„ „ „ „	9¼"×9¼"×3"	„ „	50.00	
„ „ „	„ „ „ „	9¼"×4½"×4½"	„ „	40.00	
„ „ „	„ „ „ „	9¼"×4½"×3"	„ „	24.00	
„ „ „	„ „ „ „	9¼"×4½"×2½"	„ „	23.00	
„ „ „	„ „ „ „	9¼"×4½"×2"	„ „	22.00	
實心磚	„ „ „ „	8½"×4⅛"×2½"	„ „	14.00	
„ „ „	„ „ „ „	10"×4⅞"×2"	„ „	13.30	
„ „ „	„ „ „ „	9"×4⅜"×2"	„ „	11.20	
„ „ „	„ „ „ „	9„×4⅜"×2¼"	„ „	12.60	
大中瓦	„ „ „ „	15"×9½"	„ „	63.00	運至營造場地
西班牙瓦	„ „ „ „	16"×5½"	„ „	52.00	„ „
英國式灣瓦	„ „ „ „	11"×6½"	„ „	40.00	„ „
脊瓦	„ „ „ „	18"×8"	„ „	126.00	„ „
空心磚	振蘇磚瓦公司	9¼×4½×2½"	„ „	$22.00	空心磚照價送到作
„ „ „	„ „ „ „	9¼×4½×3"	„ „	24.00	場九折計算
„ „ „	„ „ „ „	9¼×9¼×3"	„ „	48.00	紅瓦照價送到作場
„ „ „	„ „ „ „	9¼×9¼×4½"	„ „	62.00	

貨名	商號	大小	數量	價目	備註
空心磚	振蘇磚瓦公司	9¼×9¼×6"	每千	$76.00	
,, ,,	,, ,,	9¼×9¼×8"	,,	120.00	
,, ,,	,, ,,	9¼×4¼×4½"	,,	35.00	
,, ,,	,, ,,	12×12×4"	,,	90.00	
,, ,,	,, ,,	12×12×6"	,,	140.00	
,, ,,	,, ,,	12×12×8"	,,	190.00	
,, ,,	,, ,,	12×12×10	,,	240.00	
靑平瓦	,, ,,	144	平方塊數	70.00	
紅平瓦	,, ,,	144	,,	60.00	
紅磚	,, ,,	10×5×2¼"	每千	12.50	
,, ,,	,, ,,	10×5×2"	,,	12.00	
,, ,,	,, ,,	9¼×4½×2¼"	,,	11.50	
,, ,,	,, ,,	9¼×4½×2"	,,	10.00	
光面紅磚	,, ,,	10×5×2¼"	,,	12.50	
,, ,,	,, ,,	10×5×2"	,,	12.00	
,, ,,	,, ,,	9¼×4½×2¼"	,,	11.50	
,, ,,	,, ,,	9¼×4½×2"	,,	10.00	
,, ,,	,, ,,	8½×4⅛×2½"	,,	12.50	
靑筒瓦	,, ,,	400	平方塊數	65.00	
紅筒瓦	,, ,,	400	,,	50.00	
白水泥花磚	華新磚瓦公司	8"×8,6"×6,4"×4"	每方	24.00	送至工場
紅大紅磚	,, ,,	16"×10"	每千	67.00	,, ,,
靑大平瓦	,, ,,	16"×10"	,,	69.00	,, ,,
靑小平瓦	,, ,,	12⅜"×9²/8	,,	50.00	,, ,,
紅脊瓦	,, ,,	18"×8"	,,	134.00	,, ,,
靑脊瓦	,, ,,	18"×8"	,,	138.00	,, ,,
紅西班牙筒瓦	,, ,,	16"×5½	,,	46.00	,, ,,
靑西班牙筒瓦	,, ,,	16"×5½	,,	49.00	,, ,,

鋼條類

貨名	商號	標記	數量	價目	備註
鋼條		四十尺二分光圓	每噸	一百十八元	德國或比國貨
„ „		四十尺二分半光圓	„ „	一百十八元	„ „ „
„ „		四二尺三分光圓	„ „	一百十八元	„ „ „
„ „		四十尺三分圓竹節	„ „	一百十六元	„ „ „
„ „		四十尺普通花色	„ „	一百〇七元	鋼條自四分至一寸方或圓
„ „		盤圓絲	每市擔	四元六角	

水泥類

貨名	商號	標記	數量	價目	備註
水泥		象牌	每桶	六元三角	
水泥		泰山	每桶	六元二角半	
水泥		馬牌	„ „	六元二角	
水泥		英國"Atlas"	„ „	三十二元	
白水泥		法國麒麟牌	„ „	二十八元	
白水泥		意國紅獅牌	„ „	二十七元	

木材類

貨名	商號	說明	數量	價格	備註
洋松	上海市同業公會公議價目	八尺至卅二尺再長照加	每千尺	洋九十元	下列木材價目以普通貨爲準揀貨及特種鋸貨另定價目
一寸洋松	„ „ „		„ „	九十二元	
寸半洋松	„ „ „		„ „	九十三元	
洋松二寸光板	„ „ „		„ „	七十六元	
四尺洋松條子	„ „ „		每萬根	一百五十五元	
一寸四寸洋松一號企口板	„ „ „		每千尺	一百十元	
一寸四寸洋松副頭號企口板	„ „ „		„ „	九十四元	
一寸四寸洋松二號企口板	„ „ „		„ „	八十元	
一寸六寸洋松一號企口板	„ „ „		„ „	一百二十元	
一寸六寸洋松副頭號企口板	„ „ „		„ „	九十八元	
一寸六寸洋松二號企口板	„ „ „		„ „	八十四元	
一二五四寸一號洋松企口板	„ „ „		„ „	一百五十元	
一二五四寸二號洋松企口板	„ „ „		„ „	一百元	

22772

貨名	商號	標記	數量	價格	備註
一二五六寸一號洋松企口板	上海市同業公會公議價目		每千尺	一百六十五元	
一二五六寸二號洋松企口板	，，		，，	一百十五元	
柚木（頭號）	，，	僧帽牌	，，	五百四十元	
柚木（甲種）	，，	龍牌	，，	四百六十元	
柚木（乙種）	，，	，，	，，	四百三十元	
柚木段	，，	，，	，，	三百六十元	
柚木	，，	旗牌	，，	四百元	
，，	，，	盾牌	，，	三百六十元	
硬木	，，		，，	二百元	
硬木（火介方）	，，		，，	一百五十元	
柳安	，，		，，	二百元	
杉松（伐方）	，，		，，	無市	
紅板	，，		，，	一百三十元	
抄板	，，		，，	一百四十元	
十二尺三寸六八皖松	，，		，，	六十五元	
十二尺二寸皖松	，，		，，	六十五元	
一二五，四寸柳安企口板	，，		，，	一百八十五元	
一寸六寸柳安企口板	，，		，，	一百八十五元	
一二五，四寸企口紅板	，，		，，	一百四十元	
建松片	，，		，，	七十元	市尺
九尺四分建松板	，，		每丈	四元七角	，，
九尺八分建松板	，，		，，	八元	，，
六尺半五分青山板	，，		，，	四元三角	，，
本松毛板	，，		每塊	二角六分	，，
本松企口板	，，		，，	二角七分	，，
六尺半，三分杭松板	，，		每丈	二元二角	，，
七尺半，二分甌松板	，，		，，	二元	，，
六尺半，八分皖松板	，，		，，	四元四角	，，
九尺，八分皖松板	，，		，，	五元五角	，，

貨名	商號	說明	數量	價格	備註
六尺半，五分皖松板	上海市同業公會公議價目		每丈	洋四元三角	市尺
台松板	，		，	四元二角	，
七尺半，四分坦戸板	，		，	三元	，
七尺半，三分坦戸板	，		，	二元八角	，
六尺二分機鋸紅柳板	，		，	二元五角	，
六尺三分毛邊紅柳板	，		，	二元三角	，
六尺二分俄松板	，		，	二元三角	，
六尺半，二分俄松板	，		，	二元八角	，
七尺半，毛邊二分坦戸板	，		，	二元	，
六尺半，五分機介杭松	，		，	四元四角	，
六分一寸俄紅松板	，		每千尺	七十八元	
一寸二分，四寸俄紅松板	，		，	七十四元	
六分一寸俄白松板	，		，	七十六元	
一寸二分，四寸俄白松板	，		，	七十二元	
俄紅松板	，		，	八十元	
一寸四寸俄紅白松企口板	，		，	七十九元	
一寸六寸俄紅白松企口板	，		，	七十九元	
俄麻栗光邊板	，		，	一百三十元	
俄麻栗毛邊板	，		，	一百二十元	
六分一寸俄黃花松板	，		，	七十八元	
一寸二分，四分俄黃花松板	，		，	七十四元	
四尺俄條子板	，		每萬根	一百二十元	

五金類

貨名	商號	標記	數量	價格	備註
二二號英白鐵			每箱	五十八元八角	每箱一廿張重四〇二斤
二四號英白鐵			，	五十八元八角	每箱廿五張重量同上
二六號英白鐵			，	六十三元	每箱卅三張重量同上

貨名	商號	標記	數量	價目	備註
二八號英白鐵			每箱	六十七元二角	每箱廿一張重量同上
二二號英瓦鐵			每箱	五十八元八角	每箱廿五張重量同上
二四號英瓦鐵			每箱	五十八元八角	每箱卅三張重量同上
二六號英瓦鐵			每箱	六十三元	每箱卅八張重量同上
二八號英瓦鐵			每箱	六十七元二角	每箱廿一張重量同上
二二號美白鐵			每箱	六十九元三角	每箱廿五張重量同上
二四號美白鐵			每箱	六十九元三角	每箱卅三張重量同上
二六號美白鐵			每箱	七十三元五角	每箱卅八張重量同上
二八號美白鐵			每箱	七十七元七角	每箱卅八張重量同上
美方釘			每桶	十六元〇九分	
平頭釘			每桶	十六元八角	
中國貨元釘			每桶	六元五角	
五方紙牛毛毡			每捲	二元八角	
半號牛毛毡		馬牌	每捲	二元八角	
一號牛毛毡		馬牌	每捲	三元九角	
二號牛毛毡		馬牌	每捲	五元一角	
三號牛毛毡		馬牌	每捲	七元	
鋼絲網		27"×96" 2¼lb.	每方	四元	德國或美國貨
” ” ”		27"×96" 3lb.rib	每方	十元	” ” ”
鋼版網		8'×12' 六分一寸半眼	每張	三十四元	
水落鐵		六分	每千尺	四十五元	每根長廿尺
牆角線			每千尺	九十五元	每根長十二尺
踏步鐵			每千尺	五十五元	每根長十尺或十二尺
鉛絲布			每捲	二十三元	闊三尺長一百尺
綠鉛紗			每捲	十七元	” ” ”
銅絲布			每捲	四十元	” ” ”
洋門套鎖			每打	十六元	中國鎖廠出品 黃銅或古銅色
洋門套鎖			每打	十八元	德國或美國貨
彈弓門鎖			每打	三十元	中國鎖廠出品
” ” ”			每打	五十元	外貨

貨名	商號	標記	數量	價目	備註
彈子門鎖	合作五金公司	3寸7分(古銅色)	每打	四十元	
„ „ „	„ „ „ „	„ „ (黑色)	„ „	三十八元	
明螺絲彈子門鎖	„ „ „ „	3寸5分(古銅色)	„ „	三十三元	
„ „ „	„ „ „ „	„ „ (黑色)	„ „	三十二元	
執手插鎖	„ „ „ „	6寸6分(金色)	„ „	二十六元	
„ „ „	„ „ „ „	„ „ (古銅色)	„ „	二十六元	
„ „ „	„ „ „ „	„ „ (克羅米)	„ „	三十二元	
彈弓門鎖	„ „ „ „	3寸 (黑色)	„ „	十元	
„ „ „	„ „ „ „	„ „ (古銅色)	„ „	十元	
迴紋花板插鎖	„ „ „ „	4寸5分(金色)	„ „	二十五元	
„ „ „	„ „ „ „	„ „ (黃古色)	„ „	二十五元	
„ „ „	„ „ „ „	„ „ (古銅色)	„ „	二十五元	
細邊花板插鎖	„ „ „ „	7寸7分(金色)	„ „	三十九元	
„ „ „	„ „ „ „	„ „ (黃古色)	„ „	三十九元	
„ „ „	„ „ „ „	„ „ (古銅色)	„ „	三十九元	
細花板插鎖	„ „ „ „	6寸4分(金色)	„ „	十八元	
, , ,	, , , ,	, , (黃古色)	, ,	十八元	
, , ,	, , , ,	, , (古銅色)	, ,	十八元	
鐵質細花板插鎖	, , , ,	, , (古色)	, ,	十五元五角	
瓷執手插鎖	, , , ,	3寸4分(棕色)	, ,	十五元	
, , ,	, , , ,	, , (白色)	, ,	, , ,	
, , ,	, , , ,	, , (藍色)	, ,	, , ,	
, , ,	, , , ,	, , (紅色)	, ,	, , ,	
, , ,	, , , ,	, , (黃色)	, ,	, , ,	
瓷執手撳式插鎖	, , , ,	, , (棕色)	, ,	, , ,	
, , ,	, , , ,	, , (白色)	, ,	, , ,	
, , ,	, , , ,	, , (藍色)	, ,	, , ,	
, , ,	, , , ,	, , (紅色)	, ,	, , ,	
, , ,	, , , ,	, , (黃色)	, ,	, , ,	

北行報告（續）

杜彥耿

北平市建築規則 民國二十一年三月二日公佈

第一條　在本市區內新建改建修理及其他一切雜項工程統名曰建築均須遵照本規則辦理

第二條　建築所用度量衡應為中央頒佈之標準制其折算定式詳附表

第三條　本規則所稱公路係指兩房基綫間之地面而言工務局所定公路界標建築人不得擅自移動

房基綫規則另定之

第四條　建築不得越過房基綫其原來基址越過者遵照房基綫規則之規定退讓之但關於古蹟紀念及其他另有規定之建築物（如汽油泵廣告物等）不在此限

第五條　建築人所委託之土木技師技副以工務局發給執行業務執照者為限承攬工程廠商以社會局核准營業及工務局發給註冊證書者為限

土木技師技副執行業務取締規則及廠商承攬工程取締規則另定之

第六條　建築應先向工務局或所屬工區領取建築呈報單逐項填寫呈送局區請領執照於核准繳費給照後動工

建築呈報單式樣另定之

第七條　建築得於呈報前先到工務局領取房基綫請示單（每件繳費五角）逐項填明請示該戶房基綫尺度但持有產權證明文件來局面詢者一律免費 民國二十二年一月七日修正公布

房基綫請示單式樣另定之

第八條　建築之呈報人應為本業主如係租戶代報應取具業主同意之證明文件或切實保結負完全責任

保結式樣另定之

商舖已經稅舖底者其臨街房屋拘抹補漏及油飾粉刷各工程得由有舖底權之租戶呈報

第九條　工務局於必要時得調閱房地契或其他證明文件并得通知呈報人來局或工區接洽辦理前條第二項之工程祗調驗舖底契據

第十條　各項工程應領執照之種類及請領日期如左

（甲）左列工程應於開工前十五日請領建築執照

一新建房屋

二、改建房屋

三、新建臨街牆垣

四、其他一切新建築

（乙）左列工程應於開工前七日請領修理執照

一、臨街牆垣改建或修理

二、臨街房屋翻修或修理

三、院內房屋翻修或更換樑柱

四、其他建築物之翻修或修理

（丙）左列工程應於開工前五日請領雜項執照

一、臨街修造籬笆木壁

二、修砌臨街台階或公用樓梯
三、臨街房屋抅抹補漏油飾粉刷
四、臨街開門或堵門
五、臨街或毗隣戶開窗堵窗
六、修砌廁所
七、鑿井
八、修造院內溝道
九、淸除空地磚石泥土
十、拆除房屋或圍牆
十一、修造商店門前牌坊
十二、修造巷口公共柵欄
十三、紮搭臨街彩棚或彩牌坊
十四、紮搭臨街凉棚
十五、臨街或屋頂裝設廣告
十六、其他臨街雜項小工程
公共廁所及鑿井須先向公安局呈報勘准
建築執照修理執照及雜項執照式樣另定之
第十一條　左列工程免予呈報
一、院內房屋抅抹粉飾或補漏
二、院內房屋揭瓦換箔
三、修理院內牆壁
四、修理院內門窗
五、修理院內或室內地面
六、修理室內隔斷裝修或地板
七、院內紮搭各種棚架
八、其他院內零星工程
第十二條　呈報人請領建築執照時應依左列規定繳納照費
(甲)樓房按工程估價繳納千分之十五
(乙)平房按工程估價繳納千分之十
(丙)營業性質公共場所之建築不論樓房平房按工程估價繳納千
分之十五其種類如左
一、商塲
二、市塲
三、遊藝塲雜技塲
四、戲院電影院
五、工廠
六、貨棧
七、旅館公寓
八、私立醫院
九、各項事務所
十、各項交易塲所
十一、銀行銀號
十二、拍賣行
十三、茶館飯館
十四、浴堂
十五、理髮館

十六、球房
十七、妓館
十八、其他具有營業性質之公共場所
(丁)非營業性質公共場所之建築不論樓房平房按工程估價繳納千分之五其種類如左
一、公立醫院
二、會館
三、各項會所
四、廟社
五、教堂
六、公墓
七、其他非營業性質之公共場所
(戊)新建臨街牆垣并無其他建築物者比照乙款辦理
第十三條　呈報人請領修理執照時應按工程估價千分之十繳納執照費
第十四條　呈報人請領雜項執照應依左列規定繳納執照費
一、工程估價自二十元起至一百元者每照繳費五角
二、工程估價在一百元以上至三百元者每照繳費一元
三、工程估價在三百元以上者每照按千分之十繳費
第十五條　左列各項免納執照費但仍須照章呈報
一、雜項工程估價在二十元以內者
二、各項執照請求展期者
三、更換核准圖樣未增加工程估價者
四、衙署局所學校公園圖書館博物館運動場以及公益善堂等一切工程
第十六條　沿公路紮搭臨時喜棚祭棚應於開工前三日請領臨時建築執照一律免費
臨時建築執照式樣另定之
第十七條　請領建築執照者須于填送呈報單時備具圖樣及中文說明書各二份重大工程並須備具計算書一份隨同呈核其圖樣應載事項如左
(甲)地盤圖
一、建築地點四至道路名稱或鄰戶姓氏
二、建築地面深濶及方向
三、建築地基四至丈尺
四、毘連鄰戶房屋交錯形狀
五、改建舊屋者須用虛線標明舊址
(乙)建築物圖
一、正面圖側面圖縱橫剖面圖各層平面圖屋架圖基礎圖等
二、建築物各部之尺寸構造材料及用途
三、建築物內部之地面較公路面高低尺寸
四、新舊溝渠與溝井之地位大小及出水方向
五、設計之土木技師技副姓名
六、承攬工程之廠商
七、其他便利審查之補助圖件
前項各圖所用比例尺地盤圖不得小於五百分之一建築物圖不得

小於百分之一

第十八條　建築圖說應由呈報人照左列規定分別委託註冊廠商及技師或技副署名負責

(甲)工程估價自五百元起至二千五百元之平房工程得由廠商或技師技副單獨署名負責

(乙)工程估價在二千五百元以上至五千元之平房工程應由廠商及技師或技副連署負責

(丙)左列各項工程應由廠商及技師連署負責

一、新蓋或接蓋樓房及地窖工程

二、鐵筋混凝土及鋼骨工程

三、公共場所重要部份之工程

四、工程估價在五千元以上之一切工程

修理及雜項工程圖說工務局認為必要時得令呈報人委託註冊廠商或技師技副署名負責

第十九條　建築圖說經核准後發給執照時發還一份呈報人應就工作地點懸掛

第二十條　建築圖說一經核准呈報人與技師技副承攬廠商應即完全遵守不得變更如實有特別情形必須更正時應向工務局或工區領取更正建築圖說呈請單逐項填寫並另繪圖說兩份將變更處以紅色表明附加註解連同原發建築執照呈候工務局復查核准發給更正執照并發還圖說一份再行動工其工程估價如因變更工程有所增加應照前後差額補繳執照費

更正建築圖說呈請單式樣另定之

第二十一條　請領修理執照或雜項執照者工務局視工程之必要得隨時通知補送圖說或計算書

第二十二條　各項執照領到後于六個月未動工中止者該項執照作廢但呈報人於期內呈經核准展期者不在此限

第二十三條　各項執照遺失應由原呈報人呈請補領每張繳費五角

第二十四條　凡娛樂場所及工廠建築經工務局查明與公共安全或衛生有礙時得會同主管官署禁止設立

第二十五條　房屋全部或一部改換用途如以普通住宅儲房改作公共場所之用無論與工與否應先呈報工務局勘查經核准後方可遷入使用其新建房屋未經使用即改作公共營業場所者並應按照第十二條丙項規定補繳執照費

第二十六條　每年七八九三月多雨期內左列工程因雨坍塌或發生危險急待修復者得一面呈報一面動工

一　臨街山牆或簷牆頭一部份之修理

二　臨街牆垣距地面一公尺以上部份之修理

三　臨街房屋之補漏

第二十七條　工務局發給各項執照時應審查工程情形如係新建或與房基綫及公共安全有關係者附發各部施工報告單及全部完工報告單呈報人應於施工完工各三日前分別檢具原給報告單報請復驗

施工報告單完工報告單式樣另定之

第二十八條　工務局對於前條各工程應飭查工員依查工規則憑查工證隨時查驗如發見侵佔公路及妨礙鄰居交通或與核准圖說不符時應即令其停工由查工員填具查工報告呈局核辦

查工規則查工證另定之

第二十九條　修築門前步道應依整理步道規則辦理

整理步道規則另定之

第三十條　凡工程有左列各款情形之一者由工務局代爲辦理其費用由業主或呈報人繳償之

一、因修造房屋或其他建築物損壞路面及公共建築物者

二、院內溝道接通街溝者

三、建築物一部或全部發生危險經工務局查出警告仍不遵限制設法防禦修理或拆卸者

四、違反規則之建築經工務局屢戒仍不遵令修改或拆卸者

前項第一款工程工務局得限期令其自行修復

第三十一條　凡因工掘動地基發見街溝時應依整理溝渠規則呈報工務局核辦

整理溝渠規則另定之

第三十二條　凡因工掘動公路應依掘路規則辦理

掘路規則另定之

第三十三條　建築期內所搭架木圍障佔用公路不得超過一公尺五公寸并須遮蔽嚴密圍障以外不得堆積物料

第三十四條　工程完竣後所有工地內外剩料及渣土呈報人及廠商須負責清除運往不礙交通及衛生地點存放

第三十五條　市內建築工務局每年檢查一次遇有危險情形卽通知修理并警告週知但公共場所得隨時派員檢查之

第三十六條　建築上之罰則如左

一、隱匿不報私自開工或已呈報未經領照先行開工者除令補完手續外呈報人及廠商各按執照費處以一倍至三倍之罰金其有礙房基綫者應勒令拆讓并各處以五倍之罰金

二、建築工程與核准圖說不符除令更換不符部份外呈報人及廠商各按執照費處以一倍至三倍之罰金

三、施工或完工報告單如不遵照呈報或執照逾期并不呈請展限仍行施工者除令補報外呈報人按執照費處以一倍至二倍之罰金

四、不遵照核定房基綫尺寸退讓或退讓不足數者除勒令拆讓外呈報人及廠商各按執照費處以五倍之罰金

五、估價在二十元以下之雜項工程違反前四項規定呈報人處以五角以上五元以下之罰金其越過房基線部份并應勒令拆讓

六、凡屬於第十五條第四項之免費工程如違反建築規則呈報人及廠商各按工程估價處以千分之五至千分之二十五之罰金

七、凡因工掘動地基發見街溝隱匿不報按溝長每公尺處以五元之罰金其私將街溝毀壞或填斷者按該部份長度每公尺加處十五元至三十元之罰金

八、其他違反建築規則未經上列各項規定者得處以一元以上百元以下之罰金

第三十七條　前條罰款如呈報人或廠商延不繳納工務局得函知公安

局限期追繳

第三十八條　工務局核准之各項工程應隨時通知公安局轉飭各區署協助稽查如有違反本規則情事該管區署應即巡報工務局核辦其新建房屋工務局并應同時通知財政局稅契

第三十九條　工務局發給之各項執照不得視為產業授與權之證明并不得解除或減輕呈報人暨關係人之責任（例如工作上發生危害人畜之責任）

第四十條　建築限制暨設計標準規則另定之

第四十一條　本規則未盡事宜得隨時修正

第四十二條　本規則自市政府公佈之日施行

（待續）

高爾泰搪瓷暢銷一時

高爾泰搪瓷廠，自一九三三年十一月成立以來，時僅一年，進步奇速，所有出品，極獲當地建築師及工程師之信仰及贊許。最近新出之搪瓷水泥面磚及搪瓷鋼筋窗檻，更能獲得成功，風行一時。搪瓷水泥面磚，顏色深淺俱備，價格低廉，分量極輕，不吸水份。搪瓷鋼筋窗檻，則設計精良，與鋼窗自然配合。此外如人造浪形面石，及空心磚等，均為價廉質美，經久耐用之建築材料。該公司製造廠設在偉定路二號，聘請專門技師，悉心督造，所有出品，概由本埠公大洋行經理云。

22782

預　定

全年	十二冊	大洋伍元
郵費	本埠每冊二分,全年二角四分;外埠每冊五分,全年六角;國外另定	
優待	同時定閱二份以上者,定費九折計算。	

建築月刊

第二卷第十一・十二期合刊

中華民國二十三年十二月份出版

刊務委員會　竺泉通　江長庚　陳松齡

主編　杜彥耿

廣告　藍克生 (A. O. Lacson)

發行　上海市建築協會

京南路大陸商場六二〇號
電話九二〇〇九號

印刷　新光印書館

上海聖母院路聖達里三一號
電話七四六三五號

投稿簡章

1. 本刊所列各門，皆歡迎投稿。翻譯創作均可，文言白話不拘。須加新式標點符號。譯作附寄原文，如原文不便附寄，應詳細註明原文書名，出版時日地點。
2. 一經揭載，贈閱本刊或酌酬現金，撰文每千字一元至五元，譯文每千字半元至三元。重要著作特別優待。投稿人却酬者聽。
3. 來稿本刊編輯有權增删，不願增删者，須先聲明。
4. 來稿概不退還，預先聲明者不在此例，惟須附足寄還之郵費。
5. 抄襲之作，取消酬贈。
6. 稿寄上海南京路大陸商場六二〇號本刊編輯部。

KIDDER-PARKER: ARCHITECTS' AND BUILDERS' HANDBOOK

爲建築師，土木工程師，營造廠，營造人員，公路建設人員及鐵路工程人員所必備，此書敝社業已翻印出版，爲第十八版最新之增訂本，較之以前舊版增加肆百餘頁，內容更爲豐富・原價約合國幣叁拾餘元・茲爲服務建築界起見，定價祇售拾肆元・存書無多・欲購請速・

中國通藝社圖書部

上海北京路三七八號電話九五二七七

飛虎牌油漆
飛虎牌
WINGED TIGER BRAND
振華油漆有限公司
各種建築舟車橋梁
飛虎牌油漆
無不盡量貢獻其功能
宜為社會風行
振華油漆有限公司
總公司 上海北蘇州路四七八號
電報 三三四四 電話 四三一一六

22785

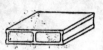

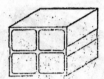

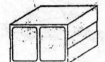

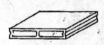

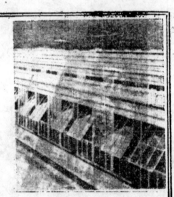

民國十一年創辦
絲釘工業之鼻祖
公勤鐵廠股份有限公司出品

三戟牌 註冊商標 REGISTERED

釘
頭圓整
身堅挺
尖鋒利

網
以作籬
可禦侮

家庭生趣社會安寧胥以是賴

總廠 上海楊樹浦臨青路五十三號
電話 五〇二一四 營業課
五〇一六七 經理室

分廠 廣州河南南華中路六十六號
電話 五〇四一二

備有樣本
承索即寄

22789

英商

中國造木有限公司

唯一機器製造的木工專家

上海楊樹浦路一四二六號

電報掛號"woodworkco"　電話五另另六八號

進行工程

綾嶺寄廬
百老匯大廈
Gascogne 公寓
Picardie 公寓
福煦路嚴安雅堂居宅
華業大廈
公和洋行建築師惠爾明生君住宅

已竣工程

漢密爾登大廈（第一部及第二部）
都城飯店
河濱大廈
大華公寓
建業公寓「A」「B」「C」「D」及「E」
貝當路公寓
麥特赫司脫公寓
北四川路狄斯威路口公寓

總經理

英商祥泰木行有限公司

22791

Tung Nan Brick & Tile Co.

Office: 396 Kiangse Road

Telephone 13760

東南磚瓦公司

出品

牆面磚　地缸磚　踏步磚　紅平瓦　耐火磚

顏色鮮豔尺寸整齊毫不澫曲

花樣繁多貼於牆面華麗雄壯

性質堅硬毫不吸水平面光滑

不染污垢花紋種類聽憑選擇

品質優良式樣美觀

面有條紋不易滑跌

泥料細膩火力勻透

耐用經久永不滲漏

原料上等製造精密

能耐極高熱度

事務所　江西路三百九十六號

電話　一三七六〇

WE MANUFACTURERS OF

FACING BRICKS

PAVING BRICKS

STEP TILES NOSING

RED TILES

& FIRE BRICKS.

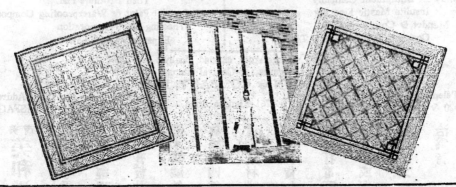

VOH KEE CONSTRUCTION CO.

馥記營造廠

本廠承造各埠建築達數十處都千萬餘金略舉如下備資參考

本埠工程

公和祥碼頭及棧房……浦東
交通大學工程館……徐家匯
四行念二層大樓……跑馬廳
西式住宅市房……梅白格路
儉德儲蓄會……福生路
上海牛皮廠……白利南路
義泰興碼頭……浦東董家渡
公和祥碼頭……兆豐路
寶隆醫院……白克路
公共宿舍……聖母院路
七層公寓……國富門路
七層公寓……海格路
中華碼頭……浦東周家渡
劉公館……亞爾培路

外埠工程

總理陵墓第三部工程……南京
陣亡將士公墓全部……南京
財政部辦公處……南京
中山紀念堂……廣州
宋部長官邸……南京
新村合作社……南京
美領事署……廈門
中國銀行……南京
海軍船塢……青島

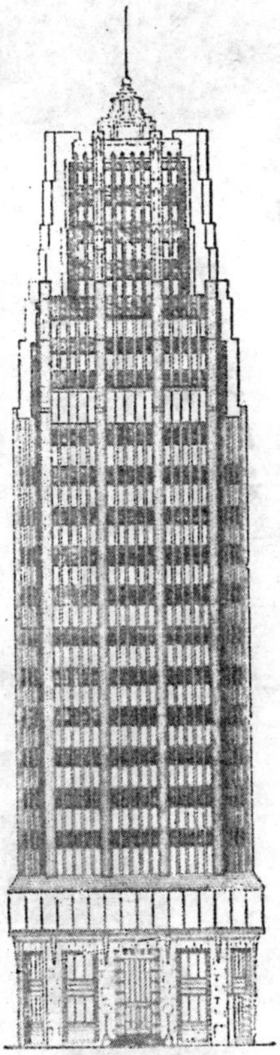

總事務所
電話一七三三六
一七三三七
上海四川路三三號
電報掛號一五二七

分事務所
南晶勵志社
南京饒泥大樓
陶園新村
重慶新街口

分廠
河南重慶九江
廣州杭州青島
南京黃減鎮江
鄭伯淮陸劉調
等處

第三堆棧
上海閘北廣林街
上海浦東慶甯寺

分事務所分廠電報掛號七四五〇

興業美術雕花瓷磚
色澤大小齊備
鋪裝室內室外
無不富麗堂皇
本公司出品繁
多備有各種雕
花瓷磚樣版樣
本承索即寄
興業瓷磚股份有限公司
河南路五〇五號
電話九五六六六
南京
郵政署大廈
所用之
雕花瓷磚
協隆建築師
設計

中國製釘股份有限公司

註冊商標

廠址 上海閘路福寫路六五〇號

電話五〇六六九號
電報掛號九九四三

出品

(一) 各種銅鐵元釘
(二) 有刺鉛絲
(三) 文具紙夾

出品優良之鐵證

瑞昌銅鉄五金工廠

承辦建築一切銅鉄工程

滬上各大建築無不採用本廠是項門鎖以其新異而堅固也

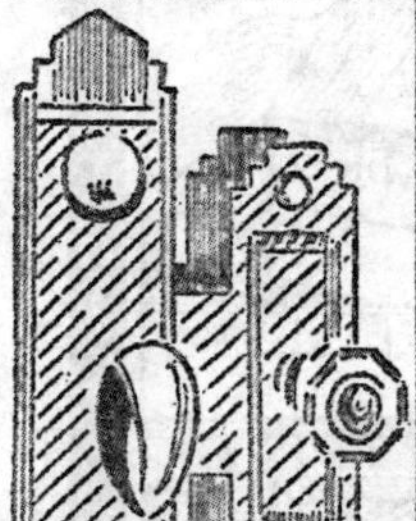

新異 堅固

漢口路二六一號 靜安寺路六六七號 工廠
電報九四四六號 電話三一九六七號 同孚路二四二號

22797

英商吉星洋行
建築上用之
各種油漆及凡立水
偉大之建築。內部之壯觀。仰油漆之裝璜者。十居其九。惟欲求良佳成績。則須採用適當油漆。此點建築界恆視為極重要之問題。
敝行為世界最大油漆製造廠。凡建築上所用之油漆，磁漆，水臘粉，木光油，凡立水，以及各種理想中之新式油漆。莫不經驗宏富。研究精到。可稱並世無匹。凡此種種材料。分為次第等級。便於選擇。價格低廉。無論數量多寡。承蒙通知。立即發奉。請察下列種種用法！
刷法 流法 浸法 滾法 噴法 乾法
敝行之研究化驗室。皆為建築界解決種種特別油漆問題。不一而足。此種隨事應付之能力。隨時可以為君服務。請即將君之困難問題寄至下列地址。以便研究奉覆也。

建築月刊
SECOND-ANNIVERSARY
THE BUILDER
193

大中機製磚瓦股份有限公司
製造廠浦東南匯縣下沙鎮
本公司因鑒於建築事業日新月異材料選擇尤關重要特聘專門技師購置德國最新式機器精製各種青紅磚瓦及空心磚等品質堅韌色澤鮮明自應銷以來已蒙各界推爲上乘樂予採購茲略舉一二以資參攷其他惠顧
諸君因限於篇幅不克一一備載諸希鑒諒是幸
大中磚瓦公司附啟
曾經購用敝公司出品各戶台銜列后
本埠
工部局平涼路巡捕房 新蓀記承造
國立中央實驗館 兆豐花園 和興公司承造
四行儲蓄會 英大馬路 陶馥記承造
墾業銀行 北京路 趙新泰承造
南京飯店 山西路 新金記祥號承造
開成造酸公司 軍工路 王鋭記承造
四海銀行 北京路 惠記興承造
麵粉交易所 民國路 元和興記承造
業廣公司 歐嘉路 陳馨記承造
法教堂 勞神父路 吳仁記承造
七層公寓 霞飛路 吳仁記承造
外埠
中央飯店 南京 新金記承造
金陵大學 南京 利源建築公司承造
航空學校 杭州 新金記康號承造
所出各品儲有大批現貨以備各界採用如蒙定製各色異樣磚瓦亦可照辦備有樣品如蒙索閱卽當送奉
駐滬批發所
英租界牛莊路德興里四號　電話九〇三一一
DAH CHUNG TILE & BRICK MAN'F WORKS.
Sales Dept. 4 Tuh Shing Lee, Newchwang Road, Shanghai.
TELEPHONE 90311

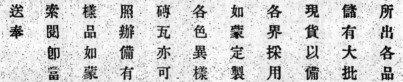

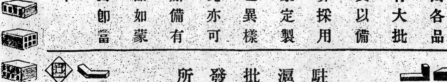

C.S.

振蘇磚瓦公司

上海靜安寺路六八八弄二號　電話三一八六〇號

第一廠址崑山南鄉張浦港口電話第二百〇五號　第二分廠址設在崑山南鄉蘇州河西吳淞港北岸

本公司營業已十有餘載廠設崑山南鄉自建最新式德國窰兩座近因出貨供不應求特設第二分廠於吳淞港北岸更添購機械專製各種機製紅磚空心磚青紅機製平瓦及德式筒瓦質料細靭烘製適度是以堅固遠出其他磚瓦之上且價格低廉交貨迅速久爲各大建築公司營造廠家所贊許推爲上乘爭相購用信譽昭著茲將曾購用敝公司出品各戶台銜略舉一二以資備考其他因限於篇幅不克一一備載諸希鑒諒是幸如承賜顧請逕與上海總公司接洽可也

振蘇磚瓦公司附啓

大舞台	九江路
百樂門跳舞場	愚園路
麥特赫司脫公寓	靜安寺路
中國銀行宿舍	南京
金城銀行	江西路
大陸銀行	九江路
國華銀行	北京路
證券交易所	漢口路
大陸商場	南京路
德士古火油棧	定海橋
光華火油棧	高橋
中新紗廠	宜昌路
酒精製造廠	浦東
永安紗廠	吳淞
公益紗廠	曹家渡
公大紗廠	軍工路
裕豐紗廠	楊樹浦
華生電氣廠	周家嘴路
大生紗廠	南通
富安紗廠	崇明
寶五洋棧	甘肅路
茂昌堆棧	十六浦
豫康堆棧	光復路
華華中學	愚園路
中央研究院	亞爾培路
動物研究院	愛文義路
榮金大戲院	康悌路
北火車站	界路
四明別墅	愚園路
靜安別墅	靜安寺路
金城別墅	靜安寺路

模範邨	福煦路
四明邨	巨籟達路
綠楊邨	康腦脫路
大陸新邨	施高脫路
古拔新邨	古拔路
和合坊	霞飛路
天樂坊	斜橋路
鴻運坊	愛多亞路
來安坊	新閘路
愚園坊	愚園路
聯安坊	愚園路
鄰聖坊	福煦路
福煦坊	福煦路
愛文坊	愛文義路
基安坊	同孚路
興業里	霞飛路
永安里	北四川路
興業里	天主堂街
同福里	靜安寺路
均益里	界路
德仁里	浙江路
福綏里	天津路
百祿里	大西路
正明里	赫德路
蘭威里	湯恩路
恆豐里	施高脫路
恆德里	赫德路
四達里	施高脫路
大通里	白克路
多福里	福煦路
恆茂里	八仙橋
懋益里	山海關路
同昌里	海甯路
興業里	施高塔路
泰安里	山西路
明德里	蘇州觀前

CHEN SOO BRICK & TILE MFG. CO.

BUBBLING WELL ROAD. LANE 688 NO. F2

TELEPHONE 31860

ELGIN AVENUE BRITISH CONCESSION
TIENTSIN
SURFACED WITH K.M.A. PAVING BRICKS

22803

Union Commerciale Belge de Metallurgie, S.A.
No. 150 Kiukiang Road.
Telegraphic Address
UCOMETAL-Shanghai
Telephone
12197
UCOMETAL
上海九江路一五零號
敝社係比國七大鋼廠駐滬總分銷處經售全廠出品承造鋼鐵工程舉凡：
鐵路鋼軌 工業機械
電車鋼軌 電氣用品
各式橋樑 鋼窗材料
採礦工具 鋼條鋼板
等等無不應有盡有 色色價廉 如蒙賜顧 無任歡迎
電話一二一九七
比國鋼業聯合社

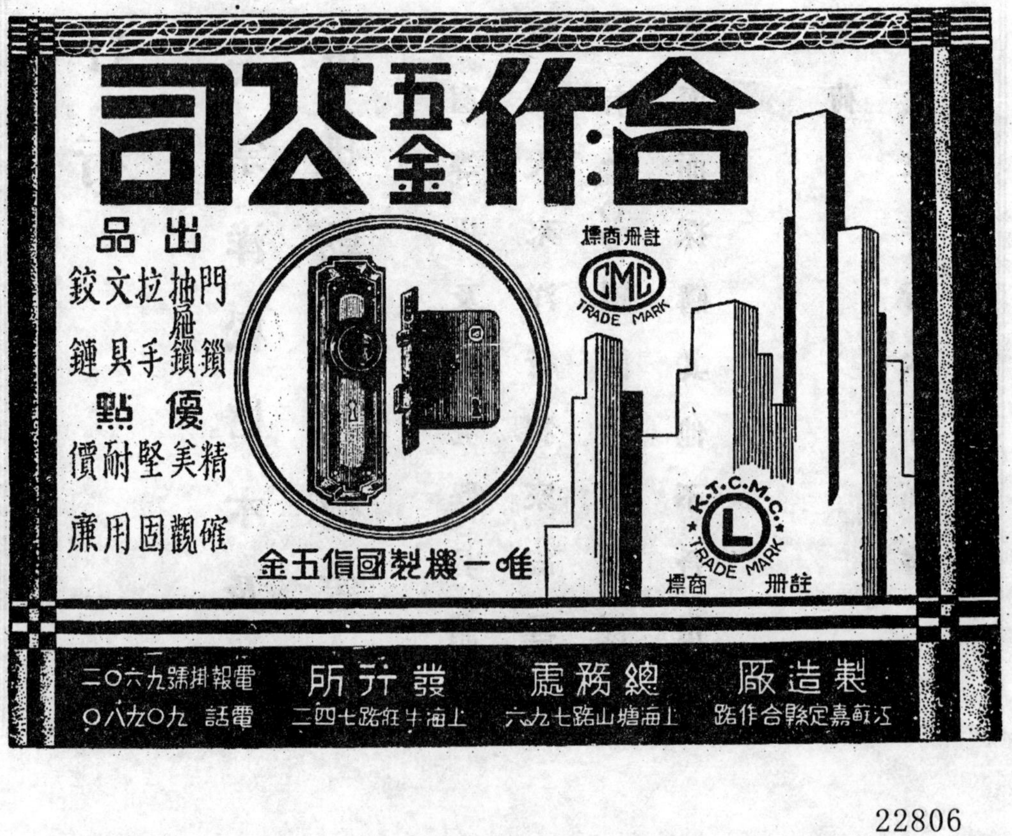

合作五金公司
出品
門鎖 抽屜鎖 拉手 文具 鉸鏈
優點
精確 美觀 堅固 耐用 價廉
註冊商標
CMC
TRADE MARK
K.T.C.M.C.
L
TRADE MARK
註冊商標
唯一機製國貨五金
製造廠 江蘇嘉定縣合作路
總務處 上海塘山路七九六
發行所 上海牛莊路七四二
電報掛號九六〇二
電話 九〇九八〇

22808

22809

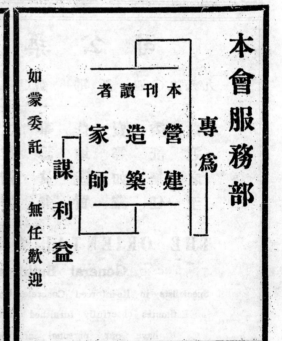

POMONA PUMPS

凡裝自流井而欲求最經濟之水源請採用最新式「普摩那」電機抽水機

最新式之抽水設備

PUMPING WATER

THE MODERN WAY

「普摩那」透平式抽水邦浦。利用機械與水壓原理製成。適得其宜者。

「普摩那」透平邦浦。絕對可靠。費用儉省。而出水量較多。

常年運用。幾無需耗費管理或修理等費。

時間減少。出水量增多。無需裝置價格昂貴之壓氣機等設備。大小邦浦。皆可裝置自動機件。

出水量。每分鐘自十五伽倫至五千伽倫。大小俱備。

抽水機軸。每隔十尺。裝有橡皮軸承。用水潤滑。靈便。可靠。

所佔裝置地位極小。

用美國威斯汀好司廠馬達發動之。

滬上各處裝置。成績優良。咸皆贊美。

總經理美商茂和公司

上海圓明園路一八五號　電話一一三一〇

目錄

插圖

論著

二週紀念特大號

（第三卷第一號）

廣告索引

本會建築叢書之一

英華華英合解建築辭典發售預約

▲備有樣本　函索卽寄▼

杜彥耿編

英華華英合解建築辭典是建築界之顧問

英華華英合解建築辭典，是『建築』之從業者．研究者．學習者之顧問，指示「名詞」「術語」之疑義，解決「工程」「業務」之困難。為

建築師及土木工程師所必備 藉供擬訂建築章程承攬契約之參考，及探索建築術語之釋義。

營造廠及營造人員所必備 倘簽訂建築章程承攬契約而發現疑難名辭時，可以檢閱，藉明含義，如以供練習生閱讀，尤能增進學識。

土木專科學校教授及學生所必備 學校課本，輒遇冷僻名辭，不易獲得適當定義，無論教員學生，均同此感，倘備本書一冊，自可迎刃而解。

公路建設人員及鐵路工程人員所必備 公路建設，尚發軔於近年，鐵路工程則係特殊建築，兩者所用術語，頗多艱澀，從事者苦之；本書對於此種名詞，亦蒐羅詳盡，以應所需。

律師事務所所必備 人事日繁，因建築工程之糾葛而涉訟者亦日多，律師承辦此種訟案，非購置本書，殊難順利。

此外如「地產商」，「翻譯人員」，「著作家」，以及其他有關建築事業之人員，均宜手置一冊。蓋建築名詞及術語，普通辭典掛一漏萬，卽或有之，解釋亦多未詳，英華華英合解建築辭典則彌補此項缺憾之最完備之專門辭典也。

預約辦法

一、本書用上等道林紙精印，以布面燙金裝訂。書長七吋半　闊五吋半，厚計四百餘頁。內容除文字外，並有三色版銅鋅版附圖及表格等．不及備述。

二、本書在預約期內，每册售價八元，出版後每册實售十元，外埠函購，寄費依照書價加一收取。

三、凡預約諸君，均發給預約單收執。出版後函購者依照單上地址發寄，自取者憑單領書。

四、預約期限，本埠二月底截止，外埠三月十五日截止。為日無多，幸勿失之交臂。

五、本書在出版前十日，當登載申新兩報，通知預約諸君，準備領書。

六、本書成本昂貴，所費極鉅，凡書店同業批購，或用圖書館學校等名義購取者，均照上述辦理．恕難另給折扣。

七、預約在上海本埠本處為限，他埠及他處暫不代理。

八、預約處上海南京路大陸商場六樓六二〇號。

上海外灘中國銀行計劃改建新屋，而積總額達六萬方尺，其高度將爲滬上冠。（按報載美領署擬建高凡三十八層之聯合辦公署，則又更上一層樓矣。）該行地址狹長，而臨黃浦之濱，後部直達圓明園路，其間距離近六百尺，故在設計時頗費苦心。在面臨狹長街道之處，將高度減低，兩翼則特別升高，如此則光線與空氣，兩皆充足；此外如何利用極長度之走廊等問題，諸待考慮者也。

將來落成後，銀行大門入口處，即在臨黃浦之面。其次則在圓明園路與仁記路之間。底層除客廳，樓梯間電梯等外，餘皆供銀行本部辦公廳之用，而此廳亦即爲全部建築中聚精會神之點也。全部房屋用空氣調節。所有庫房保管箱等，均在地下層，並有汽車間一所，足容私人汽車六十四輛之多，規模之大，可見一斑。

全部房屋用鋼骨水泥建築，外牆用國產花崗石。因接近浦濱，故對於防禦水災各點，予以特別注意。該屋四週盡屬高樓大廈，故底基及打樁頗感困難；地址四週將圍以四十尺長之鋼板樁。屋之兩翼，樁深一百六十尺，正中較低部份則深入八十五尺，全部造價預計一千萬元云。

又見報載該行當局鑒於社會百業蕭條，經濟衰落，耗費千萬，建造高廈，尚非當急之務。故已酌量減低層數，以求撙節云。

FIRST SKYSCRAPER TO DOMINATE THE SHANGHAI BUND

Proposed New Building for the Bank of China

Palmer & Turner, Architects.

Mr. K. H. Suhr, Shanghai architect,
Voh-Kee Construction Co., Contractor

蘇家翰建築師設計
馥記營造廠承造

22817

杭州國立浙江大學建築農學院實驗教室新屋圖樣

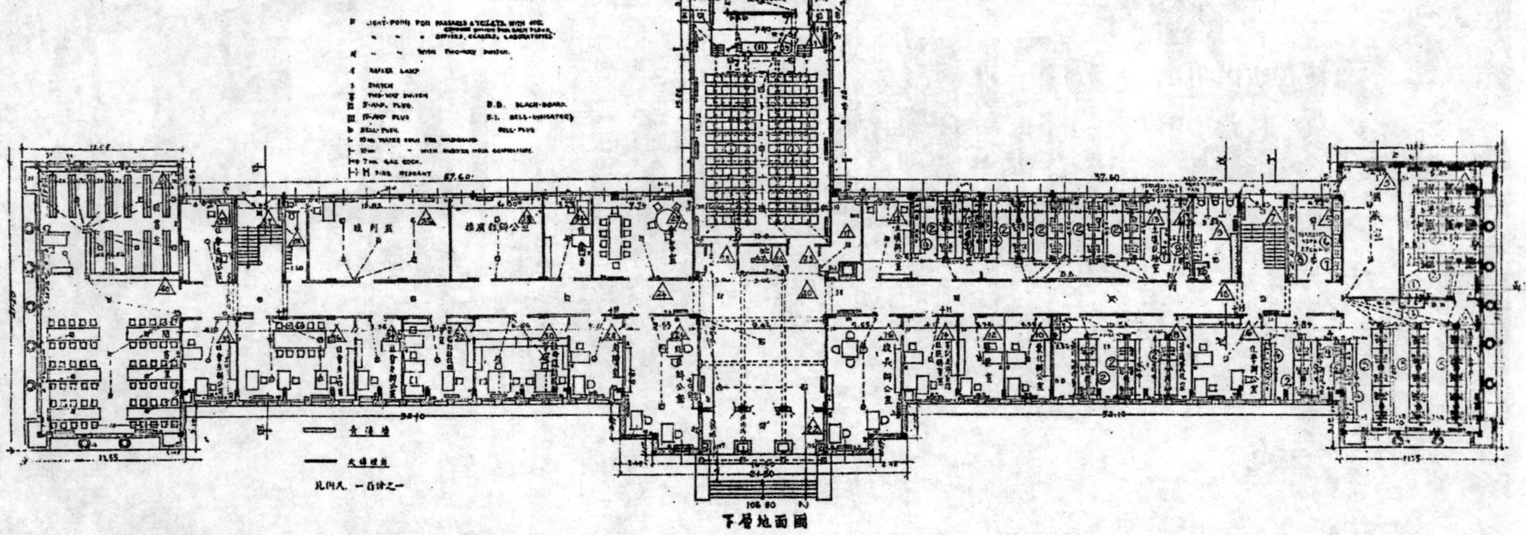

New building for Chekiang Agricultural College, National University of Chekiang, Hanchow.

Ground Floor Plan.

4

22818

杭州國立浙江大學建築農學院實驗教室新屋圖樣

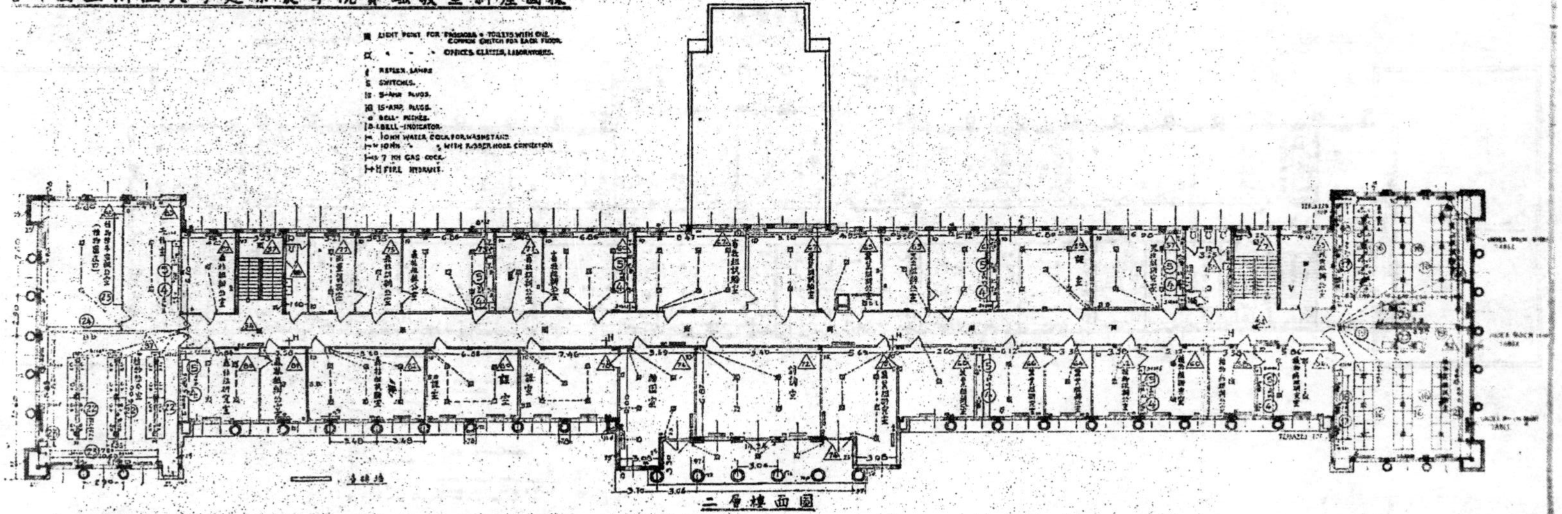

二層樓面圖

比例尺 一百份之一

New building for Chekiang Agricultural College, National University of Chekiang, Hanchow.

First floor plan.

22819

卅國立浙江大學建築農學院實驗教室新屋圖樣

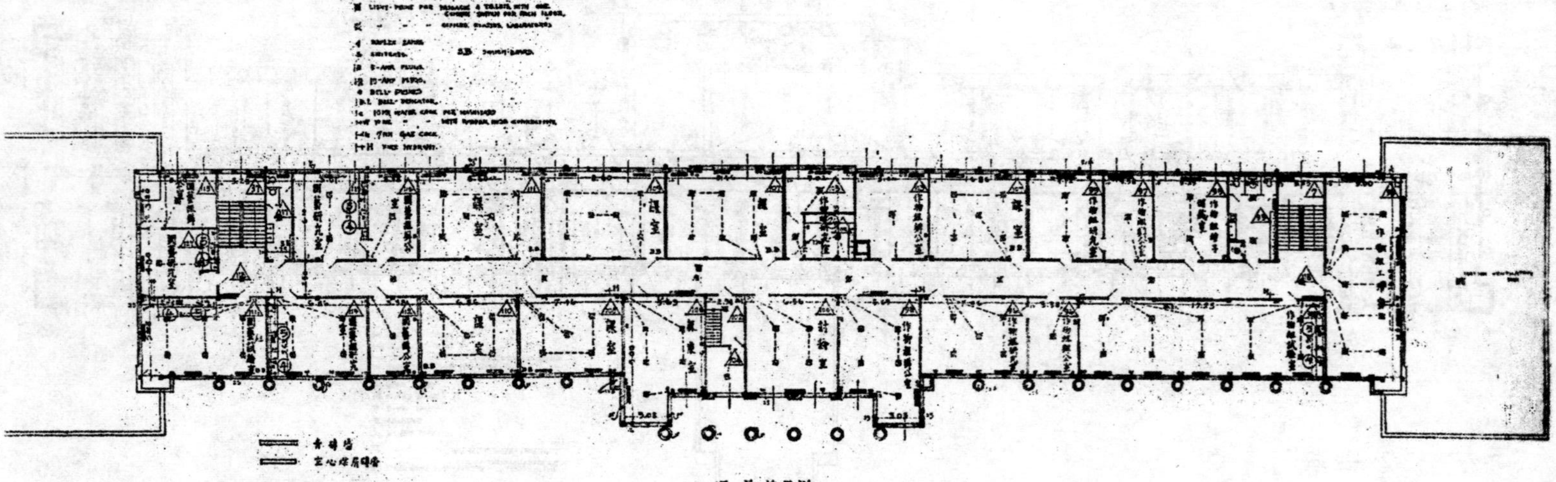

三層樓面圖

New building for Chekiang Agricultural College, National University of Chekiang, Hanchow.

Second floor plan.

建築中之上海九江路十四層大廈

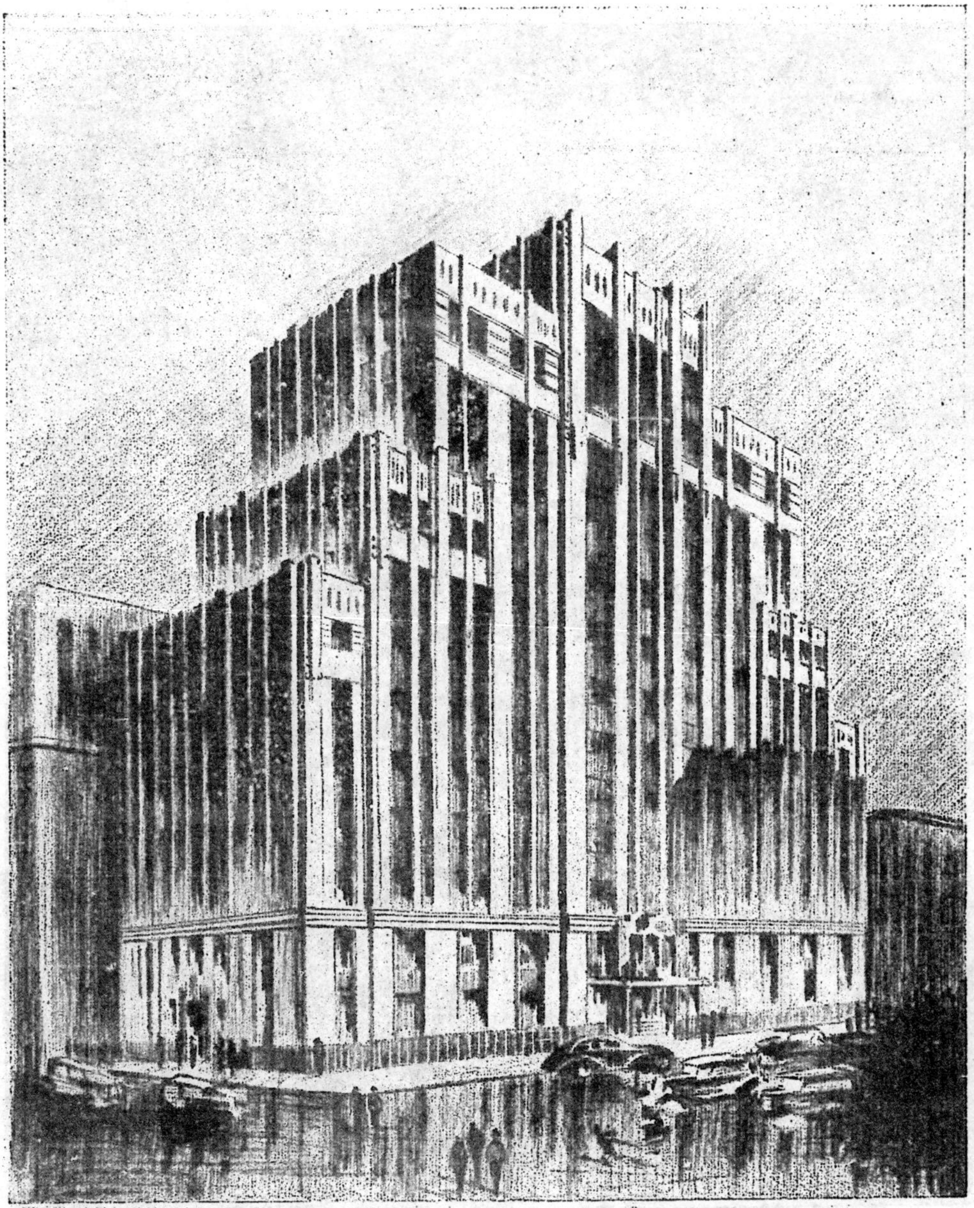

馬海洋行設計
余洪記營造廠承造

New 14 storey office building for Shanghai Land Investment Co., Ltd. on Kiukiang Road near Kiangse Road now under construction.

Messrs. Spence, Robinson & Partners, Architects.
Ah Hong & Co., Contractors.

A proposed bank building of 23 storeys for the Central District, Shanghai

Wm. A. Kirk, Architect.

計擬中之上海公共租界中區二十三層銀行新屋

高爾克建築師設計

天津將建之戲院

A New Cinema Theatre to be Erected in Tientsin.

上海鴻達建築師設計

Design by C. H. Gonda, Shanghai architect.

New Apartment House on Tifeng Road near Jessfield Road.

Messrs. Davies, Brooke & Gran, Architects.

上海地豐路新建之公寓

新瑞和洋行設計

行將建築之上海法捕房新屋

賴安工程師設計

"Poste Mallet" New French Police Station now being built immediately behind the old French Municipal offices.

Messrs. Leonard, Veysseyre & Kruze, Architects

Proposed Hospital for Peiping-Liaoning Railway Chinese Staff in Tientsin.

Wm. A. Kirk, Architect.

計擬中之天津北甯路局醫院

高爾克建築師設計

（上）上海西區計擬中之一公寓

（下）建築中之上海西區一住宅

海其渴建築師設計

Proposed Apartment Building in the Western District, Shanghai.

H. J. Hajek, B. A. M. A. & A. S., Architect.

Modern Private Residence Now Under Construction in the Western District, Shanghai.

H. J. Hajek, B. A. M. A. & A. S., Architect.

南通天生港大生電廠

上海揚子建築公司設計及承造

揚子江發電廠全景

General View of the Nantung Power Plant for Yangtse River.

進水管水泥橋建築時工作情形

Concrete Bridge for Inlet Pipe in Progress.

進水閘建築時工作情形

Pumping House of the Nantung Power Plant in Progress.

Yangtse Development Co., Architects and Contractors

德國橋梁

林同棪

橋梁式樣之多，當以德國為最。蓋德國工程師，不但理論高深，其膽量之大，每敢將理論上研究之結果，施於實用，輒以因襲勦同為恥，此其所以日新月異，進步迅速也。美國富甲天下，工程規模之大，固非他國所能及，然其於橋梁之精細與創作，則頗有遜於德國。茲將在德遊覽之餘，攝得橋梁照片十數，付印以供參考。

萊茵河兩岸工廠林立，而風景尤勝；沿河下流大城市：其跨河長橋，不下十餘座。下列第一圖至第七圖，示其一部焉。

第一圖　Hohenzollern Brucke。科隆(Koln)之三孔鋼拱，蓋一老式紀念橋也。橋架之結實，似頗不合於近代之設計，然其能經數十年而不朽者，蓋亦以此乎。橋之下游，尚有鋼索懸橋一座，跨度頗長，惜未得其影焉。

第二圖　Deutz Brucke Koln。此為自拉式眼桿懸橋(Selfanchored eyebar suspension bridge)，圖中祇示其半。橋搭用搖動式(rocker tower)，以減少其彎曲率(bending moment)。據云此橋係在歐戰時造成。蓋戰時軍運繁忙，舊有橋梁，不足應付。德國工程師遂於九月之內，造成此橋以暢運輸，而利行軍。當時橋梁學之發達，尚不如今，而其建築術，竟已有如此之効率，可不畏哉。

柏林市之斯布雷河(Spree)，與巴黎之桑河(Seine)，倫敦之泰姆河(Thames)，頗相彷彿。民國二十二年夏，余至柏林，承劉君文華之領導，沿河而行，共見橋梁廿餘。(下列第八圖至第十四圖)中除舊式拱橋數座外，多係鋼橋。當時德國經濟恐慌，數座橋梁之修理，皆因而中止；橋上亦不得通行，不識今者如何？

第三圖　Bonn Brucke。中為穿式拱橋以便行舟；旁為托式，以求經濟。

第四圖　Linz Brucke。萊茵河上之鐵路橋，蓋所謂臂式拱橋，在美國所未見者也。圖示橋之半及其右邊之隧道門口。

第五圖　科布楞茲(Koblenz)之浮橋。

第六圖　科布楞茲之半穿式鋼架拱橋，共三孔。

第七圖　Hordheim Brucke。此係二孔老拱橋。橋已憊，不堪載重，正在加固中。

第八圖　Dortmunderstrasse Brucke。人行鋼索懸橋，其加硬衛梁，係二鉸鏈華倫式（2-hinged Warren stiffening truss）。旁孔則非懸式。

第九圖　橋式與第二圖之Deutz Brucke相同。圖示橋之旁孔。

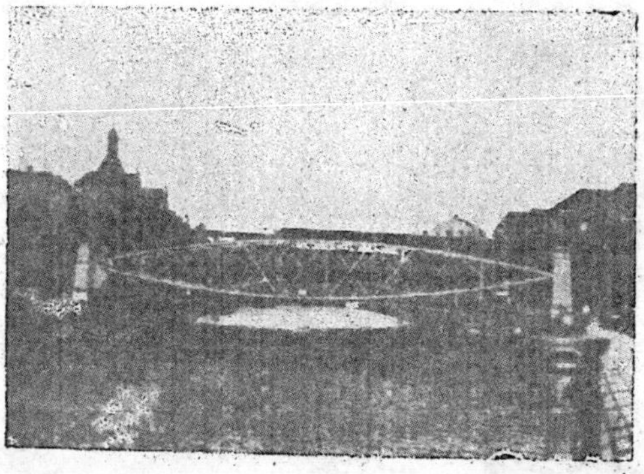

第十圖　弓式鋼架人行橋，其後爲鐵路拱橋一座。

第十一圖　拱橋之鉸鏈。

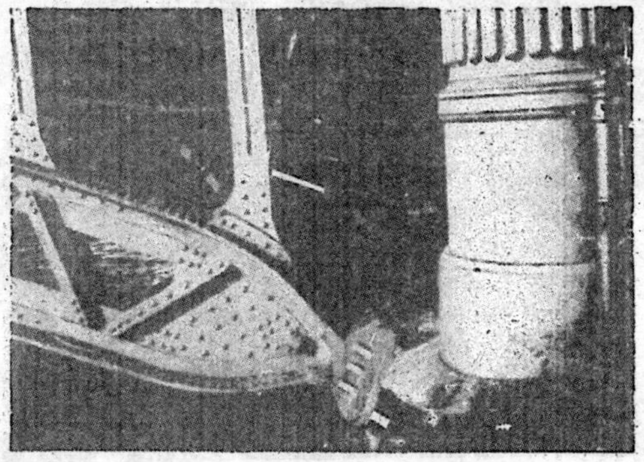

22831

第十三圖 Jannowitz Brucke柏林鋼架拱橋，多係此式。

第十四圖 Jannowitz Brucke——自其端視之。橋之中心，用吊桿數條，以減橋面橫樑之跨度。

第十二圖 硬架鐵橋之柱及鉸鏈，橋下通街道。

第十六圖 Frankfurt a. Main之人行橋。

第十五圖 此種混凝拱橋，惟此圖則係在比國攝得者。

Winning Dasigns of the Imperial Museum of Japan

PP.19--36

東京帝室博物館

日本東京帝室博物館，爲巨大工程之一，現正在建築中。開工以來，已達三載，全部工程，將於一九三七年年終告成。該館建築圖樣，係用懸賞競選方式徵得者；當選者渡邊仁建築師，得獎金一萬元，第二名七千元，第三名五千元，第四名三千元，第五名二千元，附選各獎一千元。玆將該館前十名之圖樣，依次列后。

第一名　渡邊仁作

東京帝室博物館

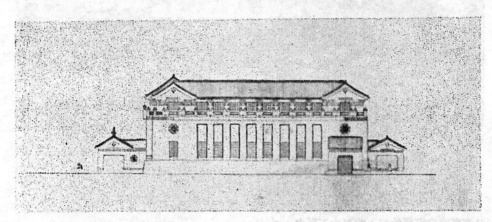

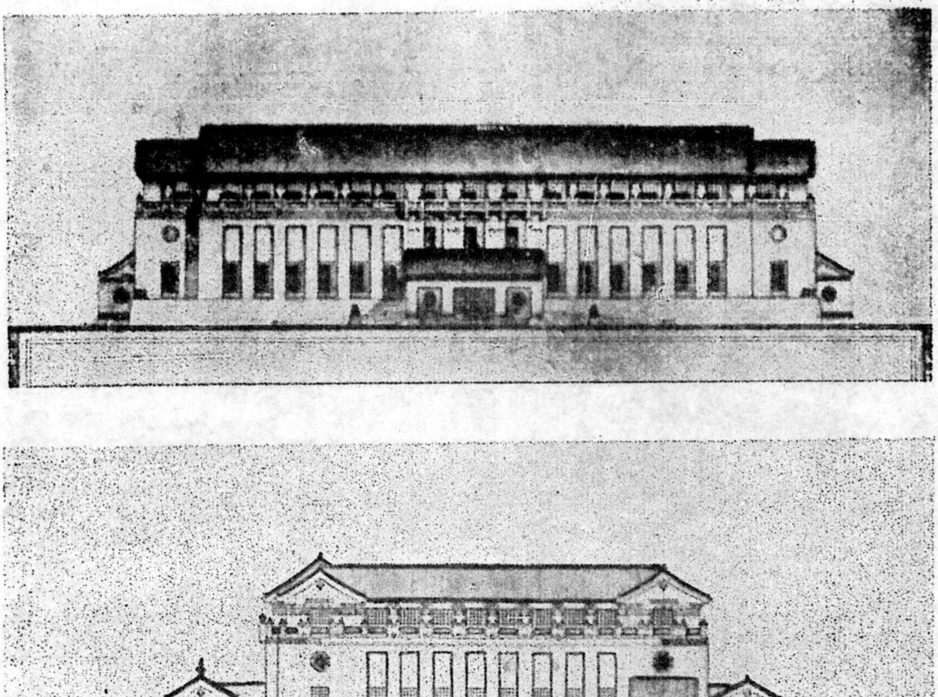

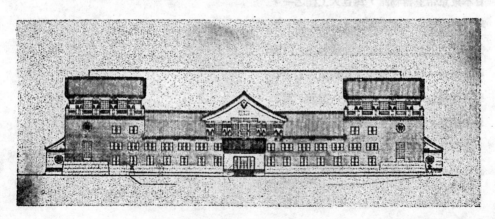

第一名　渡邊仁作

東京帝室博物館

第一名　渡邊仁作

22835

東京帝室博物館

第一名　渡邊仁作

東京帝室博物館

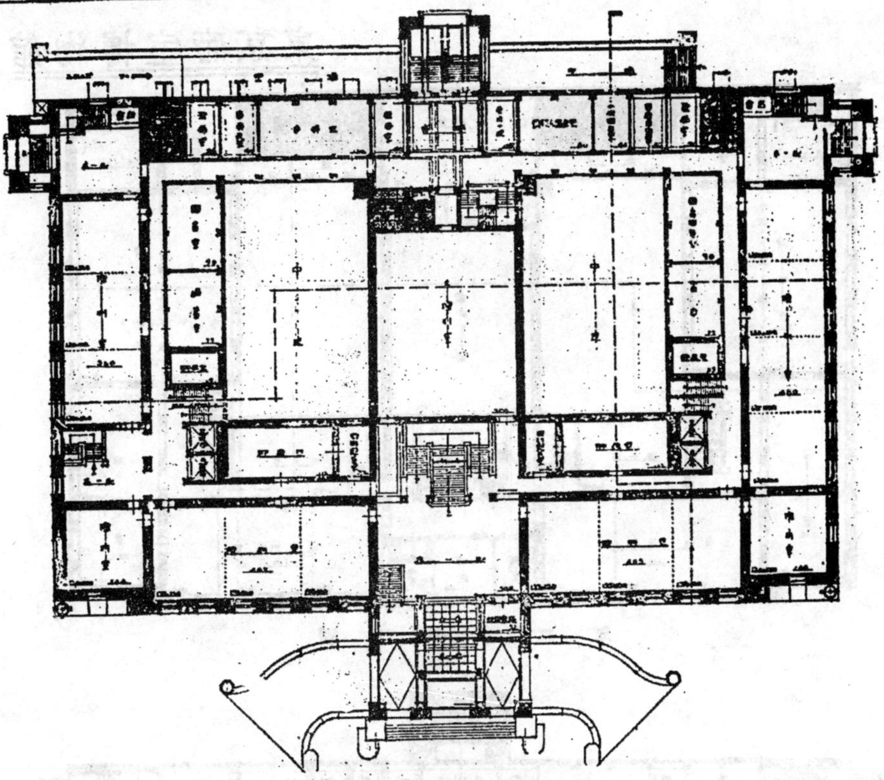

第一層平面圖

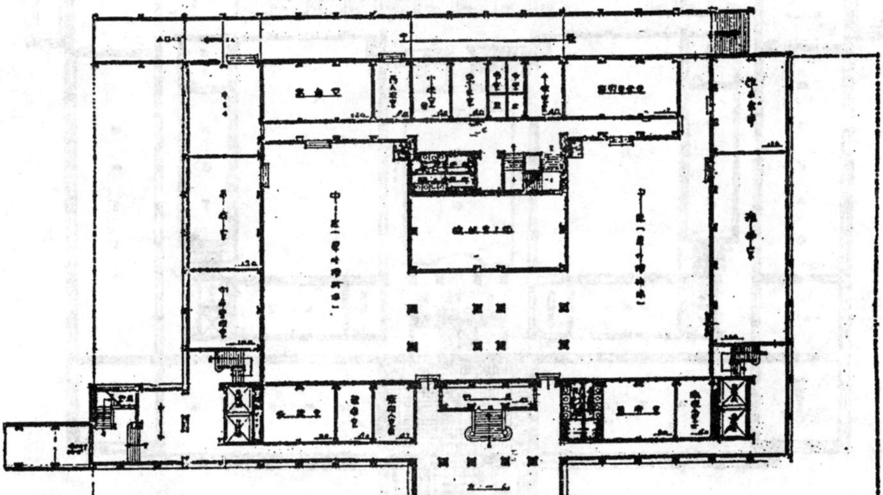

下層平面圖

第一名　渡邊仁作

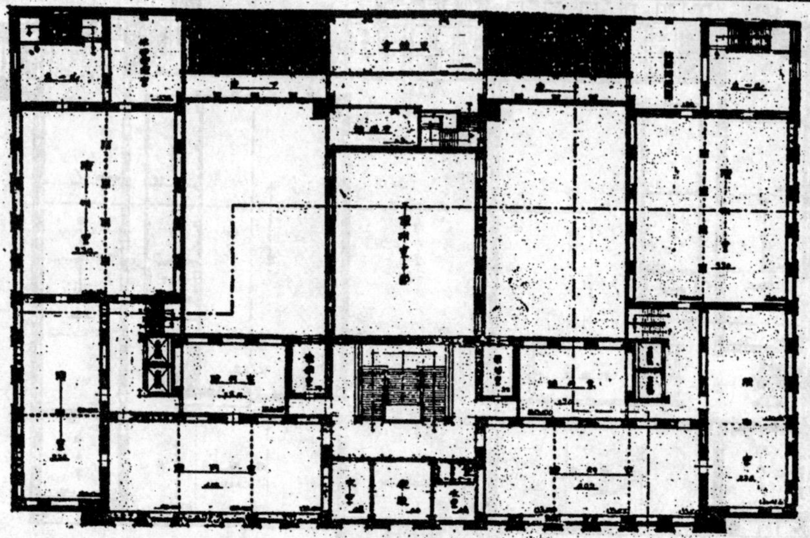

第二層平面圖

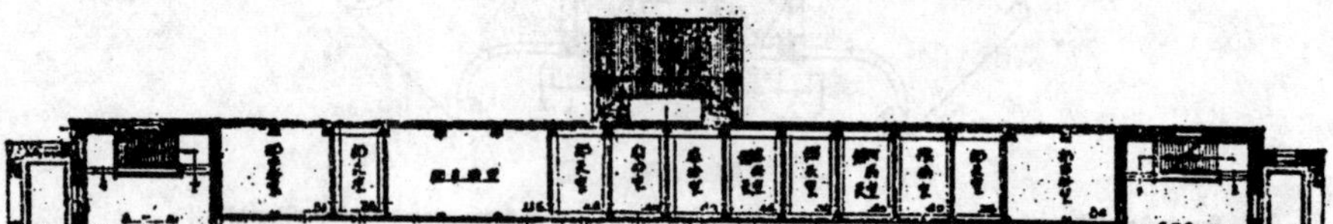

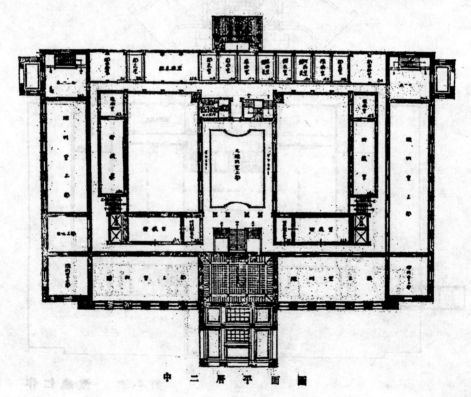

中二層平面圖

東京帝室博物館

第二名　海野浩太郎作

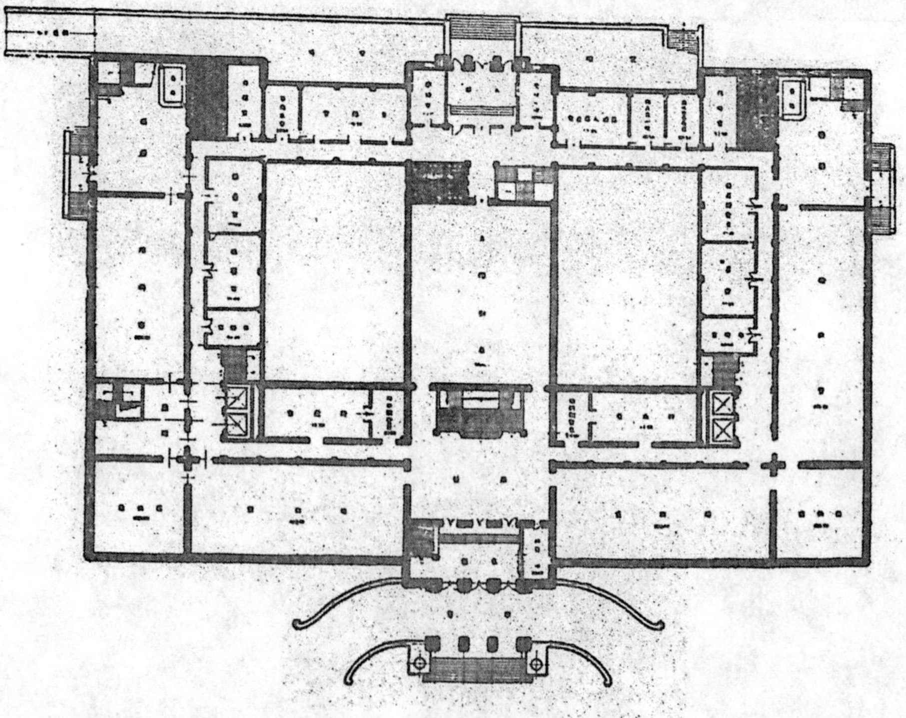

第二名　海野浩太郎作

東京帝室博物館

第二名　海野浩太郎作

東京帝室博物館

第三名　塚田達作

東京帝室博物館

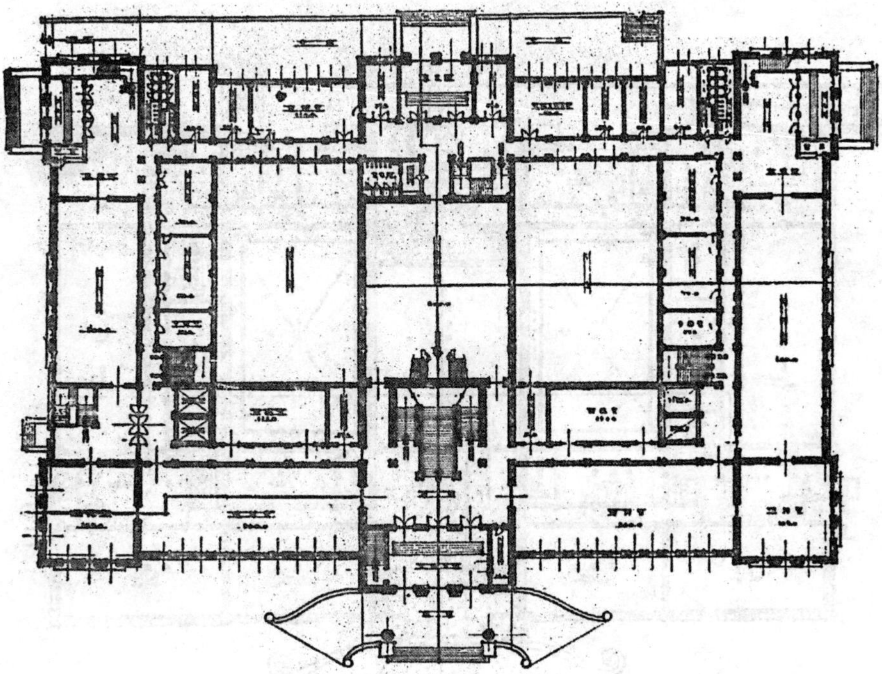

第三名　塚田達作

東京帝室博物館

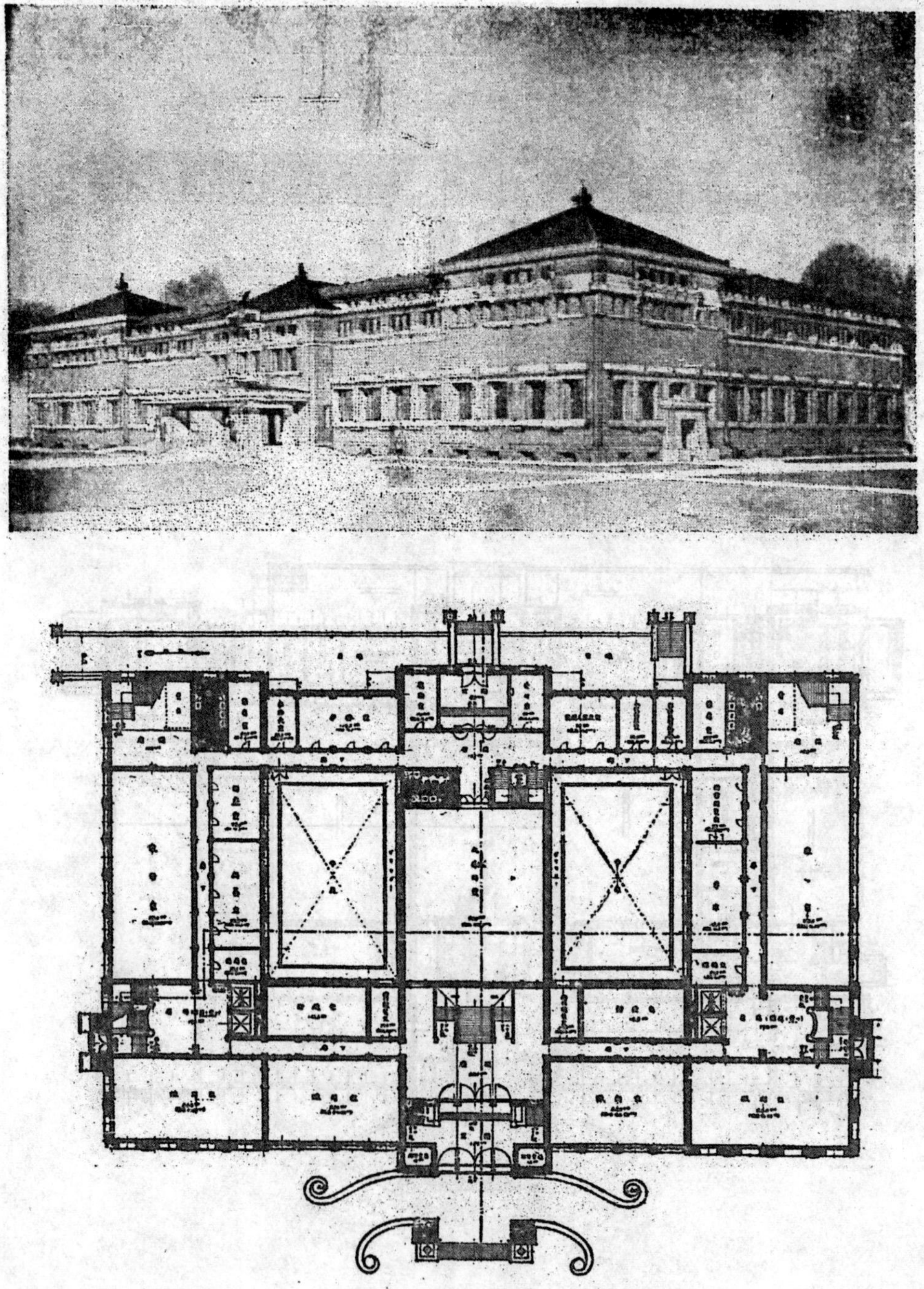

第四名　前田健二郎作

東京帝室博物館

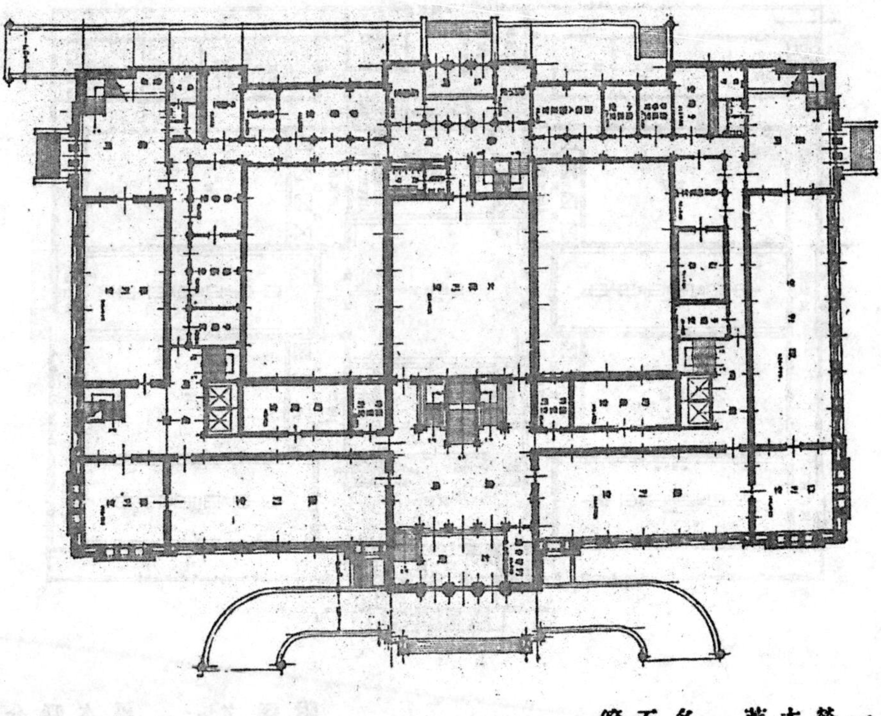

第五名　荒木榮一作

東京帝室博物館

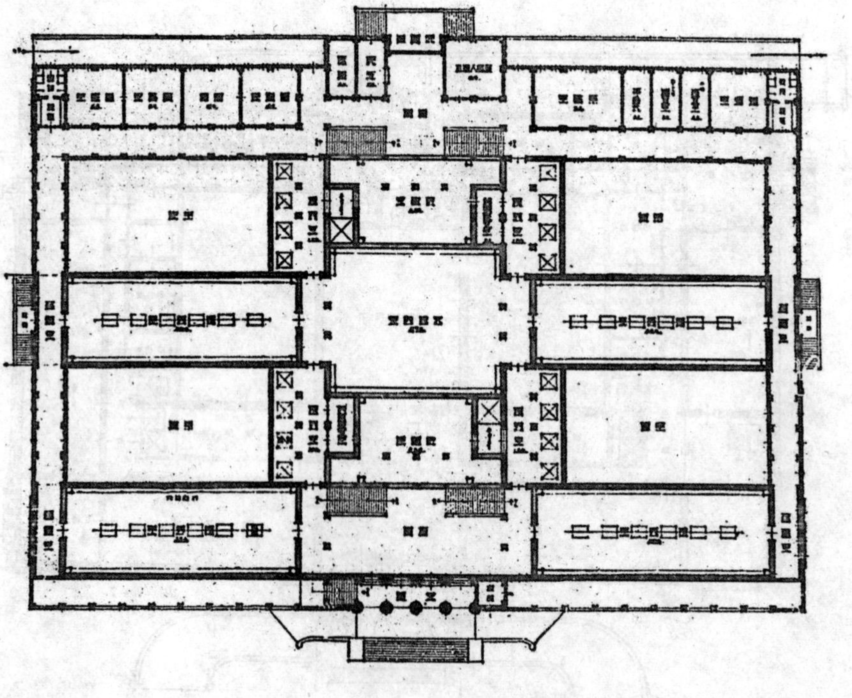

附選之一　橋本舜介作

東京帝室博物館

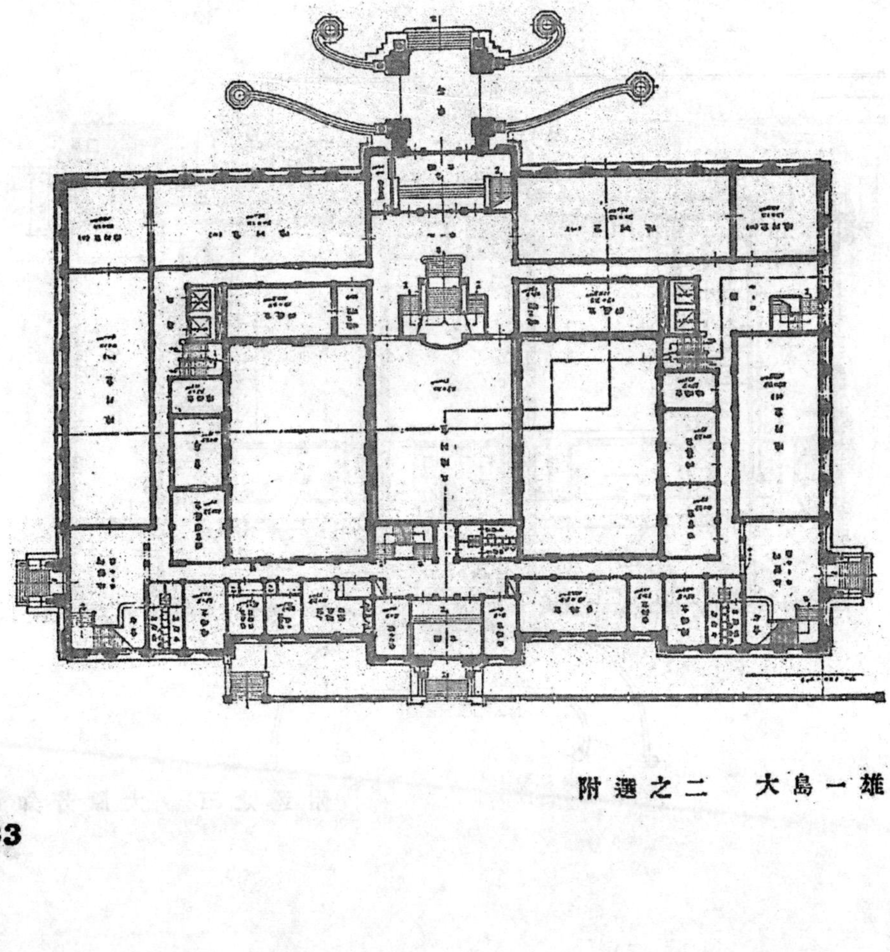

附選之二　大島一雄作

東京帝室博物館

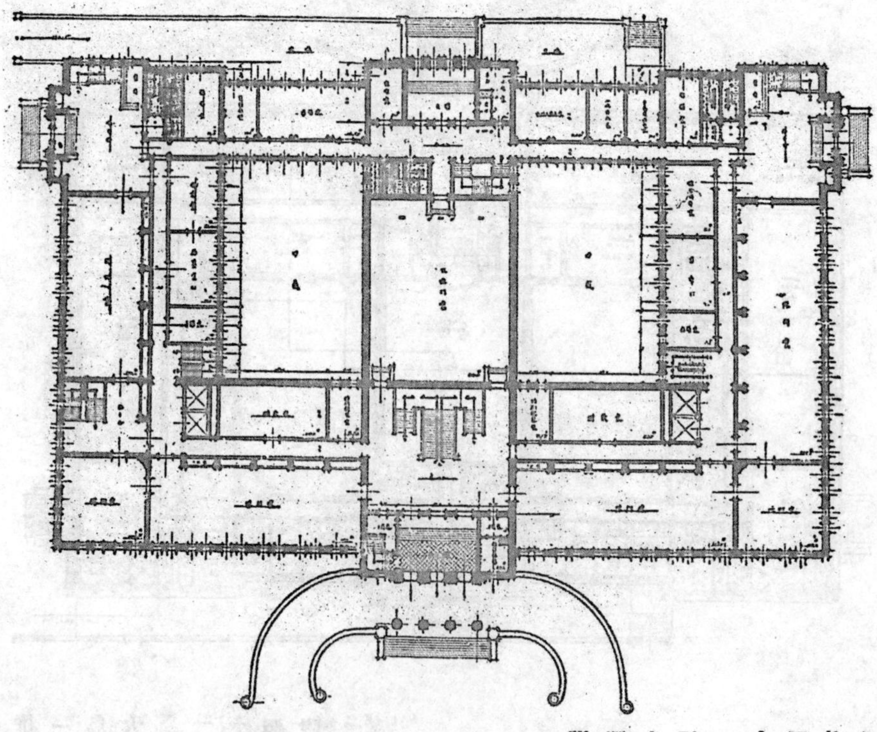

附選之三　大原芳知作

東京帝室博物館

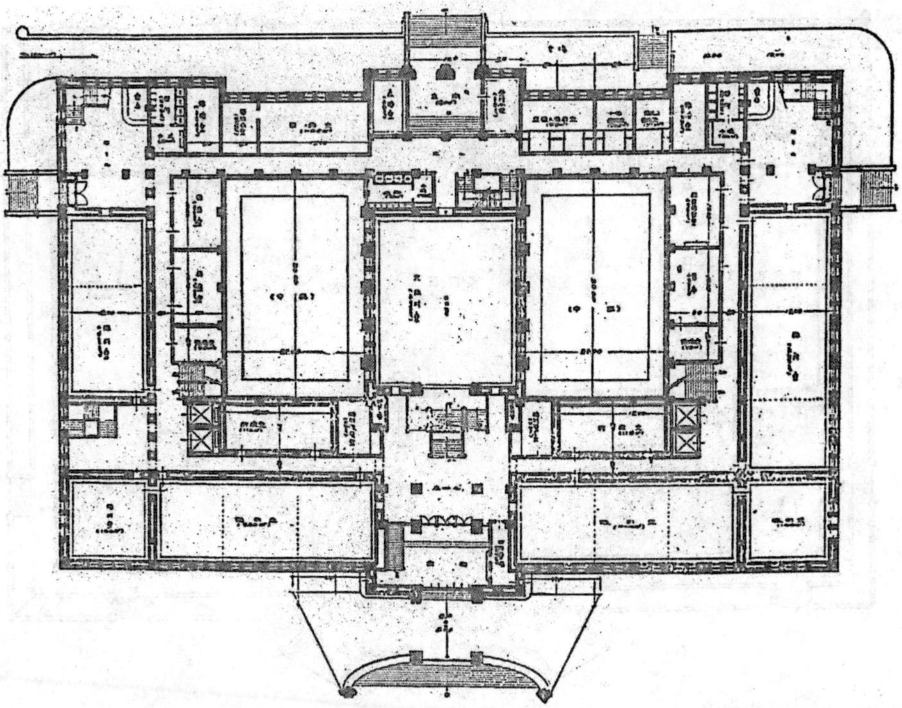

附錄之四　中野順次郎作

東京帝室博物館

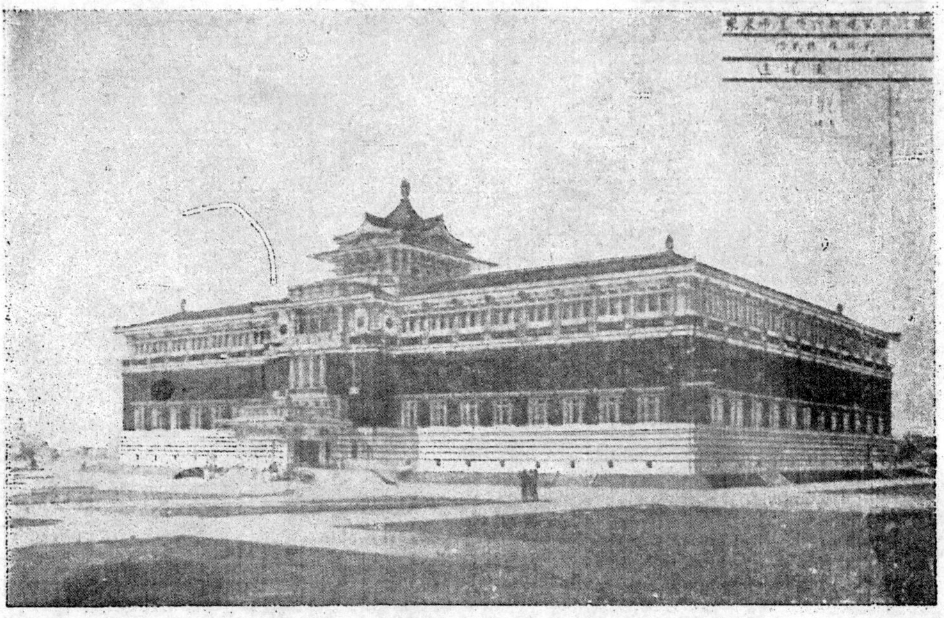

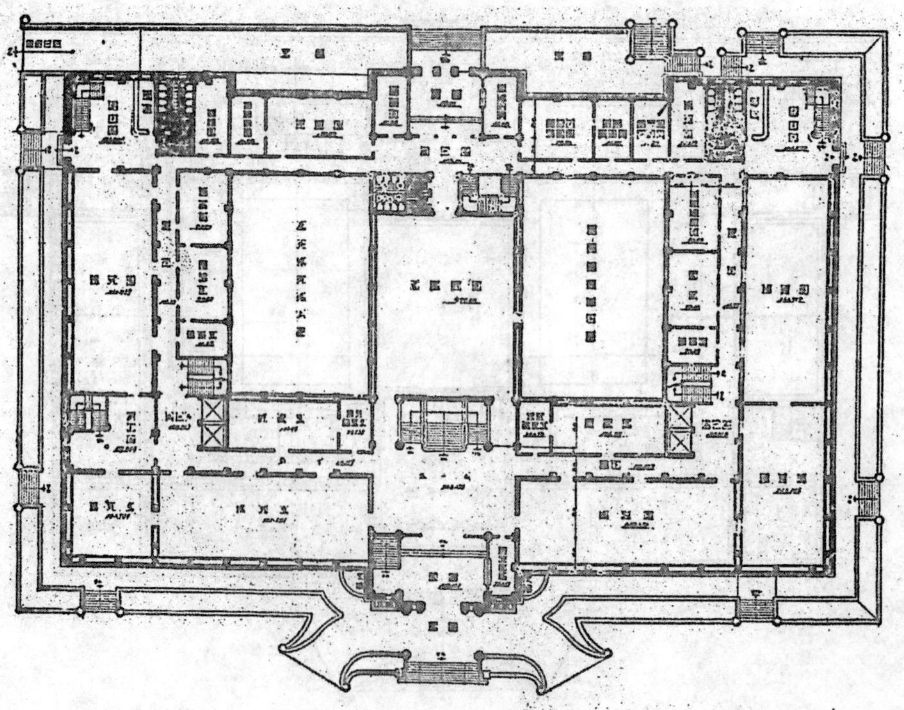

附選之五　木村平五郎作

22850

Winning Designs of Japanese Military Clubhouse.

Pp. 37--42

日本軍人會館

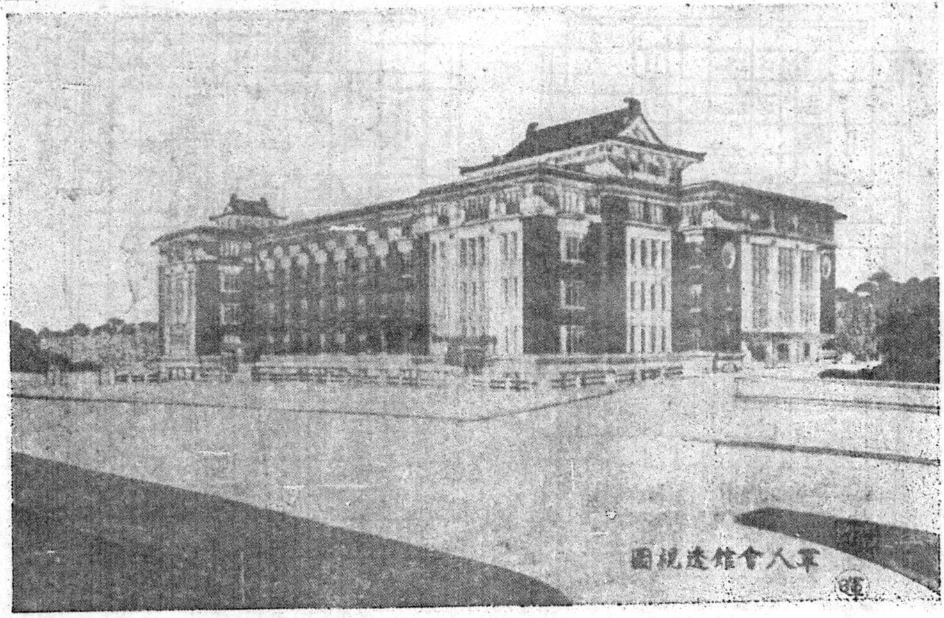

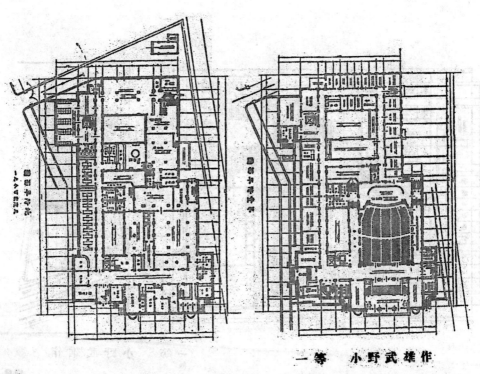

一等　小野武雄作

日本軍人會館

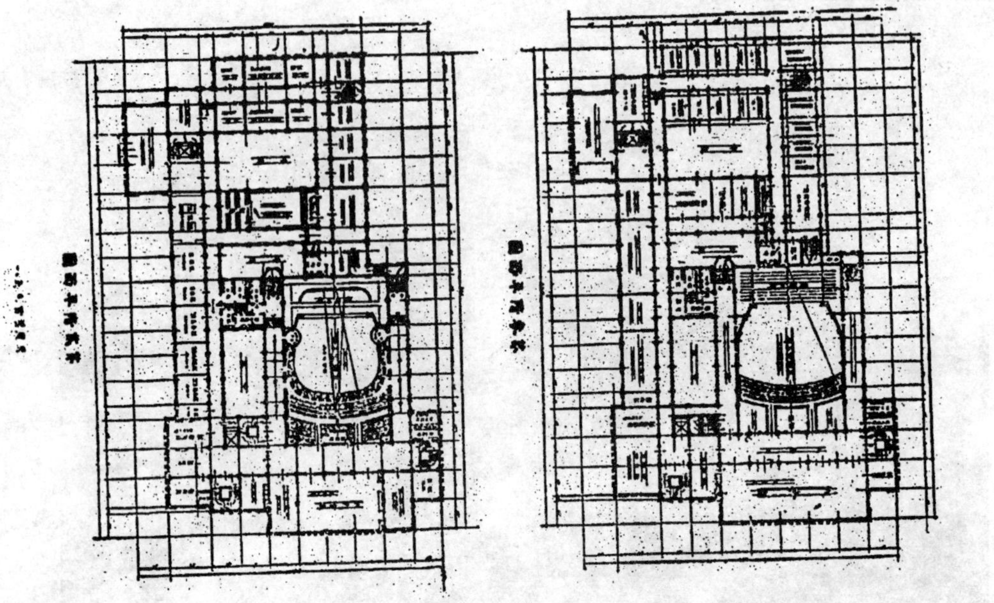

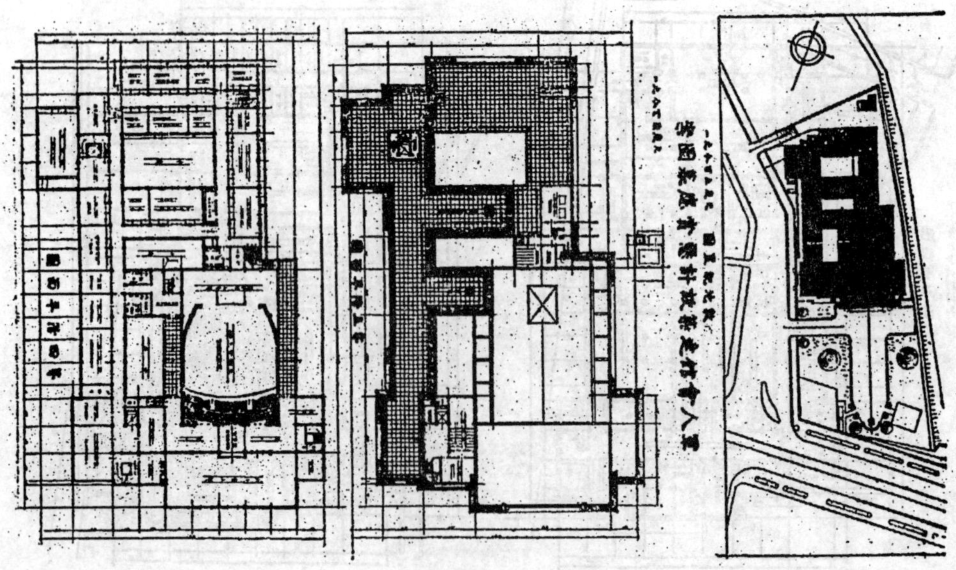

一等　小野武雄作

22852

日本軍人會館

二等之 吉永京藏 黑川仁三 作

二等之二 木村平五郎作

22853

三等之一　大手市太郎 島崎豐謙 作

三等之二　小林武夫 堀武雄 作

日本軍人會館

三等之三　前田健二郎作

附選之一　渡邊仁作

日本軍人會館

附選之二　黒川仁三　大久保春忠　作

附選之三　小尾嘉郎作

附選之四　堀越三郎作

連拱計算法

林同棪

林君為頁有國際盛譽之工程專家，公餘為本刊撰稿，備受讀者贊許，尤為不易多覯之專著。本刊二卷十期所載林君"直接動率分配法"一文，（A Direct Method of Moment Distribution）其英文稿已於上年十二月在美國土木工程學會會刊（Proceedings, American Society of Civil Engineers, December, 1934）登出。按此刊為美國土木工程刊物中之權威，林君之著作，受世人重視，可見一斑。用誌數語，兼為介紹。（編者）

第一節　緒論

我國沿海各省及黃河長江下流，土質較鬆，岩石較深，是以橋梁多用樁基。但一至內地，山石突出，近於地面之處，堪為拱橋之基礎。而因山谷之形勢，更有宜於連架拱橋者，如粵漢路株韶段是也。按株韶段現已建有連拱數座，其美觀與經濟，固過於鋼架，而造築之省時，國產之利用，尤為其特點。往昔工程師之不敢建造連拱，乃以不明拱中應力之真相，或又嫌其計算之困難。今者經驗與實驗，既已證明連拱計算之可靠，而計算法之進步，又可節省時間；則連拱之大受工程界之歡迎，非無因而然也。

連拱計算法，幾為高等構造學之最深學理，故雖常見於工程雜誌及構造書中（註一），知之者則寥寥無幾。惟應用克勞氏動率分配原理（註二）以計算之，頗為簡便。最近能氏 Hrennikoff 應用此原理，在美國土木工程學會月刊發表（註三）。作者以其手續之簡單，為各法之冠，故畧為修改一二，譯出以供讀者之參考。

第二節　能氏法之原理及其應用之步驟

能氏之應用動率分配原理，實與林氏法（註四）大同小異。其主要意義，皆在將桿件之遠端放鬆，而將不平動率直接分盡。惟林氏法為普通用法，雖宜於他處，獨用於連拱，則不若能氏法之簡便。蓋能氏法為各法之雜湊所成，雖仍須求拱端之坡度撓度，乃最適用於連拱焉。

（註一）參看"Elastic Arch Bridges," McCullough and Thayer

（註二）參看"Continuous Frames of Reinforced Concrete" Cross and Morgan.

（註三）"Analysis of Continuous", Alexander Hrennikoff, Proceedings, A. S. C. E., December, 1934。

（註四）"直接動率分配法"，林同棪，建築月刊第二卷第九號。

能氏計算連拱，共有兩種手續。其第一種手續之步驟如下：

第一步：求每一桿件(拱或柱)之桿端係數。卽每一桿件每端受單位撓度$\Delta=1$或單位坡度$\alpha=1$後，兩端所生之橫力Horizontal Force與動率(此與克勞氏之硬度及移動數相似)。計每桿端所須要之係數所有八，

$m_{N\alpha}$＝一端因本端發生單位坡度所生之動率(本端之撓度及他端之坡度撓度均等於零)，第一圖a-b。

$h_{N\alpha}$＝一端因本端單位坡度所生之橫力，

$m_{N\Delta}$＝一端因本端單位撓度所生之動率，(本端之坡度等於零)

$h_{N\Delta}$＝一端因本端單位撓度所生之橫力。

$m_{F\alpha}$，$h_{F\alpha}$，$m_{F\Delta}$，$h_{F\Delta}$＝因他端變形所生之力量。

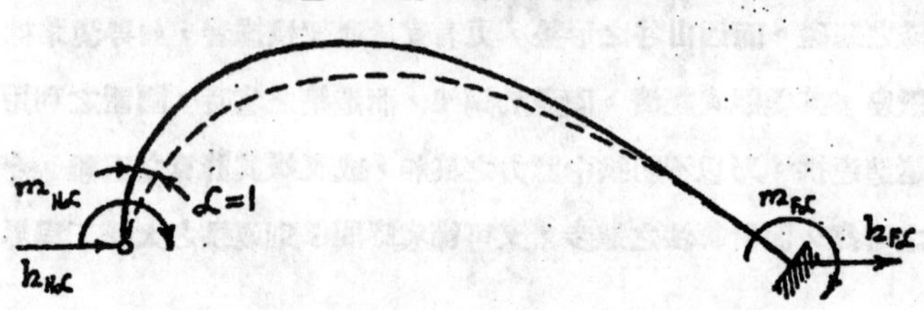

第一圖 a

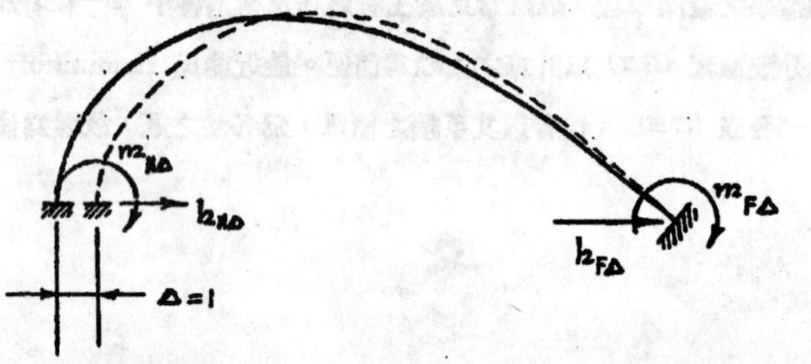

第一圖 b

第二步：求每節點joint之節點係數，卽每一節點因本點發生單位坡度或撓度所生之動率與橫力。此爲交在該點，各桿端係數之和，$\Sigma m_{N\alpha}$，$\Sigma h_{N\alpha}$，$\Sigma m_{N\Delta}$，$\Sigma h_{N\Delta}$。(此兩步只求連拱之係數，尙未涉及連拱之受力。)

第三步：計算每桿件因受力或其他原因所生之定端力量，(定端動率M及定端橫力H)。

第四步：計算每節點之不平動率ΣM及不平橫力ΣH。

第五步：將節點一一放鬆。用二次聯立方程求出每節點因不平動率ΣM及不平橫力所生之坡度α及撓度Δ，

$$-\Sigma H=\alpha\Sigma h_{N\alpha}+\Delta\Sigma H_{N\Delta}$$

$$-\Sigma M=\alpha\Sigma m_{N\alpha}+\Delta\Sigma m_{N\Delta}$$

第六步：計算每桿端因∞及△所生之動率與橫力。加之於其定端力量。其得數便爲各桿端之眞正動率及橫力。

能氏第二種手續，係將第五步之聯立方程，在第二步後一次解決之。即求出各節點因受力H=1或M=1所生之∞及△而得各桿端之h及m。由，

$$-1=\infty\sum h_{N\alpha}+\Delta\sum h_{N\Delta}$$

$$O=\infty\sum m_{N\alpha}+\Delta\sum m_{N\Delta}$$

求出H=1之∞及△。再由，

$$O=\infty\sum h_{N\alpha}+\Delta\sum h_{N\Delta}$$

$$-1=\infty\sum m_{N\alpha}+\Delta\sum m_{N\Delta}$$

求出M=1之∞及△。

如此則在第四步之後卽可將不平動率及橫力直接分壹，而須再用聯立方程式。如所計算受力情形甚多，則第二種手續較爲便利。

第三節　正負號

所用動率及橫力之正負號，以外來力量之方向爲標準。外來動率之順鐘向者爲正，反者爲負（第二圖a）外來橫力之向右者爲正，向左爲負（第二圖b）。撓度與坡度之正負號亦然。

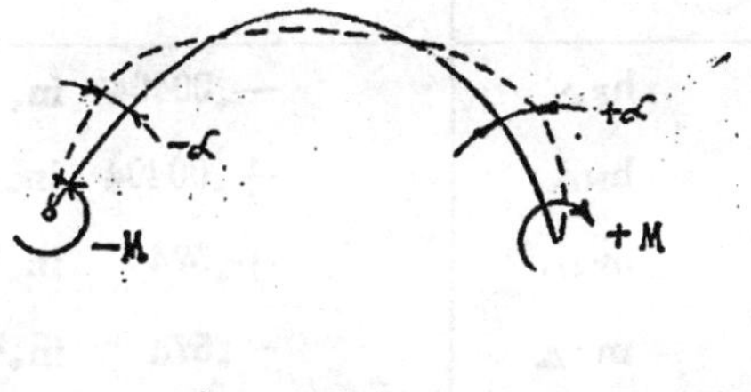

第二圖a

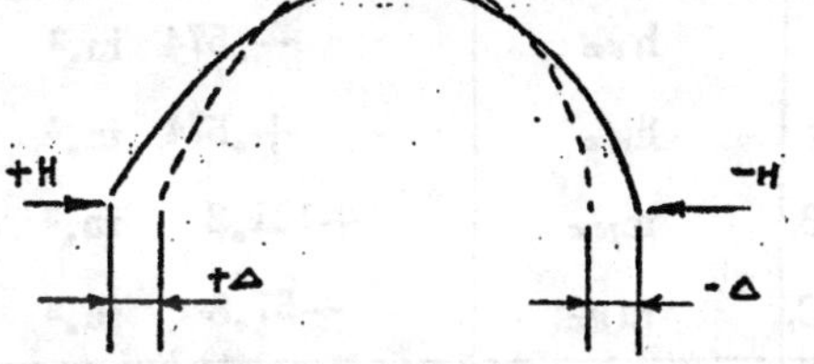

第二圖b

第四節　實例

本文實例係自能氏文中(註三)譯出，爲便於明瞭起見，加以三點修解如下：—

(1)本文桿端動率及橫力形正負號，係按本文第二節所云，與原文適相反。

(2)本文一切長短單位，均用英寸，不用英尺。

(3)本文所設之單位撓度爲$\Delta=\frac{1}{E}$，單位坡度亦爲$\infty=\frac{1}{E}$。

桿端係數及定端力量之求法，可在他書中見及(註一)，將來再爲介紹。本文先假定此項數目均已

求得，但將能氏手續，一一說明如下：

實例一：—— 兩孔連拱如第三圖

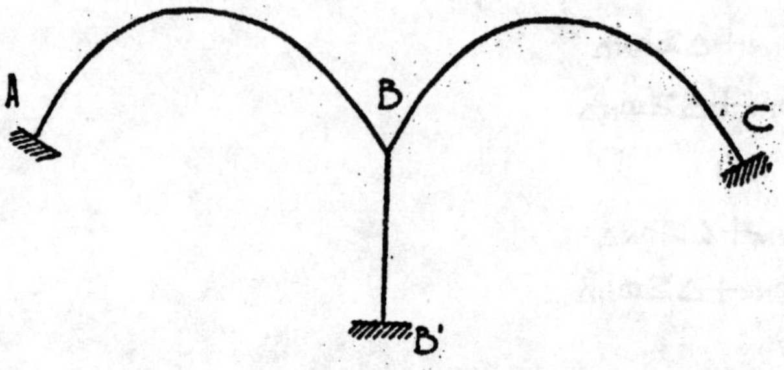

第三圖

第一步：假定AB，BC，BB'，各桿件之桿端係數如第一表。

第一表

	坡度$\infty=\frac{1}{E}$			撓度$\triangle=\frac{1}{E}$		
	$h_{F\infty}$	$-.574$	in.^{2}	$h_{F\triangle}$	$-.00404$	in.
拱	$h_{N\infty}$	$+.574$	in.^{2}	$h_{N\triangle}$	$+.00404$	in.
AB,	$m_{N\infty}$	$+121.2$	in.^{3}	$m_{N\triangle}$	$+.574$	in.^{2}
BC,	$m_{F\infty}$	-57.8	in.^{3}	$m_{F\triangle}$	$-.574$	in.^{2}
柱	$h_{N\infty}$	-17.19	in.^{2}	$h_{N\triangle}$	$+.0599$	in.
BB'	$m_{N\infty}$	$+7371$	in.^{3}	$m_{N\triangle}$	-17.19	in.^{2}

第　二　表

行數	B點之受力或變形	AB	B點								C_B
			B_A		B_B		B_C		B點		
		m	h	m	h	m	h	m	h	m	m
1	$\infty=\frac{1}{E}$	−57.8	+0.574	+121.2	−17.19	+7371	+0.574	+121.2	−16.04	+7613.4	−57.8
2	$\triangle=\frac{1}{E}$	−0.574	+0.00404	+.574	+.0599	−17.19	+.00404	+0.574	+.0680	−16.04	−0.574
3	定端力量	+300.2	−4.482	+148.8	○	○	+8.964	+151.4	+4.48	+300.2	−151.4
4	∞=−0.3541	+20.5	−0.203	−42.9	+6.09	−2610	−.203	−42.9	+5.68	−2696	+20.5
5	△=−149.4	+85.8	−0.603	−85.8	−8.95	+2568	−.603	−85.8	−10.16	+2396	+85.8
6	眞正力量	+406.5	−5.288	+20.1	−2.87	−42	+8.158	+23.7	0.0	0.0	−45.1
7	∞=.000262	−0.0151	+.0001495	+.0316	−.00449	+1.924	+.0001495	+.0316			−.0151
8	△=.0616	−0.0353	+.000249	+.0353	+.00369	−1.058	+.000249	+.0353			−.0353
9	m=1	−0.0504	+.000399	+.0669	−.0008	+0.866	+.000399	+.0669			−.0504
10	∞=.0616	−3.56	+.0353	+7.46	−1.058	+454.3	+.0353	+7.46			−3.56
11	△=29.21	−16.75	+.1180	+16.75	+1.750	−502.7	+.1180	+16.75			−16.75
12	h=1	−20.31	+.154	+24.21	+0.692	−48.4	+.154	+24.21			−20.31

第二步：求B點之節點係數如第二表1,2兩行，例如

$\Sigma h_{N\alpha}=0.574-17.19+0.574=-16.04$

$\Sigma m_{N\alpha}=121.2+7371+121.2=+7613.4$

第三步：假設BA，BC，因載重而生定端力量如第3行。

第四步：求B點之不平力量：

$\Sigma h=-4.482+8.964=+4.48$

$\Sigma m=+148.8+151.4=+300.2$

第五步：將B點放鬆，用聯立方程式求B點之眞正∞及△如下，

$-4.482=-16.04\infty+.0680\triangle$

$-300.2=7613.4\infty-16.04\triangle$

$\therefore\infty=-0.3541$

$\triangle=-149.4$

第六步：將第1行乘以—0.3541寫於第4行；將第2行乘以—149.4寫於第5行。再將3,4,5三行相加而得桿端之眞正力量，如第6行。

如用第二種手續，則使B點受單位動率或單位橫力，而求各桿端之力量。如B點受單位動率，則

$$-H=O=-16.04\infty+.0680\triangle$$

$$-M=-1=7613.4\infty-16.04\triangle$$

$$\therefore \infty=0.000262$$

$$\triangle=0.0616$$

如B點受單位橫力，則

$$-1=-16.04\infty+.0680\triangle$$

$$O=7613.4\infty-16.04\triangle$$

$$\therefore \triangle=29.21$$

$$\infty=0.0616$$

將第1行乘以$\infty=.000262$(寫於第7行)第2行乘以$\triangle=0.0616$(寫於第8行)而加之如第9行，可得B點受力$m=1$後各桿端之力量。同樣求得第10至第11行各數。此後如有不平動率或不平橫力，只用9行12行，各數分之，可不用聯立方程矣。

實例二：—— 四孔連拱如第四圖。計算列於第三表。

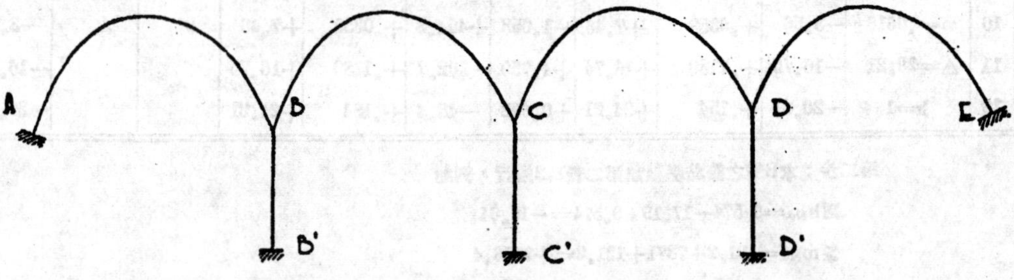

第四圖

第一步：設AB，BC，CD，DE，各拱，BB'，CC'，DD'各柱均如第一表。將第二表之1,2 行抄下……………………第三表1,2行

第二步：使單拱BC之C點發生$\infty=\frac{1}{E}$求BC之桿端係數……………………………………第3行

將B點放鬆，求其∞，△，

三 表

$C_{C'}$		C_D		節點 C		D_C		$D_{D'}$		D_E		節點 D		E_D
h	m	h	m	h	m	h	m	h	m	h	m	h	m	m
						−16.04∞ + .0680△ = .574 +7613.4∞ − 16.04△ = 57.8								
−17.19	+7371	+.463	+106.6	−16.26	+7584	−.463	−40.0	+.350	+22	+.111	+17.83			−14.63
						−16.04∞ + .0680△ = .00404 +7613.4∞ − 16.04△ = .574								
+.0599	−17.19	+.00319	+0.463	+.0661	−16.25	−.00319	−.438	+.00234	+0.30	+.000848	+.1364			−.1111
						−16.04∞ + .0680△ = −4.482 +7613.4∞ − 16.04△ = −300.2								
						−16.26∞ + .0661△ = 3.676 +7584∞ − 16.25△ = −255.1								
−3.09	+1328	+.0835	+19.2			−.0835	−7.20	+.063	+3.96	+.020	+3.20			−2.64
+5.96	−1715	+.317	+46.1	+6.58	−1617	−.317	−43.6	+.233	+29.85	+.0844	+13.57			−11.06
+2.87	−387	+.401	+65.3			−.401	−50.8	+.296	+33.8	+.104	+16.77			+13.70
						−16.26∞ + .0661△ = 0 +7584∞ − 16.26△ = −1								
−.0048	+2.06	+.000129	+.0298											
+.00409	−1.17	+.000218	+.0316											
−.00071	+0.88	+.000347	+.0614											
						−16.26∞ − .0661△ = −1 +7584∞ − 16.26△ = 0								
−1.171	+503	+.0316	+7.28											
+1.905	−547	+.1015	+14.7											
+0.734	−44	+.1331	+21.98											
+.181	−224.5	−.0885	−15.7			+.0885	+10.5	−.0656	−6.79	−.0226	−3.64			+2.93
+2.69	−161.2	+.490	+80.7			−.490	−61.2	+.3610	+40.6	+.1270	+20.5			−16.7
+2.87	−385.7	+.402	+65.0			−4.02	−50.7	+.296	+33.9	+.1044	+16.9			−13.8

節

	受力或變形	假設之拱架有○號代表受力或變形之點。	A_B	B_A		B_B'		B_C		節點B		C_B	
			m	h	m	h	m	h	m	h	m	h	m
1	$\infty=\frac{1}{E}$		−57.8	+.574	+121.2	−17.19	+7571	+.574	+121.2	−16.04	+7613.4		−57.8
2	$\Delta=\frac{1}{E}$	〃	−.574	+.00404	+.574	+.0599	−17.19	+.00404	+.574	+.0680	−16.04		−.574
3	$\infty=\frac{1}{E}$							−.574	−57.8			+.574	+121.2
4	$\infty=.0505\frac{1}{E}$		−2.92	+.029	+6.12	−0.868	+372	+.029	+6.12			−.029	−2.92
5	$\Delta=20.35\frac{1}{E}$	〃	−11.71	+.082	+11.71	+1.218	−350	+.082	+11.71	+1.385	−327	−.082	−11.71
6	$\infty=\frac{1}{E}$		−14.63	+.111	+17.83	+.350	+22	−.463	−40.0			+.463	+106.6
7	$\Delta=\frac{1}{E}$							−.00404	−.574			+.00404	+.574
8	$\infty=.000399\frac{1}{E}$		−.0231	+.000229	+.0484	−.00686	+2.94	+.000229	+.0484	−.00641	+3.04	−.000229	+.0231
9	$\Delta=.1533\frac{1}{E}$	〃	−.0880	+.000619	+.0880	+.00920	−2.64	+.00319	+.0880	+.001043	−2.46	−.000619	−.0880
10	$\Delta=\frac{1}{E}$		−.1111	+.000848	+.1361	+.00234	+0.30	−.00319	−.438			+.00319	+0.463
11	定端力量							+4.482	+300.2			−4.482	+148.8
12	$\infty=-.3541$		+20.5	−.203	−42.9	+6.09	−2610	−0.203	−42.9			+.203	+20.5
13	$\Delta=-149.5$	〃	+85.8	−.603	−85.8	−8.95	+2568	−0.603	−85.8			+.603	+85.8
14	11+12+13		+106.3	−.806	−128.7	−2.87	−42	+3.676	+171.5			−3.676	+255.1
15	$\infty=.1800\frac{1}{E}$		−2.64	+.020	+3.20	+.067	+3.96	−.0835	−7.20			+.0835	+19.2
16	$\Delta=99.6\frac{1}{E}$	〃	−11.06	+.0844	+13.57	+.233	+29.85	−.317	+43.6			+.317	+46.1
17	14+15+16		+92.6	−.701	−112.0	−2.57	−8.2	+3.276	+120.7			−3.276	+320.4
18	m=1		−.0504	+.000399	+.0669	−.0008	+.866	+.000399	+.0669				−.0304
19	h=1	〃	−20.31	+.154	+24.21	+.692	−43.4	+.154	+24.21				−20.31
20	$\infty=.000276\frac{1}{E}$		−.00409	+.000031	+.00198	+.000098	+.00613	−.000129	−.01118			+.000129	+.0298
21	$\Delta=.0682\frac{1}{E}$	〃	−.00758	+.000055	+.00931	+.000160	+.0205	−.000218	−.0299			+.000218	+.0316
22	m=1	〃	−.01167	+.000088	+.01429	+.000257	+.0266	−.000347	−.04108			+.000347	+.0614
23	$\infty=.0682\frac{1}{E}$	〃	−1.00	+.00758	+1.217	+.0238	+1.50	−.0316	−2.73			+.0316	+7.28
24	$\Delta=31.82\frac{1}{E}$	〃	−3.54	+.027	+4.35	+.0745	+9.55	−.1015	−13.92			+.1015	+14.7
25	h=1	〃	−4.54	+.0346	+5.57	+.0983	+11.05	−.1331	−16.65			+.1331	+21.98
26	定端力量							+4.482	+300.2			−4.482	+148.8
27	m=−300.2		+15.12	−.120	−20.1	+.240	−260	−.120	−20.1			+.120	+15.12
28	h=−4.482	〃	+91.2	−.690	−108.5	−3.10	+217	−.690	−108.5			+.690	+91.2
29	26+27+28		+106.3	−.810	−128.6	−2.86	−43	+3.672	+171.6			−3.672	+255.1
30	m=−255.1		+2.93	−.0226	−3.64	−.0656	−6.79	+.0885	+10.5			−.0885	−15.7
31	h=+3.672	〃	−16.7	+.1270	+20.5	+.3610	+40.6	−.490	−61.2			+.490	+80.7
32	29+30+31		+92.5	−.706	−111.7	−2.57	−9.2	+3.27	+120.9			−3.27	+320.1

$-16.04\infty + .0680\triangle = 0.574$

$7613.4\infty - 16.04\triangle = 57.8$

$\therefore \infty = 0.0505$

$\therefore \triangle = 20.35$

將第1行乘以.0505························ ··················第4行

將第2行乘以20.35································第5行

將第3,4,5行相加而得第6行

求C點$\triangle = \frac{1}{E}$之各桿端m,h,··················第7—10行

第三步：假設BC因載重而生之定端力量···················第11行

第四步：B點，C點之不平動率卽等於BC定端動率。

第五步：將B點放鬆，求其∞與△並其所生之力量·················12,13行

求B點放鬆後而C點固定着之各桿端力量···············14行

將C點放鬆求其∞與△(聯立方程寫於表中)並其所生之力量···············15,16行

第六步：求各桿端之眞正力量··················17行。

如用第二種手續，其步驟如下(第三表18行至32行)：——

抄第二表9，12兩行爲18，19行。

從6，10兩行之C點係數求C點受m=1或h=1之各桿端力量···············20—25行。

假設定端力量································26行

先將B點放鬆。用18,19兩行分配其力量···············27,28行

求B點放鬆後之各桿端力量將26,27,28相加················29行

再將C點放鬆，用22,25兩行分配之·······················30,31行

求各桿端眞正力量，將29,30,31行相加·····················32行

第五節　核對得數

以上之計算，有數點可用麥氏及其他定理核對之(註五)。例如第三表，

第1,2行，節點B，　$h = m = -16.04$

第6,10行，C_B桿端，$h = m = -+0.463$

第21,23行，　$\triangle = \infty = 0.0682$

(註五)參看"高等構造學定理數則"林同棪，建築月刊第二卷第11,12月號

第六節　用林氏法

直接動率分配法，其應用於連拱，手續亦有多種，然似不如能氏法之簡便，故不多及。但拱端硬度因他端拘束情形所受之影響，則可用林氏公式求之。設連拱如第三圖，求C點之改變硬度。使C點發生$\infty=\frac{1}{E}$，其動率爲121.2。設B點被放鬆，則C點所須之動率將因他端之∞，△而改變，其改變硬度如下：——

(1)改變動率硬度

$$K_m=K\left(1-\frac{C_{mm}C_{mm}}{R_m}-\frac{C_{mh}C_{hm}}{R_h}\right)$$

$$=121.2\left(1-\frac{\frac{-57.8}{121.2}\times\frac{-.0504}{.0669}}{\frac{1}{.0669}}-\frac{\frac{20.31}{-0.154}\times\frac{.574}{121.2}}{\frac{1}{-.154}}\right)$$

$$=106.7$$

(2)改變橫力硬度，

$$K_M=0.00404\left(1-\frac{-1\times-1}{\frac{1}{0.154}}-\frac{\frac{-.574}{.00404}\times\frac{0.154}{24.21}}{\frac{1}{0.0669}}\right)$$

$$=0.00318$$

從此可以看出一端係數因他端情形所出之變更。

第七節　結論

本文只介紹能氏應用動率分配法之兩種手續，至於其他手續，一概從略。作者意此種計算法，實最爲簡便。上列二，三兩表，至多不過費數小時製成。至於畫影響線及其他計算，讀者自能明白；且熟能生巧，殊無庸一一介紹。學習此法、費時不過數小時，而用之則不但省時甚多，且能令人明瞭連拱傳力情形焉。

現代美國的建築作風

楊哲明

現代美國的建築界，大致可分為兩派：一係墨守陳規的因襲式樣，一係注重實驗力求創造接近工業社會生活的式樣。這兩派，武斷的說一句，可以稱前者為保守派，後者為現代派。但是介乎此二者之間的，還大有人在，此人是誰？就是東吹西倒的騎牆派，他們既不屬於保守派，亦不屬於現代派。他們並不摒棄因襲式的建築，同時他們却希望比現代更美滿的一種建築式樣。

美國建築界競爭的幕後，有兩種強有力的因素：一種是反對一味因襲舊式希望產生新式樣；一種是要在計劃建築時務以極少的投資而獲得極大的利潤。但是這兩種強有力的因素，美國的建築界，却始終並沒有注意到。

現在有一部份人，仍盲然崇拜十九世紀的後期及二十世紀初期的建築意匠，於是應時代需要的摩登建築式樣的創造，便因之而大受這一班盲目者的影響。亨脫Richard Morris Hunt華脫Stanfard White和卡納爾John M. Carrére諸人竭力以鼓吹『為藝術而藝術』相號召。在他們看來，以為『建築是美的創造』，祇要以此為原則，力求美麗堂皇，其他關於經濟方面的種種問題，一切都可以置之不聞不問之列。於是建築界日以模仿古代羅馬式的建築意匠為能事，甚至門窗圖案等等，亦非極度的模仿羅馬式不為功。這樣的相習成風，便造成了建築界的開倒車與浪費。但是這種責任，不能完全要美國一班建築擔負，至少那一班暴發戶的商人與地主，也要負一半的責任呢。這一班暴發戶不知善用其財，於是大興土木，建築輝煌華美的高樓大廈，以示闊綽，那一班因襲舊式的建築師，便極端的模仿以投這一班暴發戶的心之所好。我們看美國各大都市——尤其是紐約——中的大廈，矗立於街道的兩旁者，就是暴發戶與因襲舊式的建築師互相利用的成績品，

畢竟經濟問題是一切問題的中心，後來那一班暴發戶，也漸漸的覺悟了。於是放棄了華麗大廈的建築，而移轉其目光注意到分租房屋的建築了。這是美國現代建築作風的一大轉變。因為這一種轉變，也受了經濟問題的影響。因為建築分租式的房屋，可以用極少的投資而獲得極豐富的利潤。主持這一種分租房屋計劃的建築師，也不是從前那一班專門因襲舊式的建築師了。他們反對因襲派，他們反對華麗的巨大建築，他們的中心思想，是『經濟實用』為原則。於是美國的建築事業，便漸漸從那一班因襲舊式的建築師手中，轉移到新興的建築師的手中了。

經過了這一度的轉變，經濟的要求，便產生了一種新典型的建築師．他們精心於經濟的設計，却往往忽視了審美的觀念。同時，他們的顧主，對於審美一層，也不注意，祇求所要建築的房屋，估據法律所許的最大地位並有最大的出租面積就滿足了。這種轉變的結果，便使一班建築師趨於極端，一概不講求審美。

許多精美的建築式樣，隨着時代的潮流

而淘汰，漸被商業化的建築作代替，但比較著名的守舊派建築家所設計的建築物，却依然存在。紐約市的摩根圖書館與哥倫比亞大學圖書館便是很顯然的實例。此外，據事實的舉例，美國各大學校的建築，仍保持古典式建築的作風。

保守派建築師的陣地，經過了很久的時期而絲毫不見動搖。其間雖不時亦有異軍突起的建築家，但大都如曇花之一現而不能夠持久，如三十年前芝加哥建築家路易賽利文Louis Sullivan竭力排斥一切傳統式樣，曾使全國震驚，然其特創一格的建築作風，畢竟隨着他而同歸於消逝。又有一位朴資茅的建築師亨利杭卜司 Henry Hornbostel在計劃阿爾巴尼地方的國立教育館時所用的柱頭及頂閣，悉擯棄成法而特創新式，同業爲之譁然。從此可以證明保守派的建築師勢力的雄厚。

在這種環境中，也有多數的青年建築師，不滿意於保守派而力圖特創一格。他們的主張，是『現代的建築作風，須打倒「爲藝術而建築」的口號』。因爲保守派的主張，是爲藝術而藝術的建築，爲求外觀之美麗，不惜犧牲多數的金錢以赴之也。

現代派中有一支派，他的主張是建築須以實用爲原則，不求精美。他們在計劃建築物時，先決定圖樣。圖樣決定以後，便從事於材料的選擇。至於裝飾則力求簡單與經濟。此種辦法，雖爲保守派所攻擊，但爲了「效用建築」的口號，在美國建築界也有了相當的實力。

近代式的建築，間亦有不顧成本而完全排斥一般歷史的背景者，亦往往不能令人滿意。此種建築物，以極嚴正的構圖，幾何圖形的裝飾，我們看紐約市歐文信託公司的房屋，就可以代表。該屋自頂至底，全部用昂貴的石灰石所築成，沿街的門面作V字形凹槽，以爲增進觀瞻而採用者。甚至窗門亦一律作V字形，以示調和一致。石灰石以及此種特式窗門的代價極大，然遍觀全部房屋，能引起觀感之興趣者，唯有一間採用彩色鑲嵌細工的銀行辦公室而已。

無論那一種建築式樣，皆具有某種基本要素。譬之音樂，諧和之音使人聞之而感到愉悅。建築亦然。美好之線條與美好之配色使人見之心悅。凡偉大的建築物，莫不具有一種人目所渴求之形體美，線條美以及色彩美。近代的建築家，惟以象徵主義相號召而不能使人滿意者，其故即在此。

根據上述的種種，可知建築作風的造成，實以時代潮流爲基礎，絕對非偶然之事。目前美國的建築作風，雖日趨於轉變之途，但經濟問題之中心，實爲轉變建築作風的原動力。研究經濟問題與建築作風關係之結論，即爲舊式模仿式的建築物過於浪費而不切實用。因此，美國近代的建築作風，除少數特殊階級的建築師外，大都傾向於經濟住屋設計之改進的一途，故表示建築作風之另一現象，即爲小家庭住宅的組織。此種建築物，亦以經濟爲主要的因素。

經濟的狂潮，影響於世界上的一切事業，建築界亦不能例外。但美國的建築界却受了經濟狂瀾的洗禮而不至於向後轉，開倒車，却因此而力趨於實用之途。則今後美國建築界的作風之如何轉變，我們亦不難於想像中得之矣。

工程估價（二十續）

杜彥耿

第八節　油漆工程

量算油漆工程，要以面積方數或件數計，如油綿以方數計算，門窗等則以常數計算者是。廣漆與油漆 (Paint)，漆於屋之內外咸宜。油漆則以用鉛粉魚油化合者，成效最著。漆工亦有內外作之別：內作專漆木器傢具，外作則承漆房屋輪船火車等者。漆作既有內外之分，故內外作所用之漆，自亦稍有不同。況油漆種類色澤之繁多，何者宜於木，何者宜於金，何者宜於土石，以及耐潮耐熱，平光透光，釉光磁光等等，選擇偶一不愼，則木材之腐朽，鋼鐵之銹蝕，接踵而至。故擇較普通者，列表於后：

油漆蓋方及價格表

漆名	每桶裝量	用途	調法	蓋方量	價格	每方每塗單價	備註
白厚漆	二十八磅	木質打底	以八桶白油加燥頭十四磅快燥魚油八介侖成打底白漆二十一介侖	每介侖約四公斤可蓋三方（三百方尺）	每介侖$2.235	$0.7616	漆工利潤均未計
上白厚漆	二十八磅	蓋面	以二桶白油加燥頭七磅淺色魚油六介侖成上白蓋面漆九介侖	每介侖約四公斤可蓋五方（五百方尺）	每介侖$4.190	$0.8380	同前
上白磁漆	二介侖	蓋面	開桶便可應用	每介侖可蓋六方（六百方尺）	每介侖$6.750	$1.1250	同前
紅厚漆	二十八磅	鋼鐵打底	同白厚漆	每介侖可蓋四方	每介侖$2.285	$0.5712	同前
紅丹油	五十六磅	防銹	開桶便可應用	一桶可蓋四方	每桶$19.500	$4.8750	同前
鋼窗灰色油	五十六磅	防銹	同前	一桶可蓋五方	每桶$21.500	$4.3000	同前
水汀金銀漆	二介侖	汽管汽爐	同前	一桶可蓋十方	每桶$21.000	$2.1000	同前
發彩油	一磅	配色	加入白漆而成各種顏色		每磅$1.450		
魚油	六介侖	調合原漆	厚漆調薄如用魚油則面呈釉光		每桶$16.500		
香水	五介侖	調合原漆	厚漆調薄如用香水則面呈木光		每桶$8.000		香水卽松節油英文名Turpentine
凡立水	二介侖	罩光	開桶便可應用	每介侖可蓋五方	每桶$9.000	$0.9000	
廣漆	一斤	漆內外裝修	每一介侖火酒約用一磅餘雪南 (Shellac) 浸於火酒	每斤可蓋一方至一方半	每斤自九角至一元六角		
泡立水	一介侖	漆內部裝修傢具等		每介侖十方至十五方	每介侖約$4.000		

22869

避水材料價格表

品名	容量 一介侖聽	容量 五介侖聽	用途	用法	蓋方量	價格	備註
避水漿	八磅	四十磅	避水	每桶水泥(四百磅)加避水漿八至十六磅法先以漿一份和水三十份滲於水泥		每介侖$1.95	每八磅作一介侖 雅禮製造廠出品
避水粉	八磅	四十磅	避水	每百磅水泥用二磅避水粉拌和		每介侖$1.95	同前
避水漆	八磅	四十磅	止漏	開桶便可應用凡屋頂罅裂牛毛毡破壞刷漆二塗漏卽止	水泥面一介侖半漆一方白鐵面一介侖	每介侖$3.25	同前
紙筋漆	十磅	五十磅	嵌補隙裂	專嵌水泥裂縫及修補破爛白鐵	每方需廿五磅	每介侖$3.95	同前
避潮漆	八磅	四十磅	避潮	將牆刷清使燥後刷漆二塗	每方需一介侖	每介侖$3.25	同前
透明避水漆	八磅	四十磅	避水	刷於滲水之牆面使不滲水法先將牆面刷清	每方需一介侖	每介侖$4.20	同前
膠珞油	八磅	四十磅	使水泥屋面避水	水泥屋面須乾燥無油漬刷三塗每塗相隔廿四小時	每方需一介侖	每介侖$4.00	同前
保地精	八磅	四十磅	使水泥地面堅硬耐久	法與上同	每方需一介侖	每介侖$4.00	同前
快燥精	八磅	四十磅	促速水泥快燥	法將快燥精和滲清水每桶水泥用精一介侖		每介侖$2.00	同前
萬用黑漆	八磅	四十磅	塗漆	開聽便可應用	每介侖二方至三方	每介侖$2.25	同前
保木油	八磅	四十磅	保木防腐	同前	每介侖二方至三方	每介侖$2.25	同前
固木油	八磅		同前	同前	每介侖二方至三方	每介侖$3.32	大陸實業公司出品

關於油漆之漆於木，鐵，磚灰等建築物上，其手續及應注意之點，分別如下：

木建築物及木器　新成之木建築物及木器，均不可洗濯，亦不可漆於潮濕之木上。若欲油漆潮濕之木，則何啻施之以任何顏色，因其根本不能保護木材，失却油漆之效用。當油漆之前，木上必先溷以清油一塗，俾減木之吸油量，而增油漆蓋方之面積也。

鐵器　髹漆於鐵器，切不慮耗金錢，施於鐵銹之面；蓋油漆之效用，藉止鐵銹，以保持鐵之耐久性。故於未漆之前，必將鐵銹先行刷去，隨後施漆。當施漆時，尤應注意筍子，鉚釘及接疊縫隙等處。新的白鐵，不必卽行施漆，須待六個月後，俟其精光之面，變成呆光，再行刷漆，方奏實效。再者，漆鐵之第一塗，應用上品紅丹，庶免上品之面漆，漆於劣質底漆之弊。茲更將油漆鐵器與白鐵之手續，詳為解說如下：

鋼鐵建築物之表暴於外，須歷悠長歲月者，如鐵路，橋樑，水塔，煤氣棧等等。此項鋼鐵於未曾架置之初，必完全將鐵銹塵垢等，用鋼絲帚，刷除潔淨，隨後用琉酸礦汞洗刷，方漆紅丹一塗；迨架設後，仍如前法將塵垢洗去，漆紅丹一塗或色油一塗，再漆色油二塗，每塗漆之前後時間，距離至少須隔二十四小時。根據吉星油漆公司法爾康(Falcon)牌紅丹，每磅可漆四十方尺之面積。潑來密克斯(Primix)油漆，每磅可漆五十方尺之面積，與法爾康牌油漆，每磅五十五方尺。

凡舊鋼鐵建築物，經過相當時期後，須再修漆者，應將起殼之漆，發銹或浮爛等處，用鋼絲帚刷除，再用硫酸礦汞洗刷清新後，將鋼鐵顯露之處，補漆紅丹或潑來密克斯油一塗，隨後再施色油二塗。

白鐵如欲於新時卽行施漆，則應用碱水洗之，後再用熱水將碱水之留漬洗去，方可漆以紅丹一塗及色油二塗。

鋼鐵之面，欲漆金色或銀色，如電車鐵柱，街燈柱子，汽管，汽帶，機器，床架，脚踏車，爐子，油池，欄杆，電車及公共汽車之車頂等油漆，其手續與上述同，卽先將銹漬塵垢用帚刷清，漆一塗紅丹，二塗金粉或銀粉。銀粉之蓋方，每介侖可漆十方，金粉之蓋方亦然。每介侖之重量爲十二磅，係依英國法律所規定者。

水泥粉刷等　新成之水泥或粉刷上，亦不可卽行施漆，須俟至六個月後，待其乾燥，方可油漆。蓋黃砂中含有鹽份，及還潮之弊，必待相當時間，俟其消失也。倘以特殊緣故，不能久待，則須用特製之油漆，方克奏效；若吉星洋行之(Cementilk)漿狀之漆，每磅祇能漆五方尺；若用特製之油調薄之，則每介侖可蓋三方。惟上述之蓋方量，係屬大略，初不能據爲圭臬，須視牆面之光平抑毛草爲判也。

牆面欲漆成磁光白漆，必先將隙縫用粉嵌平，待乾後用砂皮紙砂打，潤油一塗或二塗後，漆有光白漆一塗，越二十四小時後，漆木光白漆一塗，再間二十四小時，漆磁光白漆一塗，則牆面自呈晶瑩光潔之狀。此項磁光白漆，最適宜於廚房，浴室及醫院等處。

室內牆面，自以塗刷色粉，較油漆爲經濟；況人每有厭舊觀念，日久必以舊色爲不愜，擬改他色。又如出租房屋，老房客遷出，另易新房客，則以前室中牆上所粉之色，未必盡能愜意，勢須更換。故刷粉自較油漆爲輕易經濟。色粉之持久性，至少可用二年；每磅色粉，可蓋牆面四十方尺，價每磅洋五角半；裝量有十磅桶及十五磅桶。

牆面粉刷之手續，如係新牆，則單刷色粉一塗，此爲臨時性質；新牆潮濕，任其透出，經六個月之後，牆已乾燥，再用老粉和膠，將隙裂嵌平，待乾用砂皮砂打，乾布揩拭，潤油一塗。如牆面仍不滋潤，則再油一塗後，刷粉二塗。

火車，電車，公共汽車，及傢具如桌椅，寫字檯，門，窗，竹器及籐器等，須漆凡立水者，先用砂皮砂打，再以潔淨之布揩拭，潤油一塗，待乾再用砂皮打光，漆平光凡立水一塗，後用細砂皮或木賊草砂打，漆亮光凡立水一塗；每一介侖(十二磅)之蓋方約九百方尺，平光凡立水每介侖洋十八元半；亮光者每介侖價洋二十元；裝桶平光者每桶裝四分之一介侖，亮光者每桶有四分之一介侖及半介侖兩種。

普通油漆，係用漆帚蘸油漆刷；亦有用絲頭蘸漆者。惟此項絲頭，除漆廣漆(或稱金漆)，尚可施用外；油漆必須用刷，不可用絲頭。漆之佳者，尚有用噴漆器噴射，及烤漆或稍浸漆者，如此非特可免刷帚痕跡，且亦清潔美觀。

茲更將英商吉星洋行出品諸項油漆，列表如下，俾與國產油漆作一比較，藉資借鏡，或亦爲讀者所樂聞歟。

英國名廠出品油漆表

品名	裝桶重量	用途	調法	蓋方	價格	每方每塗單價	備註
紅丹(Falcon牌)	五十六磅或一一二磅	漆鐵器	開桶可用	每磅漆四十方尺	每112磅洋六十三元	$1.406	
色油(Primix牌)	同前	同前	同前	每磅漆五十方尺	每211磅洋七十元	$1.250	
色油(Graphite)	同前	同前	同前	每磅五十五方尺	每112磅洋八十四元	$1.365	
灰色油(Bell牌)	同前	漆白鐵	同前	每磅四十五方尺	每112磅洋六十三元	$1.248	
朱紅油(Falcon牌)	同前	漆救火龍頭等標物	同前	每磅四十方尺	每112磅洋一四四元	$3.212	漆中國式朱門及欄杆等
深綠油(F & E)	同前	漆外部鉄	同前	每磅四十方尺	每112磅洋一〇五元	$2.343	
磁光油(Falconite)	半介倫	同前	同前	每介倫六方半	每介倫洋三十元	$4.615	
銀色(Falcon牌)	八分之一四分之一	內外鐵器	同前	每介倫十方	每介倫洋二十三元	$2.300	
金色(Falcon)	同前	同前	同前	每介倫十方	每介倫洋四十元	$4.000	
木光油(Falcon)	半介倫	內部鐵器	同前	每介倫七方	每介倫洋十三元	$1.857	
耐熱黑油	同前	烟囱鐵灶等	同前	每介倫九分	每介倫洋十二元半	$1.399	Cooker Black
噴漆底漆	同前	汽車等	同前		每介倫洋二十八元		Vulcose Primer
噴漆底漆	同前	同前	同前		每介倫洋二十一元至二十六元		Vulcose Grounding Lacquer
噴漆色油	同前	同前	同前		每介倫洋二十一元至二十六元		Vulcose Colour Lacquer
噴漆亮光油	同前	同前	同前		每介倫洋二十元至二十一元半		Vulcose Glaze Lacquer
頭塗潤油	十介倫	牆面平頂等	同前	每介倫五方	每桶洋十一元半	$0.210	Transparent Petrifying Kiquid
草漆	五十六磅及一一二磅	同前	同前	每磅四十方尺	每112磅洋八十六元	$1.919	"Cygnite" White R.M.Paint.
白油	半介倫	同前	同前	每介倫七方	每介倫洋十八元半	$2.643	"Oblito" Under-coatiug White
香水白	同前	同前	同前	每介倫七方	每介倫洋十三元	$1.857	Super Durable Flat Patnt
磁光	同前	同前	同前	每介倫六方半	每介倫洋十九元	$2.923	"Falconite" Enamel

色粉	十磅及十五磅	牆面平頂等	開桶和清水	每磅四十方尺	每磅洋五角半	$1,375	"Synoleo" Distemper
Gripon Priming	半介侖	水泥石子磨等	開桶可用	每介侖四方	每介侖洋七十五元	$18,750	Clear Priming Coat
Gripon Finishing	同前	同前	同前	每介侖六方半	每介侖洋十七元半	$2,692	
其他油漆類目繁多不及備載							

第九節 管子工程

關於管子工程，如煤氣管之裝置，及水汀管，自來水管，浴缸，面盆，抽水馬桶等，自可交承接水電工程之商行估算，較爲可靠。茲爲便於讀者參考起見，故特不厭周詳，聊備一格也。

六分管之供水量，已足普通一家庭之需用；惟裝置管子，自以稍餘爲妙，蓋六分管與一寸管之價值，相差極微。自來水管之材料，以白鐵不生銹者爲最佳，反之，自不適用。但黑鐵管之於管子工程，頗佔重要地位，以其可供水汀管之需求，而價較白鐵爲廉也。

管子工人之工值，每工自九角至一元五角，須視其工作技能與勤勞爲別。間亦有論月計薪之長工，每月俸給自三十元至三十五元不等。工作時間普通自晨八時至十二時，下午一時至五時或六時；然中國工人除工廠中有一定之上工散工時間外，在建築場地或野外工作之工人，每有視天色者。再就工資而論，除短工長工之分外，尙有包工者，其計算之法，係以頭子計者，如裝一浴缸，有冷水頭子一個，熱水頭子一個，及落水頭子一個，是共三個頭子，每個頭子包工約洋五元左右，惟須視工作之巨細，而酌定包價之大小。是以較大工程，咸以包工計，蓋既可省却督責之麻煩，又可增加工作之速率。

室中高處，有於屋頂汽樓下置有冷水箱者，藉使水力平均。法自街管引水至屋頂汽樓下，或其他房屋之任何高處，水之洩入水箱，須經球鍵，自能啓閉自如，蓋彼能於水箱貯水已滿時閉塞，需水時開啓也。由是室中各部需水，即接自水箱，此制非特放水平均，倘街中修理水管，將總閘關閉時，仍可用水箱存水，俾給水不致完全斷絕也。

冷水供給，尙可直接街管，不需水箱；但熱水爐子必須裝置水箱及透氣管，否則危險特甚。水箱之大小，普通一個浴室，三十介侖或三十五介侖，已可適用。

茲將各種衛生器管之價格，列表如下：

各種衛生器管之價格表

名稱	數量	價格	備註
四分白鐵管	每尺	$0.145至$0.150	此係按照現在市面蓋市面依照漲兌上下也
六分白鐵管	„	$0.185	„ „
一寸白鐵管	„	$0.250	„ „
一寸二分白鐵管	„	$0.330	„ „
四分黑鐵管	„	$0.130至$0.135	„ „
六分黑鐵管	„	$0.167	„ „
一寸黑鐵管	„	$0.225	„ „
一寸二分黑鐵管	„	$0.297	„ „
面盆	每隻	$11.50	英國"Johnson"牌 16×22
面盆(附龍頭等另件)	„	$18.00	„ „
浴缸	„	$54.00	英國"Johnson"牌 加龍頭出水加洋五元半
馬桶(低水箱)	„	$58.00	美國"Standard"牌 倘附蓋頭加洋三元
高水箱連銅管等	„	$10.至$11.	美國"Standard"牌
水盤	„	$23.00	美國"Standard"牌(18×20)
水箱	每介侖	$0.40	
熱水爐子	每介侖	$1.150	中國貨
龍頭	每隻	$1.20至$3.00	
尿斗(立體式)	„	$100.00至$110.	加便斗銅器七元半至八元
尿斗(筒便式)	„	$8.00至$12.50	
四寸生鐵坑管	每尺	$0.50至$0.55	
六寸生鐵坑管	„	$0.75至$0.80	
氣帶	每方尺	$1.05至$1.10	

(待續)

全國鋼鐵業概況

徵中

鋼鐵之於建築，爲用至廣，近代建築，多趨崇樓峻宇，尤非鋼鐵不爲功也。惜我國新式製鐵廠之寥寥，礦藏雖富，多未開採，以致貨棄於地，良可慨也。夫近代建築，採用多量之鋼鐵，既如上述，而究其來源，多爲舶來，利權外溢，莫此爲甚；尙望我國諸大實業家，注意於此，倡設新式製鐵廠，以開發富源，絕此漏卮也。

據外人調查，我國鐵礦，約有三九六•〇〇〇•〇〇〇噸，居全世界之第十位；惜鋼鐵廠不多，生產能力薄弱，於下表中，可窺見一斑焉：

(一)國人獨資創辦者

廠名	冶鐵爐	每日產鐵能力(單位噸)	每日產鋼能力(單位噸)	全年最低產鐵量(單位千噸)
漢口六河溝公司	一	—	三六	—
石景山龍煙公司	一	二五〇	—	—
浦東和興鐵工廠	二	四五	八〇	三〇
陽泉保晉公司	一	二〇	五•四	七•五
高昌廟上海機器公司	—	二	二〇	一〇
太原育才鋼廠	—	一	二〇	七
唐山啓新洋灰公司	—	一	—	—
瀋陽兵工廠	—	一	—	—
鞏縣兵工廠	—	一	—	—
上海江南造船廠	—	一	—	—
新鄉宏育公司	一	二五	—	—

(二)有日資關係者

廠名	冶鐵爐	每日產鐵能力（單位噸）	每日產鋼能力（單位噸）	全年最低產鐵量（單位千噸）
漢陽漢冶萍公司	四	六五〇	二三〇	七〇
大冶漢冶萍公司	二	九〇〇	三二〇	—
本溪湖本溪湖煤鉄公司	四	三二〇	九〇	—
鞍山	二	五〇〇	—	—

茲冉將民國十五年至二十二年，吾國製鉄廠歷年產額，列表如下：

廠名	產額（單位噸）							
	十五年	十六年	十七年	十八年	十九年	二十年	二十一年	二十二年
石景山龍煙公司	停	停	停	停	停	停	停	停
漢陽漢冶萍公司	停	停	停	停	停	停	停	停
大冶漢冶萍公司	停	停	停	停	停	停	停	停
揚子廠	七•四九八	停	五•八一四	四•七五〇	七•三一〇	八•四〇〇	六•三〇〇	一〇•〇〇〇
鞍山製造所	一六三•五〇〇	二〇三•四四五	二二四•四六一	二一〇•四四三	二八八•四三三	二九三•四〇〇	三二四•五三〇	
本溪湖煤鐵公司	五一•〇〇〇	五〇•五〇〇	六三•〇三〇	七六•三〇〇	八五•〇六〇	八七•〇八〇	九一•〇〇五	
陽泉保晉公司	四•八〇〇	四•〇〇〇	四•八一四	四•二五〇	六•四六〇	停	停	七•〇〇〇
新鄉宏豫公司	停	停	停	停	停	停	停	停
浦東和興鋼鐵廠	停	停	停	三•〇〇〇	四•八三〇	五•二〇〇	三•五〇〇	停
合計	二三五•七九八	二五七•九四五	二九八•一一九	二九八•七四三	三九二•〇九三	三九四•〇八〇	四二五•三三五	一七•〇〇〇

上表所載鞍山製造所及本溪湖煤鐵公司所製鋼鐵，悉銷往日本，若僅就國人經營之鋼鐵廠產額計，則為數更少。茲列表如下：

年次	產額（單位噸）
十五年	一二•二九八

十六年	四•〇〇〇
十七年	一〇•六二八
十八年	一四•〇〇〇
十九年	一八•六〇〇
二十年	二三•六〇〇
二十一年	九•八〇〇
二十二年	一七•〇〇〇
合計	九九•九二六

近年來世界鋼鉄業日漸衰落，此蓋受經濟恐慌及縮減軍備之影響也。最近三年產額如下表：

一九三〇年	九三•〇〇〇•〇〇〇噸
一九三一年	六八•〇〇〇•〇〇〇噸
一九三二年	四九•〇〇〇•〇〇〇噸

由上表觀之，世界鋼鉄之總產量，一九三二年較一九三〇年幾減一半；然在此四九•〇〇〇•〇〇〇噸中，中國產量，不過佔百分之〇•〇二，即萬分之二而已。其他各國如美佔百分之四十五，英佔百分之八，德佔百分之十五，日佔百分之一•五，其他爲百分之二九•九八。

國產鋼鐵，除前表所列各種西法製煉廠外，尙有土法製煉。土法製煉生鐵之數量，雖無確實統計，然據大約估計，民國十八年十三萬五千餘噸，十九年爲十六萬二千餘噸，二十年爲十二萬六千餘噸，二十一年降至十一萬餘噸，二十二年更降至十萬餘噸，其製煉地點以山西河南四川較爲發達。

吾國所用鋼鐵數量，年有增加，而以近年爲尤甚。當民八九年間，每年進口鋼鐵爲三十餘萬噸，十八年增至六十四萬噸，較十年前增加一倍，二十二年除東北不計外，共爲四十六萬餘噸，較五年前約減十八萬噸；但將國內西法土法有製煉者合計之，總量達六十萬噸，價在八九千萬元，而其大部概係仰給舶來，茲將二十年及二十一年度鋼鐵之進口量，列表如下，由此足見利權外溢之一斑。

年度	數量	價值
二十年	九•三三三•七五〇担	六七•四〇五•三七二元（美金）
二十一年	七•三九四•四八六担	四一•八六七•二〇一元（美金）

按：上文內之數值等，均係根據實業部之報告。

鋼筋混凝土化糞池之功用及建築

趙育德

緒論

近人對於污水之處置，實爲一迫切之問題。一般學校當局及市鎮鄉村之居民，因處於無污水系統之辦法下，致不能設置新式而方便之廁所，浴室，及滌洗池等。同時因科學與教育之進步，足以證明無污水處置之辦法，對於人類衛生具有極大之危險；故時欲達到其希望，則與居住於有污水系統之大都市者，同樣享受新式廁所，浴室等一切衛生設備。但不適當之污水處置法，對於家庭衛生，甚或整個社會，均有不良之影響，有時致引起各種時疫疾病，如傷寒，痢疾等，而致死亡之數，日益增高。一流污水，戕賊人類，吾儕對此，誠宜知所防患矣！

抽水設備之廁所，可謂較任何類廁所爲進步。因此一般屋主皆喜設置此類室內之新式廁所。其他如浴室，滌洗池等，屋主因欲保持其清潔起見，當然設法處理從上述等處所流出之污水。而化糞池(Septic Tank)，卽爲處理此種從住宅中流出污水之最適當方法也。但此僅限於有自來水設備，及新式廁所，浴室等之學校，住家，或一區之住家等。若處於無污水系統之環境，則用化糞池，實爲最簡單，最見效之方法。

死水塘，滲水塘，或湖池等處，皆不可用爲處理污水之地，因此類池底，均有滲水性；若不滲水，將發生臭氣惡味，鄰近居民，俱有不快之感。若任其滲漏，則附近之水井，又受其害，實一亟待考慮之問題也。

化糞池之解釋

化糞池爲不滲水之建築物。通常將池分爲二部，使流入之污水，在池中沉澱其所含固體物質，其中大部份，因由於附長在污水中之菌類，發生細菌作用，化成流體。此流體連同污水中之水份，經出水管而流出，稱爲「出水」(Effluent)。其中未經化成流體而沉澱於池底之物，謂爲「糞渣」(Sludge)。另外一部浮游於水面之上者，稱爲「浮游層」(Scum)。

化糞池之効用

化糞池之效用，爲使污水經過此一定之處理後，得到較安全之程度，而流入河溝內。但污水之安全處理，可分作五步，化糞之功效祇其中之初步工作而已。因此我人不能謂爲經此處理後，各種有關疾病之病源完全消滅也。

化糞池之容量

化糞池之容量，可依使用人數之多少而建造。一池之容量不可過多於計算時之使用人數，而致污水內之有機體，不能按照比例化爲流體。在另一方面言，若建造一較大之池，而供少數人之使用，非但太不經濟，並能得到不良之結果。但無論如何，建造一較大之池，當較小者爲佳。(適當之大小，請參閱附表。)

學校用之化糞池

學校用之化糞池，在中小學校，因學生多在未成年時代，故化糞池之設計，應較通常略大；可按學生人數，乘以五分之三倍，然後依此容數，査附表內之使用人數項，而決定池之大小。

化糞池之選擇及出水之處置

化糞池之構造，通常分成二部，使流入之汚水中之大塊固體，難解之體，難沉之體等，沉凝或沉澱或解化於此二部之中，再由汚水中之細菌，發生作用，分解其有機體，以預備作再進一步之處理。油質流入池內，不但不能解化浮游層，並致變成十分濃密，因而阻礙有機體之解化。但此可用一避油井，置於含有油質之汚水流出之處，如廚房等處，以避去其油質。（避油井之建造，如第三圖所示。）化糞池若建築及管理適當，其出水通常不含有固體物質，並且水質大致清淨；但無論如何，出水中常含有微細之浮游物，此浮游物中長生無數細菌，其中一部份或對衛生上具有極大之危險性。此外尙有許多汚水中餘剩下之微小有機體，若此有機體流入地面或乾坑內而不能流洩，則經過腐爛後，必發生可惡之臭氣。

設使一河有充足之水量，能將汚水經過化糞池處理後之出水，冲稀(Dilute)至適當比例，並此河下流一帶，不用此河水作爲家用，則出水之處置，最簡單之方法，莫若將其導入河內。（用此法之池，如第一圖並第五圖所示。）用冲稀之法，其河之流量至少應有出水流出量之六十倍，如此方足免除菌類及蚊虫之生殖。

若無上述之天然河流可供應用時，池之出水必需再設法作進一步之清理。設出水之流出量不甚大時，如地質適宜，可將此出水吸入地內。其法在地面下十八吋，按排平口之排水管數道，使出水流入排水管內，經平口管之空縫中，漸漸滲入地內，在管之上部泥土中，含有無數之細菌，此可使爲較進解化有機體之用。出水經平口排管吸入地內後，可無最後出水管排水外出。（化糞池用於此法，如圖一二所示。）

用地土吸收所流出之出水，其構造如第三圖所示。此種辦法謂之「地土吸收法」(Ground Absorption Method)；但須注意第一圖小號家庭化糞池內，無集量池及水壓管(Dosing chamber and Siphon)之設置。第二圖則有此設置，水壓管之作用，爲使出水流入集量池，達到適當高度，由水壓作用將集量池內之出水，完全排出至排洩地，如此能使所出之水，平均達到其地內之排管各點。若無此集量池及水壓管之設置，則其出水，將滴滴流出，而祇能流及池之鄰近之地，致將此鄰近之土地卽刻變成飽和之狀，而使出水內之餘剩有機體，不能按照比例作進一步之解化，在此情形之下，應立刻改按排管；最要之點，將出水按照排管口徑大小，平均流達所有管子之內，而地土方可達到平均的吸收。再因小池容量較小，故汚水流入池內，有冲洗其池及冲滿排洩地之趨勢；但大池則反是。故如第一圖所示之小池，因此項設置之價格關係，可以不用；但第二圖所示之地，則必需應用者也。

當化糞池之出水，不能用河道之水量冲稀，及地土不能吸收時，當需用其他方法處理之。此法稱爲「地下過濾法」(Subsoil Filtration)。其法築十五吋寬，三十吋深之土槽數道，內塡以十五吋高之碎石或其他適當材料，作爲濾層。池之出水由出水管引入，置於濾層上之平口排洩管，再從管縫中流出，而濾過此濾層。在濾層下按置下層管一道，濾下之水，經此管而導入小溝之中，在濾層土長生許多細菌，其生活和作用，與生長在池中者不同。池中細菌作用，不過專為解化有機體，而預備在濾層上作再進之解化。此二步皆為清理汚水上所必要者，而實有效於適宜管理之下，在短期之內，使其天然解化。在排洩管之尾，用一豎管使之升出地面，以通空氣，因空氣內之氧氣，為生於濾層上之細菌所必需要者。從下層管導出之出水，尚可用更進之法處清，但本文並不論及，因通常經如此之處理後，已足減除病源矣。

化糞池之清理

若化糞池內之糞渣，其容積至超過全池容量之百分之三十以上時，則其池應加清理，即將糞渣取去。在設計完善之池，每年清理，一次已足，不宜過多。本文所附圖之尺寸皆以一年糞渣沉積之容量而計算；但亦不可視為定則，須按照使用程度而定，大約每一至三年必需清理一次。清理之時間在冬季最為適宜，因無蒼蠅等之虫類也。

清理手續，先將人孔蓋移去，將池內之水份用抽水機打出或用水桶汲出。假若池底按有放水管，則可將管子開放，將水份放出。放盡之後，池內餘留之糞渣及浮游層，可將桶類提出淨除之。

關係化糞池之要點

(一)不可建造一無法進內清理之化糞池；假若偶然需要清理而無人孔蓋之預留，則其頂必當破壞也。

(二)若在可能地形之下，不可忘記按置放水管於池底。

(三)不可將出水流入地面上，因此可引起臭氣或成為蚊虫生殖之地，致傳時疫疾病。

(四)不可使化糞池之出水流近水井旁之地面上。

(五)不可加入藥品於化糞池內，而藉此欲增加其效力；蓋因此能阻礙池內細菌之生活也。

(六)不可建造一有裂縫之化糞池。

(七)不可嘗試以舊水井作為化糞池之用。

(八)不可用一火頭暴露於外之燈類，於人孔蓋方移去後，即入池內。

(九)除非發生阻礙之時，不可時常清理化糞池。

[附圖見後]

姚士章君鑒：來函已悉，請示通訊處，以便答復。 賀敬第

張福記營造廠鑒：現有曹家渡北曹家宅廿二號曹三弟者，不知嘗處地址，函詢本會。用代轉達，可即示復曹君不誤。

本會服務部啓

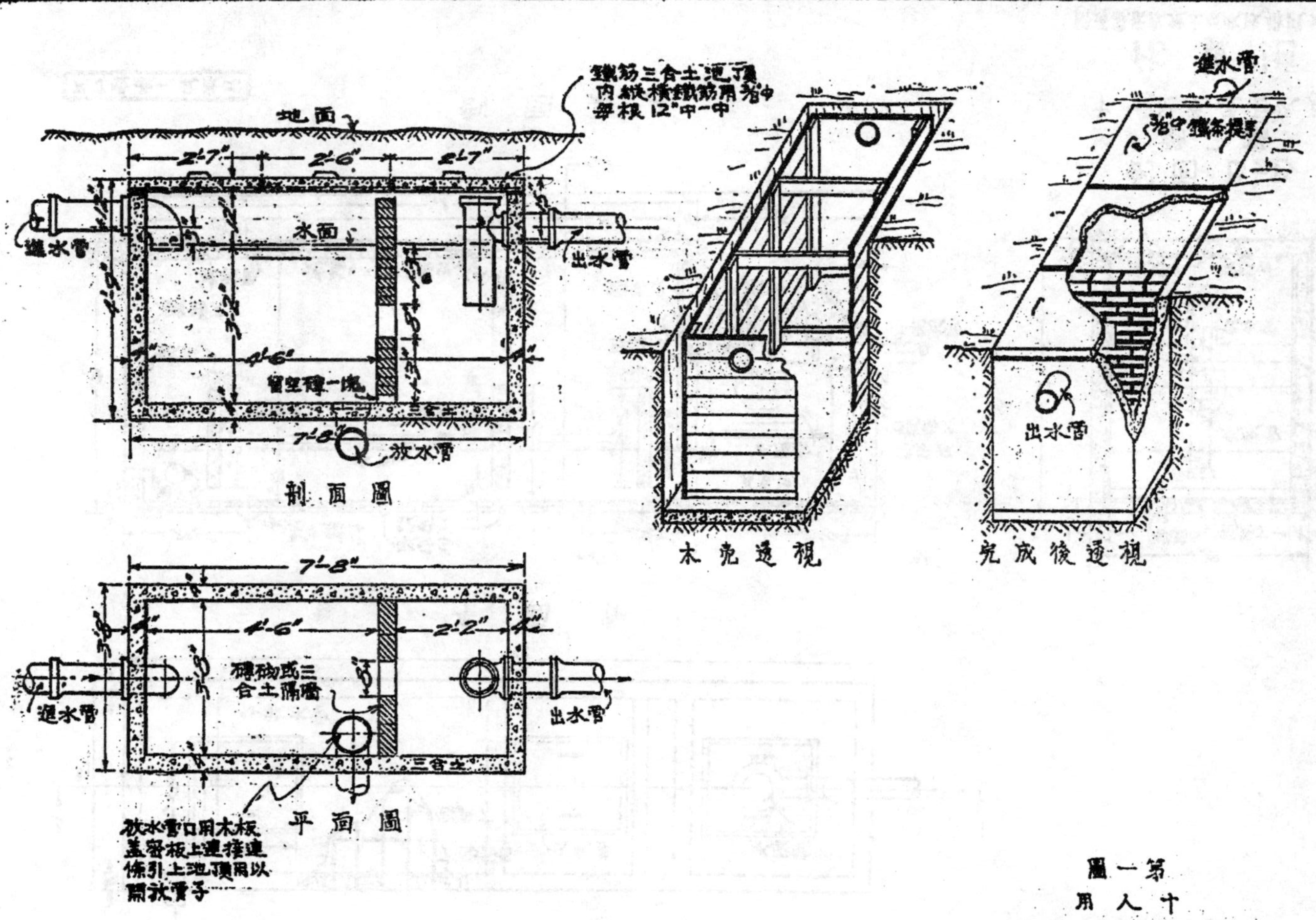

第一圖
十人用
小号家庭化糞池

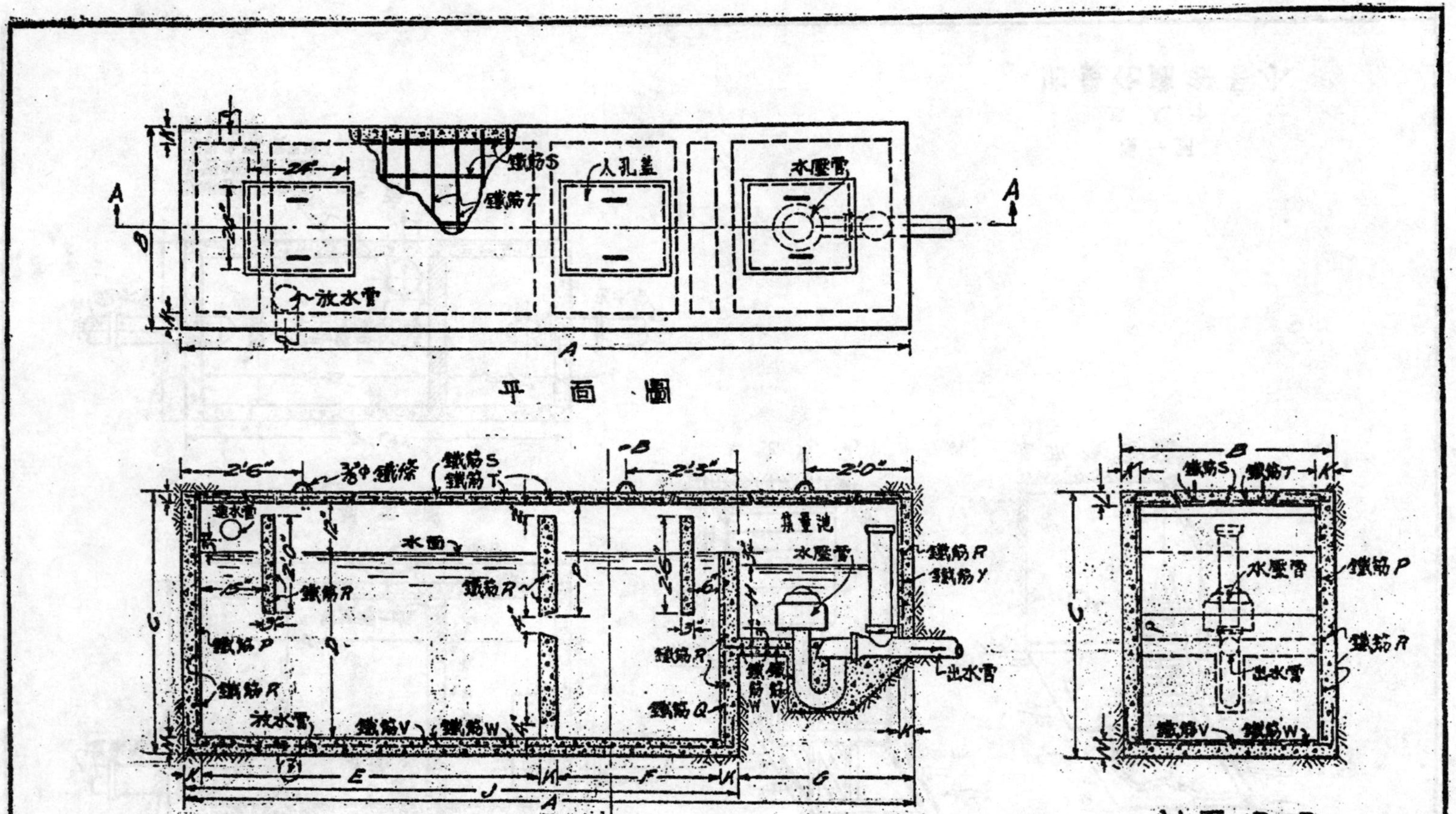

平面圖

剖面 A-A

剖面 B-B

第二圖

十一人至五百人用

化糞池

附邊濾法或地土吸收法排洩地

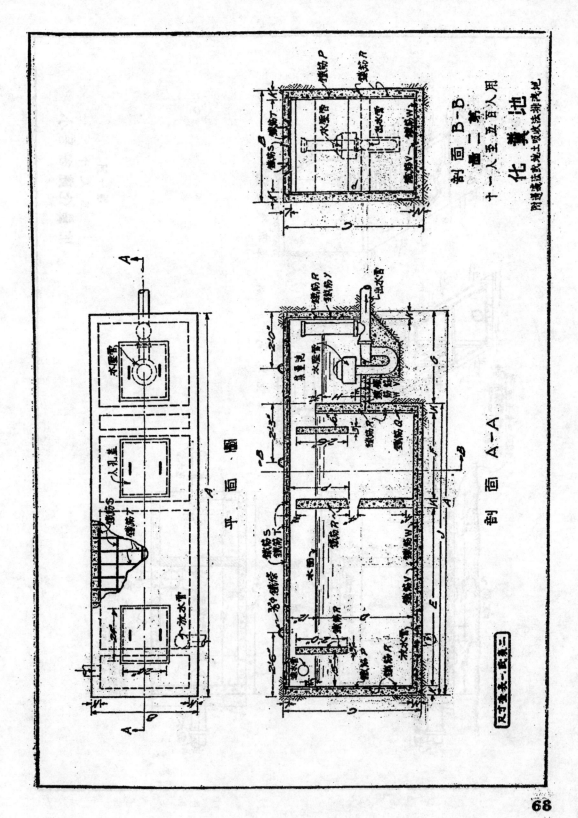

（表一）

使用人數	池之容量	尺寸 A	B	C	D	E	F	G	H	J	K	L	N	P	水壁管吋數	進水管與出水管相差尺數	集量池之容量
11-15	750	12'-0"	4'-0"	5'-3"	3'-8"	5'-6"	2'-9"	2'-9"	1'-3"	9'-5"	4"	3"	4"	2'-3"	3"	2'-6"	75
16-20	1000	14-9	4'-0"	5-6	3-11	6-9	3-3	3-9	1-3	11-0	4	3	4	2-3	3	2-6	105
21-25	1250	15-3	4-9	5-6	3-10½	7-0	3-6	3-9	1-3	11-6	4	3½	4	2-3	3	2-6	130
26-30	1500	16-6	5-0	5-9	4-1½	7-6	3-9	4-3	1-3	12-3	4	3½	4	2-3	3	2-6	160
31-40	2000	17-9	5-3	6-3	4-7	8-3	4-3	4-3	1-5	13-6	4	4	4	2-3	4	2-8	200
41-50	2500	19-3	5-9	6-9	5-1	8-9	4-6	5-0	1-5	14-3	4	4	4	2-3	4	2-8	250
51-60	3000	21-0	6-0	7-0	5-3½	9-6	4-9	5-9	1-5	15-3	4	4	4½	2-6	4	2-8	310
61-80	4000	21-9	6-9	7-6	5-8½	10-3	5-3	5-3	1-11	16-6	4	4½	5	2-6	5	3-2	430
81-100	5000	23-6	7-3	7-6	5-7½	11-3	5-9	5-6	1-11	18-0	4	5	5½	2-6	5	3-2	500
101-125	6250	26-0	8-0	8-0	6-1	12-3	6-3	6-6	1-11	19-6	4	5	6	2-6	5	3-2	650
126-150	7100	28-6	8-3	8-6	6-7	13-0	6-6	7-9	1-11	20-9	5	5	6	2-6	5	3-2	780
151-175	8300	28-6	8-9	8-9	6-9	14-0	6-9	6-6	2'-6	22-0	5	5½	6½	2-6	6	3-9	910
176-200	9500	30-0	9-3	9-0	6-11½	14-6	7-3	7-0	2-6	23-0	5	5½	7	2-9	6	3-9	1040
201-250	11300	32-9	10-0	9-3	7-1½	15-6	7-10½	8-0	2-6	24-9	5½	6	7½	2-9	6	3-8	1280
251-300	13500	35-0	10-6	10-0	7-10	16-0	8-3	9-3	2-6	25-9	6	6	8	2-9	6	3-9	1560
301-400	17500	39-9	11-6	10-6	8-2½	18-0	9-3	11-0	2-6	28-9	6	6½	9	2-9	6	3-9	2060
401-500	21200	44-0	12-9	10-3	7-10½	20-0	10-3	12-3	2-6	31-9	6	7	9½	2-9	6	3-9	2580

此表用於第二圖所示之化糞池附用
過濾法排洩地之尺寸.

（表二）

使用人數	池之容量	尺寸 A	B	C	D	E	F	G	H	J	K	L	N	P	水壁管吋數	進水管與出水管相差尺數	集量池之容量
鬆質之地																	
11-15	750	14'-6"	4'-0"	5'-3"	3'-8"	5'-6"	2'-9"	5'-3"	1'-3"	9'-3"	4"	3"	4"	2'-3"	3"	2'-6"	150
16-20	1000	16-9	4-3	5-6	3'-11"	6-9	3-3	5-9	1-3	11-0	4"	3"	4"	2-3	3	2-6	190
21-25	1250	17-9	4-9	5-6	3-10½	7-0	3-6	6-3	1-3	11-6	4	3½	4	2-3	3	2-6	226
26-30	1500	19-9	5-0	5-9	4-1½	7-6	3-9	7-6	1-3	12-3	4	3½	4	2-3	3	2-6	290
31-40	2000	21-9	5-3	6-3	4-7	8-3	4-3	8-3	1-5	13-6	4	4	4	2-3	4	2'-8"	384
41-50	2500	23-6	5-9	6-9	5-1	8-9	4-6	9-3	1-5	14-3	4	4	4	2-3	4	2-8	480
51-60	3000	25-6	6-0	7-0	5-3½	9-6	4-9	10-3	1-5	15-3	4	4	4½	2-6	4	2-8	560
61-80	4000	25-9	6-9	7-6	5-8½	10-3	5-3	9-3	1-11	16-6	4	4½	5	2-6	5	3-2	780
81-100	5000	28-0	7-9	7-6	5-7½	11-3	5-9	10-0	1-11	18-0	4	5	5½	2-6	5	3-2	980
實質之地																	
11-15	750	17'-6	4'-0"	5'-3"	3'-8"	5'-6"	2'-9	8'-3"	1'-3"	9'-3"	4"	3"	4"	2'-3"	3"	2'-6"	247
16-20	1000	21'-0	4-3	5-6	3-11	6-9	3-3	10-0	1'-3"	11-0	4	3	4	2-3	3	2-6	324
21-25	1250	22-3	4-9	5-6	3-10½	7-0	3-6	10-9	1'-3"	11-6	4	3½	4	2-3	3	2-6	400
26-30	1500	24-6	5-0	5-9	4-1½	7-6	3-9	12-3	1'-3"	12-3	4	3½	4	2-3	3	2-6	485
31-40	2000	26-9	5-3	6-3	4-7	8-3	4-3	13-3	1-5	13-6	4	4	4	2-3	4	2-8	630
41-50	2500	29-3	5-9	6-9	5-1	8-9	4-6	15-0	1-5	14-3	4	4	4	2-3	4	2-8	800
51-60	3000	32-3	6-0	7-0	5-3½	9-6	4-9	17-0	1-5	15-3	4	4	4½	2-6	4	2-8	950
61-80	4000	31-6	6-9	7-6	5-8½	10-3	5-3	15-0	1-11	16-6	4	4½	5	2-6	5	3-2	1280
81-100	5000	34-3	7-9	7-6	5-7½	11-3	5-9	16-3	1-11	18-0	4	5	5½	2-6	5	3-2	1620

此表用於第二圖所示之化糞池附用
地土吸收法之排洩地之尺吋

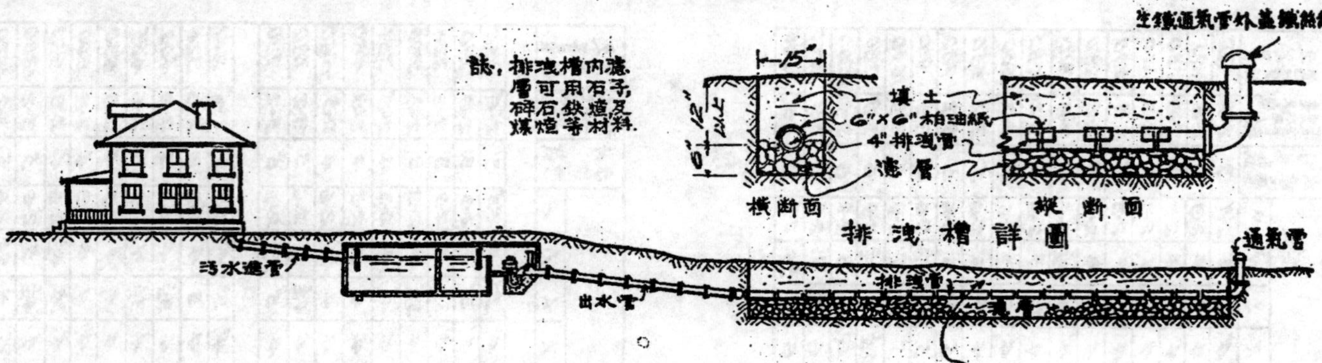

總剖面圖

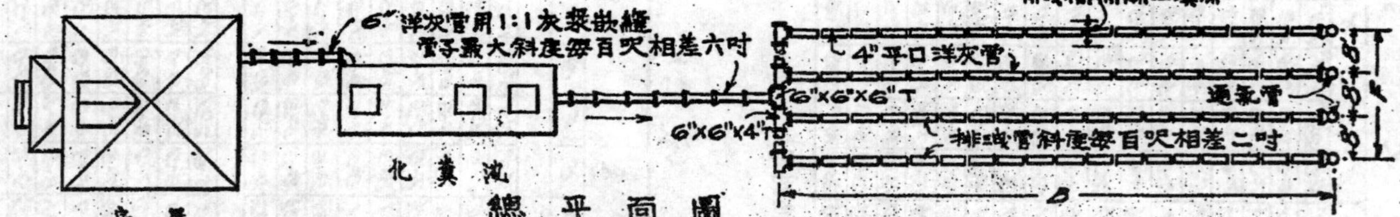

總平面圖

地土吸收法排洩地

避油井尺寸表						
使用人數	容量		尺寸			
	加侖	立方呎	A	H	C	D
10	25	3.3	1'-6"	2'-6"	1'-6"	1'-6"
15	30	4.0	1'-7"	2'-7"	1'-7"	1'-7"
20	35	4.5	1'-8"	2'-8"	1'-8"	1'-8"
25	40	5.3	1'-9"	2'-9"	1'-9"	1'-9"
30	45	6.0	1'-10"	2'-10"	1'-10"	1'-10"
40	50	6.6	2'-0"	2'-8"	1'-8"	1'-8"
50	60	8.0	2'-0"	3'-0"	2'-0"	2'-0"
60	75	10.0	2'-2"	3'-2"	2'-2"	2'-2"
80	95	12.7	2'-4"	3'-4"	2'-4"	2'-4"
100	115	15.3	2'-5"	3'-7"	2'-7"	2'-7"

尺寸查表三

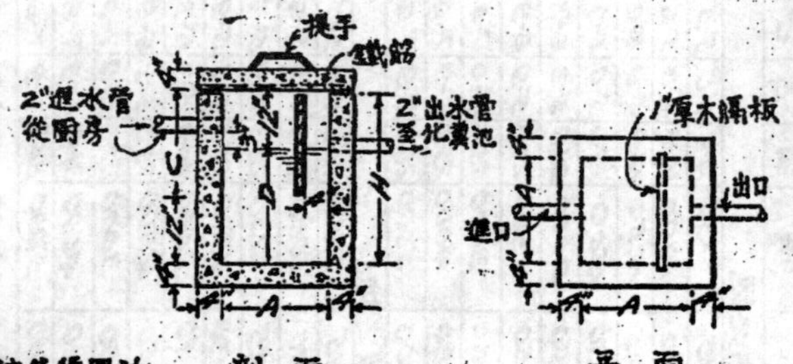

避油井

注意，
避油井須置於厨房或洗衣房污水出口之處.

第三圖

十一人至一百人用

地土吸收法排洩地

22884

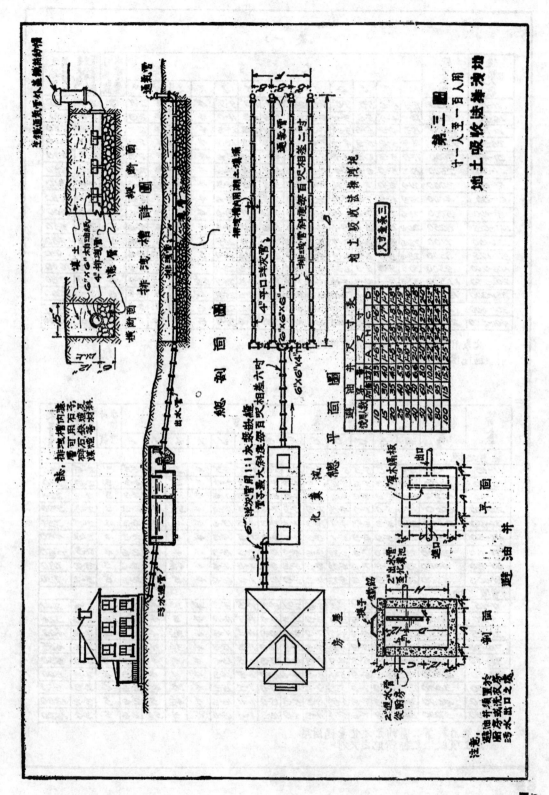

22885

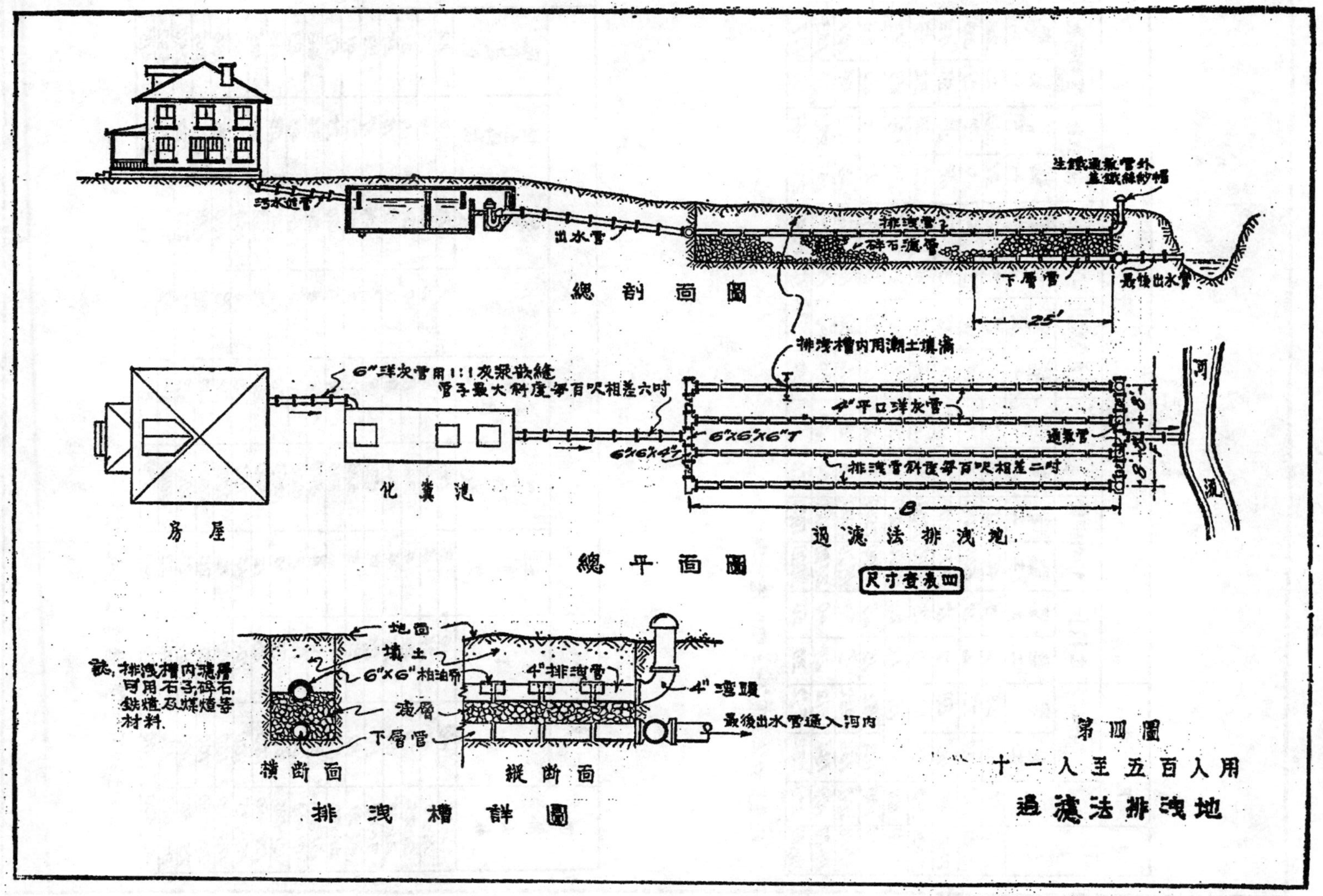

第四圖

十一人至五百人用

過濾法排洩地

(表 三)

使用人數	尺寸			用料													
	B	F		土槽數		4"管所用數		6"×6"×4" T Tees數		通氣灣頭數		6"管所用數		挖土碼數		濾料碼數	
		鬆土	實土	鬆土	實土	鬆土	實土	鬆土	實土	鬆土	實土	鬆土	實土	鬆土	實土	鬆土	實土
11-15	90'	32'	56'	5'	8'	450	720	5	8	5	8	24	42	31	50	16	26
16-20	100	40	72	6	10	600	1000	6	10	6	10	30	54	41	70	21	36
21-25	100	48	88	7	12	700	1200	7	12	7	12	36	66	48	83	25	43
26-30	100	64	112	9	15	900	1500	9	15	9	15	48	84	62	104	32	53
31-40	100	88	152	12	20	1200	2000	12	20	12	20	66	114	83	140	43	72
41-50	100	112	192	15	25	1500	2500	15	25	15	25	84	144	108	174	53	86
51-60	100	136	232	18	30	1800	3000	18	30	18	30	102	174	125	208	64	107
61-80	100	184	312	24	40	2400	4000	24	40	24	40	138	234	167	278	85	143
81-100	100	232	392	30	50	3000	5000	30	50	30	50	174	294	210	347	107	177

此表用於第三圖"地土吸收法排洩地"

(表 四)

使用人數	尺寸		用料						
	B	F	土槽數	4"管所用數	6"×6"×4" Tees數	4"通氣灣管	6"管所用數	挖土碼數	濾料碼數
11-15	40	16	3	195	6	3	24	7	12
16-20	40	24	4	260	8	4	36	9	17
21-25	50	24	4	300	8	4	36	11	21
26-30	60	24	4	340	8	4	36	13	25
31-40	80	24	4	420	8	4	36	17	33
41-50	80	32	5	525	10	5	48	21	41
51-60	80	40	6	630	12	6	60	25	50
61-80	80	56	8	840	16	8	84	34	66
81-100	100	56	8	1000	16	8	84	43	83
101-125	100	72	10	1250	20	10	120	53	104
126-150	100	88	12	1500	24	12	132	64	125
151-175	100	104	14	1750	28	14	144	74	145
176-200	100	120	16	2000	32	16	180	85	166
201-250	100	152	20	2500	40	20	228	106	207
251-300	100	184	24	3000	48	24	276	127	250
301-400	100	248	32	4000	64	32	372	170	332
401-500	100	312	40	5000	80	40	468	212	415

此表用於第四圖"過濾法排洩地"

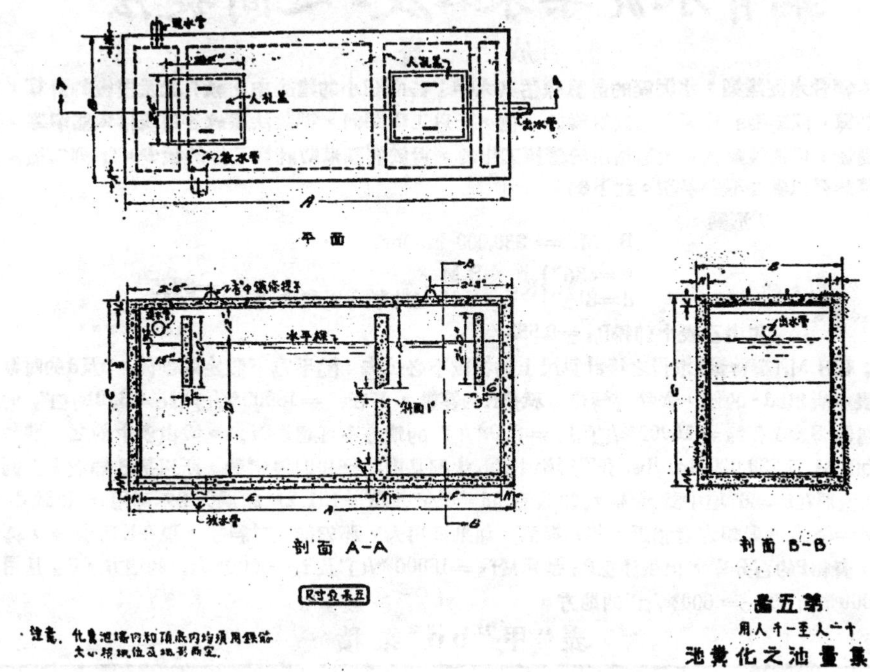

第五圖

十一人至一千人用

無集量池之化糞池

使用人數	池之容量	尺寸									
		A	B	C	D	E	F	K	L	N	P
11-15	750	9'-3"	4'-0"	5'-3"	3'-8"	5'-6"	2'-9"	4"	3"	4"	2'-3"
16-20	1000	11-0	4-0	5-6	3-11	6-9	3-3	4	3	4	2-3
21-25	1250	11-6	4-9	5-6	3-10½	7-0	3-6	4	3½	4	2-3
26-30	1500	12-3	5-0	5-9	4-1½	7-6	3-9	4	3½	4	2-3
31-40	2000	13-6	5-3	6-3	4-7	8-3	4-3	4	4	4	2-3
41-50	2500	14-3	5-9	6-9	5-1	8-11	4-6	4	4	4	2-6
51-60	3000	15-3	6-0	7-0	5-3½	9-6	4-9	4	4	4½	2-6
61-80	4000	16-6	6-9	7-6	5-8½	10-3	5-3	4	4½	5	2-6
81-100	5000	18-0	7-3	7-6	5-7½	11-3	5-9	4	5	5½	2-6
101-125	6250	19-6	8-0	8-0	6-1	12-3	6-3	4	5	6	2-6
126-150	7100	20-9	8-3	8-6	6-7	13-0	6-6	5	5	6	2-6
151-175	8300	22-0	8-9	8-9	6-9	14-0	6-9	5	5½	6½	2-9
176-200	9500	23-0	9-3	9-0	6-11½	14-6	7-3	5	5½	7	2-9
201-250	11300	24-9	10-0	9-3	7-1½	15-6	7-10½	5½	6	7½	2-9
251-300	13500	25-9	10-6	10-0	7-10	16-0	8-3	6	6	8	2-9
301-400	17500	28-9	11-6	10-6	8-2½	18-0	9-3	6	6½	9	2-9
401-500	21200	31-9	12-9	10-3	7-10½	20-0	10-3	6	7	9½	2-9
501-750	30000	37-3	15-6	10-3	7-9	24-0	11-9	6	8	10	2-9
751-1000	40000	42-9	17-3	10-9	8-0	27-3	13-10½	6½	9	12	2-9

第五表

此表用於第五圖所示之

"無集量池之化糞池"

22887

鋼骨水泥梁求K及P之簡捷法

成　熹

計算鋼骨水泥建築，水泥梁的計算須估其大半；甚而在小的建築中，祇有梁及樓板的計算，沒有他種計算。同時梁的計算，是最複雜的一種，所以工程師們，都設法製成各種表格與圖解等，以資計算簡捷；但這種圖表，大都是用於覆核工作的，對於實際幫助計算工作的很少。下列二種表格，在計算時可以省去不少手續。如下例：

T形梁，

B. M. ═ 230,000 in. lbs.

$$\left.\begin{matrix} b=36'' \\ d=8\frac{1}{2}'' \end{matrix}\right\} K=\frac{B.M.}{bd^2}\text{(此數在甲表中查得)}=88.5$$

再由乙表中卽得P_1═0.553%

註：在B.M.(彎轉量)求得之後計算尺上的答數不必拉去；隨手寫下假定的剖面，b及d的吋數。然後在表中查出bd^2的值，去除彎轉量，就是K的答數，K在f_s═18000※/□",f_c═600※/□", 的地方不可超過88.9；在f_s═16000※/□",f_c═600※/□" 的地方不可超過94.4。或由表中約之，譬如上例中已知B.M.為 230,000 in. lbs. 在T形梁中的b,大都是由建築規則規定的，所以是已知數；上例中為36",則祇須在b═36"項中試幾個，卽假使用d═6½",則K═151.2已超過88.9不可用，再試 d═8½",則 K═88.5,適與規定者相近，甚為經濟，如果再用大，那就徒耗材料了。現在K已求得，再在乙表中，查得P的百分率，但須注意P_1是用於f_s═18000※/□"及f_c═600※/□"的地方，P_2是用於f_s═16000※/□"及f_c═600※/□"的地方。

表"甲"bd^2乘積

d吋數 / b吋數	6½	8½	10½	12½	14½	16½	18½	20	22	24	26
6	253.5	433.5	661.5	937.5	1261.5	1633.5	2053.5	2400	2904	3456	4056
8	338	578	882	1250	1682	2178	2738	3200	3872	4608	5408
10	422.5	722.5	1102.5	1562.5	2102.5	2722.5	3422.5	4000	4840	5760	6760
12	507	867	1323	1875	2523	3267	4107	4800	5808	6912	8112
14	591.5	1011.5	1543.5	2187.5	2943.5	3811.5	4791.5	5600	6776	8064	9464
16	676	1156	1764	2500	3364	4356	5476	6400	7744	9216	10816
18	760.5	1300.5	1984.5	2812.5	3784.5	4900.5	6160.5	7200	8712	10368	12168
20	845	1445	2205	3125	4205	5445	6845	8000	9680	11520	13520
22	929.5	1589.5	2425.5	3437.5	4625.5	5989.5	7529.5	8800	10648	12672	14872
24	1014	1734	2646	3750	5046	6534	8214	9600	11616	13824	16224
26	1098.5	1878.5	2866.5	4062.5	5466.5	7078.5	8898.5	10400	12584	14976	17576
28	1183	2023	3087	4375	5887	7623	9583	11200	13552	16128	18928
30	1267.5	2167.5	3307.5	4687.8	6307.5	8167.5	10267.5	12000	14520	17280	20280
32	1352	2312	3528	5000	6728	8712	10952	12800	15488	18432	21632
34	1436.5	2456.5	3748.5	5312.5	7148.5	9256.5	11636.5	13600	16456	19584	22984
36	1521	2601	3969	5625	7569	9801	12321	14400	17424	20736	24336
38	1605.5	2745.5	4189.5	5937.5	7989.5	10345.5	13005.5	15200	18392	21888	25688
40	1960	2890	4410	6250	8410	10890	13690	16000	19360	23040	27040
42	1774.5	3034.5	4630.5	6562.5	8830.5	11434.5	14374.5	16800	20328	24192	28392
44	1859	3179	4851	6875	9251	11979	15059	17600	21296	25344	29744
46	1943.5	3323.5	5071.5	7187.5	9671.5	12523.5	15743.5	18400	22264	26496	31096
48	2028	3468	5292	7500	10092	13068	16428	19200	23232	27648	32448

d寸数 / b寸数	28	30	32	34	36	38	40	42	44	46	48
6	4704	5400	6144	6936	77776	8664	9600	10584	11616	12696	13824
8	6272	7200	8192	9248	10368	11552	12800	14112	15488	16928	18432
10	7840	9000	10240	11560	12960	14440	16000	17640	19360	21160	23040
12	9408	10800	12288	13872	15552	17328	19200	21168	23232	25392	27648
14	10976	12600	14336	16184	18144	20216	22400	24696	27104	29624	32256
16	12544	14400	16384	18496	20736	23104	25600	28224	30976	33856	36864
18	14112	16200	18432	20808	23328	25992	28800	31752	34848	38088	41472
20	15680	18000	20480	23120	25920	28880	32000	35280	38720	42320	46080
22	17248	19800	22528	25432	28512	31768	35200	38808	42592	46552	50688
24	18816	21600	24576	27744	31104	34656	38400	42336	46464	50784	55296
26	20384	23400	26624	30056	33696	37544	41600	45864	50336	55016	59904
28	21952	25200	28672	32368	36288	40432	44800	49392	54208	59248	64512
30	23520	27000	30720	34680	38880	43320	48000	52920	58080	63480	69120
32	25088	28800	32768	36992	41472	46208	51200	56448	61952	67712	73728
34	26656	30600	34816	39304	44064	49096	54400	59976	65824	71944	78336
36	28224	32400	36864	41616	46656	51984	57600	63504	69696	76176	82944
38	29792	34200	38912	43928	49248	54872	60800	67032	73568	80408	87552
40	31360	36000	40960	46240	51840	57760	64000	70560	77440	84640	92160
42	32928	37800	43008	48552	54432	60648	67200	74088	81312	88872	96768
44	34496	39600	45056	50864	57024	63536	70400	77616	85184	93104	101376
46	36064	41400	47104	53176	59616	66424	73600	81144	89056	97336	105984
48	37632	43200	49152	55488	62208	69312	76800	84672	92928	101568	110592

表"乙"

K 的數值	5	5.5	6	5.6	7	7.5	8	85	9	9.5	10	10.5	11	11.5	12	12.5	13	13.5	14	14.5
P_1的百分率	.031	.034	.038	.041	.044	.047	.050	.053	.056	.059	.063	.066	069	.072	.075	.078	.081	.084	.088	.091
P_2的百分率	.035	.039	.043	.046	.050	.053	.057	.060	.064	.067	.071	.075	.078	.082	.085	.089	.092	.096	.099	.103
K 的數值	15	15.5	16	16.5	17	17.5	18	18.5	19	19.5	20	20.5	21	21.5	22	22.5	23	23.5	24	24.5
P_1的百分率	.094	.097	.10	.103	.106	.109	.113	.116	.119	.122	.125	.128	.131	.134	.138	.141	.144	.147	.150	.153
P_2的百分率	.106	.110	.114	.117	.121	.124	.128	.131	.135	.138	.142	.145	.149	.153	.156	.160	.163	.167	.170	.174
K 的數值	25	25.5	26	26.5	27	27.5	28	28.5	29	29.5	30	30.5	31	31.5	32	32.5	33	33.5	34	34.5
P_1的百分率	.156	.159	.163	.166	.169	.172	.175	.178	.181	.184	.188	.191	.194	.197	.20	.203	.206	.209	.213	.216
P_2的百分率	.177	.181	.185	.188	.192	.195	.199	.202	.206	.209	.213	.216	.220	.224	.227	.231	.234	.238	.241	.245
K 的數值	35	35.5	36	36.5	37	37.5	38	38.5	39	39.5	40	40.5	41	41.5	42	42.5	43	43.5	44	44.5
P_1的百分率	.219	.222	.225	.228	.231	.234	.238	.241	.244	.247	.25	.253	.256	.259	.263	.266	.269	.272	.275	.278
P_2的百分率	.248	.252	.256	.259	.263	.266	.270	.273	.277	.280	.284	.287	.291	.295	.298	.302	.305	.309	.312	.316
K 的數值	45	45.5	46	46.5	47	47.5	48	48.5	49	49.5	50	50.5	51	51.5	52	52.5	53	53.5	54	54.5
P_1的百分率	.281	.284	.288	.291	.294	297	.30	.303	.306	.309	.313	.316	.319	.322	.325	.328	.331	.334	.338	.341
P_2的百分率	.319	.323	.326	.330	.334	.337	.341	.344	.348	.351	.355	.358	.362	.366	.369	.373	.376	.380	.383	.387
K 的數值	55	55.5	56	56.5	57	57.5	58	58.5	59	59.5	60	60.5	61	61.5	62	62.5	63	63.5	64	64.5
P_1的百分率	.344	.347	.35	.353	.356	.359	.363	.366	369	.372	.375	.378	.381	.384	.388	.391	.394	.397	.40	.403
P_2的百分率	.390	.394	.397	.401	.405	.408	.412	.415	.419	.422	.426	.429	.433	.436	.440	.444	.447	.451	.454	.458
K 的數值	65	65.5	66	66.5	67	67.5	68	68.5	69	69.5	70	70.5	71	71.5	72	72.5	73	73.5	74	74.5
P_1的百分率	.406	.409	.413	.416	.419	.422	.425	.428	.431	.434	.438	.441	.444	.447	.45	.453	.456	.459	.463	.466
P_2的百分率	.461	.465	.468	.472	.476	.479	.483	.486	.49	.493	.497	.501	.504	.508	.511	.515	.519	.522	.526	.529
K 的數值	75	75.5	76	76.5	77	77.5	78	78.5	79	79.5	80	80.5	81	81.5	82	82.5	83	83.5	84	84.5
P_1的百分率	.469	.472	.475	.478	.481	.484	.488	.491	.494	.497	.5	.503	.506	.509	.513	.516	.519	.522	.525	.528
P_2的百分率	.533	.536	.54	.543	.547	.55	.554	.558	.561	.565	.568	.572	.575	.579	.585	.586	.589	.593	.597	.6
K 的值數	85	85.5	86	86.5	87	87.5	88	88.5	89	89.5	90	90.5	91	91.5	92	92.5	93	93.5	94	94.5
P_1的百分率	.531	.534	.538	.541	.544	.547	.55	.553	.556											
P_2的百分率	.604	.607	.611	.614	.618	.621	.625	.628	.632	.636	.639	.643	.646	.65	.653	.657	.66	.664	.668	.671

建築材料價目

本刊所載材料價目，力求正確；惟市價瞬息變動，漲落不一，集稿時與出版時難免出入。讀者如欲知正確之市價者，希隨時來函詢問，本刊當代為探詢詳告。

磚　瓦

▲大中磚瓦公司出品

名稱	大小	價格	備註
空心磚	12"×12"×10"	每千洋二五〇元	車挑力在外
空心磚	12"×12"×9"	每千洋二三〇元	
空心磚	12"×12"×8"	每千洋二〇〇元	
空心磚	12"×12"×6"	每千洋一五〇元	
空心磚	12"×12"×4"	每千洋一〇〇元	
空心磚	12"×12"×3"	每千洋八〇元	
空心磚	9¼"×9¼"×6"	每千洋八〇元	
空心磚	9¼"×9¼"×4½"	每千洋六五元	
空心磚	9¼"×9¼"×3"	每千洋五〇元	
空心磚	9¼"×4½"×4½"	每千洋四〇元	
空心磚	9¼"×4½"×3"	每千洋二四元	
空心磚	9¼"×4½"×2½"	每千洋二三元	
空心磚	9¼"×4½"×2"	每千洋二二元	
實心磚	8½"×4⅛"×2½"	每千洋一四元	
實心磚	10"×4⅞"×2"	每千洋十三元三角	
實心磚	9"×4⅜"×2"	每千洋十一元二角	
實心磚	9"×4⅜"×2¼"	每千洋十二元六角	
大中瓦	15"×9½"	每千洋六三元	運至營造地
西班牙瓦	16"×5½"	每千洋五二元	
英國式灣瓦	11"×6½"	每千洋四〇元	
脊瓦	18"×8"	每千洋一二六元	

▲振蘇磚瓦公司出品

名稱	大小	價格	備註
空心磚	9¼"×4½"×2½"	每千洋二三元	（空心，照價送到作場九折計算）
空心磚	9¼"×4½"×3"	每千洋二四元	
空心磚	9¼"×9¼"×3"	每千洋四八元	
空心磚	9¼"×9¼"×4½"	每千洋六二元	（紅瓦照價送到作場）
空心磚	9¼"×9¼"×6"	每千洋七六元	
空心磚	9¼"×9¼"×8"	每千洋一二〇元	
空心磚	9¼"×4¼"×4½"	每千洋十五元	
空心磚	12"×12"×4"	每千洋九〇元	
空心磚	12"×12"×6"	每千洋一四〇元	
空心磚	12"×12"×8"	每千洋一九〇元	
空心磚	12"×12"×10	每千洋二四〇元	
青平瓦	144塊	每平方洋七〇元	
紅平瓦	144塊	每平方洋六〇元	
紅磚	10"×5"×2¼"	每千洋十二元五角	
紅磚	10"×5"×2"	每千洋十二元	
紅磚	9¼"×4½"×2¼"	每千洋十一元五角	
紅磚	9¼"×4½"×2"	每千洋一〇元	
光面紅磚	10"×5"×2¼"	每千洋十二元五角	
光面紅磚	10"×5"×2"	每千洋十三元	
光面紅磚	9¼"×4½"×2¼"	每千洋十一元五角	
光面紅磚	9¼"×4½"×2"	每千洋十元	
光面紅磚	8½"×4⅛"×2½"	每千洋十二元五角	
青筒瓦	四〇〇塊	每平方洋六五元	
紅筒瓦	四〇〇塊	每平方洋五〇元	

鋼　條

名稱	大小	價格	備註
鋼條	四十尺二分光圓	每噸一一八元	德國或比國貨

名稱	大小	價格	備註
鋼條	四十尺二分半光圓	每噸一一八元	仝前
鋼條	四十尺三分光圓	每噸一一八元	仝前
鋼條	四十尺三分圓竹節	每噸一一六元	仝前
鋼條	四十尺普通花色	每噸一〇七元	自四分至一寸
鋼條	盤圓絲	每市擔四元六角	方或圓

水泥

名稱	數量	價格
象牌	每桶	洋六元三角
泰山	每桶	洋六元二角五分
馬牌	每桶	洋六元二角
英國"Atlas"	每桶	洋二十二元
法國麒麟牌白水泥	每桶	洋二十八元
意國紅獅牌白水泥	每桶	洋二十七元

木材

▲上海市木材業同業公會公議價目

名稱	標記	價格	備註
洋松	八尺至卅二尺再長照加	每千尺洋九十元	下列木材價目以普通貨為準揀貨及特種鋸貨另定價目
一寸洋松		每千尺洋九十二元	
寸半洋松		每千尺洋九十三元	
洋松二寸光板		每千尺洋七十六元	
四尺洋松條子		每萬根洋一百五十五元	
一寸四寸洋松一號企口板		每千尺洋一百十元	
一寸四寸洋松副頭號企口板		每千尺洋九十四元	
一寸四寸洋松二號企口板		每千尺洋八十元	
一寸六寸洋松一號企口板		每千尺洋一百二十元	
一寸六寸洋松副頭號企口板		每千尺洋九十八元	
一寸六寸洋松二號企口板		每千尺洋八十四元	
一二五四寸一號洋松企口板		每千尺洋一百五十元	
一二五四寸二號洋松企口板		每千尺洋一百元	
一二五六寸一號洋松企口板		每千尺洋一百六十五元	
一二五六寸二號洋松企口板		每千尺洋一百十五元	
柚木(頭號)	僧帽牌	每千尺洋五百四十元	
柚木(甲種)	龍牌	每千尺洋四百六十元	
柚木(乙種)	龍牌	每千尺洋四百三十元	
柚木段	龍牌	每千尺洋三百六十元	
柚木	旗牌	每千尺洋四百元	
柚木	盾牌	每千尺洋三百六十元	
硬木		每千尺洋二百元	
硬木	火介方	每千尺洋一百五十元	
柳安		每千尺洋二百元	
紅板		每千尺洋一百三十元	
抄板		每千尺洋一百四十元	
一二尺三寸六八皖松		每千尺洋六十五元	
一二尺二寸皖松		每千尺洋六十五元	
一二五四寸柳安企口板		每千尺洋一百八十五元	

名稱	標記	價格	備註
一寸六寸柳安企口板		每千尺洋二百八十五元	
一二五四寸企口紅板		每千尺洋二百四十元	
建松片		市尺每千尺洋七十元	
九尺四分建松板		市尺每丈洋四元七角	
九尺八分建松板		市尺每丈洋八元	
六尺半五分青山板		市尺每丈洋四元三角	
本松毛板		市尺每塊二角六分	
本松企口板		市尺每塊洋二角七分	
六尺半二分杭松板		市尺每丈洋三元二角	
七尺半二分甌松板		市尺每丈洋二元	
六尺半八分皖板板		市尺每丈洋四元四角	
九尺八分皖松板		市尺每丈洋六元五角	
六尺半五分皖松板		市尺每丈洋四元三角	
台松板		市尺每丈洋四元二角	
七尺半四分坦戶板		市尺每丈洋三元	
七尺半三分坦戶板		市尺每丈洋三元八角	
六尺二分機鋸紅柳板		市尺每丈洋三元六角	
六尺三分毛邊紅柳板		市尺每丈洋三元三角	
六尺二分俄松板		市尺每丈洋三元三角	

名稱	標記	價格	備註
六尺半二分俄松板		市尺每丈洋三元八角	
七尺半毛邊二分坦戶板		市尺每丈洋二元	
六尺半五分機介杭松		市尺每丈洋四元四角	
六分一寸俄紅松板		每千尺洋七十八元	
一寸二分一寸俄白松板		每千尺洋七十六元	
一寸二分四寸俄紅松板		每千尺洋七十四元	
一寸二分四寸俄白松板		每千尺洋七十二元	
俄紅松方		每千尺洋八十元	
一寸四寸俄紅白松企口板		每千尺洋七十九元	
一寸六寸俄紅白松企口板		每千尺洋七十九元	
俄麻栗光邊板		每千洋一百三十元	
俄麻栗毛邊板		每千洋一百二十元	
六分一寸俄黃花松板		每千尺洋七十八元	
一寸二分四分俄黃花松板		每千尺洋七十四元	
四分俄條子板		每萬根洋二百三十元	
一寸五分杭桶木		每根洋三角	以下市尺
一寸九分杭桶木		每根洋四角	
二寸三分杭桶木		每根洋五角七分	
二寸七分杭桶木		每根洋六角七分	
三寸杭桶木		每根洋八角	
三寸四分杭桶木		每根洋九角五分	

名稱	標記	價格	備註
三寸八分杭桶木		每根洋一元一角五分	
二寸三分連半		每根洋六角八分	
二寸七分連半		每根洋八角三分	
三寸連半		每根洋一元	
三寸四分連半		每根洋一元二角	
三寸八分連半		每根洋一元四角五分	
二寸三分雙連		每根洋八角五分	
二寸七分雙連		每根洋一元三角五分	
三寸雙連		每根洋一元三角五分	
三寸四分雙連		每根洋一元五角	
三寸八分雙連		每根洋一元八角	
三尺半寸半杉木條子		每萬大洋八十五元 小洋五十五元	

五　金

(一)鐵皮

號數	張數	重量	價格
二二號英白鐵	每箱二一張	四〇二斤	洋五十八元八角
二四號英白鐵	每箱二五張	四〇二斤	洋五十八元八角
二六號英白鐵	每箱三三張	四〇二斤	洋六十三元
二八號英白鐵	每箱三八張	四〇二斤	洋六十七元二角
二二號英瓦鐵	每箱二一張	四〇二斤	洋六十九元三角
二四號英瓦鐵	每箱二五張	四〇二斤	洋六十九元三角
二六號英瓦鐵	每箱三三張	四〇二斤	洋六十三元
二八號英瓦鐵	每箱三八張	四〇二斤	洋六十七元二角

(二)釘

名稱	標記	價格	備註
美方釘		每桶洋十六元〇九分	
平頭釘		每桶洋十六元八角	
中國貨元釘		每桶洋六元五角	

(三)牛毛毡

名稱	標記	價格	備註
五方紙牛毛毡		每捲洋二元八角	
半號牛毛毡	馬牌	每捲洋二元八角	
一號牛毛毡	馬牌	每捲洋三元九角	
二號牛毛毡	馬牌	每捲洋五元一角	
三號牛毛毡	馬牌	每捲洋七元	

(四)門鎖

名稱	標記	價格	備註
洋門套鎖	中國鎖廠出品黃銅或古銅式	每打洋十六元	
洋門套鎖	德國或美國貨	每打洋十八元	
彈弓門鎖	中國鎖廠出品	每打洋三十元	
彈弓門鎖	外　貨	每打洋五十元	
彈子門鎖	三寸七分古銅色	每打洋四十元	以下合作五金公司出品
彈子門鎖	三寸七分黑色	每打洋三十八元	
明螺絲彈子門鎖	三寸五分古黑色	每打洋三十三元	
明螺絲彈子門鎖	三寸五分黑色	每打洋三十二元	
執手插鎖	六寸六分(金色)	每打洋三十六元	
執手插鎖	古銅色	每打洋二十六元	
執手插鎖	克羅米	每打洋三十三元	
彈弓門鎖	三寸黑色	每打洋十元	
彈弓門鎖	三寸古銅色	每打洋十元	
迴紋花板插鎖	四寸五分金色	每打洋二十五元	
迴紋花板插鎖	四寸五分黃古色	每打洋二十五元	
迴紋花板插鎖	四寸五分古銅色	每打洋二十五元	
細花板插鎖	六寸四分金色	每打洋十八元	
細花板插鎖	六寸四分黃古色	每打洋十八元	

名稱	標記	價格	備註
細花板插銷	六寸四分古銅色	每打洋十八元	
鐵質細花板插銷	六寸四分古色	每打洋十五元五角	
紮執手插銷	三寸四分(各色)	每打洋十五元	
紮執手錶式插銷	三寸四分(各色)	每打洋十五元	

(五)其他

名稱	標記	價格	備註
鋼絲網	27"×96" 2¼lb.	每方洋四元	德國或美國貨
鋼版網	8"×12" 六分一寸半眼	每張洋卅四元	
水落鐵	六分	每千尺五十五元	每根長二十尺
觜角線		每千尺九十五元	每根長十二尺
踏步鐵		每千尺五十五元	每根長十尺或十二尺
鉛絲布		每捲二十三元	闊三尺長一百尺
綠鉛紗		每捲洋十七元	同上
銅絲布		每捲四十元	同上

小貢獻

建築師及工程師所用說明書，合同，標賬等文件，往往因需要多份，故不得不寫於印寫紙(Tracing paper)上，然後用晒圖紙曬出。此法既覺麻煩，亦不經濟。若用打字機打出，則晒圖後未能明晰。茲有一簡便巧捷之法，即在打字時，於印寫紙背面，襯一黑色複寫紙。即將複寫紙面貼於印寫紙之背面(見圖)，於是在打畢時，印寫紙之二面，均有顯明之字跡，則晒圖後即非常清晰矣。(寀)

沙市福興營造公司問：

(一)聞滬地地下樁多用桐木，不知確否？該木出產何地，是否較他種打樁用之木質為佳？又未知桐是否即為梧桐？

(二)洪家灘新三號磚受壓力幾何？價目若干？

本會服務部答：

(一)桐木產地，係在福建。質料堅固，頗合樁基之用。比種桐木亦稱桶木，或稱杉木，非即梧桐。更有一種圓桶，係美國產，滬地高度建築，其樁基多用桐木者。

(二)洪家灘新三號磚壓力，無化煉單可證。惟按照本埠工部局定章，用石灰沙泥砌者，每方尺壓重三十一磅。價每萬塊六十七元，車力在外。

南京梅園新村民鐘建築廠問：

茲有地坑一只，面積三百二十方尺。現因坑面破裂，致告滲漏，水力極大，水泥未能抗塞。雖於事後在坑旁掘井汲水及重貼牛毛毡，地面幸無漏水。惟半月後四週陰角仍屬滲漏。請示修補方法，及水在地平下其重量每方尺若干磅。

本會服務部答：

查地坑面裂破，係因鋼筋水泥之抗力不足，以致反被地下水力湧起。為今之計，宜在地坑外掘一深井，將水抽乾，重做避水牛毛毡及重量鋼筋水泥，或可補救。再水在地下每伸下一尺，其重量每平方尺為六十二磅半。

本埠舟山路蕃興里周克剛君問：

(一)平面門之內部如何構成？

(二)活載重與定載重之計算方法如何？

(三)何謂凡水？

(四)何謂地龍牆？

(五)三角測量如何計算，請舉一例以告。

本會服務部答：

(一)平面門之做法，先做圈檔後，兩面釘膠夾板即成。

(二)活載重與定載重之計算，應依照當地工務主管機關之規定計算之。(如上海市工務局建築規律)

(三)凡水為屋面同出簷山牆銜合之處。(參閱建築辭典中之Flashing.)

(四)地龍牆為砌於地板底下，承當地擱柵之牆垣。

22896

(五)三角測量頗為繁複，非簡單可答。

無錫東新路許家驊君問：

(一)樹膠地面及樓面之做法如何？有何益處？需價若干？並請賜樣品一份。

(二)柏油煤屑地之做法及價格如何？

本會服務部答：

(一)樹膠地英文名Mastic floor,係一種膠黏質料，黏貼於木板或水泥地面上。樹膠地面之性質，堅潔耐火，是其特長。每百方尺面積，需價約八十元。

(二)柏油煤屑適用於地板底下，以實地擱柵間隙。其做法將柏油燒溶，澆於煤屑，混拌應用。茲附上樣本及樣品各一份，以備參閱。

閘北寶山路高福坊杭羣義君問：

水泥平屋頂下用六寸空心磚，其平頂粉石灰如何做法？

本會服務部答：

先以空心磚舖放平台売子板上，然後紮鋼筋澆水泥即可。

「西摩近」水門汀漆之特點

上海英豐洋行經理倫敦柏雷兒油漆公司出品之「西摩近」水門汀漆，為純粹之胡麻子油漆，具有與水門汀化合之特殊質料，與普通之油漆不同。故在澆置水門汀後一二星期內，即可塗刷此漆，無虞損壞，此在其他普通油漆所不能也。

「西摩近」水門汀漆並能彌補裂縫，填注罅隙，故用以塗刷外牆，可免風雨之滲漏。最近著名建築若香港半島飯店，天津同力球場，上海麥特赫司脫公寓，大西路郎達德公寓，同力球場，工部局，馬斯南路隔離病院，帝羅路白恩公寓，倫昌漂染刷花公司浦東廠，以及地豐路住宅五所等，均曾採用此項水門汀漆云。

上海市建築協會通告各會員注意

本會接奉 上海市政府第一二七九二號訓令略開准內政部咨奉 行政院令以據外交內政交通司法行政四部呈擬糾正租界稱呼辦法一案以我國民衆間有將外人在華之租界路去租字而簡稱某界某大馬路或竟稱某國地此非出於疏忽即屬不知大體無論口頭上或文字上均應立予糾正以免誤會(下畧)等由並附件准此除分令外合行抄發原附件令仰該會即便遵照辦理此令等因奉此遵將原令轉達即請遵照糾正以正觀聽而明主權此請

各會員 公鑒

北行報告(續)

北平市建築規則(續)

杜彥耿

度量衡換算表

長度	1 公尺	3.000 市尺	3.125 營造尺	3.181 英尺
長度	1 市尺	0.333 公尺	1.042 營造尺	1.094 英尺
長度	1 營造尺	0.320 公尺	0.960 市尺	1.050 英尺
長度	1 英尺	0.305 公尺	0.914 市尺	0.952 營造尺
面積	1 平方公尺	9.000 平方市尺	9.766 平方營造尺	10.764 平方英尺
面積	1 平方市尺	0.111 平方公尺	1.086 平方營造尺	1.197 平方英尺
面積	1 平方營造尺	0.102 平方公尺	0.922 平方市尺	1.102 平方英尺
面積	1 平方英尺	0.093 平方公尺	0.835 平方市尺	0.907 平方營造尺
面積	1 公畝	0.150 市畝	0.163 畝	0.025 英畝
面積	1 市畝	6.667 公畝	1.086 畝	0.165 英畝
面積	1 畝	6.144 公畝	0.922 市畝	0.152 英畝
面積	1 英畝	40.468 公畝	6.070 市畝	6.587 畝
重量	1 公斤	1.676 斤	2.205 磅	
重量	1 斤	0.597 公斤	1.316 磅	
重量	1 磅	0.454 公斤	0.760 斤	
重量	1 公噸	16.756 擔	0.984 噸	
重量	1 擔	0.060 公噸	0.059 噸	
重量	1 噸	1.016 公噸	17.024 擔	

備攷

1 公畝＝100平方公尺
1 市畝＝10市分＝60平方市丈＝6000平方市尺
1 畝＝10分＝60平方丈＝6000平方營造尺
1 英畝＝4840平方碼 ＝43560平方英尺
1 公噸＝1000公斤
1 擔＝100斤
1 噸＝2240磅

北平市工務局建築呈報單

呈報人	住址　區　街胡同　門牌第　號電話　局
建築地點	區　街胡同　門牌第　號電話　局
用途	
業主	姓名　籍貫　文契號數（所發機關 發給年月）　住址　電話　局
土木技師(副)	姓名　籍貫　執照號數　住址　電話　局
廠商字號	經理人　註冊等級號數　廠址　電話　局
施工部份	臨街　院內
工程估價	元　角　分
同意	所報右列建築工程業經本業主鄰人同意嗣後永無糾
聲明	轕特此聲請備案　業主(簽名蓋章)　鄰人(簽名蓋章)
附件	
注意	(一)此單務用毛筆楷書塡寫清楚否則本局不受理 (二)用途欄內應將名稱及種類等詳細塡明 (三)呈報人如不能親自呈遞可將本單暨附件交郵掛號寄至本局
呈報建築人(業主抑係租戶)簽名蓋章	
中華民國　年　月　日	

北平市工務局房基線請示單

請示人 住 區 街 胡同 門牌第 號電話 局 號

請示地點 區 街 胡同 門牌第 號電話 局 號

地基 四至丈尺
四鄰之街路里巷名稱

附註

請示房基線人（簽名蓋章）

中華民國 年 月 日

北平市工務局請示房基線知照單

第 號

區 街 胡同 門牌 號房基線藍圖 份

應行退讓房基線之尺寸

注意
請示人呈報建築時應將領回房基線圖樣隨同建築圖樣呈送本局備核

右給請示人

中華民國 年 月 日

保結單

為出具保結事今保得
均有本舖保擔負完全責任是實謹呈
北平市工務局

所保人
住址 區 街 胡同 號
具保結人舖保
舖址 區 街 胡同 號
經理或舖掌姓名

中華民國 年 月 日

北平市工務局建築執照

建字第 號

呈報人	建築地點	用途	執照費	呈報工程 臨街部份	呈報工程 院內部份	限制事項	附註
							本工程附發報告單 件領照人應遵章於施工及完工各三日前分別報請覆驗如違反上項規定按執照費處以一倍至二倍之罰金

右給 收執

中華民國 年 月 日

原呈報單甲字第 號

北平市工務局修理執照

修字第　　號

呈報人

建築地點

用途

執照費

呈報工程：臨街部份　院內部份

限制事項

附註：本工程附發報告單　件領照人應遵章於施工及完工各三日前分別報請覆驗如違反上項規定按執照費處以一倍至二倍之罰金

原呈報單乙字第　　號

右給　　收執

中華民國　　年　　月　　日

北平市工務局雜項執照

雜字第　　號

呈報人

建築地點

用途

執照費

呈報工程：臨街部份　院內部份

限制事項

附註：本工程附發報告單　件領照人應遵章於施工及完工各三日前分別報請覆驗如違反上項規定其工程估價在二十元以上者按執照費處以一倍至二倍之罰金其不及二十元者處以五角以上五元以下之罰金

原呈報單丙字第　　號

右給　　收執

中華民國　　年　　月　　日

北平市工務局臨時建築執照

臨字第　　號

呈報人

建築地點

用途

棚長　棚寬　棚高　施工日限　撤除日限

右給　　收執

中華民國　　年　　月　　日發

北平市工務局更正建築圖說呈請單

呈報人　住　區　街胡同　門牌第　號電話　局　號

建築地點　區　街胡同　門牌第　號電話　局　號

土木技師 副　姓名　籍貫　執照號數　住址　電話　局　號

廠商　字號　經理人　註冊號數 等級　廠址　電話　局　號

工程：原報工程　更正工程

工程加價

用途有無變更

請予展期

注意：(一)所有更正工程應在原圖內用紅線標明附加註解 (二)此單務用毛筆楷書填寫清楚否則本局不予受理 (三)呈報人如不能親自呈遞可將本單暨附件交郵由號寄至本局

附件：原領執照　字第　號　件

更正圖兩份每份　件又工料規範　件共　件

中華民國　　年　　月　　日　業主(簽名蓋章) 呈報人(簽名蓋章)具

施工報告單

為報告事竊 前報在 門牌第 號

工程業經核准發給 字第 號執照在案

現准於 月 日 理合報請

派員驗勘謹上

北平市工務局

(附註)全部工程約計於 年 月 日完竣

呈報人 簽名蓋章

年 月 日

履勘報告

中華民國 年 月 日查勘員

完工報告單

為報告事竊 前報在 門牌第 號

工程業經核准發給 字第 號執照在案

現此項工程於 月 日完工理合報請

派員驗勘謹上

北平市工務局

呈報人 簽名蓋章

年 月 日

履勘報告

中華民國 年 月 日勘查員

北平市工務局查工證 第 號

職名	

局長

中華民國 年 月 日發

(一)此證為查工員檢驗公私建築工程之用

(二)查工員於施行檢驗時需攜帶此證

(三)查有建築工程與原報做法圖樣或本局限制辦法不符時查工員得令其停工或拆改

北平市房基線規則

民國二十一年二月二十五日公佈

第一條　本市為改良市內交通及整齊臨街建築起見依建築規則第三條規定房基綫規則

第二條　本規則所稱房基綫係指臨街建築物不得越過之綫而言此項房基綫由工務局就各街巷交通情形分別測勘繪製房基綫圖呈經市政府核定公佈施行

第三條　凡測定公佈之房基綫如因市政計劃或交通關係有改訂之必要時得由工務局聲敍理由呈請市政府修正

第四條　各街巷之兩房基綫間不得有建築物但關於古蹟紀念及其他另有規定之建築物(如汽油泵廣告物臨時喜棚祭棚等)不在此限

第五條　越過房基綫之原有建築物遇有與修左列工程時應

卽照綫退讓
一、房屋改造或翻修
二、接蓋樓房
三、添砌或修改門樓
四、增高牆垣至距地面二公尺五公寸以上
五、就原有住房改爲舖房或就原有舖房改爲住房
六、改造牆壁圍欄但僅在牆壁上添闢或改修隨牆門窗者不在此限民國二十二年一月七日修正公布）
七、修理山牆簷牆院牆坎牆圍欄至距地面上一公尺以內部分民國二十二年一月十四日修正公布
八、門面簷拆改鐵門者或原有上窗下牆改換格扇或原有格扇改換上窗下牆但僅以格扇換格扇及修理原有貨格不動坎框者不在此限民國二十二年一月七日修正公布
九、房屋挑頂換箔或更換樑柱
十、修造房頂天窗
十一、拆砌門前磚石台階

臨街房屋牆垣或圍欄以內之建築物越過房基綫者遇興工時無論其臨街之房屋牆垣圍欄有無改造拆動應依前項規定一律退讓

第六條　前條各款工程僅涉及臨街原建築物之一部者得先就施工部份退讓

第七條　凡越過房基綫之空地如新建牆垣圍欄或房屋應照線退讓

第八條　凡新建改建工程呈報人在所呈地盤圖內標註退讓尺寸由局派員覆勘其修理或雜項工程經局查明有礙房基線時發給該戶房基線圖飭令照圖退讓

第九條　凡關於建築規則第二十六條所列各項工程如越過房基線時得暫緩退讓

第十條　房基線餘地得由毗連之房地所有人備價向財政局承領

第十一條　越過房基線之建築物或地基本市如有需用時得由財政局依法評價照綫收用其房地全部越過房基綫因所有人與工須完全退讓者亦同

第十二條　依本規則退讓之餘地不敷使用時所有人得聲敘理由請按全部房地評價收用

第十三條　本規則未盡事宜得隨時修正

第十四條　本規則自市政府公佈之日施行

建築新工具介紹

標準小型電力吊車

〔圖一〕 電綫工廠用以起卸出品之吊車四具，每具各能擔重四分之一噸。

近來高度建築繁興，崇樓峻廈，一時矗立，鋼架構築，全用起重機輸送，故此機在建築工具中，實佔一重要之地位。往時起重機常架置於軌道之上，循軌而行，不便良多。現在則本埠江西路一三八號謙信機器有限公司所經理台麥格廠出品之電力吊車，使用簡單，工作敏捷，而所需開支，又極低廉，實爲起重及運輸之利器。該種吊車，可裝置爲固定者或能移動者。兩俱便利，而尤以用於各種吊重，及屋面行動吊車爲適宜。故使用此車後，已往關於起重機之難題，至此迎刃而解矣。爰樂爲介紹，以備建築界之採擇。該公司對於經售各種吊車，常備現貨。如欲索閱樣本或說明書，逕函該公司，當即寄奉不悞。聞最經濟之吊車，能力自四分之一噸至九噸不等云。

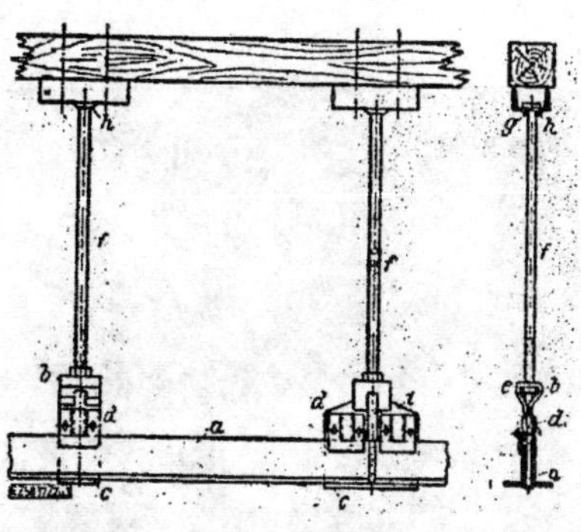

〔圖二，三〕 行駛吊車之軌轍

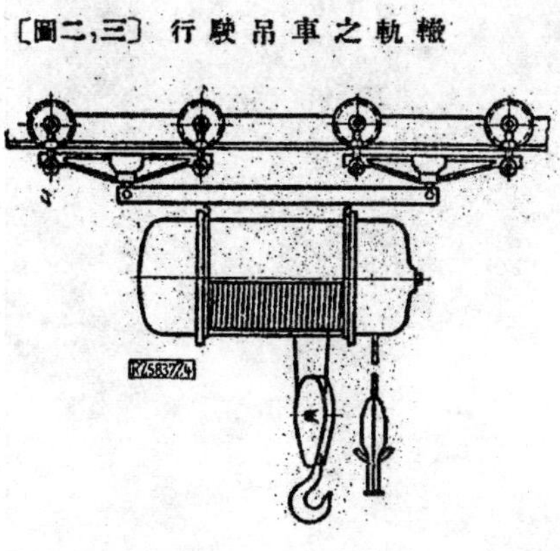

〔圖四〕 懸垂之轆轤

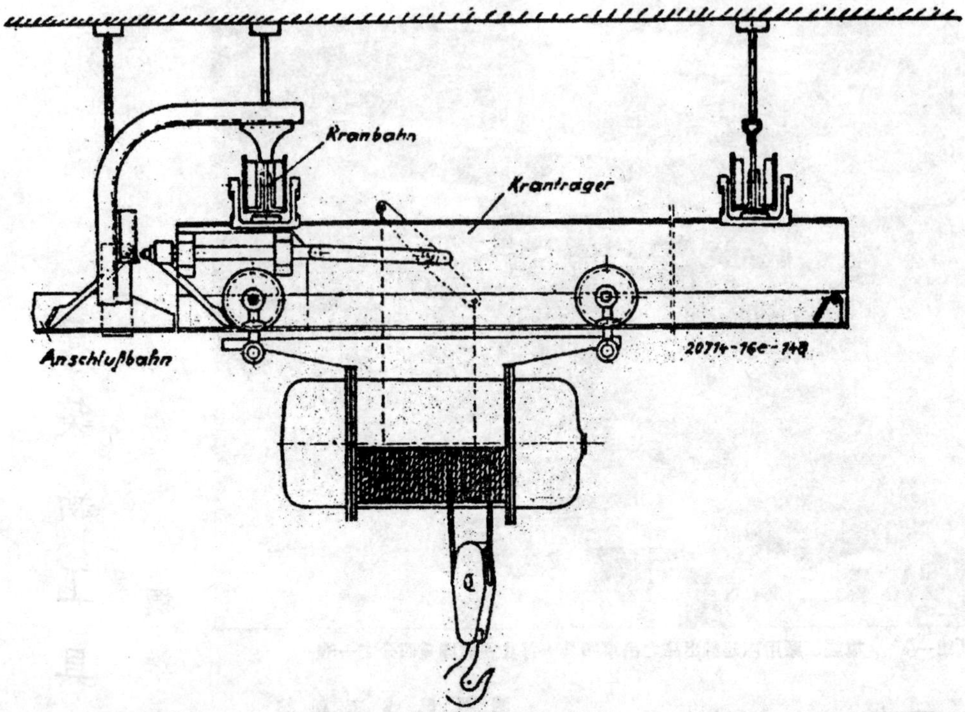

〔圖五〕 懸垂吊車轉至接軌處之設計

〔圖 六〕 起卸棉花包之吊車，每具擔重一噸。

22904

建築月刊
THE BUILDER

內政部登記證警字第二五五四號

中華郵政特准掛號認為新聞紙類

第三卷第一號

民國二十四年一月發行

廣告刊例
Advertising Rates Per Issue

地位 Position	全面 Full Page	半面 Half Page	四分之一 One Quarter
底封面外面 Outside back cover.	七十五元 $75.00		
封面及底面之裏面 Inside front & back cover	六十元 $60.00	三十五元 $35.00	
封面裏面及底面裏面之對面 Opposite of inside front & back cover.	五十元 $50.00	三十元 $30.00	
普通地位 Ordinary page	四十五元 $45.00	三十元 $30.00	二十元 $20.00
小廣告 Classified Advertisements	每期每格一寸高三寸半闊洋四元	— $4.00 per column	

廣告概用白紙黑墨印刷，倘須彩色，價目另議；鑄版彫刻，費用另加。
Designs, blocks to be charged extra.
Advertisements inserted in two or more colors to be charged extra.

本期特大號每冊零售壹元

刊務委員會 江長庚 陳松齡 竺泉通

主編 杜彥耿

廣告 藍克生 (A. O. Lacson)

發行 上海市建築協會 南京路大陸商場六二〇號 電話 九二〇〇九

印刷 新光印書館 上海聖母院路聖達里三一號 電話 七四六三五

定價

每月一冊 全年十二冊

訂購辦法	價目	郵費 本埠	郵費 外埠及日本	郵費 香港澳門	郵費 國外
零售	五角	二分	五分	一角八分	三角
預定全年	五元	二角四分	六角	二元一角六分	三元六角

22905

活動製圖檯

UNIVERSAL DRAWING TABLE

中華鐵工廠股份有限公司

THE CHUNG HWA MACHINE WORKS LTD.

活動製圖枱之優點

(一) 式樣美觀　此種活動製圖檯。除選料嚴密。工作精確外。力求構造整潔。形式美觀。凡各大打樣間。一經購置應用。精神爲之大振。

(二) 活動圖板　用普通圖檯製圖往往使工作人員。無形中養成曲背，近視，肺弱等種種病態。良以圖檯呆笨。不能應用自如。身體爲其拘束所致。此種製圖檯。係活動裝置。故圖板之或高或低或平或斜。得隨心所欲。其於工作人員因身心之舒適。而致效能增加。自不待言。

(三) 並行推尺　凡於普通圖檯上工作者。在在須以左手按住丁字尺。殊覺麻煩費力。此種活動圖檯。板面裝有並行推尺一支。用細鋼絲繫於圖板下面之滑輪上。上下推行。絕對並行。尺之上面並有木槽。凡橡皮，鉛筆及儀品之放置或取用。甚爲便利。

(四) 器具抽屜　圖板之下裝有抽屜一具。凡裝圖所需一切用具。儘夠藏置。

(五) 升降坐櫈　配製立體三角形，螺絲升降之凹圓坐櫈。可使工作人員。安坐櫈上。泰然工作。

(六) 廉價推廣　活動製圖檯之種種優點。既如上述。並經本廠長時期之使用。尤覺便利美滿。實有推廣之價值。爲特研究改良。大批製造。力求成本之減低。以供國人之同好。願各建設關機，各打樣間，各工廠，各學校，甚至各私人辦事室。購置數具或數十具。從此振作精神。努力建設。

高低平斜　隨心所欲

坐立咸宜　省力便利

…………有不可思議之功效

建築打樣　機器製圖

建設機關　設計部份

…………不可不備之新工具

營業部　上海江西路三九六號　電話一三七六〇

OFFICE 396 KIANGSE ROAD. SHANGHAI. TEL. 13760

製造廠　上海小西門外陸家浜路　電話二二九三四

FACTORY LO-CA-PANG. WEST GATE. S'HAI. TEL. 22934

22907

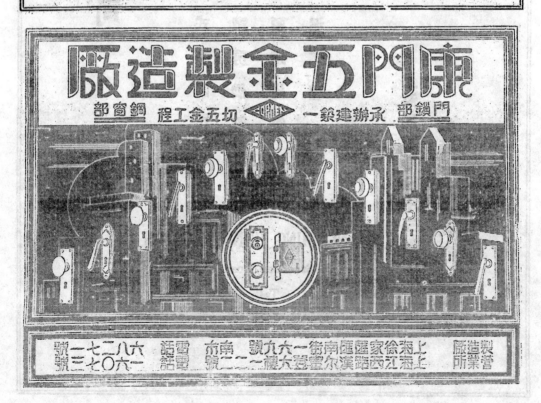

民國十一年創辦
絲釘工業之鼻祖
公勤鐵廠股份有限公司出品
三戟牌
註冊商標
REGISTERED
釘
釘
頭圓整
身堅挺
尖鋒利
網
以作籬
可禦侮
家庭生趣社會安寧胥以是賴
總廠 上海楊樹浦臨青路五十三號
電話 五〇二一四 營業課
五〇一六七 經理室
分廠 廣州河南南華中路六十六號
電話 五〇四一二
備有樣本
承索即寄

新仁記營造廠

總賬房

愛文義路一四二三號

電話三〇五三一

事務所

江西路一七〇號二樓二五八號

電話一〇八八九

二十層百老匯大廈 本廠最近承造工程之一

Broadway Mansions

本廠承造工程之一斑：

沙遜大樓 南京路

漢彌爾登大廈 江西路

都城飯店 江西路

Sin Jin Kee & Company

Head office: 1423 Avenue Road Tel. 30531

Town office: Hamilton House
Room No. 258 Tel.10889
170 Kiangse Road

上海膠合板公司

九江路五十號　電話一七一七一

各種膠合板

啞克桃木地板

啞克桃木蘸栗方子及板木

經理名廠建築材料

Plywood-

Flooring-

Hardware-

Veneered Doors

All Building Materials

Shanghai Veneer Wood Company

50 Kiukiang Road. Telephone. 17171

鋼窗各種鋼鐵建築材料

瓦紋板，屋頂，或牆壁用「亞爾德克司」阻絕雜聲，及保守溫度

各種顏色油漆及噴漆

電氣材料

新井洋行

上海漢口路一百三十號

電話一七二七七・一四六八七

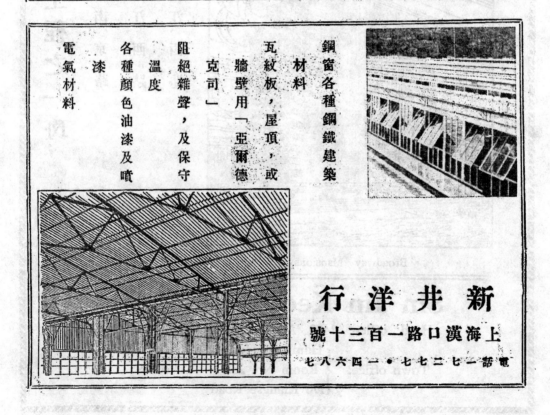

VOH KEE CONSTRUCTION CO.

馥記營造廠

本廠承造各埠各建築達數十處都千萬餘金畧舉如下備資參考

本埠工程

公和祥碼頭及機房……滬東
交通大學工程館……徐家匯
四行念二層大樓……跑馬廳
四式住宅市房……梅白格路
儉德儲蓄會……福生路
上海牛皮廠……白利南路
義泰興碼頭……浦東董家渡
公和祥碼頭……兆豐路
寶隆醫院……白克路
公共宿舍……聖母院路
七層公寓……國富門路
七層公寓……海格路
中華碼頭……浦東周家渡
劉公館……亞爾培路

外埠工程

總理陵墓第三部工程……南京
陣亡將士公墓全部……南京
財政部辦公處……南京
中山紀念堂……廣州
宋部長官邸……南京
新村合作社……南京
美領事署……廈門
中國銀行……南京
海軍船塢……青島

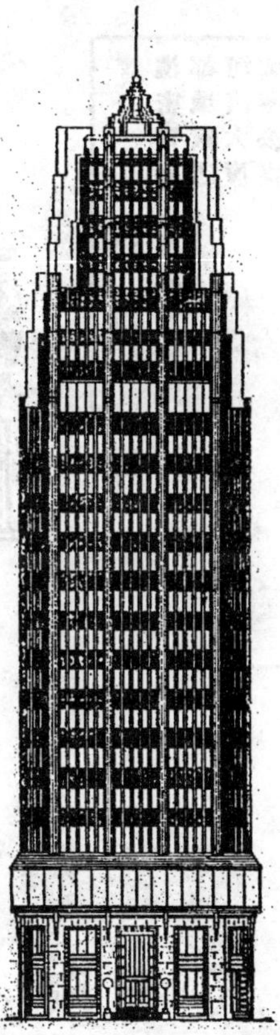

總事務所 電話一七三三六 一七三三七 上海四川路三三號 電報掛號一五二七

分事務所 南昌勵志社 南京 復鉬大樓 陶園新村 重慶新街口

分廠 河南 重慶 九江 廣州 杭州 青島 南京 貴溪 鎮江 邵伯 淮陰 劉澗 等處

第二堆棧 上海閘北廣林街 上海滬東慶甯寺

分事務所分廠電報掛號七四五〇

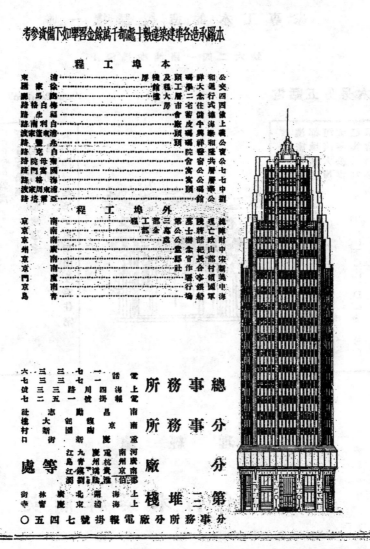

韻秋紙行
上海南京路二十七號
電話一四二二六號

總廠辣斐德路
第一二九六E號
電話七一五一五號

AJAX BLUE PRINT COMPANY

Room 203, 27 Nanking Road
Cable Address "AJAX" Telephone 14226
Paper Factory: 1296$_E$ Rue Lafayette
Telephone 71515

Notice!

TO:

ARCHITECTS & ENGINEERS

WHY YOU SHOULD MAKE YOUR "WHITE & BLUE" PLAN- PRINTINGS AT "AJAX BLUE PRINT CO'S MODERN MACHINE ROOM?

1. **BECAUSE**, They have installed 4 latest type MACHINES.
2. **BECAUSE**, their machine rooms are of most up-to-date of its kind in the far east.
3. **BECAUSE**, you will get the most finist services from "AJAX"
4. **BECAUSE**, they have the most experienced management and specialized plan-printers to handle any important jobs.
5. **BECAUSE**, Their prices are very reasonable.
6. **BECAUSE**, they have their own paper factory in Shanghai.
7. **BECAUSE**, they have messengers making deliveries to convenient their customers.

SPECIALIZED retail dealers in Blueprint, tracing, detail, drawing and other technical papers.

本行新裝四部歐美最新式之晒圖機器，專晒本埠與外埠各大建設與工程機關之工程及機器圖樣，外埠光顧可將透明原底，由郵遞或鐵路寄下敝行，於晒就後，立即將原底及圖樣一併寄奉，本埠惠顧則請親持透明原底；立等可取，玆將敝行晒圖六大特點列下：

(一)自裝四部最新式之晒圖機器，允握遠東晒圖公司之最上威權。

(二)日夜辦公，服務周到。

韻秋晒圖公司機器間一瞥

(三)晒印敏捷，出品優良，每日晒圖樣，約萬餘張之多。

(四)職員及工人，皆富有製造與晒圖之嫻熟經驗。

(五)價目公道，玆將最時式二種價格列下

A 藍底白線紙每方尺洋五分
B 白底紅線紙每方尺洋八分
(項目過多，恕不備載)

(六)收送圖樣，雇用多數僕役，倘承電話通知一四二二六號敝行，當即遣人前來收樣。

本行在滬設廠，專製藍白晒圖紙，規模之宏大，設備之完善，全國之中，首屈一指，出品以來，精益求精，故其紙質之堅韌，線紋之清晰，信譽廣播，有口皆碑，創辦以來，卓堪告慰，玆為酬謝用主　惠顧盛意，倘賜大批訂購，在一百捲以上者，一律皆照批發價格出售，折扣一項，特別從豐，玆將藍晒圖紙價格列下，至祈台查：

30″×10碼	每捲	洋貳元陸角	（快慢任指）
36″	″	洋叁元貳角	
40″	″	洋叁元伍角	
42″	″	洋叁元陸角	

此外敝行並經理歐美超等打樣紙布，繪圖紙料，白晒圖紙，晒圖機器，以及一切工程上應用工具等，因係直接採選於歐美各國，故於價格一項，特別低廉，倘承賜函訂購，敝行當即交由郵遞或鐵路寄奉，手續簡捷，承應不誤，如蒙　惠顧，不勝歡迎之至。

本廠自製各種藍白晒圖紙等並專門代客晒印工程及建築圖樣

SPECIALIZED PRINTERS IN ARCHITECTURAL AND ENGINEERING PLAN-PRINTINGS AND MANUFACTURERS OF BIUE AND WHITE PLAN PRINTING PHOTO-PAPERS.

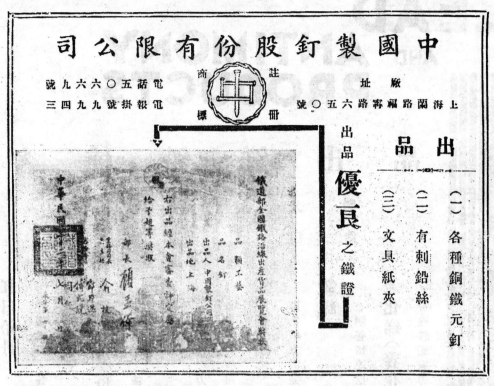

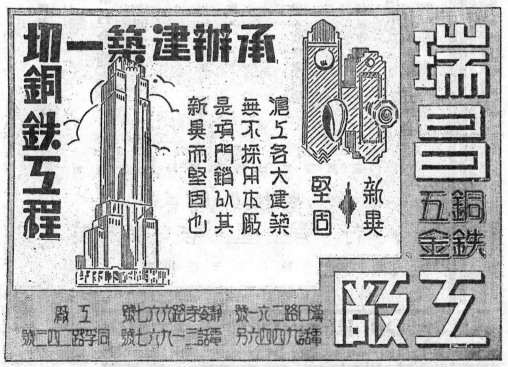

22918

建築月刊

THE BUILDER

VOL. 3 NO. 2 第三卷 第二期

大中機製磚瓦股份有限公司

製造廠浦東南匯縣下沙鎮

本公司因鑒於建築事業日新月異材料選擇尤關重要特聘專門技師購置德國最新式機器精製各種青紅磚瓦及空心磚等品質堅韌色澤鮮明自應銷以來已蒙各界推爲上乘樂予採購茲略舉一二以資參攷其他惠顧諸君因限於篇幅不克一一備載諸希鑒諒是幸

大中磚瓦公司附啟

曾經購用敝公司出品各戶台銜列后

本埠

工部局平涼路巡捕房　新蓀記承造

國立中央實驗館 兆豐花園　和興公司承造

四行儲蓄會 英大馬路　陶馥記承造

鹽業銀行 北京路　趙新泰承造

南京飯店 山西路　新金記祥號承造

開成造酸公司 軍工路　王銳記承造

四海銀行 北京路　惠記興承造

麵粉交易所 民國路　元和興記承造

業廣公司 歐嘉路　陳馨記承造

法教堂 勞神父路　吳仁記承造

七層公寓 霞飛路　吳仁記承造

外埠

中央飯店 南京　新金記承造

金陵大學 南京　利源建築公司承造

航空學校 杭州　新金記康號承造

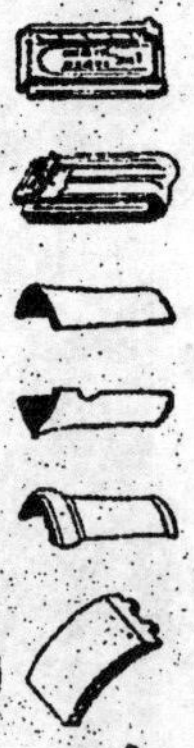

所出各品儲有大批現貨以備各界採用如蒙定製各色異樣磚瓦亦可照辦備有樣品如蒙索閱即當送奉

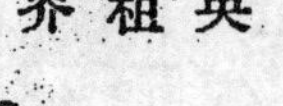

駐滬批發所

英租界牛莊路德興里四號　電話九〇三一一

DAH CHUNG TILE & BRICK MAN'F WORKS.

Sales Dept. 4 Tuh Shing Lee, Newchwang Road, Shanghai.

TELEPHONE 90311

22920

英國道門鋼廠

DORMAN, LONG & CO., LTD.

Middlesbrough and London

英國道門鋼廠。專造各種建築鋼料。行銷全球。到處歡迎。每年產額達二百萬噸。

該廠爲精益求精起見。新出一種「抗力邁大」鋼。該項鋼料。張力較普通軟鋼加大百分之五十。而防銹抵抗力極強。且重量亦較其他鋼料爲輕。故於運費關稅以及工程費用。均可減省不少。各項建築工程。無不相宜。欲知詳細情形。請向本公司接洽。毋任歡迎。

中國總經理

英商茂隆有限公司

上海仁記路八十一號

電話一五一一六—八

英商開能達有限公司

Callender's Cable & Construction Co., Ltd.

40 Ningpo Road
Shanghai

Tel. 14378, 15365
P. O. Box 777

本公司代客設計及承攬敷設電話及電力綫路工程製造各式純鋼電桿磁瓶電線等一應輪電設備材料並專製上等水底電纜地線電話電纜及建築房屋上所用鉛皮線橡皮線等並經售英國佛蘭梯 Ferranti 各種方棚電鐘電爐及一切無線電材料又英國福開森潘林 Ferguson Pailin 各種發電輪電上應用電氣開關又英國牛頓來特 Newton & Wright X光器透熱機及各式電療器械

ELGIN AVENUE BRITISH CONCESSION
TIENTSIN
SURFACED WITH K.M.A. PAVING BRICKS

欲求街道整潔美觀惟有用

開灤路磚

價廉物美，經久耐用，平滑乾燥

A Modern City needs

K. M. A. Paving Brick

Rigidity & Flexibility

Dense, Tough, Durable, low maintenance

The Kailan Mining Administration

12 the Bund Telephone 11070, 11078 & 11079 (3 lines).

Direct telephone to Sales Dept. 17776.

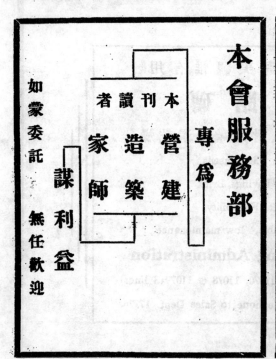

錢榮剏營造廠

上海江灣開林油漆公司廠屋……由本廠承造

本廠專造各式中西房屋以及銀行堆棧廠房橋梁水泥壩岸碼頭鉄道等一切大小鋼骨水泥工程

地址：上海南京路大陸商場四樓四三五號

電話：九五二八三號

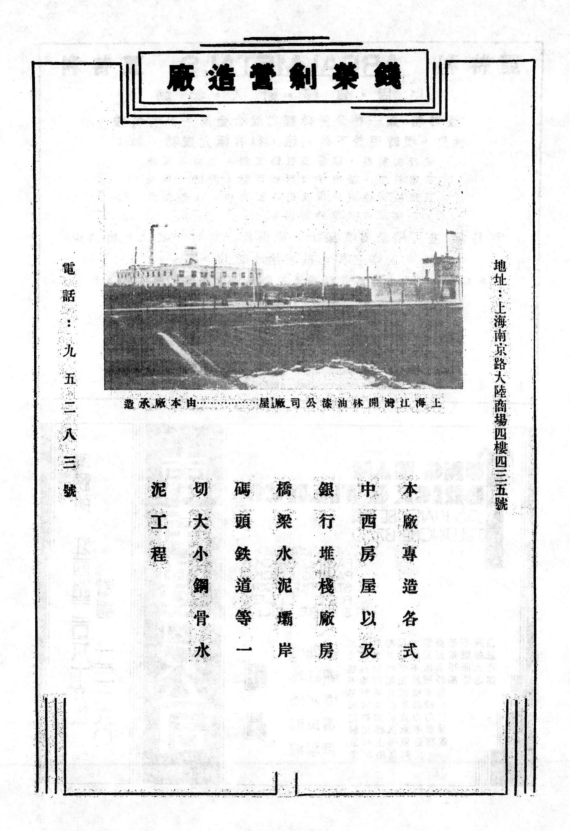

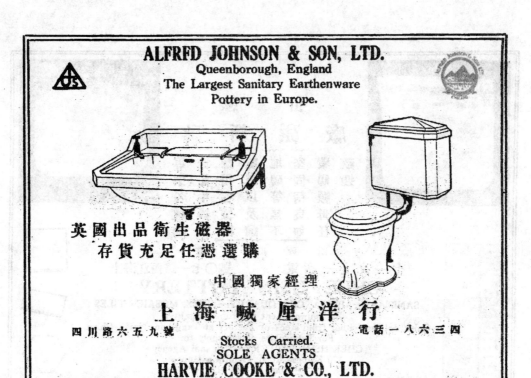

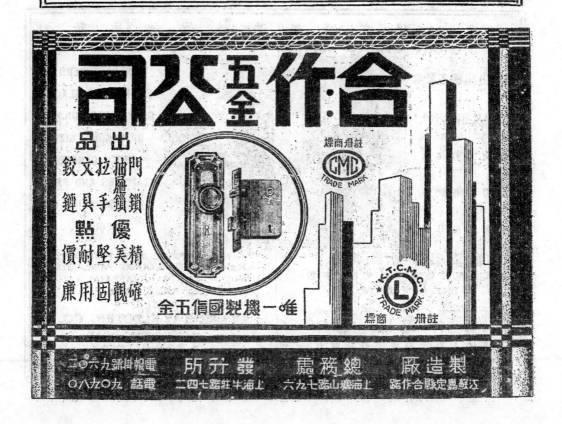

公勤鐵廠股份有限公司

建築界當前之切要問題之解決

其一

今之談建築者，必首稱鋼筋混凝土 Concrete Reinforcement，然此僅及全部建築之外層工作；其中心工作，如架木樑，置擱柵，舖地板，以及裝置門窗板壁等之凡須取材於木料者，處處缺不了鐵釘。釘之於木，猶水門汀Cement之於磚石與鋼筋也。吾國向無機製鐵釘，十餘年前一般建築物，除一部份用土釘釘住外，餘皆採用洋釘。自本廠於民國十一年間首先仿製後，國產圓釘，遂以起代舶來。嗣經數十次之改良，始有今日之成績與地位。

——年產量拾餘萬擔，總價值百餘萬元，行銷所至，幾遍全國。

公勤鐵廠

國貨之光

吳鐵城題

其二

上古時有巢氏構木為巢，原以蔽避風雨。降至近世，人類文明，愈演愈進，一切建築物，崇尚堅固與美化，而其外國之築砌，由竹籬，磚牆，灌木林，演進至於裝置鐵絲網籬。

上項鐵絲網籬，業已風行遐邇。裝置客戶中，有大學校，水利會，天文台，運動場，網球場，航空站，租界監獄，海塘工程，私人住宅，以及各大工廠數百家。從各項承裝工程的經驗和觀察，誰知現社會對於此項材料之需要程度，會將與日俱增，並深信一九三五年式之新出品，必更能討得大都會人士之歡喜。值茲歲首，爰誌數語自勉，並祝各界進步

總廠 上海楊樹浦臨青路五十三號 電話五〇二一四

分廠 廣州河南南華中路六十六號 電話五〇四一二

總廠 上海楊樹浦臨青路
分廠 廣州河南南華中路
電話 五〇二一四 五〇八七七

目錄

（第三卷第二號）

廣告索引

上海市建築協會鳴謝啟事

本會茲承

孫德水委員（余洪記營造廠）特助營業成數萬分之五、計銀元八十九元六角五分正

陳壽芝盧松華錫景賢委員（友聯建築公司）特助營業成數萬分之五計銀元十九元七角六分正

除已奉收據外特此彙誌如右以鳴謝忱

中華民國二十四年三月　日

建築叢書之一

英華 華英 合解建築辭典 發售預約

杜彥耿編

▲樣本備索

建築辭典初稿，曾在本刊連續登載兩年。現應讀者要求，全部重行整理，並增補遺漏，刊印單行本。為國內唯一之建築名詞營造術語大辭彙，建築師，工程師，營造人員，土木專科教授及學生等，均應人手一冊。茲將預約辦法列下：

預約辦法

一、本書用上等道林紙精印，以布面燙金裝訂。書長七吋半，闊五吋半，厚計四百餘頁。內容除文字外，並有三色版銅鋅版附圖及表格等，不及備述。

二、本書預約每冊售價八元，出版後每冊實售十元；外埠函購，寄費每冊八角。

三、凡預約諸君，均發給預約單收執。出版後函購者依照單上地址發寄，自取者憑單領書。

四、本書在出版前十日，當登載申新兩報，通知預約諸君，準備領書。

五、預約處上海南京路大陸商場六樓六二〇號

The Newly Completed Giant Apartment "Broadway Mansion", Shanghai.

Sin Jin Kee, General Building Contractors.

最近完成之上海百老滙大厦

造承廠造營記仁新

1

22933

National Quarantine Service, Woosung.

Mr. Poy G. Lee, Architect.

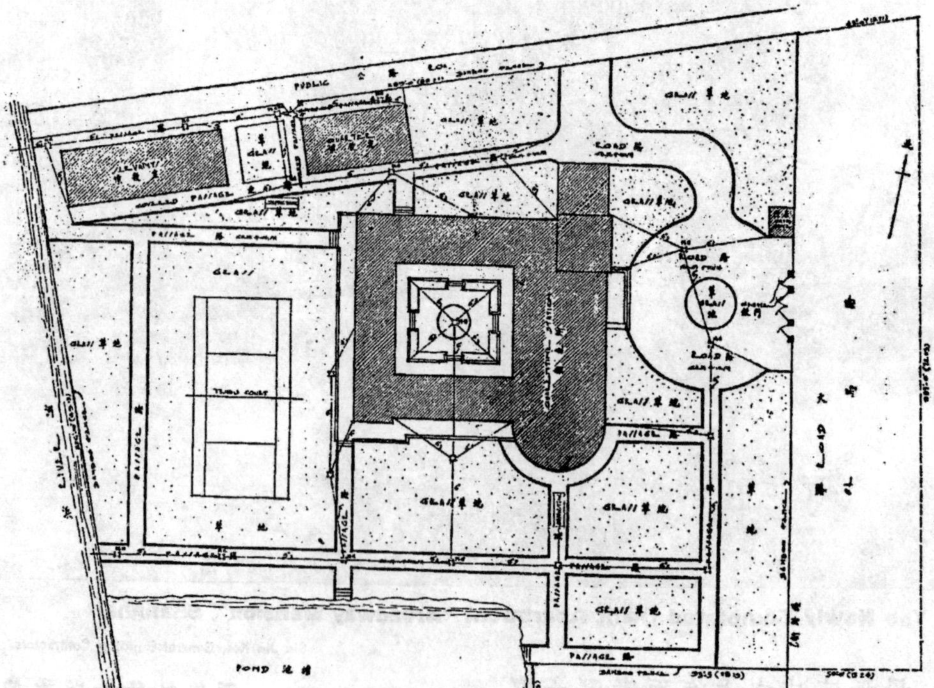

吳淞海港檢疫所　　　李錦沛建築師設計

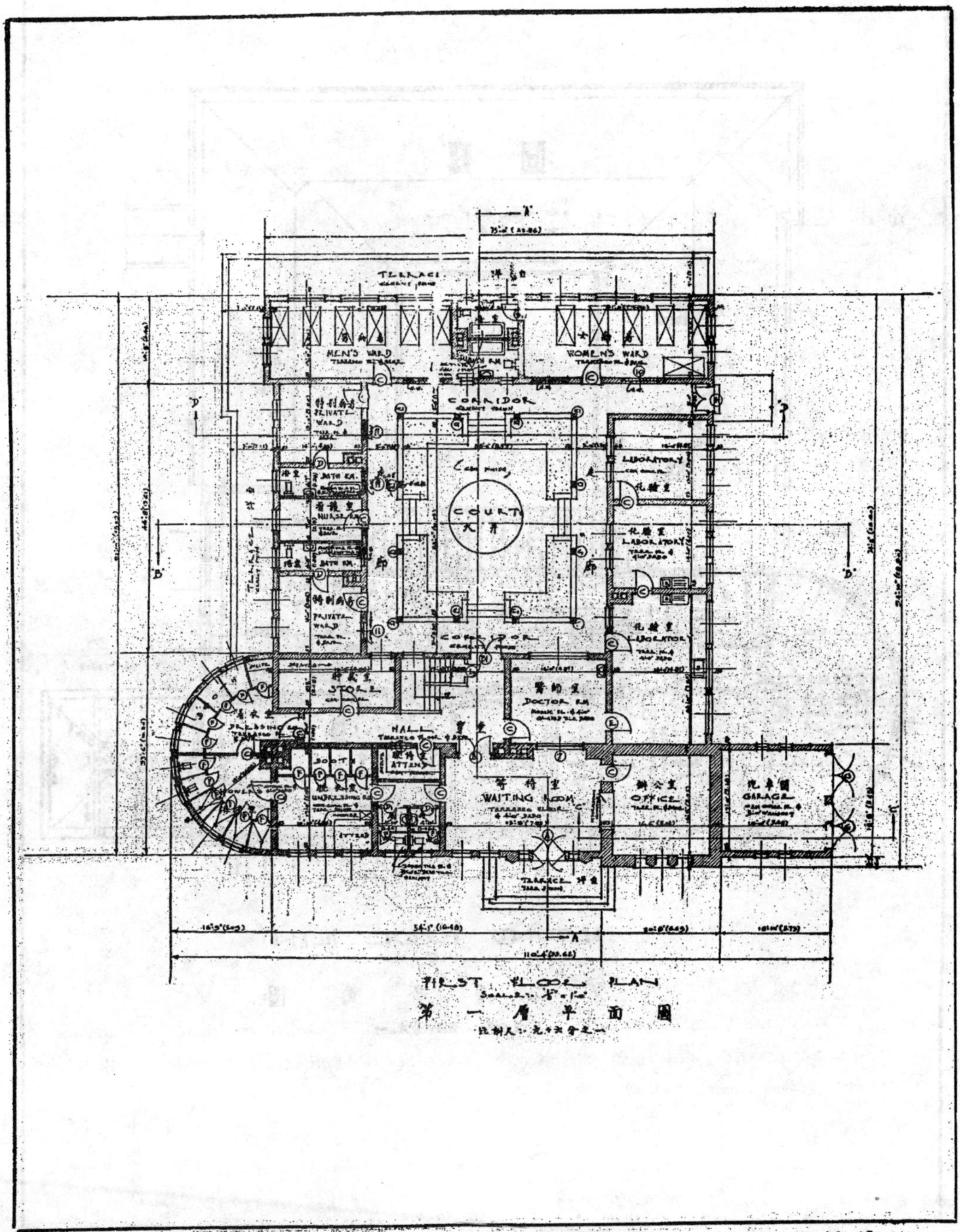

National Quarantine Service, Woosung. 吳淞海港檢疫所

22935

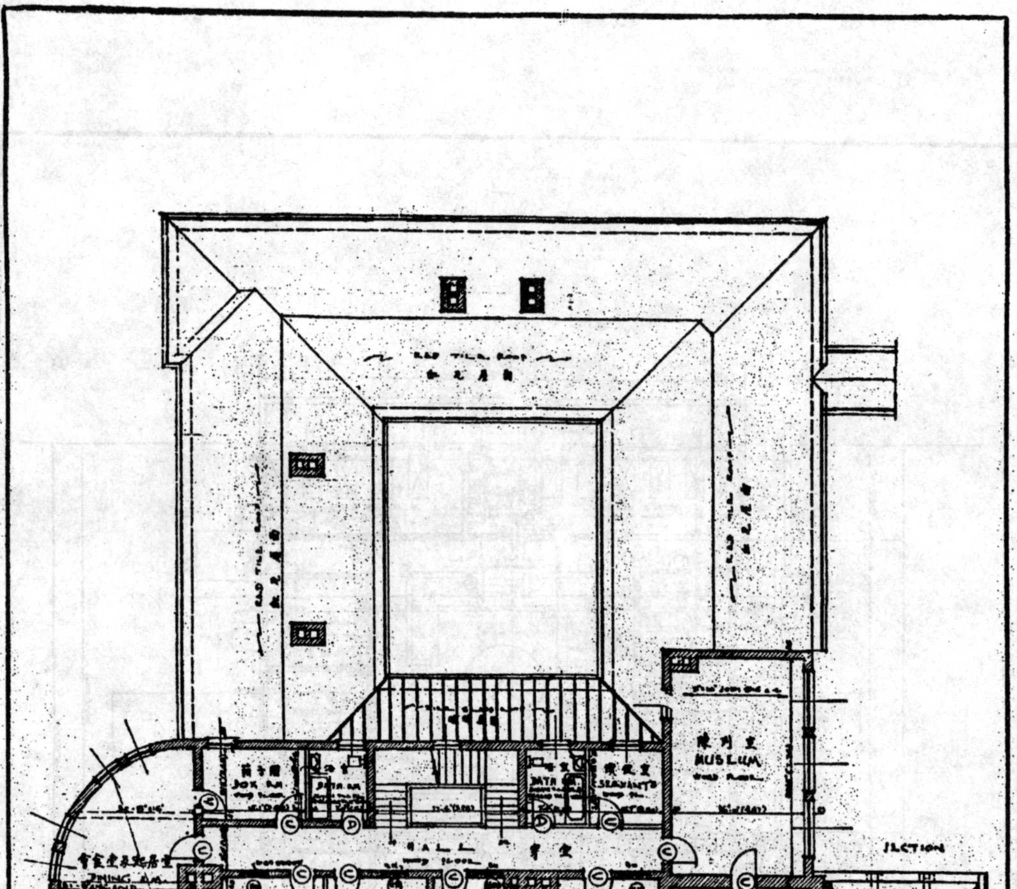

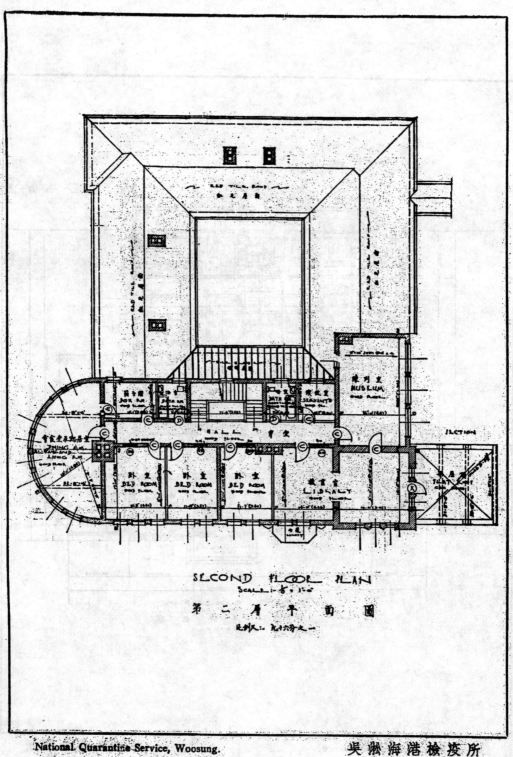

National Quarantine Service, Woosung. 吳淞海港檢疫所

22936

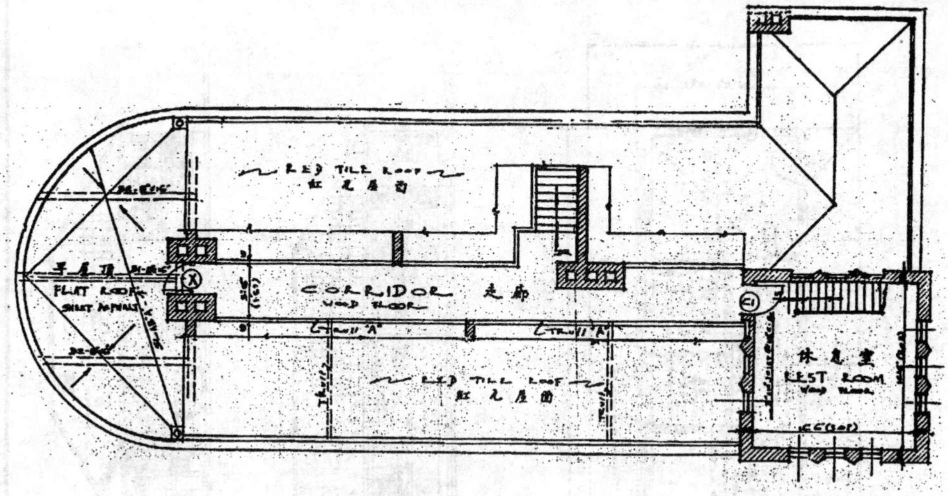

THIRD FLOOR PLAN

SCALE :- 1/8" = 1'-0"

第三層平面圖

比例尺：一九十六分之一

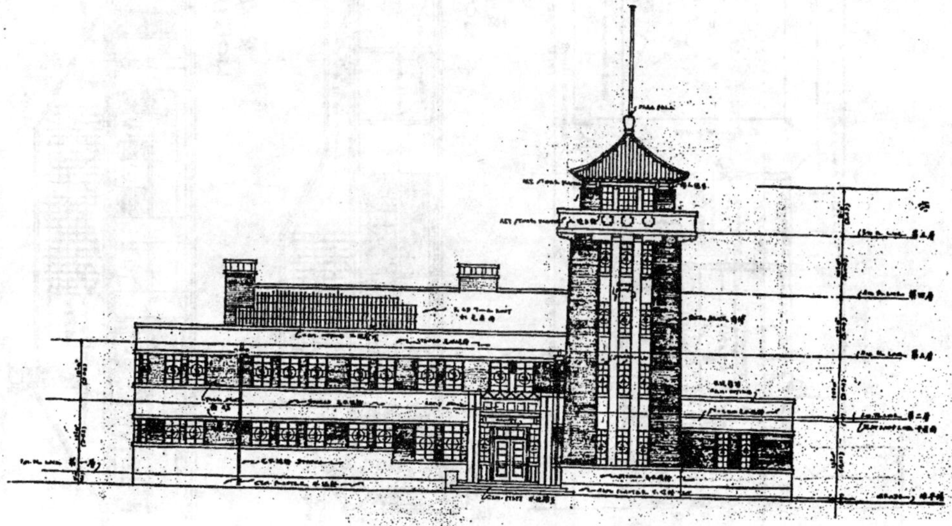

EAST ELEVATION

東面立視圖

22937

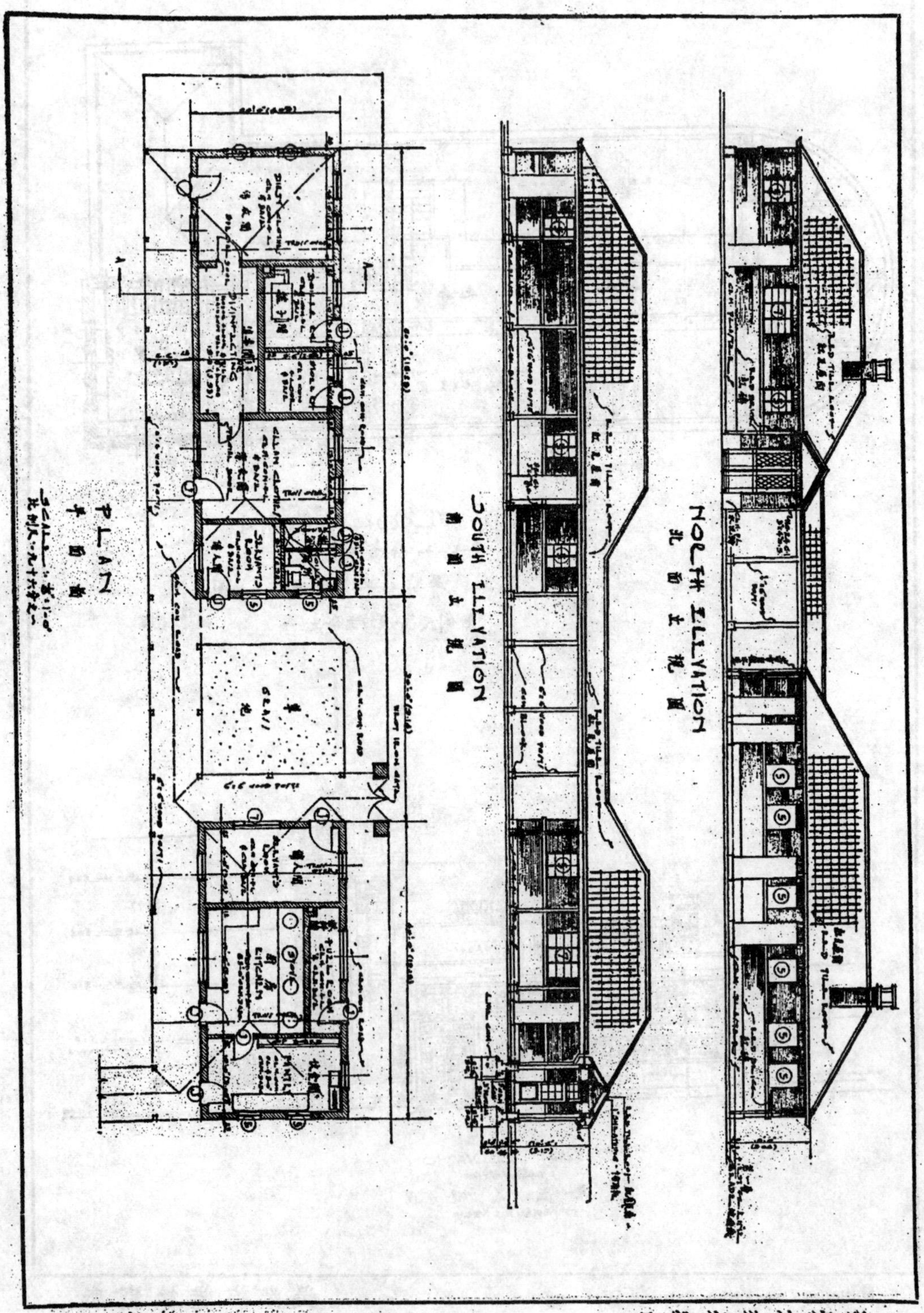

National Quarantine Service, Woosung. 吳淞海港檢疫所

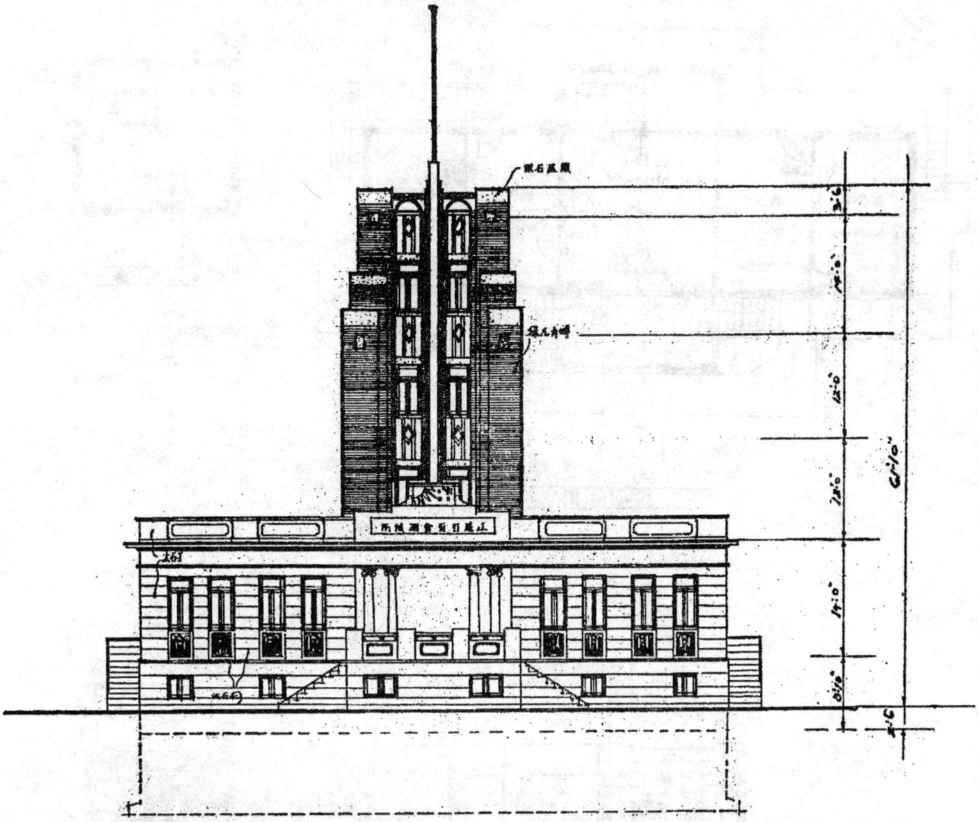

Kiangsu Provincial Observatory, Chinkiang.

江蘇省會測候所

S. Tse. Architect.

朱熙設計

鎮江北固山氣象台工程經過

朱熙

江蘇省會測候所，本附設於建設廳內，規模甚小。自二十三年所長顧世楫氏蒞任以來，添置儀器，力加擴充；並擇定北固山中峯，建築氣象台及測候所辦公室。同時鎮江自來水公司為調濟水壓，改善給水起見，亦擬在該山巔建築容量二十萬加侖之蓄水池一座。遂連合設計，規定地面下建築蓄水池，池上第一層為職員宿舍，第二層為辦公室，第三，四，五層為氣象台。全部用鋼骨水泥建築，外粉汰石子，由倪玉記營造廠承造，於二十三年九月開工，至今年一月工竣，全部建築費四萬八千餘元。自該台落成後，挹江仰矚，聳立雲端，不僅為江蘇省會之新設施，亦一點綴名勝之建築也。

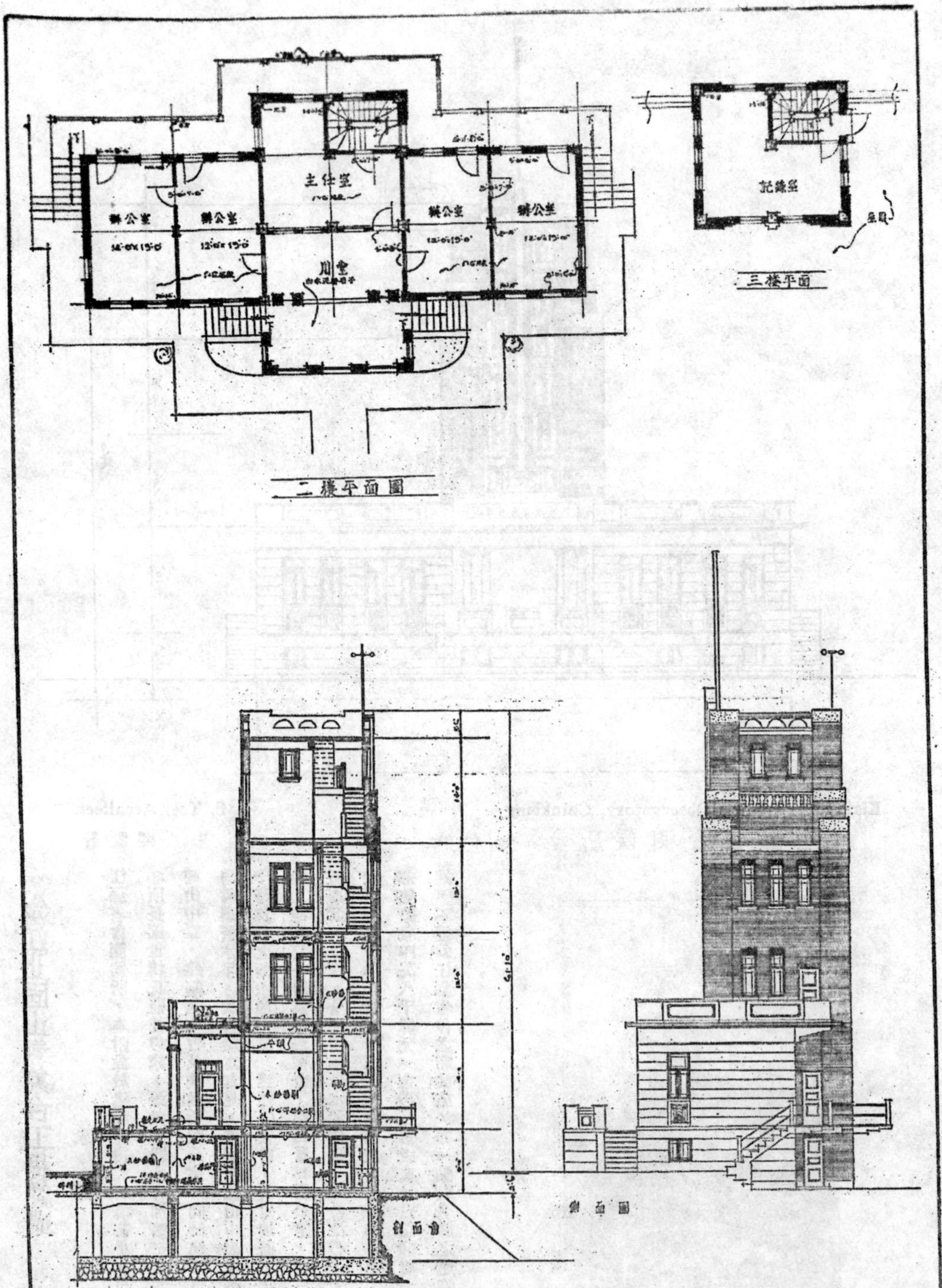

Kiangsn Provincial Observatory Chinkiang. 江蘇省會測候所

紐約華盛頓紀念橋

林同棪

哈德孫河 (Hudson River) 上之第一大懸橋，跨度三五〇〇呎，執世界長橋之牛耳，(前此跨度之最長者為Ambassador Bridge, Detroit, 長一，八五〇呎。)是橋自一九二三年動工，經四年之久。乃全部告竣。橋之本身，工料約合美金三千餘萬。連地產及引橋工程，截止通車日止，共用約五千五百萬。尋常每輛汽車，過橋收費半元，計可在二十五年之內，將本利還清。

按此橋之計劃，始自五十年前，經數四之變遷，而卒實現於今日。雖賴美國之財力富强，然非其歷來工程師之奮鬬不為功。記者於民國二十二年夏遊紐約，承總工程師 O. H. Ammann 之指導，得以詳細觀察。驚歎之餘，愈感我國交通之缺乏，橋梁技術之落後焉。

此橋之特點，不一而足。有志研究者，可參看"George Washington Bridge Across the Hudson River at New York, N. Y." Transactions, A. S. C. E., Vol. 97, 1933。其最可注意者有以下各點：

(一)此橋之設計，完全以科學為基礎。故一切設施，皆可如預算而實行，不至臨時措手。且主持者，富有研究精神。研究之結果，乃獲得安全，經濟與美觀。

(二)橋上現只敷設車道兩條，寬各三十九呎；人行道一，寬十呎。將來車輛增加，可添一卅呎車道，一十尺人行道；並安裝特快電車四軌於下層。故一切計劃，均須為現在與將來兩種之設計。

(三)過橋汽車，每小時可多至一萬餘輛；全年可有二千餘萬輛。該橋兩端道路，須能疏暢之而無使其停滯；故其設計，頗費苦思。

(四)尋常懸橋之加硬桁梁(Stiffening truss)，其高度約為跨度六十分之一。此橋則只為百二十分之一。蓋本橋跨度特長，呆重特大。用撓度理論(deflection theory)計算之，則可知懸索之自隱潛力，遠過於他橋。故幾可不用架硬桁梁。況抗風桁梁，亦因此而減輕，故得省去美金一千萬元焉。

(五)橋上有實際量應力之設備，以證計算之準確，並供將來之參考。

1

2

3

4

5

1 紐約華盛頓紀念橋之全景。
2 紐約方面之鋼塔，拉錨，並趨附拱橋 (Steel tower, anchorage, approach arch span)
3 塔之下部及橋之下面。
4 紐約方面拉錨之建築。
5 塔之露於橋面之部。

6 每塔有兩腿，此爲其一。每腿係由八柱組成。

7 塔柱之詳影，每柱約五呎見方。

8 塔中柱與其他桿件之一交點，計有桿件九個相遇於此，其複雜可想。

10 懸索將近橋端，穿橋面而至拉錨。

12 紐約方面之趨附拱橋，係雙層式，下層備將來之用。橋之跨度爲一九六呎，其載重每呎二三五〇〇磅。

7

6

8

10

12

11

9

13

9 四條懸索之一，索之直徑爲三十六寸。

11 吊線(Suspender)與懸索(Cable)相交，其角度過銳，則其接點常如既。

13 人行鋼骨混凝土橋，跨過懸橋附近之道路，爲趨附工程之一。

14 趨附道路及建築之鳥瞰。

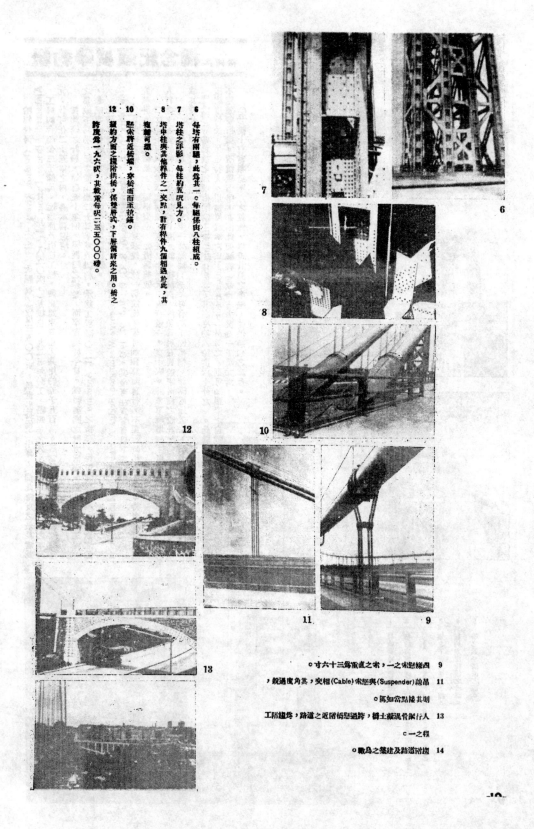

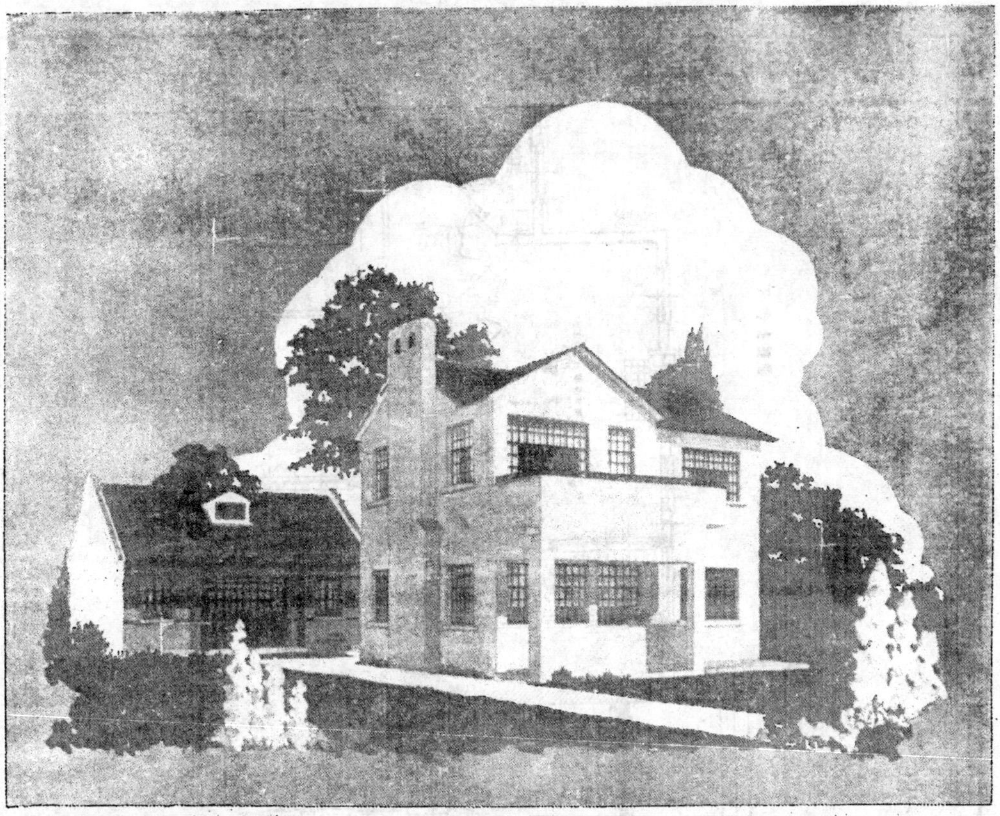

小住宅設計之一　　本會服務部

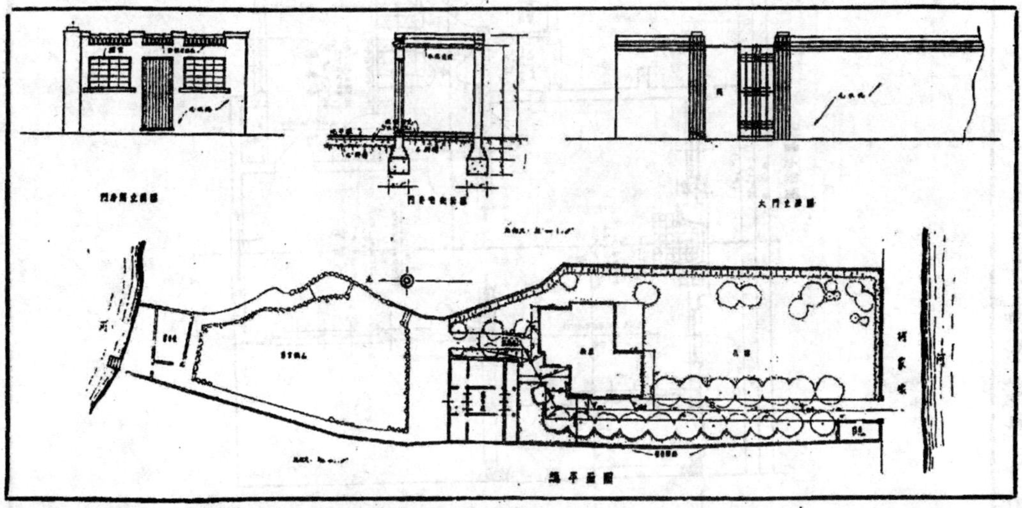

Block Plan　**Plan for Small Dwelling House.**

S. B. A. Service Dept., Architects.

Plans

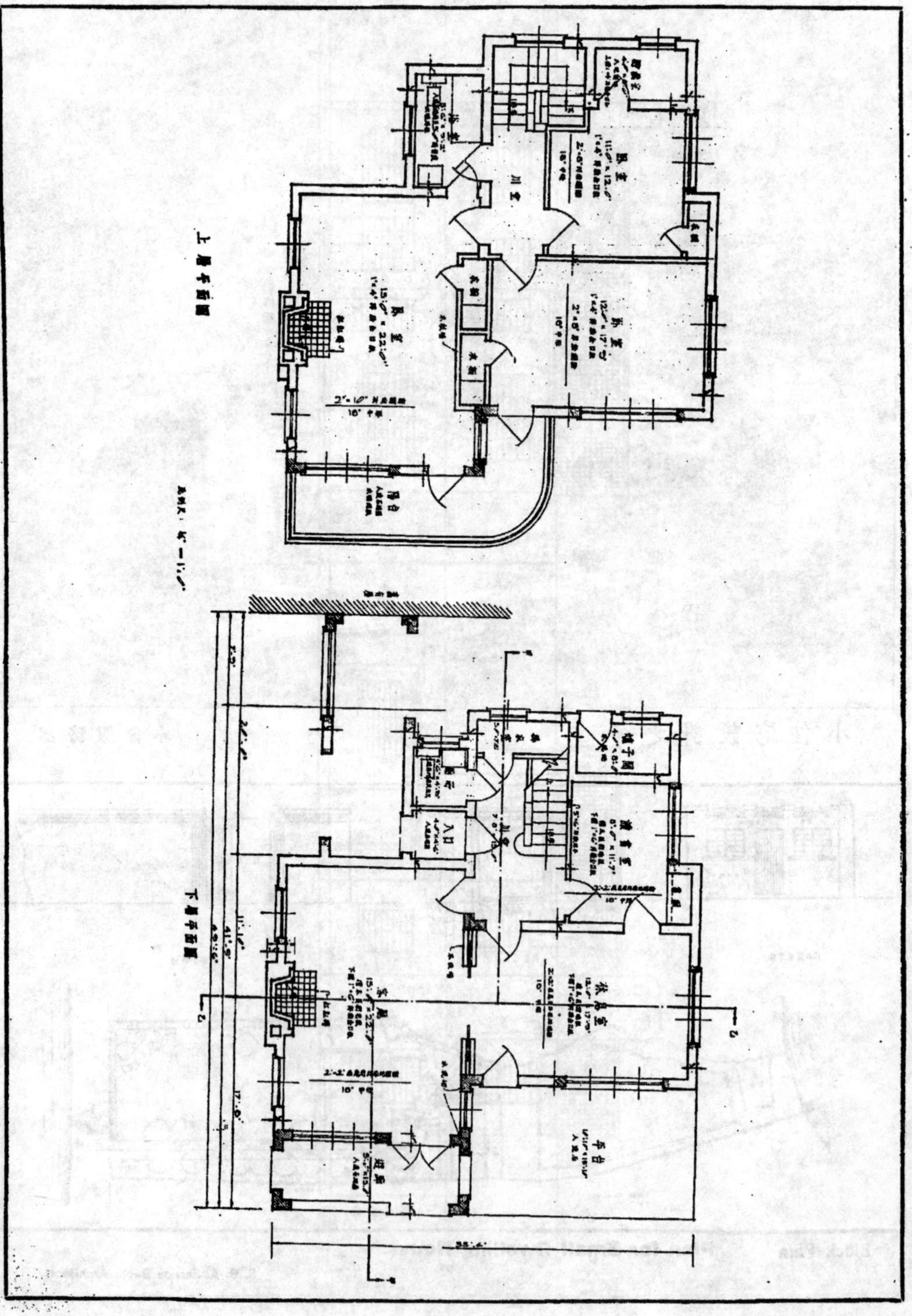

小住宅設計之一

22944

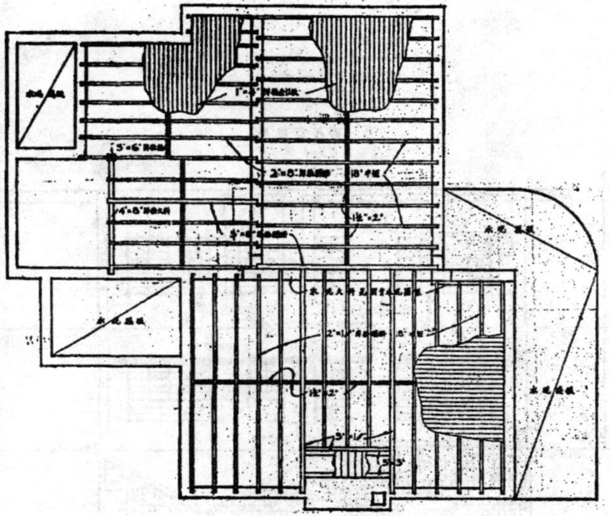

結 構 圖

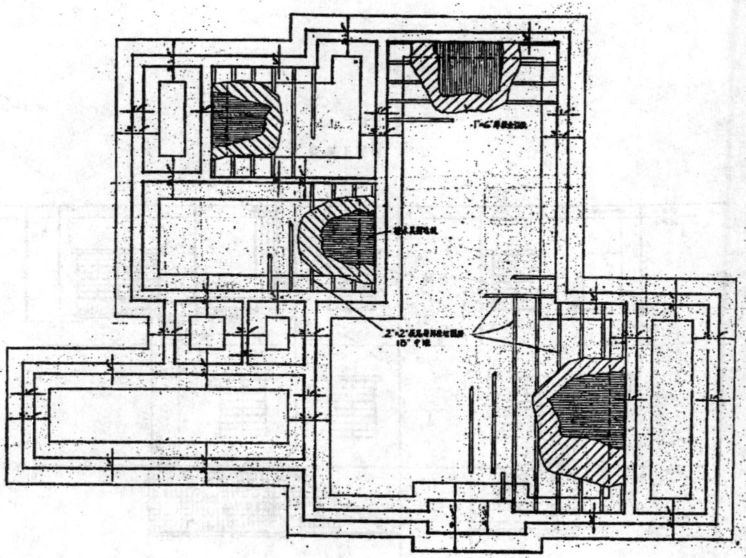

地 基 圖

Framing Plans.

小住宅設計之一

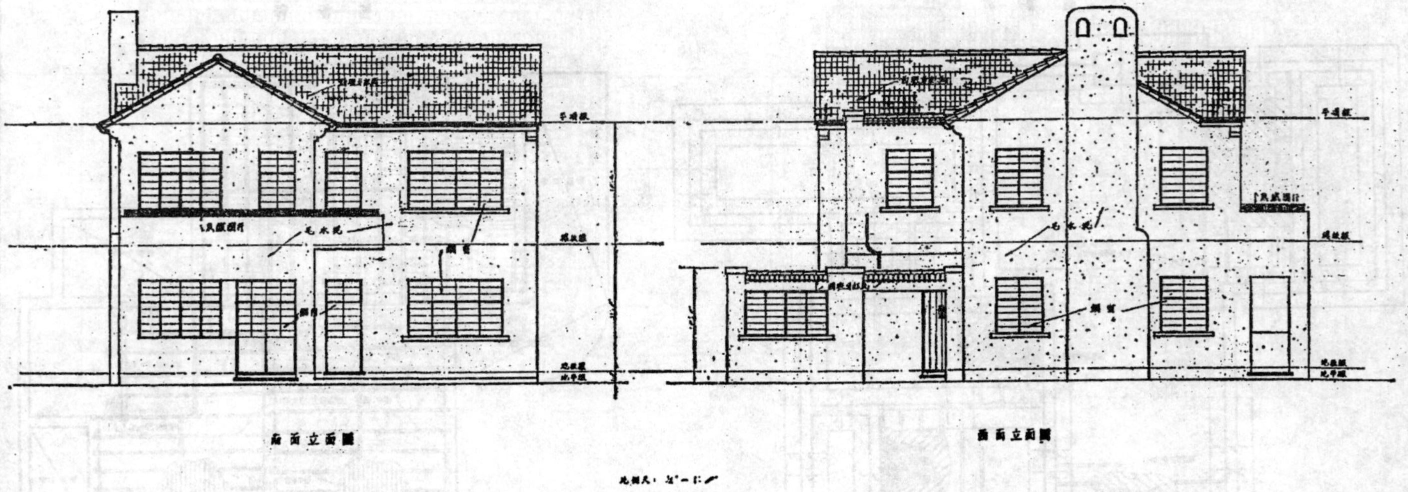

Front and Side Elevation.

小住宅設計之一

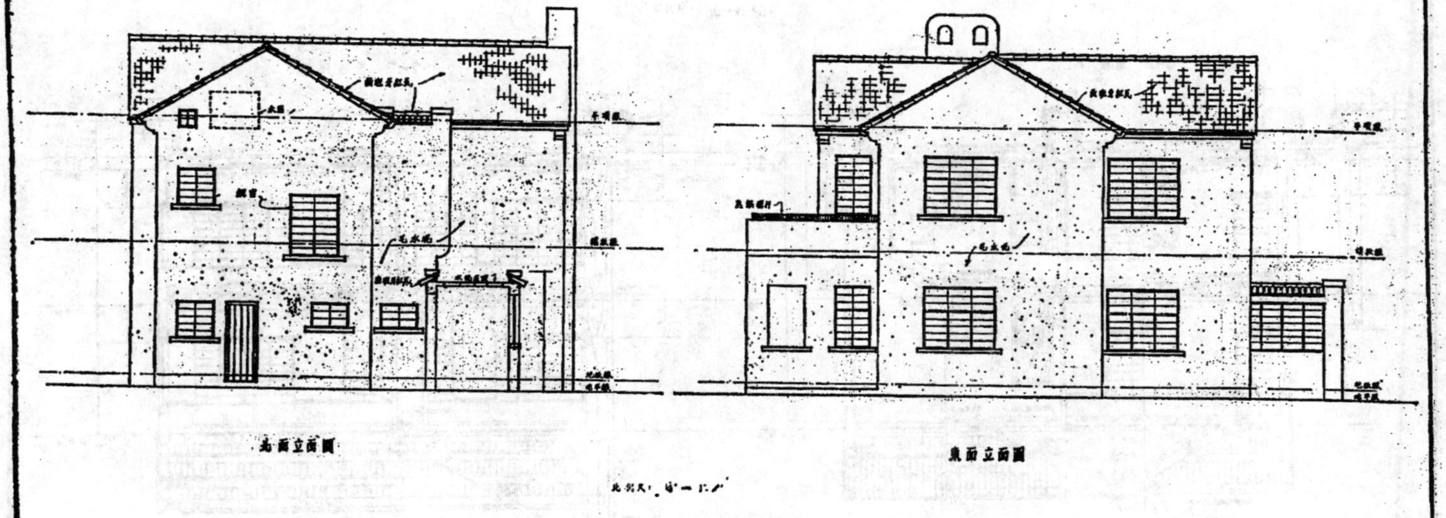

Side and Rear Elevation.

小住宅設計之一

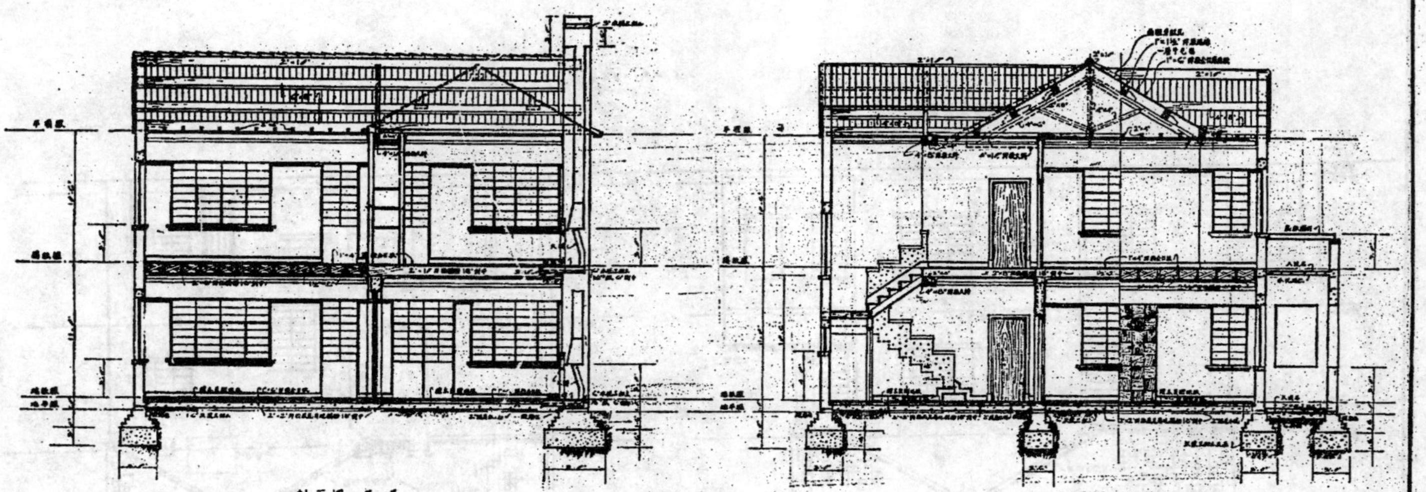

剖面圖 乙—乙

剖面圖 甲—甲

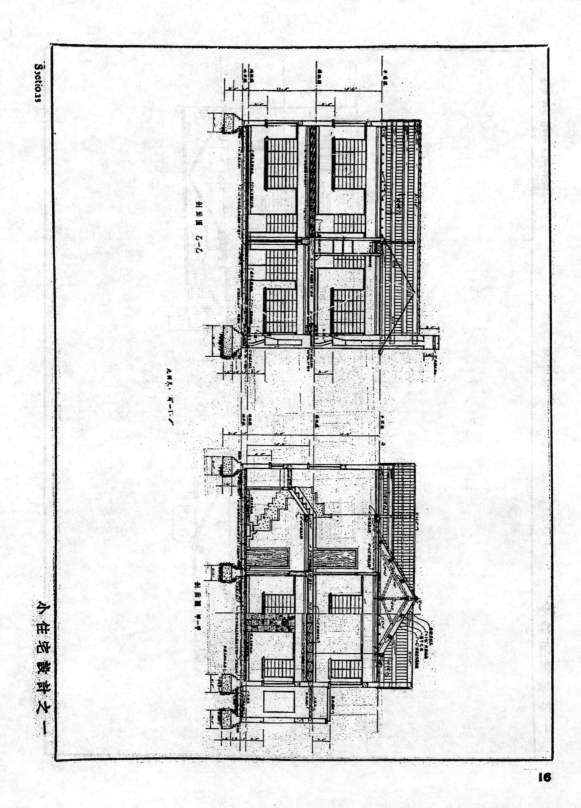

小住宅設計圖

Small Dwelling House.

By Mr. Chong Yee

小住宅設計之二

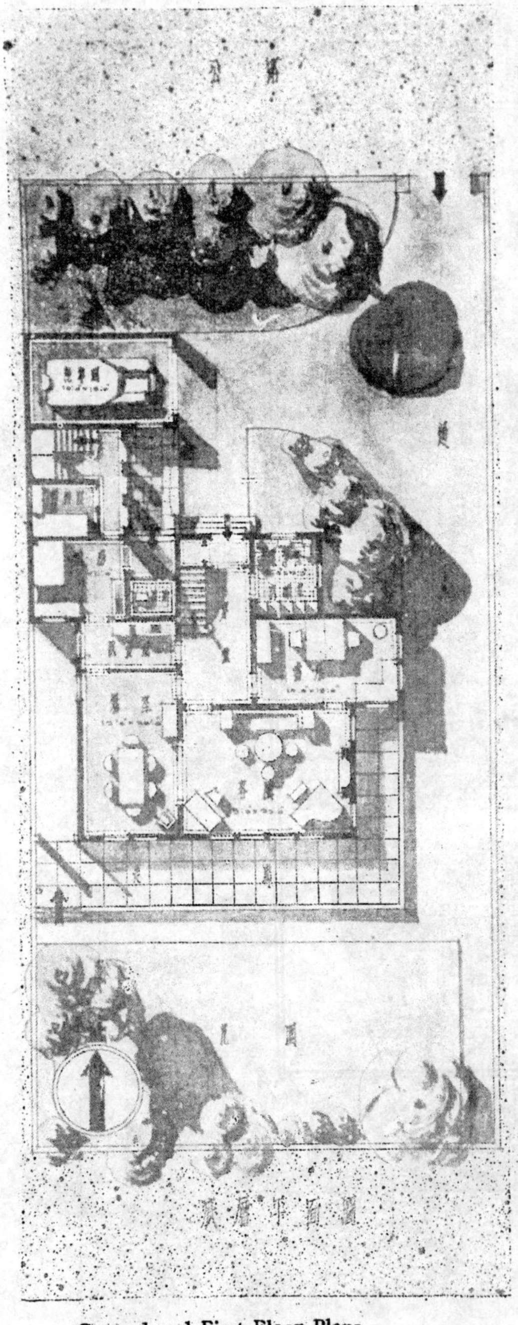

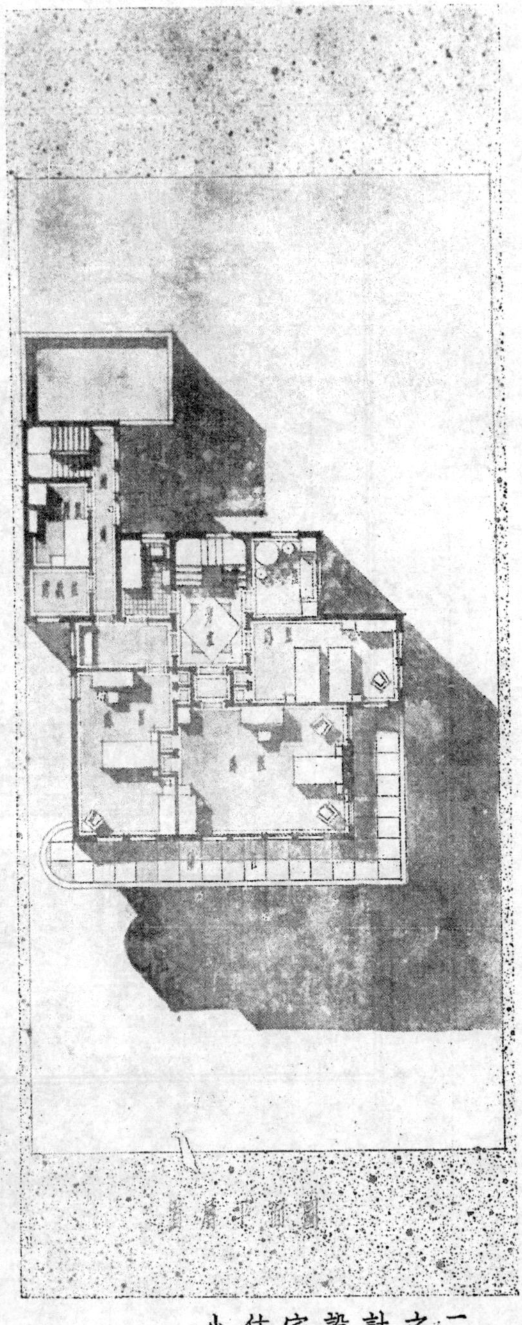

Ground and First Floor Plans.

小住宅設計之二

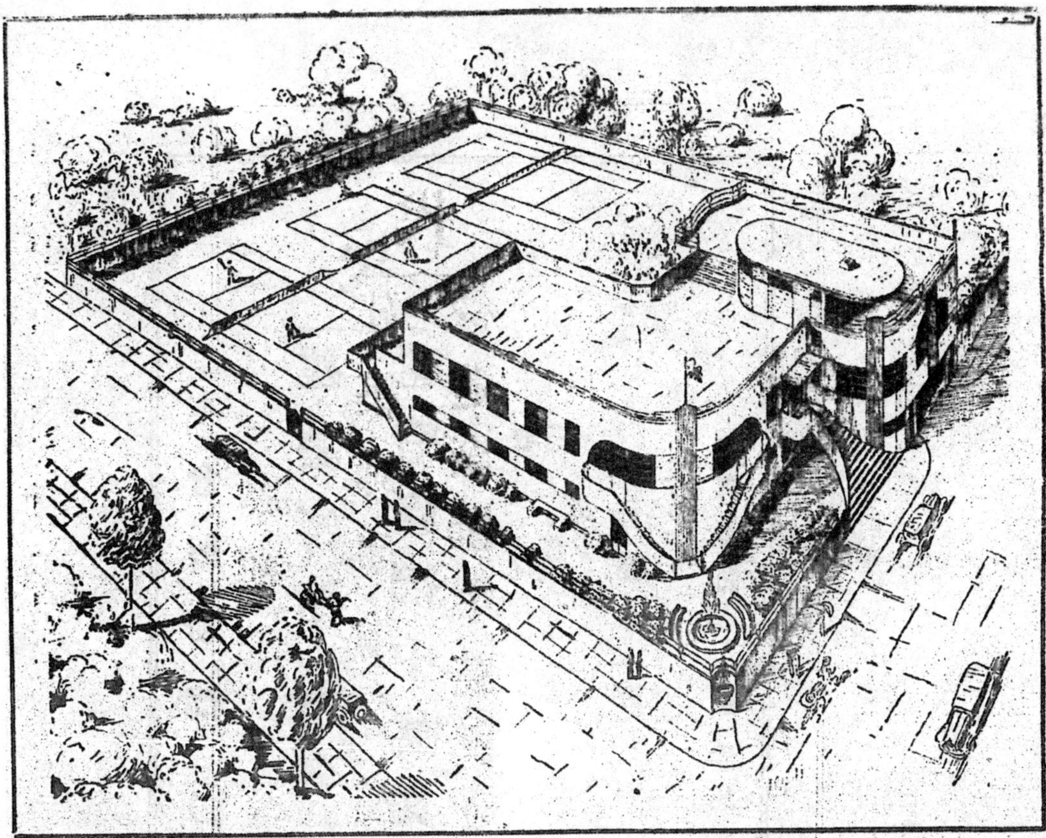

Italian Club, Tientsin. Paul C. Chelazzi, Architect.

天津意大利俱樂部 開騰齊建築師設計

本會服務部

代
建築師印繪各種圖樣
營造廠撰中英文文件等

取費　極廉

如蒙委託　無任歡迎

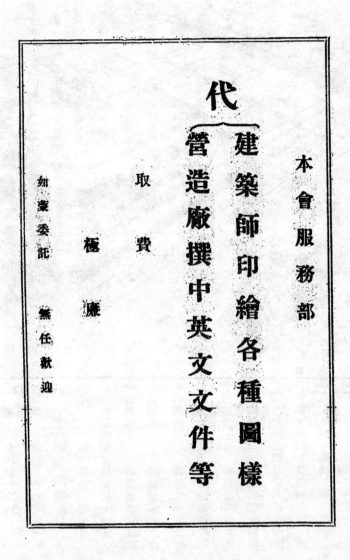

工程估價（二十一續）

杜彥耿

第十節 雜項

釘爲建築中之必需品，其種類大別可分方與圓兩種。普通所用者，咸爲圓絲釘，方釘用者殊鮮。玆將釘之重量，每磅只數，及價格列左：

各種圓釘價格表

長度	每磅約計只數	每桶價格	備註
一寸	876	$ 8.40	每桶內含淨釘一百磅，每桶之價係連送力在內。
一寸二分	568	$ 7.90	
一寸半	316	$ 7.20	
一寸六分	271	$ 7.10	
二寸	181	$ 6.70	
二寸二分	161	$ 6.70	
二寸半	106	$ 6.40	
二寸六分	96	$ 6.40	
三寸	69	$ 6.30	
三寸半	49	$ 6.30	
四寸	31	$ 6.20	
四寸半	26	$ 6.10	
五寸	20	$ 5.70	
五寸半	14	$ 5.70	
六寸	12	$ 5.70	

各種線脚釘價格表

長度	每包只數	每包價格	備註
二分	4105	$ 0.90	包釘線脚，以普通圓釘之釘蒂太大，應用線脚釘。
五分	2792	$ 0.80	
六分	1815	$ 0.75	
七分	1403	$ 0.70	
一寸	1013	$ 0.70	
一寸二分	590	$ 0.65	
一寸半	490	$ 0.65	
一寸六分	370	$ 0.60	
二寸	276	$ 0.60	

各種螺絲釘價格表

釘長及粗	每包只數	每包價格	備註
半寸四號	144	$ 0.20	螺絲釘之釘蒂，以號數表示蒂之粗細，號數益大，則釘益粗。
五分五號	,,	$ 0.22	
六分六號	,,	$ 0.26	
七分六號	,,	$ 0.29	
一寸八號	,,	$ 0.33	
1寸2分8號	,,	$ 0.38	
1寸半八號	,,	$ 0.44	
1寸6分8號	,,	$ 0.52	
二寸八號	,,	$ 0.54	
二寸九號	,,	$ 0.56	
二寸十號	,,	$ 0.58	

裝吊門窗之鉸鏈，有鐵鉸，銅鉸，泡銅鉸，抽心鉸，長鉸，方鉸，馬鞍鉸，彈簧鉸等種種類別。玆將最普通應用之鐵鉸，價格列下：

名稱	價格	備註
二寸長鐵鉸	每打洋六角六分	每打二十四塊，蓋鉸鏈每十二塊作一打。
二寸方鐵鉸	每打洋九角	
二寸半長鐵鉸	每打洋四角半	
二寸半方鐵鉸	每打洋壹元一角	
三寸長鐵鉸	每打洋六角一分	
三寸方鐵鉸	每打洋一元一角	
三寸半方鐵鉸	每打洋二元	
四寸長鐵鉸	每打洋一元二角半	
四寸方鐵鉸	每打洋二元八角	

鐵質之彈簧鉸鏈，每塊每寸洋三角半，例如四寸鉸鏈 4"×35cts.＝$1.40 一塊，此係指鉸鏈之長自三寸至六寸言；若係六寸以上至八寸，則每寸須洋五角，如八寸長之彈簧鉸鏈，每塊須洋四元。

銅質之彈簧鉸鏈，自三寸至六寸，每寸洋五角五分。六寸以上，每寸洋八角。

地板彈簧，最昂者每隻洋七十元；最廉者每只洋三十五元。

門鎖普通每副自一元至五元。

大門鎖每副自十元至二十五元。

紙柏搓門葫蘆連鐵梗每套洋六十五元。（註：搓門移動時無聲息）

普通鐵搓門葫蘆每套洋十二元；惟此種葫蘆，移動時發出聲響，殊惹人厭。

鐵插銷　每打寸洋九分

銅插銷　每打寸洋四角

每打寸者，如三寸長之鐵插銷一打，每寸九分，每打計洋二角七分。又如三寸長之銅插銷，每寸四角，每打計洋一元二角。

三寸白鐵鈎子	每籮洋二元三角	每一四四只為一籮
四寸白鐵鈎子	每籮洋三元三角	
五寸白鐵鈎子	每籮洋四元八角	
六寸白鐵鈎子	每籮洋五元二角	
八寸白鐵鈎子	每籮洋七元二角	
十寸白鐵鈎子	每籮洋九元二角	
十二寸白鐵鈎子	每籮洋十一元	
銅鈎子	每打寸洋四角	

▲各種玻璃價目

名稱	大小	數量	價格
厚白片	十八寸十二寸	每塊	洋一元五角
厚白片	二十四寸九寸	每塊	洋一元五角
厚白片	二十寸十五寸	每塊	洋二元五角
厚白片	二十四寸十八寸	每塊	洋三元五角
厚白片	三十寸二十寸	每塊	洋五元八角
厚白片	三十六寸二十四寸	每塊	洋九元八角

名稱	大小	數量	價格
厚白片	四十寸十五寸	每塊	洋五元八角
厚白片	三十六寸十三寸	每塊	洋四元八角
厚白片	四十寸三十寸	每塊	洋十四元七角半
厚白片	四十二寸二十八寸	每塊	洋十四元七角半
厚白片	四十八寸十八寸	每塊	洋九元八角
厚白片	四十八寸三十六寸	每塊	洋二十三元五角
厚白片	五十寸三十六寸	每塊	洋二十四元
厚白片	六十寸四十寸	每塊	洋三十八元
厚白片	七十寸五十寸	每塊	洋五十元
厚白片	八十寸六十寸	每塊	洋七十元
厚白片	九十寸七十寸	每塊	洋九十八元
厚白片	一百寸八十寸	每塊	洋一百三十元
厚白片	一百寸方	每塊	洋一百六十五元
厚白片	一百廿寸八十寸	每塊	洋一百六十元
厚白片	一百廿寸一百寸	每塊	洋二百元
哈夫片	十八寸十二寸	每塊	洋三角半
哈夫片	二十寸十四寸	每塊	洋四角半
哈夫片	卅六寸廿四寸	每塊	洋二元四角
哈夫片	四十二寸廿八寸	每塊	洋三元七角
哈夫片	五十寸卅六寸	每塊	洋五元八角
哈夫片	六十寸四十寸	每塊	洋八元五角

名稱	大小	數量	價格
哈夫片	七十寸五十寸	每塊	洋十二元
哈夫片	八十寸六十寸	每塊	洋十七元五角
哈夫片	九十寸七十寸	每塊	洋二十四元
哈夫片	八十寸方	每塊	洋廿七元五角
哈夫片	一百寸六十寸	每塊	洋廿三元五角
正號車邊銀光	十八寸十二寸	每塊	洋二元一角
正號車邊銀光	二十寸十五寸	每塊	洋三元二角
正號車邊銀光	三十寸二十寸	每塊	洋七元
正號車邊銀光	四十寸十五寸	每塊	洋七元
正號車邊銀光	四十八寸十八寸	每塊	洋十一元四角
正號車邊銀光	六十寸二十寸	每塊	洋十七元
哈夫車邊銀光片	十八寸十二寸	每塊	洋八角五分
哈夫車邊銀光片	二十寸十五寸	每塊	洋一元二角半
哈夫車邊銀光片	三十寸二十寸	每塊	洋二元五角
哈夫車邊銀光片	四十寸十五寸	每塊	洋二元五角
哈夫車邊銀光片	四十八寸十八寸	每塊	洋三元七角
哈夫車邊銀光片	六十寸二十寸	每塊	洋五元四角
卅二項子車邊銀光	十八寸十二寸	每塊	洋七角
卅二項子車邊銀光	二十四寸九寸	每塊	洋七角
卅二項子車邊銀光	三十寸二十寸	每塊	洋一元八角半
卅二項子車邊銀光	四十寸十五寸	每塊	洋一元八角半

名稱	大小	數量	價格
卅二項子車邊銀光	四十八寸十八寸	每塊	洋二元八角半
卅二項子車邊銀光	六十寸二十寸	每塊	洋四元五角
白冰梅		每百方尺	洋十九元
色冰梅		每百方尺	洋卅八元四角
鉛絲片	十八寸十二寸或二十寸十四寸	每百方尺	洋三十六元
鉛絲片	三十六寸十八寸或四十二寸十八寸	每百方尺	洋三十八元
鉛絲片	八十四寸三十六寸	每百方尺	洋四十三元
耀華大片	四十二寸三十六寸或四十八寸十八寸	每百方尺	洋八元五角
耀華大片	四十八寸三十六寸或六十寸三十寸	每百方尺	洋八元五角
耀華大片	五十寸三十寸或六十二寸十八寸	每百方尺	洋十元五角
耀華大片	六十寸四十寸或六十八寸三十二寸	每百方尺	洋十三元
耀華大片	七十寸四十寸或七十二寸三十八寸	每百方尺	洋十四元
四色片		每百方尺	洋六十元
白磁片		每百方尺	洋六十元
耀華廿四項子片	長闊二合四十寸	每百方尺	洋十元
耀華廿四項子片	長闊二合五十寸	每百方尺	洋十一元
耀華廿四項子片	長闊二合六十寸	每百方尺	洋十二元
耀華廿四項子片	長闊二合七十寸	每百方尺	洋十三元

名稱	大小	數量	價格
耀華廿四項子片	長闊二合八十寸	每百方尺	洋十四元
八寸瓦片		每張	洋四分
九寸瓦片		每張	洋五分
一尺瓦片		每張	洋六分二厘
金鋼鑽		每打	洋五十四元

上列玻璃價目，係玻璃業同行中之大市面；若欲零星裝配，則每方尺須加油灰及配工約洋三分。倘因所需玻璃之尺寸與原來尺寸劃開，損蝕較大，則玻璃價格，自須提高。再者，零配玻璃，每以十英寸方作爲一方尺，一寸若超出一分，便當作二寸計算。故凡精明之營造廠，事前先行核算，需用玻璃若干，蒐購原箱玻璃，自較便宜。蓋僅就尺寸一項而論，原箱玻璃咸以十二英寸方作爲一方尺，較諸零配以十英寸方作爲一方尺，幾相差三十六分之十一。

▲木材之量算

木材之量算，頗費時間；簡便方法，惟有預製一表，則計算時，核閱表中長尺與厚闊尺寸，即知板尺多少，既省時間，而尤正確。倘無此表核閱，則每一尺寸，必須分別計算，中間難免錯誤。特將該表列下，讀者可依式製備，便利良多。

木材量算表

厚　闊 (吋　數)	長度（尺數）											
	10	12	14	16	18	20	22	24	26	28	30	32
2" × 4"	6 2/3	8	9 1/3	10 2/3	12	13 1/3	14 2/3	16	17 1/3	18 2/3	20	21 1/3
2" × 6"	10	12	14	16	18	20	22	24	26	28	30	32
2" × 8"	13 1/3	16	18 2/3	21 1/3	24	26 2/3	29 1/3	32	34 2/3	37 1/3	40	42 2/3
2" × 10"	16 2/3	20	23 1/3	26 2/3	30	33 1/3	36 2/3	40	43 1/3	46 2/3	50	53 1/3
2" × 12"	20	24	28	32	36	40	44	48	52	56	60	64
2" × 14"	23 1/3	28	32 2/3	37 1/3	42	46 2/3	51 1/3	56	60 2/3	65 1/3	70	74 2/3
2" × 16"	26 2/3	32	37 1/3	42 2/3	48	53 1/3	58 2/3	64	69 1/3	74 2/3	80	85 1/3
2½" × 12"	25	30	35	40	45	50	55	60	65	70	75	80
2½" × 14"	29 1/6	35	40 5/6	46 2/3	52½	58 1/3	64 1/6	70	75 5/6	81 2/3	87½	93 1/3
2½" × 16"	33 1/3	40	46 2/3	53 1/3	60	66 2/3	73 1/3	80	86 2/3	93 1/3	100	106 2/3
3" × 6"	15	18	21	24	27	30	33	36	39	42	45	48
3" × 8"	20	24	28	32	36	40	44	48	52	56	60	64
3" × 10"	25	30	35	40	45	50	55	60	65	70	75	80
3" × 12"	30	36	42	48	54	60	66	72	78	84	90	96
3" × 14"	35	42	49	56	63	70	77	84	91	98	105	112
3" × 16"	40	48	56	64	72	80	88	96	104	112	120	128
4" × 4"	13 1/3	16	18 2/3	21 1/3	24	26 2/3	29 1/3	32	34 2/3	37 1/3	40	42 2/3
4" × 6"	20	24	28	32	36	40	44	48	52	56	60	64
4" × 8"	26 2/3	32	37 1/3	42 2/3	48	53 1/3	58 2/3	64	69 1/3	74 1/3	80	85 1/3
4" × 10"	33 1/3	40	46 2/3	53 1/3	60	66 2/3	73 1/3	80	86 2/3	93 2/3	100	106 2/3
4" × 12"	40	48	56	64	72	80	88	96	104	112	120	128
4" × 14"	46 2/3	56	65 1/3	74 2/3	84	93 1/3	102 2/3	112	121 1/3	130 2/3	140	149 1/3
6" × 6"	30	36	42	48	54	60	66	72	78	84	90	96
6" × 8"	40	48	56	64	72	80	88	96	104	112	120	128
6" × 10"	50	60	70	80	90	100	110	120	130	140	150	160
6" × 12"	60	72	84	96	108	120	132	144	156	168	180	192
6" × 14"	70	84	98	112	126	140	154	168	182	196	210	224
6" × 16"	80	96	112	128	144	160	176	192	208	224	240	256
8" × 8"	53 1/3	64	74 2/3	85 1/3	96	106 2/3	117 1/3	128	138 2/3	149 1/3	160	170 2/3
8" × 10"	66 2/3	80	93 1/3	106 2/3	120	133 1/3	146 2/3	160	173 1/3	186 2/3	200	213 1/3
8" × 12"	80	96	112	128	144	160	176	192	208	224	240	256
8" × 14"	93 1/3	112	130 2/3	149 1/3	168	186 2/3	205 1/3	224	242 2/3	261 1/3	230	298 2/3
10" × 10"	83 1/3	100	116 2/3	133 1/3	150	166 2/3	183 1/3	200	216 2/3	233 1/3	250	266 2/3
10" × 12"	100	120	140	160	180	200	220	240	260	280	300	320
10" × 14"	116 2/3	140	163 1/3	186 2/3	210	233 1/3	256 2/3	280	303 1/3	320 2/3	350	373 1/3
10" × 16"	133 1/3	160	186 2/3	213 1/3	240	266 2/3	293 1/3	320	346 2/3	373 1/3	400	426 2/3
12" × 12"	120	144	168	192	216	240	264	288	312	336	360	384
12" × 14"	140	168	196	224	252	280	308	336	364	392	420	448
12" × 16"	160	192	224	256	288	320	352	384	416	448	480	512
14" × 14"	163 1/3	196	228 2/3	261 1/3	294	326 2/3	359 1/3	392	424 2/3	457 1/3	490	522 2/3
14" × 16"	186 2/3	224	261 1/3	298 2/3	336	373 1/3	410 2/3	448	485 1/3	522 2/3	560	597 1/3

拱架係數計算法　林同棪

Distribution and Load Factors for Arches

By T. Y. Lin

第一節　緒論

前文(註一)述及最新連拱計算法，係以單拱與柱爲單位。單拱之兩半相等者(Symmetrical arch)，其係數算法，能氏已在其文中(註二)提及。本文則根據同氏不等單拱(Unsymmetrical arch)算法(註三)，以之應用於連拱。讀者如欲作各種算法之比較，可參看各構造書籍(註四)。

第二節　正負號

本文所用之正負號，其意義如下：—

(1)力量

橫力 H, 向右爲正，向左爲負。

豎力 V, 向上爲正，向下爲負。

動率 M, 順鐘向爲正，反鐘向爲負。

拱與柱之應力以外來力量爲標準。

(2)軸距

橫軸 X, 向右爲正

豎軸 y, 向上爲正。

(3)坡度撓度

橫撓度 $\triangle X$, 向右爲正

豎撓度 $\triangle y$, 向上爲正

坡度 $\triangle \varphi$, 順鐘向爲正。

第三節　普通理論

設任何單拱AB，第一圖。在拱端A將其割斷，使與拱座脫離關係。設X', Y' 兩軸之原點O' 於

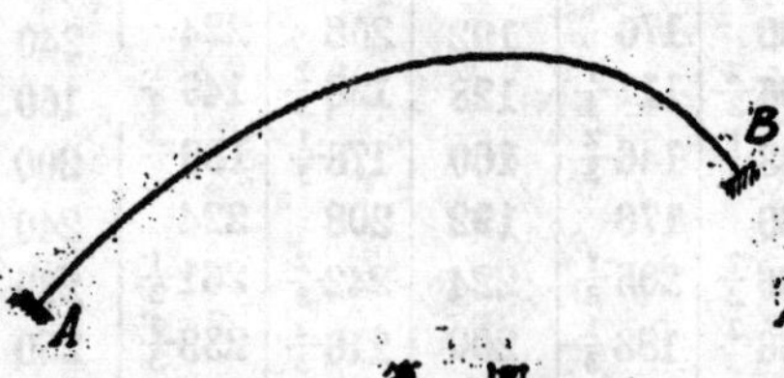

第一圖

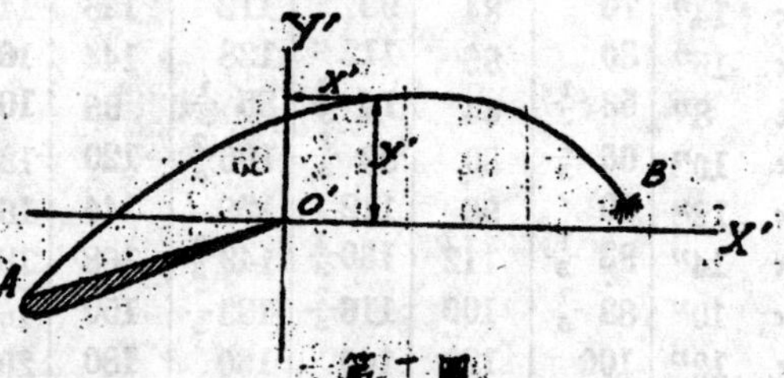

第二圖

(註一) "連拱計算法"林同棪，建築月刊第三卷第一號

(註二) "Analysis of Multiple Arches", by Alexander Hrennikoff, Proceedings, A. S. C. E., Dec. 1934.

(註三) "Analysis of Unsymmetrical Concrete Arches", By Charles S. Whitney, Transactions, A. S. C. E. 1934.

(註四) "Elastic Arch Bridges" McCullough and Thayer.

任何一點。以硬拘(Rigid bracket) AO'將A,O'兩點聯起。(硬拘係一不變形之桿件)。

設在O'點加以力量H_o', V_o' M_o'使O'點發生撓度坡度$\Delta y_o'$, $\Delta X_o'$, $\Delta \varphi_o'$,則O'AB拱內任何一點之動率當爲,

$$M' = M_o' - H_o' y' + V_o' X' \quad \cdots\cdots (1)$$

設只計AB因動率所生之變形(不計剪力與直接應力之影響)則,(註五)(簡寫$\frac{ds}{EI}$爲dw)

$$\Delta \varphi_o' = \int M' \frac{ds}{EI} = M_o' \int dw - H_o' \int y' dw + V_o' \int x' dw \quad \cdots\cdots (2)$$

$$\Delta X_o' = -\int M' y' \frac{ds}{EI} = -M_o' \int y' dw + H_o' \int y'^2 dw - V_o' \int x' y' dw \quad \cdots\cdots (3)$$

$$\Delta y_o' = \int M' x' \frac{ds}{EI} = M_o' \int x' dw - H_o' \int x' y' dw + V_o' \int x'^2 dw \quad \cdots\cdots (4)$$

第 四 節　彈性重心之理論(Elastic Center)

爲計算上之便利起見,O'點之位置可移至dw之重心點O。求O與O'之距離如下(第三圖):

$$X_o = \frac{\int x' dw}{\int dw} \quad \cdots\cdots (5)$$

$$y_o = \frac{\int y' dw}{\int dw} \quad \cdots\cdots (6)$$

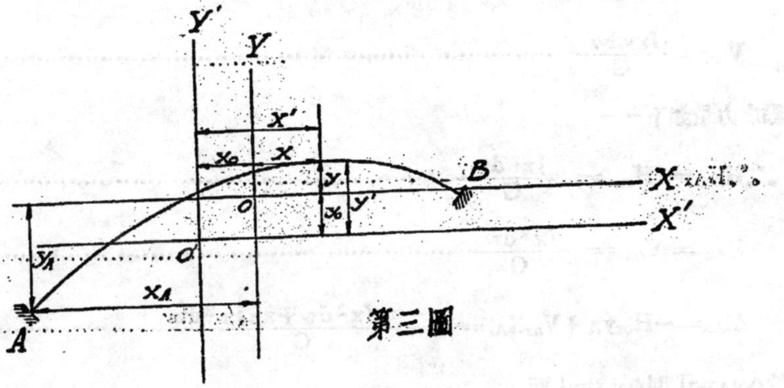

第三圖

以O爲原點,X,Y,爲軸,則$\int y dw = 0$, $\int x dw = 0$,而公式(2),(3),(4)可簡化之如下:—

$$\Delta \varphi_o = M_o \int dw \quad \cdots\cdots (7)$$

$$\Delta X_o = H_o \int y^2 dw - V_o \int xy dw \quad \cdots\cdots (8)$$

$$\Delta y_o = -H_o \int xy dw + V_o \int x^2 dw \quad \cdots\cdots (9)$$

由此三公式可算出O點所應用之力量,

$$M_o = \frac{\Delta \varphi_o}{\int dw} \quad \cdots\cdots (10)$$

$$H_o = \frac{\Delta x_o \int x^2 dw + \Delta y_o \int xy dw}{\int x^2 dw \int y^2 dw - \int xy dw \int xy dw} = \frac{\Delta X_o \int X^2 dw + y_o \int xy dw}{G} \quad \cdots\cdots (11)$$

(註五) "Reinforced Concrete Construction", Vol. III, Hool

(將$\int x^2dw\int y^2dw-\int xydw\int xydw$簡寫為G)

$$V_o=\frac{\Delta X_o\int xydw+\Delta y_o\int y^2dw}{G} \quad\cdots\cdots(12)$$

因$x=x'-x_o, y=y'-y_o$,故$\int x^2dw$各慣積數與$\int x'^2dw$各數之關係如下：—

$$\int x^2dw=\int x'^2dw-2x_o\int x'dw+{}_ox^2\int dw$$

$$=\int x'^2dw-x_o^2\int dw \quad\cdots\cdots(13)$$

$$\int xydw=\int x'y'dw-x_oy_o\int dw \quad\cdots\cdots(14)$$

$$\int y^2dw=\int y'^2dw-y_o^2\int dw \quad\cdots\cdots(15)$$

第五節 係數之公式

(1)設A點發生$\Delta X_A=1$,而$\Delta y_A=\Delta\varphi_A=0$,則O點之$\Delta X_o=1$,

$\Delta y_o=\Delta\varphi_o=0$；故O點所應用之力量當如下—：(公式(10),(11)(12)

$$\therefore M_{ox}=0 \text{(註六)} \quad\cdots\cdots(16)$$

$$H_{ox}=\frac{\int x^2dw}{G} \quad\cdots\cdots(17)$$

$$V_{ox}=\frac{\int xydw}{G} \quad\cdots\cdots(18)$$

而A點之力量如下：—

$$\therefore H_{Ax}=H_{ox}=\frac{\int x^2dw}{G} \quad\cdots\cdots(19)$$

$$V_{Ax}=V_{ox}=\frac{\int x^2dw}{G} \quad\cdots\cdots(20)$$

$$M_{Ax}=-H_{ox}y_A+V_{ox}X_A=\frac{-y_A\int x^2dw+x_A\int x^2dw}{G} \quad\cdots\cdots(21)$$

(2)設$\Delta y_A=1$,則$\Delta y_o=1$,而

$$M_{oy}=0 \quad\cdots\cdots(22)$$

$$H_{oy}=\frac{\int xydw}{G}=H_{Ay} \quad\cdots\cdots(23)$$

$$V_{oy}=\frac{\int y^2dw}{G}=V_{Ay} \quad\cdots\cdots(24)$$

$$M_{Ay}=-H_{oy}y_A+V_{oy}X_A \quad\cdots\cdots(25)$$

(3)設$\Delta\varphi_A=1$,則$\Delta\varphi_o=1$,而$\Delta X_o=-y_A$,$\Delta=y_oX_A$

(註六)"連拱計算法"文中之符號，與本文略不同。本文之$H_{A\varphi}$即其$h_{N\alpha}$；$M_{A\varphi}$即其$m_{N\alpha}$；H_{Ax}即其$h_{N\Delta}$；M_{Ax}即其$m_{N\Delta}$。希讀者注意並原諒。

$$\therefore M_0\varphi=\frac{1}{\int dw} \quad \cdots\cdots (26)$$

$H_A\varphi=M_{Ax}$(註七) ……(27)

$V_A\varphi=M_{Ay}$ ……(28)

$M_A\varphi=M_0\varphi-H_A\varphi y_A+V_A\varphi X_A$ ……(29)

(4)定端力量。設臂梁BA之A點因載重或其他原因而生撓度坡度 $\triangle X_A,\triangle y_A,\triangle\varphi_A$,則A點之定端力量為

$M_A=-\triangle X_A M_{Ax}-\triangle y_A M_{Ay}-\triangle\varphi_A M_A\varphi$ ……(30)

$H_A=-\triangle X_A H_{Ax}-\triangle y_A H_{Ay}-\triangle\varphi_A H_A\varphi$ ……(31)

$V_A=-\triangle X_A V_{Ax}-\triangle y_A V_{Ay}-\triangle\varphi_A V_A\varphi$ ……(32)

惟定端力量之算法,尚有較此為簡者,如同氏(註三)文中所示是也。

第六節　附論

如係等拱,則重心點O在中線上,且$\int xydw=0$,上列各公式,自可更為簡化之。

柱之係數,算法尤簡(註八)。第四第五兩圖示其公式之推算法:

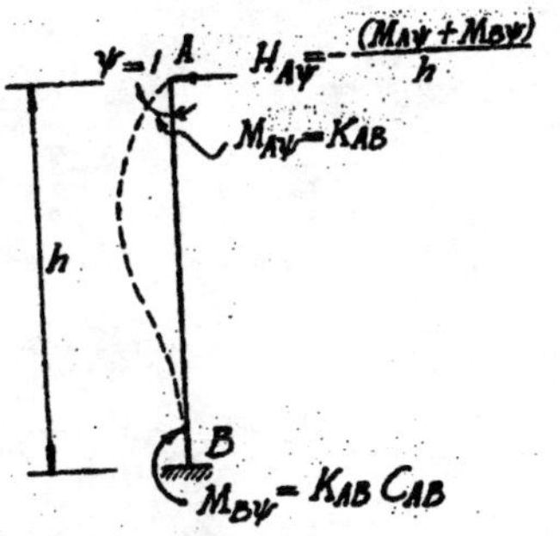

第四圖

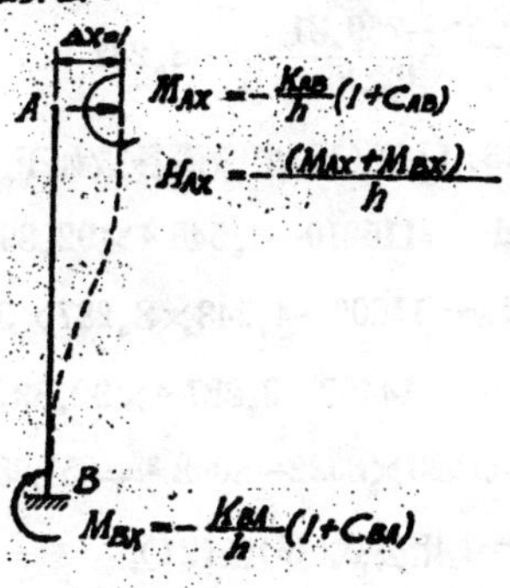

第五圖

第七節　實　例

(例一)設不等單拱如第六圖,並已知其以拱頂O'為原點之微積各數如第一表(註九)。求其A端係數。

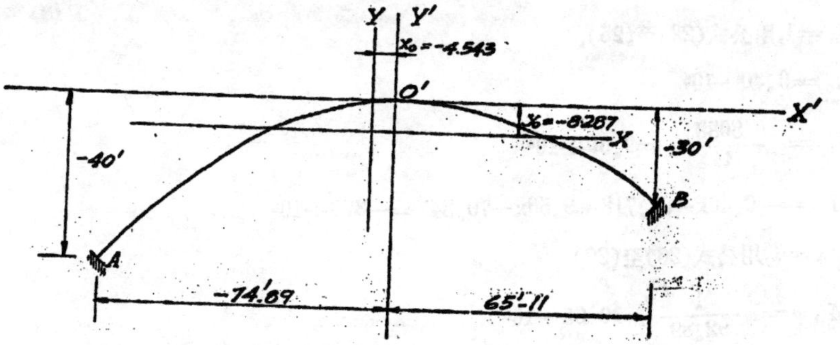

第六圖

(註七)參看"高等構造學定理數則"林同棪,建築月刊第二卷第十一號。

(註八)參看"桿件C,K,F之計算法",林同棪,建築月刊第三卷第二號。

(註九)微積各數之求法,可參看本刊第二卷第二號"桿件各性質C,K,F之計算法",文中第五節之表,並註三之一文。

22961

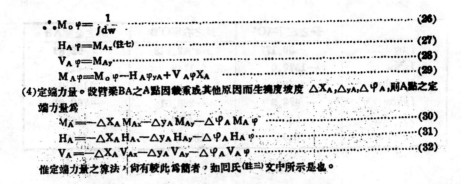

	拱之左半AO'	拱之右半O'B	拱之全部AB
$\int dw$	50.177	42.713	92.89
$\int x'dw$	−1570.0	1148	−422
$\int x'^2 dw$	70690	44520	115210
$\int y'dw$	− 473.3	−296.51	−769.81
$\int y'^2 dw$	9874	4588	14462
$\int x'y'dw$	25100	−13600	11500

第一表

用公式(5),(6)，求重心點O,

$X_o = \frac{-422}{92.89} = -4.543$ ， $X_A = -74.89 + 4.543 = -70.347$

$y_o = \frac{-769.81}{92.89} = -8.287$ $y_A = -40 + 8.287 = -31.713$

用公式(13),(14),(15)求微積各數如下：

$\int x^2 dw = 115210 - 4.543^2 \times 92.89 = 113.293$

$\int xydw = 11500 - 4.543 \times 8.287 \times 92.89 = 8003$

$\int y^2 dw = 14462 - 8.287^2 \times 92.89 = 8082$

$G = 11293 \times 8082 - 8003^2 = 851,586.000$

如$\triangle X_A = 1$,用公式(16)至(21),

$H_{ox} = \frac{113293}{G}\ 133.0 \div 10^6$

$V_{ox} = \frac{8003}{G}\ 9.40 \div 10^6$

$M_{Ax} = (-133.0x - 31.713 + 9.40x - 70.347) \div 10^5$

$= 3556 \div 10^6$

如$\triangle y_A = 1$,用公式(22)至(25),

$H_{oy} = 9.40 \div 10^6$

$V_{oy} = \frac{8082}{G} = 9.50 \div 10^6$

$M_{Ay} = -9.40x - 31.713 + 9.50x - 70.347 = -370 \div 10^6$

如$\triangle \varphi_A = 1$,用公式(26)至(29)

$M_o \varphi = \frac{1}{92.89} = 10765 \div 10^6$

$H_A \varphi = 3556 \div 10^6$

$V_A \varphi = -370 \div 10^6$

$M_A \varphi = 10765 - 3556x - 31.713 - 370x - 70.347 = 148140 \div 10^6$

(例二)設等拱如第七圖，其在O'點之$\int y'dw=-4.73$, $\int x'dw=O$,
$\int dw=0.1252$, $\int X'^2dw=11354$, $\int y^2dw=426.9$, $\int x'y'dw=O$.

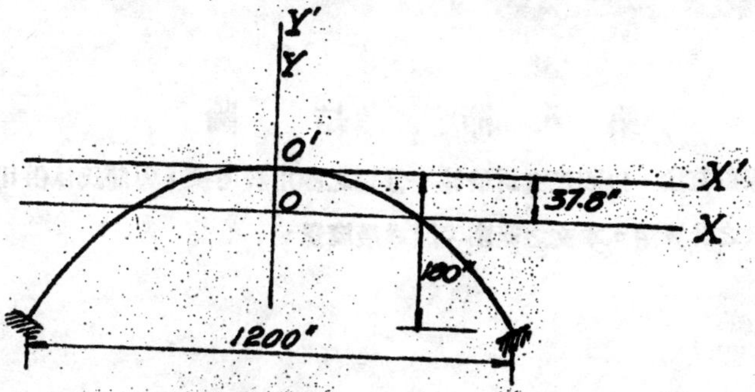

第七圖

將X'軸移至X,使之通過重心點O,

$$y_o=\frac{\int y'dw}{\int dw}=\frac{4.73}{.1252}=-37.8''$$

$$\int y^2dw=426.9-37.8^2\times0.1252=247.9$$

其他各微積數並無改變。

公式(7),(8),(9)可簡化爲，

$$\Delta\varphi_o=M_o\int dw$$

$$\Delta X_o=H_o\int y^2dw$$

$$\Delta y_o=V_o\int x^2dw$$

$$\therefore V_{ox}=O$$

$$H_{ox}=\frac{1}{\int y^2dw}=\frac{1}{247.9}=0.00403$$

$$M_{Ax}=-H_{ox}(-180+37.8)=0.574$$

$$H_{oy}=O$$

$$V_{oy}=\frac{1}{\int x^2dw}=\frac{1}{11354}=0.000088$$

$$M_{Ay}=V_{oy}(-600)=-.0528$$

$$M_o\varphi=\frac{1}{\int dw}=\frac{1}{.1252}=7.99$$

$$H_A\varphi=M_{Ax}=0.574$$

$$V_A\varphi=M_{Ay}=-0.0528$$

$$M_A\varphi=7.99-.574\times-142.2-.0528\times-600=121.3$$

(例三)設柱如第八圖,其$K_{AB}=7370$, $K_{BA}=13.650$ $C_{AB}=0.680$, $C_{BA}=0.366$。

則可算出，(用四,五兩圖)，

$$M_A\varphi=7370$$

$$H_A\varphi=\frac{-7370(1.680)}{720}=-17.20$$

$$M_{Ax}=H_A\varphi=-17.20\text{，}\quad M_{Bx}=-\frac{13650}{720}(1.366)=-26.00$$

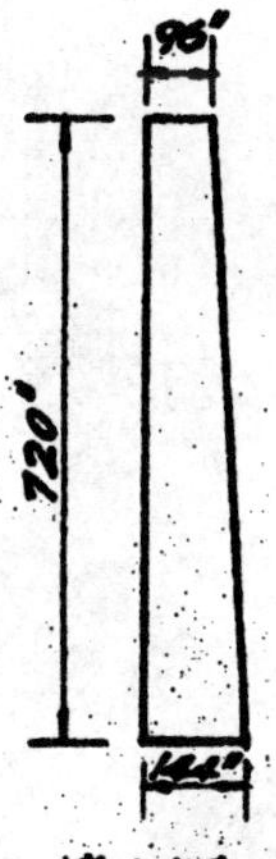

第八圖

$$H_A\varphi = \frac{26.00+17.20}{720} = 0.0600$$

第八節　結論

不等單拱之影響線計算法，以同氏文爲最妙。惟以之應用於連拱，與能氏法併用，則尚有研究之餘地。至於拱端係數之計算法。本文之範圍，似爲最廣焉。

陳向誠　倪子卿
朱月亭　周桂生　諸君均鑒：
周嗣端　錢屏九

本刊按期依照所開寄址由郵寄奉，近被退回，無法投遞；卽希示知現在通信處，俾便更正，而免誤遞。爲盼。

本刊發行部啓

住宅中之電燈佈置

鍾靈

住宅中之燈光支配，雖無一定之規則；然欲得滿意之結果，必須合於下列各基本條件：

第一點——光線須柔和，不可過於閃亮，以免眼睛受過分之刺激而不適，及發生強烈之明暗差別。

第二點——燈具除供給光亮外，並可作帳幕、地毯與傢具等裝飾之用；故燈具除切合實用外，更須合乎藝術原理；簡明輕便之設計，較繁複粗重之設計為可愛。

第三點——為適合現代之需要，色彩配合以採用有色光源較為可愛，惟須與室內色彩相配合；因現代科學進化，有色光源之佈置並不過費。

關於住宅中主要房間之燈光配置，簡述於后：

起居室

(甲)理論——起居室，會客室及書房等，為人類日常生活之中心點，故燈光支配須特別注意；因其用途之變化不定，故其組合與安置，亦因之而異。

(一)如為普通用途，其最舒適而有用之安置，為用和諧強度之總燈；另置強度之燈光，以供專用。

(二)如為大衆集合者，則用光力較強之分佈燈光。

(三)如為一二人私用者，可不用總燈，而用個別燈具。

(乙)實施——普通直接燈光，間接發光，半間接發光之吊燈頂燈，用作總燈之用。其中以間接發光者為最佳，直接發光者為最廉；可移動之燈則作特種用途，壁燈，檯燈，座燈可作裝飾用品。

(一)頂燈如寶蓮燈，半間接發光等，應遮蔽直射燈光，使光線柔和，平均分佈於室內各部。

(二)可移動之燈——檯燈與柱立於地板上之座燈，種類繁多，以適合於讀者，辦法，縫紉，遊戲及玩弄音樂等等。在揀選此種燈具時，不可因裝飾而忘實用，並須遮蔽，以免直接閃光。

(三)壁燈及其他裝飾用小燈，祇限於作裝飾之用。

餐室

(甲)理論——餐室內之需要極為一致：

(一)桌上須有充分之亮光。

(二)須有柔和之光線，常照於食者之臉部。

(三)對於室內其他部分，可用較弱之光線普照。

(乙)實施——後列各則，單用或合用均可。

(一)用半球形燈罩，以遮蔽光線之直射於食者之眼睛。

(二)因發光燈泡，須遮蔽，以免光線之直射，故用實遮燈之效率極微。

(三)吊燈如高度裝置適宜，與遮去直射光線，極爲適用。

(四)半透明之半球形燈罩，能使人舒服，惟無光亮與陰影之差別，故有損藝術化明暗之分。

(五)可移動之燈具，如遮蔽完美，可供各種不同之需要。

(六)壁燈祇能作裝飾之用，直射光線須完全遮蔽，以免煩擾食者。

廚房

(甲)理論——因室內有不同工作，故以能普照室內如日光狀者爲佳。

(乙)實施——燈具之大小，依室之面積而定。

(一)在普通大小之廚內，可用一球形散光燈，置於天花板中央，故牆壁及天花板須用淡色。

(二)如在大廚房內，須用二盞以上之頂燈，並各部專用燈；於水槽與爐灶之上，另加遮蔽之壁燈。

臥室

(甲)理論——用一中等光度之總燈，並用强度之專用燈。

(乙)實施：

(一)總燈須用半透明之半球形燈罩，或燈之直射光遮蔽完善者，如此可免强光之射於臥者眼睛。

(二)於梳粧檯衣櫥之一旁，須加壁燈，此種壁燈可裝於傢具之上。

(三)檯燈極通用於梳粧檯與床旁之小桌上。

浴室

(甲)理論——普通大小之浴室，第一問題爲鏡旁燈盞。

(乙)實施——合適之方法，爲置二壁燈於鏡之兩旁，在天花板置一總燈亦可。

舊有裝置之改良

普通住宅中燈光之不佳，固無可諱言；以其不依照燈光裝置進步而改善之故，於是相形之下，自然成拙。按此種事實，於租居之房屋爲尤多，因固定之裝置，於搬家時不便攜走也。惟此種舊有裝置，亦可改善，如此則物主可隨便移走。關於裝就之燈盞，可用下列二法改善之。

(一)用玻璃質反光體或遮蔽物，以減低直射光之强度，俾免耀眼。

(二)增加檯燈，可移動之燈與裝飾用之燈具。

美國意利諾州工程師學會五十週紀念會紀詳

朗琴

美國意利諾州工程師學會，於本年一月三十一日至二月二日，在東聖路易（East St. Louis）舉行五十週紀念會。出席會員三百九十四人，會長為意利諾大學匹克爾教授。會期三日，召集會議共六次，討論案件，多屬有關公共之工程問題，尤以給水與溝渠等項，加以深切注意。玆將會議經過，概誌如后：

登記法之商討

關於意利諾州工程師登記之立法問題。該會曾組織小組委員會，加以研究。該項法規係根據現行鋼架工程師(Structural Engineer)登記法而訂，現時則將鋼架工程師字樣修改為土木工程師（Civil Engineer）。凡已執有構架工程師證明書者，另給土木技師執照。該會授權此小組會與其他有關團體商討修改，以不背立法主旨為原則。在討論此案時，支加哥立法委員凱特爾氏(Mr. A. M. Kaindl) 曾謂全國(指美國)二十八州中，均有工程師登記法；而意利諾州之工程師，有顯然之不利，蓋不能至他州執業，而他州登記之工程師，可至意州執行職務也。

給水問題

據州工程師奧斯朋君宣稱：意利諾州居民向工務管理處請求補助者，計五百十起，經華盛頓當局核准者，計二百四十五起，金額六九，三八二，〇〇〇元。內一四四起建築計劃已經許可，六十八處在進行中，三十一處已經完成，其他則在準備中。在此二百四十五起之計劃中，給水工程佔百分之四十，學校佔百分之二十二，溝渠佔百分之十八。在九十七起給水計劃中，供給人口為五三九，二〇〇人，材料估值四，七五〇，〇〇〇元。此九十七起給水計劃，新設置者四十一起，改善及擴展者五十六起。每一給水計劃，平均供給一千二百人，三十四起之水係得自井中，七起為地面之水。總計估值二，八〇六，五〇〇元，平均每起需費六八，四〇〇元，每一人口佔五十七元。該州居民之大半均仰給於密歇根湖。現在該湖之水，在質與量方面，漸覺不能滿意，蓋該州中心部份之地下，沙牀與石層並不連續，而待另闢開發，現已由化學專家多人，從事研究云。

公共用水使軟法

萬國沙濾器公司克蘭君，曾擬具以石灰炭酸鈉屑等，使水具柔軟之法。（即不含鑛性鹽類）。化學界先進克蘭姆君，謂在公用儲水之處，應先投以石灰，然後再和以炭酸屑等；在較小之儲水池，則此兩者可同時拌和後投入。水中各種混凝物，惟有用實驗方法改善之。丹佛(Denver)即為用鈉礬土之主要城市。

溝渠流通空氣法

地下溝渠使流通空氣，變濁為淨，極關重要。意利諾大學倍別脫(Prof. Babbitt)教授謂空氣傳播法(Air diffusion)與機械激盪法(mechanical agitation)兩法中，後者之採用者較前者為多，蓋因空氣傳播法常需設備及人工維持等費；同時傳播器常受阻塞，尤感最大困難也。補救之法，惟有採用比較簡單之機械流通空氣設備。此種機械需用動力較少，使用較久時間而不需注意，雖不熟練者亦能操縱自如。此機設計分為三部，為槳葉(Paddle)放氣器(Aspirator)，及混合槳葉與放氣器。且若用機械，淤泥之回波亦較少，然其理由殊不可解也。但某種激盪器，因需淺槽，故須佔較大地位，小型機器佔地既少，使用亦便也。

印第那之密歇根城，因經費有限，故用一混合蓄水池與一澄清池，以代替通常之複式水池，但另備用以調節之水管，俾水重復回入澄清池中。

據白羅明登城(Bloomington)公用事業監督威爾遜君報告，在五年中之沙濾器及溝渠改善費用，每月平均數為二百八十四元。平均約自一九一元至四〇五元。另加監督費二千六百元，及化學師之薪給一，一〇四元，平均每年約需費一〇，七二四元。

公路與捐稅

意利諾大學教授惠來氏(Prof Wiley)，曾謂駕駛汽車者應注意築路之問題，俾其所付捐稅得達於最高之效能。意利諾州每年所得捐稅，數逾一千八百萬美金，其中之半數係充撥道路公債之息金，及其他維持費用等。五百萬金用於擴充及改善之費。若提議執照費減為三元，則收入僅及五百萬元，尚不足應付公債息金。但法律規定若遇此種情形，則須徵收財產稅，亦僅得四百萬元。同時擴充及維持費用，亦將無着矣！彼並謂現時低價之執照捐與汽油費，實足阻礙現時路政之進行云。

關於駛行高速度汽車之路面，惠氏認為現時每小時駛行四十五英里者，其設計不必每小時超過六十里者。但因速度關係，其半徑亦不能小於二千尺也。斜度之變更，應留有垂直之纔曲形，俾駕駛者得有良好之視線也。

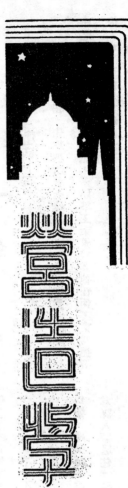

營造學 （一）

杜彥耿

緒言

著者於二十年前，閱讀英國麥却爾所編『Building Construction and Drawing』一書，鑒於我國建築學校之課本，及從事建築工業者之參考書，咸感極度缺乏；有之，惟採用西文書籍耳。觀乎我國一般高級專門學校，咸用西文課本，尤以土木與建築兩課為最；蓋西文課本，姑不論其內容之如何完善，其不能適合我國建築工程之實際情形，則無可諱言者也。今僅就建築工人所用之器械，及建築材料兩者而言，國外與國內已感枘鑿，一般學子，為西文書本所隱蔽，以為書中所言，必與工場中相同；迨畢業後，至工場實地工作，始知所學盡非所用，弊害之鉅，可以想見。然此間尚有一困難之問題，卽中文課本，少如鳳毛麟角，倘學校不用西文課本，則勢必無書可授；是則求其次，又不得不假用西書焉。遑論國人之腦海中深印科學書必用西文之原則，與夫國人編著科學書籍之不力乎！不學如余，除勉力編著本書外，尚望高明，共起指教，俾匡不逮。爰細譯各方心理，謹將管見數則列后。

一、科學書之最重要條件，厥為實用；蓋書中所述，必須切合實際。

一、科學書重實際，已如上述。故凡切合於他國之書本，不能遽加翻譯，祇能作為參考，至書中主材，仍須賴實地蒐集。

一、余蓄意編著此書，已二十年於茲矣。顧所以遲遲至今者，實因當時尚無關於建築之文化團體，故雖蘊此志，自思尚非其時，更佐以學力之不足，祇能作為準備時期。迨建築協會設立，繼以建築月刊問世，余乃先將初步工作——建築辭典，逐期發表於月刊。蓋「營造學」書內，建築名詞繁多，我國建築名詞之不一致，為統一名詞計，為編著本書計，此余不得不先從事於建築辭典之編著也。現在辭典行將出版，名詞既經統一，「營造學」亦得從事編著矣。

一、本書所述尺度，亦為難題之一，蓋公尺與英尺，兩者孰取孰捨？倘依照法令，自應採用公尺制；惟依照目下實際情形，則多用英尺制，建築材料如木料，現在普通用者爲洋松柳安等，又如鋼幹，鋼條，鐵板，鐵條，磚瓦等，均用英尺。著者處於法令與現實兩者之下，初不能遽行决定；竊思本書既重實際，自當採取英尺制，況公尺之命名，業經行政院第二〇二次會議提出討論，尚有加以修改之考慮。職是之故，現决暫用英尺，幸本書陸續在月刊刊佈，迨將來全書告竣，發行單行本時，倘須改用公尺之必要，自可及時更改。

一、余諗知我國需要建築書籍之不可或緩，然鑒於一般人深中『科學書中文本不如西文本』觀念，處此現象之下，著者惟有分外努力，不求躁切，但求完善，無論一字一圖，均求切合實用；同時亦望國人能將忽視中文本之觀念加以轉移也。

一、余編著此書，對於個人見聞，容或有限，掛一漏萬，在所不免。希望讀者諸君，隨時加以指教與督責，俾此書得臻於完善之境。

第一章

第一節　建築工業

建築工業，在　先總理所著『建國方略』中，謂爲『國際計劃中之最大企業』，此語誠然，蓋建築工業確較其他任何工業爲扼要偉大也，茲姑舉其理由如下：

建築之於居室　吾國貧民，類多蟄居草屋陋室，甚有穴居者；其原因自屬以若輩經濟力之薄弱所致。試觀此種陋室，外面既無排洩汚水之溝渠，又乏暢亮之窗櫺；至於高爽之地板，不滲雨水之屋面，不透風雪之牆垣，更無論矣。而貧民偶居於此種不良之環境中，其生活幾等於牲畜，影響其智慧康健，自不待言！加以嚴冬時風雪交加，夏令蚊蚋翔集，疾病以起，死亡相繼，尤不堪設想。此種禍害，自表面觀之，貧民固首當其衝；然國家元氣，亦蒙受重大之喪失。補救之責，捨建築人其誰！蓋建築人如建築師，工程師，營造商，建築工人暨建築材料商，均應克盡厥職，以謀人類居住的幸福。

反觀內地富人居室，莫不以龐大是尚，九開間以及數進深之房屋，不足爲奇；以是人少屋大，室內淸潔，自不能顧及，而蛛網密結，蛇鼠匿居；此種住屋，有礙於家庭衛生者殊大。考其癥結所在，構築此種房屋之原因，無非爲紅白事計，非圖居住之安適也，祇求喜慶喪葬時之鋪張揚大也。至若通都大邑，雖不乏西式住宅，但仍有西式其外表，而內部依然牢守三間二廂與五開間中間一大廳等之設置者，不中不西，非驢非馬，殊屬貽笑大方！更有房屋蓋大，中間藏垢納汚者，尤不一而足，此皆設計不完善，有以致之。由是以觀，建築師遇設計房屋時，須認定建築人之職責，非供人趨使，爲謀人類居住幸福也。

建築之於工商業　建築之於工商業，有密切之關係也。夫存儲原料，須有避潮及不受損害之倉庫以護藏之；搬運原料至廠中製造，又須有完備之廠房；待工業品製成，自必裝箱存棧，俟船輸出，或運送市場銷售，則店舖房屋，勢不可缺；更有建築大商場或商舖，以資推銷商品者。商品轉輾買賣，爲預防不測計，勢必保險；加以商品買賣，服務與書函必繁；發生糾葛，又需律師，故凡保險商，會計師，律師等等，在在需極大之事務室，用以辦公，因之有事務院銀行等之建築。他如醫人疾病者，有醫院之建築；供人消遣者，有戲院與娛樂場所之建築；供人運動者，有運動場之建築；上自國府行政立法監察等院，下至任何棚舍，在在均需建築人之服務。再者，建築材料之製造工業，實佔握工業界之絕大權威，如鋼鐵廠之製造鋼幹，鋼筋，鋼板，鐵條以及其他種種建築材料之製造，不勝枚舉。由上述觀之，可知建築於工商業之重要，我人奚可自視低落乎？

建築之於交通　鐵路公路等之交通網，猶人體上之脈絡；脈絡不通，勢必影響於人之生存；國家之幅員廣大，亦必有鐵路公路等交通，以資連絡。吾國雖地大物博，然交通不便：行動阻滯；同一貨物，舶來品反較國貨爲廉，究其原由，皆受交通不便之影響也。爲亡羊補牢計，惟有急起從事交通之整修。故築路造橋，開山洞，鑿地道，斯又不得不仰賴建築人之努力也。不甯惟是，黃河之築堤導川，運河渭河之疏濬，商港之開闢，以及擴展飛機場，構架無線電台等，凡玆種種，咸爲建築人應負之任務也。

建築之於國防　際玆盛倡强權，湮沒公理之秋，吾人姑不談侵略他邦，至國土之防禦，則不可少者也。吾國海岸線之綿長，加以强鄰四接，眈眈虎視，設無各種强固之炮步等陣地之建設，以爲自衛，勢必外侮以乘，民不安生矣。他若海軍軍港，要塞炮壘，地下交通等之建築，靡不惟建築人之努力是賴也！

建築之於歷史　建築與歷史，關係綦切。我人攷查史蹟，最可靠者，厥惟覘之於建築物；蓋前代之建築，可供今人作史實之參考；今代之建築，又可留諸後人之借鑑。萬里長城之堅固雄偉，於此可知漢代之築以禦外侮也。現在一般攷古家，四出蒐覔古蹟，無非欲於斷碑殘碣中，作攷查歷史之資料。又如吾人初臨異國，亟欲參觀有悠久歷史之建築物；若我國北平故宮與長城等，均爲外國攷古家所不惜遠涉重洋，以一覩爲快者也。

建築之於文化　一國文化之表徵，有藉書籍圖畫者，有藉戲劇音樂者；然其表顯也，終不及建築物之偉大，蓋建築物中之一磚一瓦，無不爲文化的組合；他如雕刻彩繪等，在在顯示建築物爲文化之結晶。是以建築之進步，亦須藉文化之力量以推進之。

× × × × ×

總之，建築之關係，不獨上述數種。試以戲院一項而論，係容集電氣，冷熱氣，聲，美術，土木，溝渠，水管，光線，衛生及安全等等各種學術工業而成，於此可見建築事業之偉大。故凡已從事於建築者，及將入建築業者，均應慶幸自已爲偉大事業之一員，方不辱其使命也！

（待續）

建築材料介紹

快燥水泥（原名西門放塗）

快燥水泥，爲建築材料中之最新出品。用以拌製混凝土，一經舖澆，在二十四小時後，其堅韌之程度，與普通水泥澆後三個月者，其牢固正復相同。按此種水泥之製造，係以石灰及鋁屬鑛物鎔解於高熱度之爐中。然後將其傾倒而出，盛於陶器之中，一如溶解之鋼鐵。迨凝結後將其擣成粉狀即可。自此種水泥發明後，在鋼骨水泥建築史上，實開一新紀元。此種材料用於房屋及隄防道路等建築，尤爲適宜。而不受海水及硫磺質水性之溶解，尤爲其特殊之點。本埠總經理處爲北京路二號立興洋行云。

22972

本刊所載材料價目，力求正確；惟市價瞬息變動，漲落不一，集稿時與出版時難免出入。讀者如欲知正確之市價者，希隨時來函詢問，本刊當代爲探詢詳告。

磚瓦

△大中磚瓦公司出品

名稱	大小	價格	備註
空心磚	十二寸方十寸六孔	每千洋二百三十元	
空心磚	十二寸方九寸六孔	每千洋二百十元	
空心磚	十二寸方八寸六孔	每千洋一百八十元	
空心磚	十二寸方六寸六孔	每千洋一百三十五元	
空心磚	十二寸方四寸四孔	每千洋九十二元	
空心磚	十二寸方三寸三孔	每千洋七十二元	
空心磚	九寸二分方六寸六孔	每千洋七十二元	
空心磚	九寸二分方四寸半三孔	每千洋五十五元	
空心磚	九寸二分方三寸三孔	每千洋四十五元	
空心磚	四寸半方九寸二分四孔	每千洋三十五元	
空心磚	九寸二分四寸半三寸二孔	每千洋二十二元	
空心磚	九寸二分・四寸半・二寸半・二孔	每千洋廿一元	
空心磚	九寸二分・四寸半・二寸・二孔	每千洋廿元	
八角式樓板空心磚	十二寸方八寸四孔	每千洋二百元	
八角式樓板空心磚	十二寸方六寸三孔	每千洋一百五十元	
八角式樓板空心磚	十二寸方四寸三孔	每千洋一百元	
深綫毛縫空心磚	十二寸方十寸六孔	每千洋三百五十元	

名稱	大小	價格	備註
深綫毛縫空心磚	十二寸方八寸半六孔	每千洋二百十元	
深綫毛縫空心磚	十二寸方八寸六孔	每千洋二百元	
深綫毛縫空心磚	十二寸方六寸六孔	每千洋一百五十元	
深綫毛縫空心磚	十二寸方四寸四孔	每千洋一百元	
深綫毛縫空心磚	十二寸方三寸三孔	每千洋八十元	
深綫毛縫空心磚	九寸二分方四寸半三孔	每千洋六十元	
實心磚	九寸四寸三分二寸半紅磚	每萬洋一百四十元	
實心磚	八寸半四寸一分二寸半紅磚	每萬洋一百三十二元	
實心磚	十寸・五寸・二寸紅磚	每萬洋一百三十七元	
實心磚	九寸四寸三分二寸紅磚	每萬洋一百〇六元	
實心磚	九寸四寸三分二寸三分紅磚	每萬洋一百廿元	
實心磚	九寸四寸三分二寸三分拉縫紅磚	每萬洋二百六十元	以上統係外力
一號紅平瓦		每千洋六十五元	
二號紅平瓦		每千洋六十元	
三號紅平瓦		每千洋五十元	
一號青平瓦		每千洋七〇元	
二號青平瓦		每千洋六十五元	
三號青平瓦		每千洋五十五元	
西班牙式紅瓦		每千洋五十元	
西班牙式青瓦		每千洋五十三元	
英國式灣瓦		每千洋四十元	
古式元筒青瓦		每千洋六十五元	以上統係連力

鋼條

名稱	大小	價格	備註
鋼條	四十尺二分光圓	每噸一一八元	德國或比國貨

名稱	大小	價格	備註
鋼條	四十尺二分半光圓	每噸一一八元	仝前
鋼條	四十尺三分光圓	每噸一一八元	仝前
鋼條	四十尺三分圓竹節	每噸一一六元	仝前
鋼條	四十尺普通花色	每噸一〇七元	自四分至一寸方或圓
鐵條	盤圓絲	每市擔四元六角	

水泥

名稱	數量	價格
象牌	每桶	洋六元三角
泰山	每桶	洋六元二角五分
馬牌	每桶	洋六元二角
英國"Atlas"	每桶	洋三十二元
法國麒麟牌白水泥	每桶	洋二十八元
意國紅獅牌白水泥	每桶	洋二十七元

木材

▲上海市木材業同業公會公議價目

名稱	標記	價格	備註
洋松	八尺至卅二尺再長照加	每千尺洋九十元	下列木材價目以普通貨為準揀貨及特種鋸貨另定價目
一寸洋松		每千尺洋九十二元	
寸半洋松		每千尺洋九十三元	
洋松二寸光板		每千尺洋七十六元	
四尺洋松條子		每萬根洋一百五十五元	
一寸四寸洋松一號企口板		每千尺洋一百十元	
一寸四寸洋松副頭號企口板		每千尺洋九十四元	
一寸四寸洋松二號企口板		每千尺洋八十元	

名稱	標記	價格	備註
一寸六寸洋松一號企口板		每千尺洋一百二十元	
一寸六寸洋松副頭號企口板		每千尺洋九十八元	
一寸六寸洋松二號企口板		每千尺洋八十四元	
一二五四寸一號洋松企口板		每千尺洋一百五十元	
一二五四寸二號洋松企口板		每千尺洋一百元	
一二五六寸一號洋松企口板		每千尺洋一百六十五元	
一二五六寸二號洋松企口板		每千尺洋一百十五元	
柚木(頭號)	僧帽牌	每千尺洋五百四十元	
柚木(甲種)	龍牌	每千尺洋四百六十元	
柚木(乙種)	龍牌	每千尺洋四百三十元	
柚木段	龍牌	每千尺洋三百六十元	
柚木	旗牌	每千尺洋四百元	
柚木	盾牌	每千尺洋三百六十元	
硬木		每千尺洋二百元	
硬木	火介方	每千尺洋一百五十元	
柳安		每千尺洋二百元	
紅板		每千尺洋一百三十元	
抄板		每千尺洋一百四十元	
一二尺三寸六八皖松		每千尺洋六十五元	
一二尺二寸皖松		每千尺洋六十五元	
一二五四寸柳安企口板		每千尺洋一百八十五元	

22974

名稱標記	價格	備註
一寸六寸柳安企口板	每千尺洋二百八十五元	
一二五四寸企口紅板	每千尺洋二百四十元	
建松片	市尺每千尺洋七十元	
九尺四分建松板	市尺每丈洋四元七角	
九尺八分建松板	市尺每丈洋八元	
六尺半五分青山板	市尺每丈洋四元三角	
本松毛板	市尺每塊二角六分	
本松企口板	市尺每塊洋二角七分	
六尺半二分杭松板	市尺每丈洋三元二角	
七尺半二分甌松板	市尺每丈洋二元	
六尺半八分皖板板	市尺每丈洋四元四角	
九尺八分皖松板	市尺每丈洋五元五角	
六尺半五分皖松板	市尺每丈洋四元三角	
台松板	市尺每丈洋四元二角	
七尺半四分坦戸板	市尺每丈洋三元	
七尺半三分坦戸板	市尺每丈洋三元八角	
六尺二分機鋸紅柳板	市尺每丈洋三元五角	
六尺三分毛邊紅柳板	市尺每丈洋三元三角	
六尺二分俄松板	市尺每丈洋三元三角	

名稱標記	價格	備註
六尺半二分俄松板	市尺每丈洋三元八角	
七尺半毛邊二分坦戸板	市尺每丈洋二元	
六尺半五分機介杭松	市尺每丈洋四元四角	
六分一寸俄紅松板	每千尺洋七十八元	
一寸二分俄白松板	每千尺洋七十六元	
一寸二分四寸俄紅松板	每千尺洋七十四元	
一寸二分四寸俄白松板	每千尺洋七十二元	
俄紅松方	每千尺洋八十元	
一寸紅四寸俄白松企口板	每千尺洋七十九元	
一寸紅六寸俄白松企口板	每千尺洋七十九元	
俄麻栗光邊板	每千洋一百三十元	
俄麻栗毛邊板	每千洋一百二十元	
六分一寸俄黃花松板	每千尺洋七十八元	
一寸二分四分俄黃花松板	每千尺洋七十四元	
四分俄條子板	每萬根洋一百二十元	
一寸五分杭桶木	每根洋三角	以下市尺
一寸九分杭桶木	每根洋四角	
二寸三分杭桶木	每根洋五角七分	
二寸七分杭桶木	每根洋六角七分	
三寸杭桶木	每根洋八角	
三寸四分杭桶木	每根洋九角五分	

名稱	標記	價格	備註
三寸八分杭桶木		每根洋二元一角五分	
二寸三分連半		每根洋六角八分	
二寸七分連半		每根洋八角三分	
三寸連半		每根洋一元	
三寸四分連半		每根洋一元二角	
三寸八分連半		每根洋一元四角五分	
二寸三分雙連		每根洋八角五分	
二寸七分雙連		每根洋一元三角五分	
三寸雙連		每根洋一元二角五分	
三寸四分雙連		每根洋一元五角	
三寸八分雙連		每根洋一元八角	
三尺半寸半杉木條子		每萬 大洋八十五元 小洋五十五元	

五 金

(一)鐵皮

號數	張數	重量	價格
二二號英白鐵	每箱二一張	四二〇斤	洋五十八元八角
二四號英白鐵	每箱二五張	四二〇斤	洋五十八元八角
二六號英白鐵	每箱三三張	四二〇斤	洋六十三元
二八號英白鐵	每箱三八張	四二〇斤	洋六十七元二角
二二號英瓦鐵	每箱二一張	四二〇斤	洋六十九元三角
二四號英瓦鐵	每箱二五張	四二〇斤	洋六十九元三角
二六號英瓦鐵	每箱三三張	四二〇斤	洋六十三元
二八號英瓦鐵	每箱三八張	四二〇斤	洋六十七元二角

(二)釘

名稱	標記	價格	備註
美方釘		每桶洋十六元〇九分	
平頭釘		每桶洋十六元八角	

名稱	標記	價格	備註
中國貨元釘		每桶洋六元五角	

(三)牛毛毡

名稱	標記	價格	備註
五方紙牛毛毡		每捲洋二元八角	
半號牛毛毡	馬牌	每捲洋二元八角	
一號牛毛毡	馬牌	每捲洋三元九角	
二號牛毛毡	馬牌	每捲洋五元一角	
三號牛毛毡	馬牌	每捲洋七元	

(四)門鎖

名稱	標記	價格	備註
洋門套鎖	中國鎖廠出品黃銅或古銅式	每打洋十六元	
洋門套鎖	德國或美國貨	每打洋十八元	
彈弓門鎖	中國鎖廠出品	每打洋三十元	
彈弓門鎖	外貨	每打洋五十元	
彈子門鎖	三寸七分古銅色	每打洋四十元	以下合作五金公司出品
彈子門鎖	三寸七分黑色	每打洋三十八元	
明螺絲彈子門鎖	三寸五分古黑色	每打洋三十三元	
明螺絲彈子門鎖	三寸五分黑色	每打洋三十二元	
執手插鎖	六寸六分(金色)	每打洋二十六元	
執手插鎖	古銅色	每打洋二十六元	
執手插鎖	克羅米	每打洋三十三元	
彈弓門鎖	三寸黑色	每打洋十元	
彈弓門鎖	三寸古銅色	每打洋十元	
迴紋花板插鎖	四寸五分金色	每打洋二十五元	
迴紋花板插鎖	四寸五分黃古色	每打洋二十五元	
迴絞花板插鎖	四寸五分古銅色	每打洋二十五元	
細花板插鎖	六寸四分金色	每打洋十八元	
細花板插鎖	六寸四分黃古色	每打洋十八元	

名稱	標記	價格	備註
細花板插鎖	六寸四分古銅色	每打洋十八元	
鐵質細花板插鎖	六寸四分古色	每打洋十五元五角	
瓷執手插鎖	三寸四分(各色)	每打洋十五元	
瓷執手靠式插鎖	三寸四分(各色)	每打洋十五元	

(五)其他

名稱	標記	價格	備註
鋼絲網	27"×96" 2¼lb.	每方洋四元	德國或美國貨
鋼版網	8"×12" 六分一寸半眼	每張洋卅四元	
水落鐵	六分	每千尺五十五元	每根長二十尺
牆角線		每千尺九十五元	每根長十二尺
踏步鐵		每千尺五十五元	每根長十尺或十二尺
鉛絲布		每捲二十三元	闊三尺長一百尺
綠鉛紗		每捲洋十七元	同上
銅絲布		每捲四十元	同上

本會爲依照議決徵集營業成數萬分之五特助致各會員函

敬啓者：本會成立五載，平時經費收入，全賴會員會費，故每遇預算不敷，輒感難以應付，捉襟見肘，未遑專一於會務之進展。本屆執監委員，受命於會務經濟極度困難之秋。歷次會議，鑒於會中每遇經費支絀，即暫借告助，以圖補救於一時，輾轉籌措，終非根本辦法。茲爲謀久遠安定之策起見，經由二月十九日第五次執監委員會常會，及三月五日第六次執監委員會常會，兩次愼重議決，自本年度起，本會委員，各以營業成數萬分之五，撥助本會經費，（即每萬元捐助五元）同時通函，並在建築月刊公告各從事營造業之會員，請其依照此議，自動補助，予以實力上之贊護；俾所辦夜校及月刊，工作不致因缺乏經費而中輟。現在此項辦法，已切實推行，各委員均已陸續按數照繳，以示倡導。竊以集腋成裘，衆擎易舉，此數在繳納者之負担尙輕，而本會受惠實大。素仰 貴會員贊翼本會，久具熱忱，爲此備函，懇請依照前議，源源撥助，會務進展，實利賴之。收得款項，除隨時製奉收據外，並按月在建築月刊登載報告，以示激勸。專此奉達。請即

貴會員 台鑒

三月二十二日

本會會員達昌建築公司殷信之君爲與意商天津同力球場涉訟具呈本會文

呈爲天津同力球場假藉領事裁判權，違迕營造通例，肆意悔約，抑留造價，請求主持公道，賜予援助；並懇據情轉陳上海市政府，市黨部，市商會，乞予救濟事。

緣民國廿二年六月間，有津滬意僑，聯合華商，集資剏辦同力球場於津門，置地籌建球場一所。由該場董事會委託意商包內梯建築師，主持建築事宜，規劃造價，招標承建。並委中美建築公司工程師開司勒氏，繪製圖說，設計工事，以爲投標準鵠。並定明投標人應具萬元保證，以資徵信。會員平素經營，專重滬地一隅；維時爲拓展外埠業務起見，殊有意承攬。因即照章投標，估計造價爲卅七萬四千元。同時中美公司亦爲投標人之一，標價爲卅二萬七千元，係最低之估價。顧是項標價，均超出業主限額，遂由中美公司開氏修改圖樣，再度招標。迨二次投標，會員力抱薄利主旨，低減標價爲廿八萬六千元，而中美標價，較爲高昂。按業主招標規例，固不以標價多寡定取遺。孰得孰失，於未開標前自無從逆覩。詎旋於同年十月，由該場董事會召集具呈人，暨中美負責人員，雙方公開會敍。席間該董事向中美徵詢同意，即以會員標價爲備取標準。中美亦即表示，願以同樣價格承攬。業主以雙方標價相同，因提高保證金額・易萬元爲五萬元之地契保證，以爲取捨之限制。具呈人爲維持業務信譽，當即照數妥備。復因預計承造期限較短於中美，於是此項

球場工程，遂爲具呈人所全權承攬。此具呈人得標之經過情形也。

具呈人既經得標承攬，中美勢歸落選。當時爲妥具手續計，會員即與球場董事會正式簽訂承攬合同，俾得進行動工。詎意中美公司與球塲當局既同屬洋商，對秉柄諸董事，復別具淵源。球塲工程設計，由中美開氏獨攬大權，其職責傻惠，舉足勢斷輕重。故當雙方締約之際，具呈人遂在在受其牽掣，業主方面，亦即利用特殊機會，極盡苛求能事。該合同中最關重要之撥付造價一層，遂成前所未見之畸形契約。爲規定第六期造價七萬九千元，須俟全部工竣，始行撥付，而末期付款五萬元，竟遠在落成一載以後，連同地契擔保五萬元，合共十八萬元。衡諸造價總額，幾達三分之二；是不啻由承攬人預代業主墊付巨量資金，亦即業主以微數負擔，易此龐大工程。其間資金之拆息，與延遲之利率，其損失更無論矣！

按是項工程，會員與中美同屬投標人，自不可得而兼之；而彼此商業競爭，初不免因利鈍而生隱隙。揆諸常情，中美公司對於球場總工程師一席，應自行規避，以杜徇私之嫌。然事實固不能悉遂人意者，中美開氏，因事先業主授權主秉設計，所擬圖說，大率模稜兩可，極富伸縮性。臨事牽强傅會，悖出悖入，不過反掌之勞。蓋雙方投標時，均隱以敵體相埒，一旦相値，甯能盡釋芥蒂。迨會員開始建築工事，中美遂挾其職權，而恣意脅制。不惜利用圖說不清，上下其手，而具呈人則爲桎梏在躬，勢實無所措手足矣。茲將該工程師留難掣肘之事實，舉其犖犖大者如左：

關於建築材料之置備，其品類尺寸，原約無縝密說明。會員於採辦之際，遂不得不悉遵工程師之指示。而開氏以有機可乘，乃不惜任意提高品類，務使應用材料，均非鄰屬各區所得購置。會員以地位關係，自無表示異議餘地。於是竹頭木屑之微，均不得不遠託異域，轉輾購辦。其間運輸之耗費，既屬不貲，而途程迢遞，費時尤久；影響於建築限期，殊難計核。而延遲之愆，會員既委咎無從，在業主則嫁罪有詞。此其居心叵測豈待辭費歟。

是項工程，式樣悉採歐化，形質尤重堅牢，故所需石子，自倍蓰於尋常。實知此項巨量石子，亦繫有殊異之苛約，蓋據工程師指定，用石必需經過洗濯也。年來建築一業，勃興殊盛。鉅大工程，殆以濫濆爲尾閭。然而用機洗石之說，尙屬寡聞，即徵諸歐美先進，殆亦非必要之設施。顧會員以工程師所命，惟有勉爲其難耳。惟洗濯石子，必需置備特種機器，而此項機器，祗有中美獨家經售。會員廣徵不獲，僅有逕向中美購置之一途。乃中美以奇貨可居，大肆要挾，索値竟超越原售價十倍以上。（按該機價値不及六百元，而中美竟增至六千元。）嗣經球塲董事出任調處，着會員向之租貸，幾度折衝，始獲中美首肯，而所計租貸期限，僅三閱月，租金價額達一千五百元之多，逾售價二倍有奇。試問此種優惠條件，會員詎堪置喙耶。

球塲房屋爲力求堅實計，約定須建鐵質屋頂。會員以此項工程，雖僅局部，而所需造價，殊匪微尠。爲審愼起見，亦舉行部份之招標。其時投標者亦有十數家，平均估値一萬二千元。而中美公司亦爲投標人之一，其標價獨高計一萬八千五百元。會員以全部造價所限，自不得不權衡多寡，以定甄選。乃中美開氏蓄意把持，明示其旨，會員因徵詢於球塲當局，其時董事裴歐拉君以與開氏素具淵源，亦表示屬意於中美。於是具呈人遂不得不捨輕就重，以六千元之差額，供無形之犧牲矣。返觀中美承攬歲頂工程，其所締合同，極盡優渥能事。對撥付造價一項，與具呈人承建球場之約定，適成一極端之反比。兩兩相較，其爲偏頗徇私，誠不言而喻矣。

復按承攬人建築工事，無論鳩工採料，應悉以工程師之圖說爲唯一準繩。蓋體用相關，難容隔閡。顧開氏挾隙未釋，在在俟機與會員以牽掣。於是每屆交圖之期，往往故事留難，蓄意稽延。會員迫於限期，如芒刺背，不得不仰承鼻息，曲爲求懇。其間函牘頻馳，積案盈尺。（往返函件均可呈證）其爲多方刁難，尤屬無可諱言。他如業主撥付造價，依約本明定期限。乃每屆付款日期，輒藉故遷延，與原約多所扞格。會員欲罷不能，惟有坐視虧折而已。

總之，會員承攬是項工程，卽墮入莫大危機，直接間接所蒙損失，殆已不可勝計。顧會員爲維護自身營業信譽，殊不欲中輟其事。故仍積極鳩工，忍痛督造。至去年冬間，卽全部告竣。在會員純抱犧牲精神，甯知該塲當局得寸進尺，居心叵測。以工程完成，有待無恐，竟聯絡建築師設詞挑剔，圖淆視聽。對於應付造價，復假藉洋商威勢，任意悔約，扣留不付。會員屢向交涉，概置罔聞。蓋該塲託庇於領事裁判權翼下，會員殊無法援引我國律例，訴諸我國法院。所謂投鼠忌器，會員踟躕莫決，惟有多方挽人斡旋，冀得轉圜。奈該塲態度頑强，仗勢欺人，稽延迄今，終無效果。會員迫不獲已，祇有委請外籍律師，具狀呈控於駐滬意國領署，以求法理保障。惟念本案標的既鉅，牽涉尤繁，會員一己之成敗事小，我營造業前途安危事大。設若事態擴大，是不僅影響及於國際貿易，抑且有礙於中意邦交。因敢瀝陳顛末，懇切具呈，伏乞

鈞會鑒核下情，賜予援助。現本案已由意領署指定本年三月廿六日上午十時開庭集訊，屆時務懇

鈞會派員列席旁聽，鼎力匡護；並祈據情轉呈

上海市政府，

市黨部，暨

市商會，請求主持公道，以維國交，而恤商艱，實紉公誼。謹呈

上海市建築協會。

會員殷信之謹呈

二十四年三月十八日

按該案已如期作初度審訊，本會會請袁景唐律師及杜彥耿先生等列席旁聽，現展期三星期再審云。

中華郵政特准掛號認為新聞紙類

建築月刊
THE BUILDER

內政部登記證警字第二五五四號

定價

每月一冊					
全年十二冊					
訂閱辦法	價目	郵費 本埠	外埠及日本	香港澳門	國外
零售	五角	二分	五分	一角八分	三角
預定全年	五元	二角四分	六角	二元一角六分	三元六角

第三卷第二號

民國二十四年二月發行

刊務委員會 竺泉通 江長庚 陳松齡

主編 杜彥耿

廣告 藍克生 (A. O. Lacson)

發行 上海市建築協會 南京路大陸商場六二〇號 電話九二〇〇九號

印刷 新光印書館 上海聖母院路聖達里三一號 電話七四六三五號

廣告刊例
Advertising Rates Per Issue

地位 Position	全面 Full Page	半面 Half Page	四分之一 One Quarter
底封面外面 Outside back cover.	七十五元 $75.00		
封面及底面之裏面 Inside front & back cover	六十元 $60.00	三十五元 $35.00	
封面裏面及底面裏面之對面 Opposite of inside front & back cover.	五十元 $50.00	三十元 $30.00	
普通地位 Ordinary page	四十五元 $45.00	三十元 $30.00	二十元 $20.00

小廣告 每期每格三寸半闊一寸高洋四元

Classified Advertisements - $4.00 per column

廣告概用白紙黑墨印刷，倘須彩色，價目另議；鑄版彫刻，費用另加。

Designs, blocks to be charged extra. Advertisements inserted in two or more colors to be charged extra.

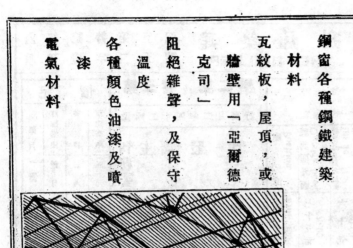

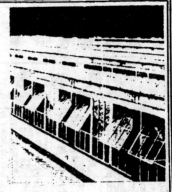

Hong Name **"Mei Woo"**

Brunswick-Balke-Collender Co.
Bowling Alleys & Billiard Tables
Certain-Teed Products Corporation
Roofing & Wallboard
The Celotex Company
Insulating & Accoustic Board
California Stucco Products Co.
Interior & Exterior Stucco
E. I. Du Pont De Nemours & Co., Inc.
Duco, Dulux Paints
Insulite Products Company
Insulite Mastic Flooring
L'Invulnerabile
Rolling Door
Mundet & Company, Ltd.
Cork Insulation & Cork Tile

Newalis Insulation Company
Industrial & Domestic Insulation
Specialties for Boilers, Steam
& Hot Water Pipe, Etc.
Boizenburg
Floor, Wall & Coloured Tiles
Schlage Lock Company
Locks & Hardware
Simplex Gypsum Products Company
Plaster of Paris & Fibrous Plaster
Toch Brothers Inc.
Industrial Paint & Waterproofing
Compound
Wheeling Steel Corporation
Expanded Metal Lath

Large stock carried locally.
Agents for Central China

FAGAN & COMPANY, LTD.

Telephone
18020 & 18029

261 Kiangse Road

Cable Address
KASFAG

美商 **美和洋行**
承辦屋頂及地板
工程并經理石膏
粉石膏板甘蔗板
避水漿噴漆鋼絲
網鐵門磁磚牆粉
門鎖等各種建築
材料備有大宗現
貨如蒙垂詢請接
電話一八〇二〇
或駕臨江西路二
六一號接洽為荷

上海膠合板公司

九江路五十號　電話一七一七一

Plywood-
Flooring-
Hardware-
Veneered Doors
All Building Materials

各種膠合板
啞克桃木地板
啞克桃木蔴栗方子及板木
經理名廠建築材料

Shanghai Veneer Wood Company

50 Kiukiang Road. **Telephone. 17171**

22985

FAR EASTERN DECORA, LTD.

遠東雲石股份有限公司

ew invented artificial marble

"DECORA"

德國專家新發明之

"德高拉"

雲石。已爲歐西各國建築界所一致公認之最優美而最經濟的石料。故現代建築。咸多樂用之。

現經本公司購得祕密製造方法。獨家出品。在中國全部及南洋各埠有專銷權。凡欲求建築之富麗雄壯。合用而經濟者。誠不可不採用焉。

for FLOORING,
DADO,
PANELLING WALL
EXTERIOR & INTERIOR

Permanent,
Durable,
Weather Proof including Sun Proof.

Low Cost and Economical.

Samples and quotations supplied on request.

"德高拉'雲石之特點，列下：

(一)石質 堅固耐久
不畏冰霜烈日

(二)顏色 各色皆有
任隨指定製造

(三)光彩 永遠不變
不忌磨擦污垢

(四)代價 極端低廉
適合時代經濟

Temporary Office:

169 Rue Port de l'Ouest, Shanghai, Tel. 85691

地　址

上海法租界西門路西成里一六九號

電話一八五六九一